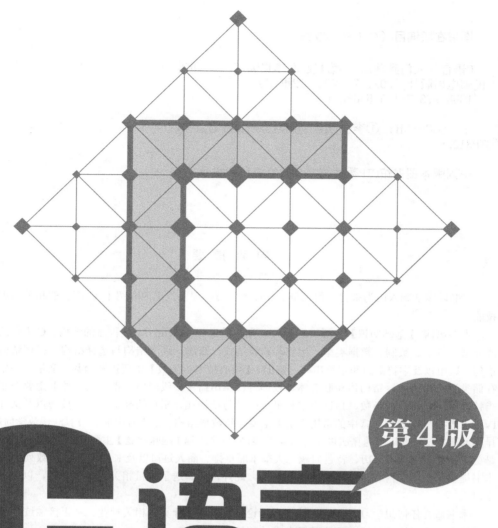

# C语言

第4版

# 从入门到精通

◎ 李岚 编著

U0377744

人民邮电出版社

北 京

**图书在版编目（CIP）数据**

C语言从入门到精通：第4版 / 李岚编著. -- 北京：
人民邮电出版社，2021.7（2022.12重印）
ISBN 978-7-115-54835-1

Ⅰ. ①C… Ⅱ. ①李… Ⅲ. ①C语言－程序设计 Ⅳ.
①TP312.8

中国版本图书馆CIP数据核字(2020)第169938号

## 内 容 提 要

本书以零基础入门为宗旨，用范例引导读者学习，深入浅出地介绍了 C 语言的相关知识和实战技能。

本书第I篇【基础知识】主要讲解步入 C 语言的世界—Hello C、C 程序的结构、C 语言的基本构成元素、变量、数制、数据类型、运算符和表达式、算法、顺序结构与选择结构、循环结构与转向语句、数组以及字符数组和字符串等；第Ⅱ篇【核心技术—函数】主要讲解函数、变量的作用范围和存储类型、库函数、结构体和联合体、枚举等；第Ⅲ篇【高级应用—指针及文件】主要介绍指针、指针与数组、指针与函数、指针与字符串、指针与结构体、指针的高级应用与技巧以及文件等；第Ⅳ篇【数据结构及 C 语言中的常用算法】主要介绍数据结构、C 语言中的高级算法、数学问题算法、排序问题算法、查找问题算法以及算法竞赛实例等；第Ⅴ篇【趣味解题】主要介绍歌手比赛评分系统、哥德巴赫猜想、打印日历、背包问题、火车车厢重排、商人过河以及 K 阶斐波那契数列的实现等。本书提供了与图书内容全程同步的教学录像。此外，还赠送了大量相关的学习资料，以便读者扩展学习。

本书适合任何想学习 C 语言的读者，无论你是否从事计算机相关行业、是否接触过 C 语言，均可通过学习本书快速掌握 C 语言的开发方法和技巧。

◆ 编　著　李　岚
　　责任编辑　张天怡
　　责任印制　陈　犇
◆ 人民邮电出版社出版发行　　北京市丰台区成寿寺路 11 号
　　邮编　100164　　电子邮件　315@ptpress.com.cn
　　网址　https://www.ptpress.com.cn
　　北京捷迅佳彩印刷有限公司印刷
◆ 开本：787×1092　1/16
　　印张：28　　　　　　　　2021 年 7 月第 1 版
　　字数：863 千字　　　　　2022 年 12 月北京第 2 次印刷

定价：89.90 元

读者服务热线：(010)81055410　印装质量热线：(010)81055316
反盗版热线：(010)81055315
广告经营许可证：京东市监广登字 20170147 号

"从入门到精通"系列是专为初学者量身打造的一套编程学习用书，由知名计算机图书策划机构"龙马高新教育"精心策划。

本书主要面向C语言初学者和爱好者，旨在帮助读者掌握C语言基础知识、了解开发技巧并积累一定的项目实战经验。

## 为什么要写这样一本书

荀子曰：不闻不若闻之，闻之不若见之，见之不若知之，知之不若行之。

实践对于学习的重要性由此可见。本书立足于实战，从项目开发的实际需求入手，将理论知识与实际应用相结合。本书的目的就是让初学者能够快速成长为初级程序员，并拥有一定的项目开发经验，从而在职场中拥有一个高起点。

## C 语言的学习路线

本书作者总结了多年的教学实践经验，为读者设计了学习路线。

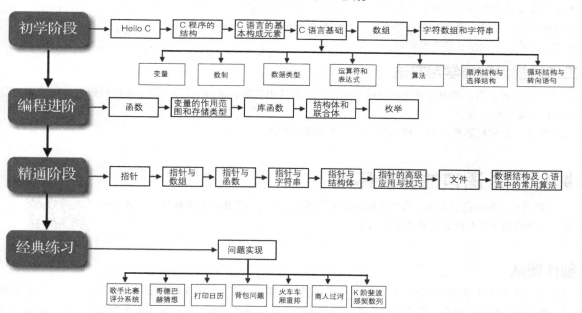

## 本书特色

### ● 零基础、入门级的讲解

无论读者是否从事计算机相关行业，是否接触过C语言，是否使用C语言开发过项目，都能从本书中获益。

### ● 实用、专业的范例和项目

本书结合实际工作中的范例，逐一讲解C语言的各种知识和技术。最后，还以实际开发的项目来总结本书所学内容，帮助读者在实战中掌握知识，轻松拥有项目经验。

### ● 随时检测自己的学习成果

每章首页给出了"本章要点"，以便读者明确学习方向。每章最后的"实战练习"则根据所在章的知识点精心设计而成，读者可以随时通过它们进行自我检测，巩固所学知识。

### ● 细致入微、贴心提示

本书在讲解过程中使用了"提示""注意""技巧"等小栏目，帮助读者在学习过程中更清楚地理解基本概念、掌握相关操作，并轻松获取实战技巧。

## 超值电子资源

### ● 全程同步教学录像

涵盖本书所有知识点，详细讲解每个范例及项目的开发过程及关键点，帮助读者更轻松地掌握书中所有的 C 语言程序设计知识。

### ● 超多资源大放送

赠送大量资源，包括 C 语言标准库函数查询手册、C 语言常用信息查询手册、10 套超值完整源代码、全国计算机等级考试二级 C 语言考试大纲及应试技巧、C 语言常见面试题、C 语言常见错误及解决方案、C 语言开发经验及技巧大汇总、C 语言程序员职业规划、C 语言程序员面试技巧、Java 和 Oracle 项目实战教学录像。

读者可以申请加入编程语言交流学习群（QQ：829094243），可在群中获得本书的学习资料，并和其他读者进行交流，帮助你无障碍地快速学习本书中的知识和技能。

## 读者对象

- 没有任何 C 语言基础的初学者。
- 已掌握 C 语言的入门知识，希望进一步学习核心技术的人员。
- 具备一定的 C 语言开发能力，缺乏 C 语言实战经验的人员。
- 各类院校及培训学校的老师和学生。

## 二维码视频教程学习方法

为了方便读者学习，本书提供了大量视频教程。读者使用微信、QQ 的"扫一扫"功能扫描书中二维码，即可通过手机观看视频教程。

如图所示，扫描标题旁边的二维码即可观看本节视频教程。

## ▶1.1 C 语言的开发环境

学习一门编程语言之前，首先要做的就是熟悉这门语言所使用的开发软件——开发环境。下面介绍一下 C 语言常用的开发环境。

## 创作团队

本书由河南工业大学李岚主编，其中第 4~5 章由胡江汇编写，第 7、第 9 章由张猛编写，第 13~14 章由李永刚编写。在此书的编写过程中，我们竭尽所能地将最好的内容呈现给读者，但书中也难免有疏漏之处，敬请广大读者不吝指正。若读者在阅读本书时遇到困难或疑问，或有任何建议，可发送邮件至 zhangtianyi@ptpress.com.cn。

编者

# 目录
## CONTENTS

## 第 II 篇
# 核心技术
## ——函数

## 第13章　函数

## 第14章　变量的作用范围和存储类型

## 第15章　库函数

## 第 III 篇
# 高级应用——指针及文件

# 第 IV 篇 数据结构及C语言中的常用算法

# 第 V 篇
# 趣味解题

**赠送资源**
**Free resources**

❶ C语言标准库函数查询手册

❷ C语言常用信息查询手册

❸ 10套超值完整源代码

❹ 全国计算机等级考试二级C语言考试大纲及应试技巧

❺ C语言常见面试题

❻ C语言常见错误及解决方案

❼ C语言开发经验及技巧大汇总

❽ C语言程序员职业规划

❾ C语言程序员面试技巧

❿ Java和Oracle项目实战教学录像

# 第 **0** 章

## 学习攻略

在学习任何一门编程语言之前，都应该对这门语言的用途和应用领域有一个比较清楚的认识。只有这样，才能有目的、有方向地去学习。

**本章要点（已掌握的在方框中打钩）**

□ C 语言的起源及特点
□ C 语言的用途
□ C 语言的学习方法

## ▶ 0.1 编程的魔力

提到计算机编程，大家第一反应就是，烦琐的代码和复杂的指令。实际上，编程是一件神奇的、具有魔力的事情。

首先不妨看下 2147 483 647 这个数字，2147 483 647 仅可以被 1 及其本身整除，因此也被称为质数（素数）。它在 1772 年被欧拉发现，在当时堪称世界上已知的最大的质数，由于证明过程复杂，欧拉也就被冠以"数学英雄"的美名。但是，现在通过简单的程序，不到 1 秒就可以证明 2147 483 647 是质数。

下面我们再来看一下八皇后问题。八皇后问题是一个古老而著名的数学问题，该问题是国际象棋棋手马克斯·贝瑟尔于 1848 年提出的。在 8×8 格的国际象棋上摆放 8 个"皇后"，使其不能互相攻击，即任意两个皇后都不能处于同一行、同一列或同一斜线上，问有多少种摆法？

上图所示的就是其中的一种摆法，但是有没有其他方案呢？一共有 92 种摆法，想知道通过程序多久能计算出来吗？可以告诉你，不到 1 秒就可以。

相信很多读者都玩过"数独"这个经典的数字游戏（如果没有玩过这个游戏，不妨在网上先了解一下游戏的背景和规则），题目很多，而每一个题目都会对应很多种解法，有的甚至会有几万种。如果想在纸上解出所有方法，是很难实现的，但是通过程序，只需 1 秒，甚至不到 1 秒，就可以轻松计算出有多少种解法。

除了上面提到的问题外，还有猴子选大王、迷宫求解、商人过河、哥德巴赫猜想及选美比赛等很多趣味问题。读者既可以了解每个问题背后有趣的故事，又可以自己动手编程获得问题的解决方法；既能开阔眼界，又能学习知识。这也算是编程的特殊魔力吧！

## ▶ 0.2 C 语言的起源及特点

C 语言是一种计算机程序设计语言，它既有高级语言的特点，又有低级语言的特点。它可以作为系统设计语言来编写系统软件，如 MySQL、Windows 操作系统等软件的内核都是用 C 语言编写的；也可以作为应用程序设计语言来编写不依赖计算机硬件的应用软件，很多经典小游戏就是用 C 语言编写的。因此，它的应用范围非常广泛。下面就来了解一下 C 语言的起源及特点。

### 01 C 语言的起源

C 语言的诞生及发展历程如图所示。

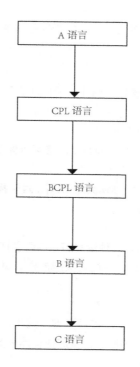

（1）第 1 阶段：A 语言。

C 语言的发展颇为有趣，它的原型是 ALGOL 60 语言（也就是算法语言 60），也称 A 语言。ALGOL 60 是一种面向问题的高级语言，它"离硬件比较远"，不适合用于编写系统程序。ALGOL 60 是程序设计语言"由技艺转向科学"的重要标志，具有局部性、动态性、递归性和严谨性等特点。

（2）第 2 阶段：CPL 语言。

1963 年，剑桥大学将 ALGOL 60 语言发展成为 CPL（Combined Programming Language），CPL 在 ALGOL 60 的基础上与硬件接近了一些，但规模仍然比较宏大，难以实现。

（3）第 3 阶段：BCPL 语言。

1967 年，剑桥大学马丁·理查兹对 CPL 进行了简化，推出了 BCPL（Basic Combined Programming Language）。BCPL 是计算机软件人员在开发系统软件时作为记述语言使用的一种结构化程序设计语言，它能够直接处理与计算机本身数据类型相近的数据，具有与内存地址对应的指针处理方式。

（4）第 4 阶段：B 语言。

在 20 世纪 70 年代初期，美国贝尔实验室的肯·汤普森对 BCPL 进行了修改，设计出比较简单而且"很接近硬件"的语言，取名为 B 语言。B 语言还包括了汤普森的一些个人偏好，比如在一些特定的程序中减少非空格字符的数量。和 BCPL 以及 FORTH 类似，B 语言只有一种数据类型——计算机字。大部分的操作将其作为整数对待，例如进行 +、-、*、/ 操作；但进行其余的操作时，则将其作为一个复引用的内存地址。在许多方面，B 语言更像是一种早期版本的 C 语言，它还包括了一些库函数，其作用类似于 C 语言中的标准输入 / 输出函数库。

（5）第 5 阶段：C 语言。

由于 B 语言过于简单，数据没有类型，功能也有限，所以美国贝尔实验室的丹尼斯·M·里奇在 B 语言的基础上设计出了一种新的语言，取名为 C 语言，并试着以 C 语言编写 UNIX 操作系统。1972 年，丹尼斯·M·里奇完成了 C 语言的设计，并成功地利用 C 语言编写出了操作系统，从而降低了操作系统的修改难度。

1978 年，C 语言先后被移植到大、中、小、微型计算机上，风靡世界，成为应用最广泛的几种计算机语言之一。

1989 年，美国国家标准协会（American National Standard Institute，ANSI）发布了第一个完整的 C 语言标准——ANSI X3.159-1989，简称 C89，1994 年，国际标准化组织（International Organization for Standardization，

ISO）修订了 C 语言的标准。C 语言标准 C99 是在 1999 年颁布、在 2000 年 3 月被 ANSI 采用的，正式名称是 ISO/IEC 9899:1999。

### 02 C 语言的特点

每一种语言都有自己的优缺点，C 语言也不例外，所以才有了语言的更替，有了不同语言的使用范围。下面列举 C 语言的一些特点。

（1）功能强大、适用范围广、可移植性好。

许多著名的系统软件都是由 C 语言编写的，而且 C 语言可以像汇编语言一样对位、字节和地址进行操作，而这三者是计算机的基本工作单元。

C 语言适合于多种操作系统，如 DOS、Windows、UNIX 等。对于操作系统以及需要对硬件进行操作的场合，使用 C 语言明显优于使用其他解释型高级语言。

（2）运算符丰富。

C 语言的运算符包含的范围广泛，共有 34 种运算符。C 语言把括号、赋值、强制类型转换等都作为运算符处理，从而使 C 语言的运算类型极其丰富，表达式类型多样。灵活地使用各种运算符可以实现在其他高级语言中难以实现的运算。

（3）数据结构丰富。

C 语言的数据类型有整型、实型、字符型、指针类型、结构体类型、共用体类型等，能用来实现各种复杂的数据结构的运算。C 语言还引入了指针的概念，从而使程序的效率更高。

（4）C 语言是结构化语言。

结构化语言的显著特点是代码和数据的分隔化，即程序的各个部分除了必要的信息交换外彼此独立。这种结构化方式可使程序层次清晰，便于使用、维护以及调试。C 语言是以函数形式提供给用户的，因此用户可以方便地调用这些函数，通过多种循环和条件语句来控制程序的流向，从而使程序结构化。

（5）C 语言可以进行底层开发。

C 语言允许直接访问物理地址，可以直接对硬件进行操作，因此可以使用 C 语言来进行计算机软件的底层开发。

（6）其他特点。

C 语言对语法的限制不太严格，其语法比较灵活，程序编写者有较大的自由度。另外，C 语言生成的目标代码质量高，程序执行效率高。

## ▶ 0.3　C 语言的用途

**C 语言应用范围极为广泛，不仅仅是在软件开发上，各类科研项目也都要用到 C 语言。下面列举了 C 语言一些常见的用途。**

（1）应用软件。Linux 操作系统中的应用软件有许多是用 C 语言编写的，这样的应用软件安全性非常高。

（2）对性能要求严格的领域。许多对性能有严格要求的程序都是用 C 语言编写的，比如网络程序的底层、网络服务器端的底层和地图查询等软件。

（3）系统软件和图形处理。C 语言具有很强的绘图能力、数据处理能力和可移植性，可以用来编写系统软件、制作动画、绘制二维图形和三维图形等。

（4）数字计算。与其他编程语言相比，C 语言是数字计算能力较强的高级语言。

（5）嵌入式开发。手机、个人数字助理（又称掌上电脑）等电子产品内部的应用软件、游戏等很多都是采用 C 语言进行嵌入式开发的。

（6）游戏软件开发。利用 C 语言可以开发很多游戏，例如推箱子、贪吃蛇等。

## ▶ 0.4　C 语言实现的人机交互

**计算机是用来帮助人类改变生活的工具，如果希望计算机帮助你做事情，首先需要做什么？当然是与计**

算机进行沟通，那么沟通就需要一门语言。人与人之间可以用肢体动作、语言进行沟通，而如果要与计算机沟通，就需要使用计算机能够"听懂"的语言。其中，**C 语言便是人类与计算机沟通的一种语言。**

既然计算机是人类制造出来的、帮助人类的工具，显然让计算机"开口说话"、把计算机所知道的东西告诉人类是非常重要的。那么，首先就来看一下如何让计算机开口说话。

计算机要把它所知道的告诉人类，有很多方法，比如可以显示在显示器上，可以通过音箱等设备发出声音等。如果用屏幕输出，这里就需要一个让计算机开口说话的命令 printf。

```
printf("ni hao");
```

printf 和中文里面的"说"、英文里面的"say"是一个意思，就是控制计算机说话的一个单词。在 printf 后面紧跟一对圆括号 ()，把要说的内容放在这个括号里。在 ni hao 的两边还有一对双引号 ""，双引号里面的就是计算机要说的内容。最后，还需要用分号";"表示语句的结束。

但在编写程序的过程中，仅仅包含 printf("ni hao"); 这样的语句，计算机是识别不了的，还需要加一个框架。

```
#include <stdio.h>
#include <stdlib.h>
int main()
{
printf("ni hao");
return 0;
}
```

用 { 和 } 括起来的部分，通常表示程序某一层次的结构。

所有 C 语言程序都必须有框架，并且类似 printf 这样的语句都要写在这一对花括号 {} 之间才有效。

除了与计算机交流的这些"命令"外，还需要有"C 语言编译器"这样一个特殊软件，其作用是把代码变成一个可以让计算机直接运行的程序。这些软件需要下载并安装到计算机中才能使用。

当然，不同的编程语言，让计算机"说话"的方式不同，这些就等着大家去学习。或许通过大家的努力，将来让计算机通过人类语言与人类交流也能够轻松实现。

# ▶ 0.5 C 语言的学习方法

**C 语言是在国内外广泛使用的一种计算机语言，很多新型的语言，如 C++、Java、C#、J#、Perl 等都衍生自 C 语言。掌握了 C 语言，可以说就相当于掌握了很多门语言。**

在编写一个较大的程序时，应该把它分成几个小程序，这样会容易得多。同时，学习 C 语言时应该操作和理论相结合，两者是不可分割的。

读者要学习 C 语言，首先要注意以下几个方面。

（1）要培养学习 C 语言的兴趣。从简单的引导开始，有了学习的兴趣，才能够真正掌握 C 语言。此外，还要养成良好的学习习惯，切忌"逼迫学习"，把学习当成负担。

（2）学习语法。可以通过简单的实例来学习语法，了解它的结构。如变量，首先要了解变量的定义方式（格式），其意义是什么（定义变量有什么用）；其次要学习怎么去运用它（用什么形式去应用它）。这些都是语法基础，也是 C 语言的基础，如果把它们都了解了，那么编写程序就得心应手了。

（3）学好语法后就可以开始编程了。在编写程序的时候，应该养成先画算法流程图的良好习惯。因为 C 语言的程序结构是模块化的，按照顺序一步步地从上往下执行，而流程图的思路也是从上到下一步步设计出来的。流程图画好了，编程的思路也基本定了，然后只需根据思路来编写程序代码即可。

（4）养成良好的编程习惯。例如，编写程序时每行代码要有缩进，程序复杂时还要写注释，这样程序看起来才会很清晰，错误也会减少很多，便于日后阅读、维护。

学习编程语言就是一个坚持读程序、编写代码、上机调试的过程。

（1）要学好 C 语言，首先要有一本好的入门书籍。本书把 C 语言所涉及的内容由易到难进行了详细的讲解，对于读者来说是个不错的选择。

（2）亲手操作。在大概了解内容后，一定要把程序"敲"出来自己运行一遍。编程工具推荐 Code::Blocks。

（3）读程序。找一些用 C 语言编写的程序的例子，试着去读懂。

（4）自己改写程序。通过前面的学习，应该已经掌握了一些基本的编程技巧，在此基础上对程序进行改写。一定要有自己的想法，然后让自己的想法通过程序来实现。编程语言的学习过程就是坚持的过程，只要掌握了一种编程语言，再去学习其他的语言就很轻松了。

第 Ⅰ 篇

# 基础知识

# 第 **1** 章

# 步入 C 语言的世界——Hello C

　　C 语言是国际上广泛流行的计算机高级程序设计语言，从诞生就注定了会受到世界的关注。它是世界上最受欢迎的语言之一，具有强大的功能，许多软件都是用 C 语言编写的。学习好 C 语言，可以为以后的程序开发打下坚实的基础。现在就跟笔者一起步入 C 语言的世界吧。

## 本章要点（已掌握的在方框中打钩）

□ C 语言的开发环境
□ 开始 C 编程——我的第一个 C 程序

# ▶ 1.1 C 语言的开发环境

学习一门编程语言之前，首先要做的就是熟悉这门语言所使用的开发软件——开发环境。下面介绍一下 C 语言常用的开发环境。

## 1.1.1 C 语言常用的开发环境

C 语言常用的集成开发环境（Integrated Development Environment，IDE）和编译器有 Microsoft Visual C++ 6.0、Microsoft Visual C++.NET、Turbo C、Borland C++ Builder、Code::Blocks、Dev- C++、KDevelop、Eclipse CDT 等。IDE 主要是在程序员开发时提供各种软件应用组件，而受程序员欢迎的 IDE 都有一个共同点，那就是用户界面非常有吸引力。

### 01 Microsoft Visual C++

Microsoft Visual C++ 不仅是一个 C++ 编译器，而且是一个基于 Windows 操作系统的功能强大的可视化集成开发环境。自 1993 年微软公司推出 Visual C++1.0 后，随着其新版本的不断问世，Visual C++ 已成为专业程序员进行软件开发的重要工具。虽然微软公司推出了 Visual C++.NET(Visual C++ 7.0)，但它的应用有很大的局限性，只适用于 Windows 2000、Windows XP 和 Windows NT 4.0。所以实际中，更多的是以 Microsoft Visual C++ 6.0 为平台。Microsoft Visual C++ 6.0 由许多组件组成，包括编辑器、调试器以及程序向导 AppWizard、类向导 Class Wizard 等。这些组件通过一个名为 Developer Studio 的组件集成为和谐的开发环境。Microsoft Visual C++ 较受推崇的是 Microsoft Visual C++ 6.0，简称 VC 6.0。

### 02 Microsoft Visual C++.NET

Microsoft Visual Studio.NET 是 Microsoft Visual Studio 6.0 的后续版本，是一套完整的开发工具集。它在 .NET 平台下调用 Framework 的类库，功能强大，其中包含了 Visual C++ 开发组件。

### 03 Turbo C

Turbo C 是美国 Borland 公司的产品，是一个基于 DOS 平台的应用程序，也可以在 Windows 环境下运行。目前比较新的版本为 Turbo C 3.0，常用的版本是 Turbo C 2.0。Turbo C 2.0 是 C 语言集成环境，它集编辑、编译、连接和运行功能于一身，使得 C 程序的编辑、调试和测试非常简捷，编译和连接速度极快，使用也很方便。它提供了两种编译方式，一种是命令行方式，另一种是集成开发环境。

### 04 Borland C++ Builder

Borland C++ Builder 是 Borland 公司继 Delphi 之后推出的一款高性能集成开发工具，具有可视化的开发环境，是基于 C++ 语言的快速应用程序开发工具。C++ Builder 充分利用已经发展成熟的 Delphi 的可视化组件库，吸收 Borland C++ 优秀编译器的诸多优点，结合先进的基于组件的程序设计技术，已成为一个非常成熟的可视化应用程序开发工具。C++ Builder 可以快速、高效地开发出基于 Windows 环境的各类程序，尤其在数据库应用和网络应用方面，更是一个十分理想的软件开发平台。

### 05 Code::Blocks

Code::Blocks 是一个开放源码的全功能的跨平台 C/C++ 集成开发环境，在 Linux、macOS、Windows 操作系统上都可以运行，且自身体积小，安装非常方便。它拥有简洁的用户界面，高效的编译器和调试器等，而且不需要购买许可证，上手难度不高，是一款轻量却又不失强大功能的好软件，支持 GCC 和 g++（Linux 操作系统下）。Code::Blocks 由纯粹的 C++ 语言开发完成，它使用了著名的图形界面库 wxWidgets(2.6.2 unicode 版 )。

不同版本的 C 语言编译系统，所实现的语言功能和语法规则又略有差别，因此读者应了解所用的 C 语言编译系统的特点，这可以参阅有关手册。

本书主要是以 Code::Blocks 16.01 为程序开发环境，因为它功能完善，操作简便，界面友好，适合初学者开发使用。它除了能够完成最基本的编辑、编译、调试的功能，还具备以下特点。

（1）开源。

开源全称为开放源代码。开源软件的本质是开放，也就是任何人都可以得到软件的源代码，并在版权限制范围内使用。

（2）跨平台、跨编译器。

Windows、Linux、mac OS 操作系统都可以使用，即使将来更换了设备也无须担忧。支持多款编译器，只要简单配置就可以轻松切换 GCC/g++、Visual C++、Borland C++、Intel C++ 等 20 多款编译器。

（3）插件式框架。

初学者可能无法理解框架的概念，简单说就是方便添加各种小功能。

（4）采用 C++ 写成。

运行环境非常简单，不用安装其他庞杂的架构。

（5）升级频繁与维护良好。

几乎每个月都有升级包，还有热心网友提供的各种功能包。

（6）内嵌可视化 GUI 设计。

IDE 的图形界面，采用了 wxWidgets。

### 1.1.2 Code::Blocks 开发环境

Code::Blocks 16.01 下载完成后会得到一个安装包（.exe 可执行文件），双击该文件即可开始安装。具体安装过程如下。

双击 .exe 文件，直接进入安装程序，如下图（左）所示，单击【Next】按钮。

同意 Code::Blocks 的各项条款，如下图（右）所示，单击【I Agree】按钮。

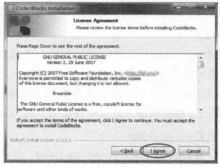

选择要安装的组件，默认选择 Full 全部安装，如下图（左）所示，然后单击【Next】按钮。

选择安装路径时，默认位置即可，也可以安装在任意位置，但是路径中不要包含中文，如下图（右）所示，然后单击【Install】按钮。

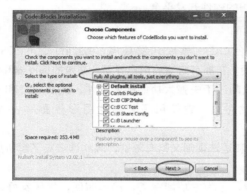
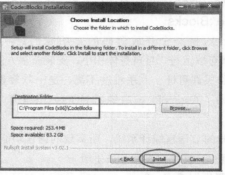

**等**待安装。安装完成后，如下图（左）所示，单击【Finish】按钮。

打开【开始】→【所有程序】，会发现多了一个名为"CodeBlocks"的文件夹，如下图（右）所示，证明 Code::Blocks 已安装成功，同时在桌面上也会产生 CodeBlocks 的快捷方式。

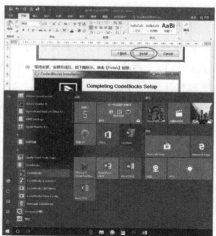

启动 Code::Blocks 16.01，窗口如下图所示。

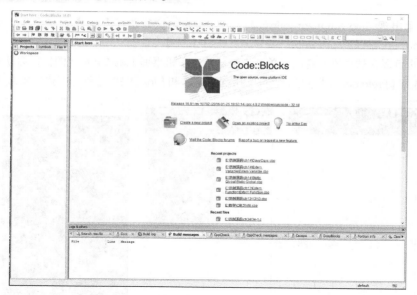

### 1.1.3 手机编译器

对于没有计算机，或者计算机不在身边的读者，也可以使用手机随时学习 C 语言，只需要在手机上安装 C 语言的编译器。不过由于手机屏幕限制，虚拟键盘使用非常不便，因为要经常在英文、数字、符号之间切换，代码编写效率较低。

目前，比较常用的手机编译器有 C4droid、C 语言编译器、Quoda、AIDE、CppDroid、Mobile C 等。这些软件需要到手机的"应用商店"或者官网中下载安装，有些是需要付费的。

本书主要介绍在安卓系统中使用的一个用户友好、功能强大的 C/C++ IDE 和编译器 C4droid。C4droid 默认使用 TCC（Tiny C Compiler）为编译器，可以选择安装 GCC 插件和 SDL 插件库（不需要 ROOT）。选用 GCC 后，可以用 SDL（简单直控媒体层库，需安装 SDL plugin for C4droid）和 QT（Nokia 官方开发库，需安装 SDL plugin for C4droid）；也可以开发 Native Android App（需安装 SDL plugin for C4droid），就

像 Google NDK 一样。GCC 插件的 4.7.2 版本提供了示例程序，包含 SDL、Android Native、QT 和命令行测试程序源码。

　　C4droid 支持离线 C 语言编译器、源代码编辑器、语法高亮、标签、自动补全代码、代码格式化、文件关联和撤销 / 重做、调试器、可定制的图形用户界面等常用功能，编译时间随手机 CPU 主频而定，主频越高编译越快，支持将程序打包成 .apk 安装包。

　　下面介绍笔者安装 C4droid 的具体过程。

　　首先在计算机上搜索 "C4droid 安卓汉化版"，通过手机扫码或者用连接线的方式把手机连接到计算机上，直接把软件下载到手机上并进行安装，如下图（左）所示。

　　安装成功后，在手机桌面上会出现 C4droid 的图标，如下图（右）所示。

　　在安装过程中出现 "Do you want to install GCC?" 提示，这时选择【Yes】。当出现 "You need to install GCC for C4droid from Google Play,proceed?" 提示时，选择【OK】。

　　GCC 和 SDL 也可以在软件安装完成后单独安装。单击手机桌面上的 C4droid 图标，启动 C4droid，单击右上角下拉按钮，选择【Preferences】选项，找到【Install GCC】和【Install SDL】就可以进行安装了，如下图所示。

　　当然读者也可以直接在手机的 "应用商店" 中搜索 "C4droid"，可以找到很多类似的应用程序。

# ▶ 1.2 开始 C 编程——我的第一个 C 程序

　　**C 语言集成开发环境比较多，没有必要对每一种开发环境都熟练地掌握，只需要精通一种开发环境即可。下面在开发环境中学习编写第一个 C 程序。**

## 1.2.1 程序编写及运行流程

　　汇编程序要转换成可执行文件（可以理解为能够 "单独运行" 的文件，一般在 Windows 操作系统中常见的可执行文件为 .exe、.sys、.com 文件等），需要通过汇编器来实现。那么，对于用 C 语言编写的代码，是如何把它转换为可执行文件的呢？

要转换C语言源代码为可执行文件，需要借助的工具是编译器（Compiler），转换的过程叫作编译。经过编译生成目标程序，目标文件是机器代码，是不能够直接执行的，它需要有其他文件或者其他函数库辅助，才能生成最终的可执行文件，这个过程称之为连接，使用的工具叫作连接器。

C程序的编写和运行流程如下图所示。

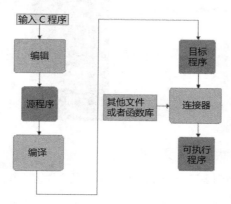

我们把编写的代码称为源文件或者源代码，输入、修改源文件的过程称为编辑。在这个过程中还要对源代码进行布局排版，使之有层次、方便阅读，并辅以一些说明的文字，帮助我们理解代码的含义，这些文字称为注释。它们仅起到说明的作用，不是功能代码，不会被执行。编辑的源代码经过保存，生成扩展名为".c"的文件。这些源文件并不能够直接运行，而需要经过编译，把源文件转换为以".obj"为扩展名的目标文件。此时目标文件再经过一个连接的环节，最终生成以".exe"为扩展名的可执行文件。计算机系统能够运行的是可执行文件。

## 1.2.2 在 Code::Blocks 中开发 C 程序

启动 Code::Blocks 16.01 并新建程序。

### 范例 1-1　使用Code::Blocks 16.01创建C程序并运行。

第1步：创建 .c 文件，如下图（左）所示，在 Code::Blocks 窗口中单击【Create a new project】。

当然也可以用菜单或者功能按钮区域里的命令按钮来创建新文件。在【New from template】对话框中选择【Files】→【C/C++ source】，如下图（右）所示，单击【Go】按钮。

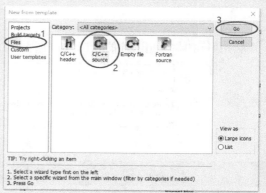

在【C/C++ source】对话框中选择【C】，如下图（左）所示，单击【Next】按钮。

在"Filename with full path："下的文本框中输入完整的文件名"1-1.c"，注意不要出现全角字符，然后单击文本框右边的【...】路径选择向导按钮，如下图（右）所示，选择文件保存路径后，单击【Finish】按钮。

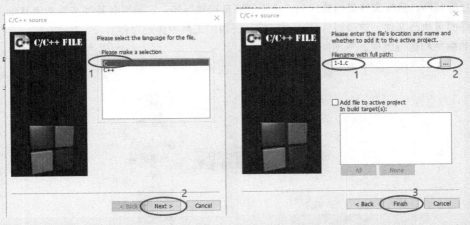

在主窗口的工作区中可以看到多了一个名字为"1-1.c"的文件选项卡 [ 见下图（左）]，现在可以在这里面输入以下代码（代码 1-1.txt）。

```
#include <stdio.h>              /* 包含标准输入输出头文件 */
int main (void)                 /* 主函数 */
{                               /* 函数体开始 */
    printf( "Hello C!\n" );     /* 在屏幕上输出 Hello C!*/
    return 0;                   /* 主函数结束后返回值 0*/
}                               /* 函数体结束 */
```

第 2 步：运行程序。

单击功能按钮区中的【Build and Run】按钮，程序直接完成编译、连接和运行工作，如下图（右）所示。

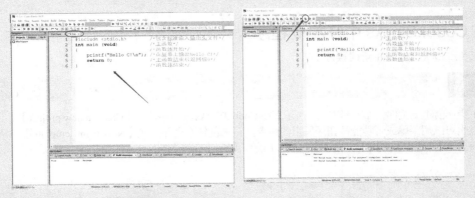

在程序执行窗口中输出程序的结果，如下图所示。

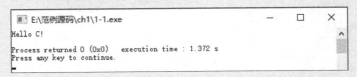

📋 提示

　　如果程序在编译时有语法错误，则不出现运行结果，会在代码编辑工作区下面的"Logs & others"窗口中显示"第 × 行……（错误信息）"，这时可以按照这些提示信息修改代码，重新编译、运行，直到没有语法错误，并且能够在程序执行窗口中输出程序的结果为止。对应快捷键：编译【Ctrl+F9】，运行【Ctrl+F10】。

### 1.2.3 在手机编译器中开发 C 程序

单击手机桌面上的 C4droid 图标，启动 C4droid。

第 1 步：在提示行中直接输入代码，如下图（左）所示。

第 2 步：运行程序。

单击窗口底部功能按钮区中的【RUN】，程序直接完成编译、连接和运行工作。如果代码有语法错误，窗口中会出现错误提示，如下图（右）所示，提示错误出现在第一行中，点击屏幕，回到编辑窗口中修改所有错误。

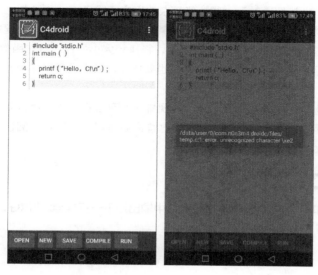

重新单击【RUN】，直到在程序执行窗口中输出正确的结果，如下图（左）所示。此时点击屏幕回到编辑窗口中。

第 3 步：保存程序。

窗口底部功能按钮区中的【OPEN】【NEW】【SAVE】【COMPILE】可以打开文件、创建新文件、保存文件、编译文件。如点击【SAVE】，在提示窗口中输入完整的文件名即可保存，如下图（右）所示。

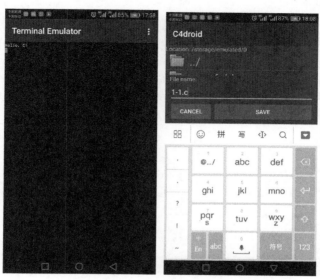

# ▶ 1.3 高手点拨

　　学习任何一种编程语言，实践练习都是十分重要的，不要只看不练、眼高手低。要活学活用，看完课本中的范例之后，自己要在开发环境中独立操作一遍，不能认为简单而不亲手去操作。在编写 C 语言程序时，一定要注意养成好的书写习惯，好的书写习惯是一名优秀程序员具备的基本修养。一段程序可以反映一个人的编程水平，所以，针对 C 语言编程的书写，有以下 4 点建议。

　　（1）在每个程序文件最前面注释编写日期、程序的功能。

　　（2）代码格式要清晰，避免错乱；每段代码后面要注释这段代码的功能，便于以后的修改和查看。

　　（3）程序的模块化，也就是说对于一些功能复杂的程序，除了 main() 函数之外，还要定义其他函数，以免 main() 函数中的程序烦琐，也便于其他函数调用某个功能模块。例如，一个程序既要对整数排序，又要实现比较大小，那么可以将排序的程序放在函数 A 中，将比较大小的程序放在函数 B 中，然后在 main() 函数中调用这两个函数就可以了。如果其他函数中的整数也要排序，只需调用排序函数 A 就可以了，避免反复书写同样功能的程序段。

　　（4）函数命名规范化，例如，某段程序专门实现排序，可以将这段程序放到一个自定义函数中，将这个函数命名为 "order"。因为 order 有排序的意思，这样命名可以一目了然，阅读程序的人通过函数名就可以知道该函数实现什么样的功能，便于理解。

# ▶ 1.4 实战练习

　　在 Code::Blocks 中编写 C 程序，在程序执行窗口中输出如下一行内容："你好，世界！"

第 **2** 章

# C 程序的结构

在 C 语言中，如同"学习攻略"一章中讲到的内容，仅仅用代码
printf("ni hao") 这样的"命令"计算机是识别不了的，必须把这个命令放
在一个程序框架中。我们编写的程序也可能很简单，代码可以全部放在
一个主函数中；编写的程序也可能很复杂，代码必须放在不同的文件中。
本章将介绍 C 程序的完整结构。

## 本章要点（已掌握的在方框中打钩）

☐ 声明区
☐ 主函数
☐ 函数定义区
☐ 注释
☐ 书写代码的规则

# ▶ 2.1 引例

**范例 2-1　计算圆的周长。**

（1）在 Code::Blocks 中，新建名为"2-1.c"的文件。
（2）在代码编辑区域输入以下代码（代码 2-1.txt）。

```
01  #include <stdio.h>     /* 包含标准输入输出头文件 */
02  #define PI 3.14         /* 定义符号常量 PI, 它的值是 3.14*/
03  float circum(int);      /* 声明子函数 */
04  int main()              /* 主函数 */
05  {
06      int radius;                  /* 整型变量, 存储半径值 */
07      float cir;         /* 浮点型变量, 存储周长值 */
08      radius = 2;                  /* 给半径赋初值 */
09      cir = circum(radius);        /* 调用计算周长子函数 */
10      printf(" 半径是 %d, 周长是 %f。\n",radius,cir); /* 输出变量 radius 的值和 cir 的值 */
11      return 0;          /* 返回值 */
12  }                      /* 主函数结束 */
13  float circum(int r)    /* 子函数 */
14  {
15      return 2 * PI * r; /* 计算周长, 并返回主函数 */
16  }                      /* 子函数结束 */
```

**【运行结果】**

编译、连接、运行程序，即可在程序执行窗口中输出以下结果。

**【范例分析】**

通过这个 C 程序可以看到一个源文件的完整结构，如下图所示。下面将分别介绍 C 程序的这些部分。

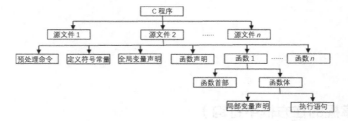

# ▶ 2.2 声明区

## 2.2.1　头文件

　　一个 C 程序可以由若干个源文件组成，每一个源文件可以由若干预处理命令、全局变量声明、函数声明以及函数组成，每一个函数由函数首部和函数体组成。

　　作为一名程序开发人员，不可能每次编写都从最底层开发。如在上例中，要输出一串字符到输出设备上，我们需要做的仅是调用 C 语言已经定义好的标准函数 printf()，至于数据是怎样显示在屏幕上的，我们并不关心。虽然我们不需要知道 printf() 函数的功能代码是如何设计的，但是我们要告诉编译系统 printf() 函数的功能代码包含在 stdio.h 这个头文件中，这是一个包含标准输入输出函数解释程序的头文件，这样程序在调用 printf() 函数时就能正确执行其功能。

　　C 语言提供丰富的函数集，我们称之为标准函数库。标准函数库包括 15 个头文件，分别为 assert.h、ctype.h、errno.h、float.h、limits.h、locale.h、math.h、setjmp.h、signal.h、stdarg.h、stddef.h、stdio.h、stdlib.h、string.h、time.h，借助这些库函数中的函数可以完成不同的功能，用户不需要再去写这些功能的代码了，灵活使用这些标准函数可以大大提高编程的效率。在源文件的最开始要用 include 命令把相应的头文件包含进来，其格式为：

　　　　#include <头文件名 >

## 2.2.2 函数声明

　　在一个源文件中除了必须有一个 main() 函数外，往往还有用户自定义的实现其他功能的函数，例如【范例 2-1】中的求圆的周长的 circum() 函数。为了能在 main() 函数中正确调用它，一般要在主函数首部的前面进行函数声明，函数声明的一般形式如下。

　　　　函数返回数据类型　函数名（参数类型 1，参数类型 2，…）；

　　函数声明由函数返回类型、函数名和形参列表组成。即通过函数原型（即函数的首部）将函数名、函数类型以及形参的个数、类型、顺序通知编译系统，以便在调用该函数时，系统可以对照进行语法检查。另外，在软件设计过程中，定义函数的程序员提供函数原型，使用函数的程序员只需要按函数原型编写调用代码即可。

　　函数声明的详细内容在第 13 章介绍。

## 2.2.3 变量声明

　　在大多数程序设计语言中，使用一个变量之前，都要对这个变量进行声明，C 语言同样如此。那么，什么是变量的声明呢？有什么作用呢？变量的声明其实就是在程序运行前，告诉编译器程序使用的变量以及与这些变量相关的属性，包括变量的名称、类型和长度等。这样，在程序运行前，编译器就可以知道怎样给变量分配内存空间，可以优化程序。

　　变量的声明语句的形式如下。

　　　　数据类型　变量名；

　　变量的声明包括变量的数据类型名和变量名两个部分，变量的声明必须在变量使用之前。来看下面的例子。

```
int num;
double area;
char ppt;
```

　　其中，int、double 和 char 是数据类型名，num、area 和 ppt 是变量名，即变量 num 是 int 类型（整型），area 是 double 类型（双精度实型），ppt 是 char 类型（字符型）。

　　数据类型包括 C 语言已定义的数据类型和用户自定义的数据类型。C 语言常用的已定义的数据类型包括整型、字符型、实型、枚举型和指针类型等。

　　变量名其实就是一个标识符，要符合标识符的命名规则，详见第 3 章。

> 📄 **提示**
>
> 　　如果变量没有经过声明而直接使用，则会出现编译器报错的现象。

　　下面用一个例子来验证声明必须在变量使用的前面。

📝 **范例 2-2**　　验证未声明的标识符不可用。

　　（1）在 **Code::Blocks** 中，新建名为 "2-2.c" 的文件。
　　（2）在编辑窗口中输入以下代码（代码 2-2.txt）。

```
01   #include<stdio.h>
02   int main(void)
```

```
03    {
04      printf("output undeclaredvar num=%d\n",num);
05      return 0;
06    }
```

**【运行结果】**

编译后显示出错，信息如下。

error:'num' undeclared(first use in this function)

**【范例分析】**

在此例子中，没有对标识符 num 进行声明就直接引用，编译器不知道 num 是什么，所以调试时编译器就会报错。

**【拓展训练】**

在第 04 行前插入如下语句。

int num=10;

或者：

int num;
num=10;

检验程序能否运行，是否还报错。

# ▶2.3  主函数

　　**每个 C 程序有且只有一个主函数，也就是 main() 函数，它是程序的入口。C 程序是由函数构成的，这使得程序容易实现模块化；main() 函数后面的"()"不可省略，表示函数的参数列表；"{"和"}"是函数体开始和结束的标志，不可省略。**

　　主函数 main() 在程序中可以放在任何位置，但是编译器都会首先找到它，并从它开始运行。它就像计算机的 CPU，控制计算机中各功能模块协调地工作。

　　下图是对主函数各部分名称的说明。

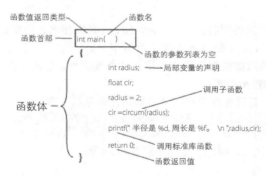

　　在前面的两个范例中，主函数 main() 的首部都是 int 类型，int 是整数 integer 的缩写，表示返回给系统的数据类型是整型数据，在 return 0（返回值是 0）语句中体现了出来。

　　主函数是如何调用其他函数，其他函数之间又是如何调用的呢？在本书的第 13 章详细介绍。

# ▶2.4  函数定义区

　　**C 语言编译系统是由上往下编译的。一般被调函数放在主调函数后面时，主调函数前面就要有对该被调函数的声明，否则 C 语言由上往下的编译系统将无法识别该函数。**

函数的定义部分是实现函数功能的主体，仍然包含函数首部和函数体两部分，这部分可以放在源文件的任意位置。函数定义部分的格式如下。

返回值数据类型 函数名（参数类型 1 参数名 1，…，参数类型 n 参数名 n）
{
函数体
}

例如【范例 2-1】中的 circum() 函数，其功能的定义部分为：

```
float circum(int r)            /* 子函数 */
{
   return 2 * PI * r; /* 计算周长，并返回给主函数 */
}              /* 子函数结束 */
```

下面再看一个有关函数声明和函数定义的综合例子，比较它们有何不同。

```
#include<stdio.h>
int add(int x,int y); // 函数声明语句
main()
{
int a,b,c;
c=add(a,b);
printf("%d",c);
}
int add(int x,int y)// 函数定义
{
   int z;
z=x+y;
return z;
}
```

# ▶2.5 注释

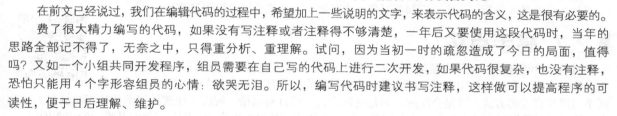

**读者可能已经注意到，很多语句后面都有"/\*……\*/"符号，它们表示什么含义呢？**

在前文已经说过，我们在编辑代码的过程中，希望加上一些说明的文字，来表示代码的含义，这是很有必要的。

费了很大精力编写的代码，如果没有写注释或者注释得不够清楚，一年后又要使用这段代码时，当年的思路全部记不得了，无奈之中，只得重分析、重理解。试问，因为当初一时的疏忽造成了今日的局面，值得吗？又如一个小组共同开发程序，组员需要在自己写的代码上进行二次开发，如果代码很复杂，也没有注释，恐怕只能用 4 个字形容组员的心情：欲哭无泪。所以，编写代码时建议书写注释，这样做可以提高程序的可读性，便于日后理解、维护。

注释的要求如下。

（1）使用"/\*"和"\*/"表示注释的起止，"/"和"\*"之间没有空格，注释内容写在起止符号之间。注释表示对某句代码的说明，不属于程序代码的范畴，比如【范例 1-1】和【范例 2-1】代码中"/\*"和"\*/"之间的内容。

（2）使用"//"表示注释的开始，双斜杠后面跟注释内容。

（3）注释可以注释单行，也可以注释多行，而且注释不允许嵌套，嵌套会产生错误。错误的例子如下所示。

/\* 这样的注释 /\* 特别 \*/ 有用 \*/

这段注释放在程序中不但起不到说明的作用，反而会使编译器产生"错觉"，原因是"这样"前面的"/\*"与"特别"后面的"\*/"匹配，注释结束，而"有用 \*/"就被编译器认为是违反语法规则的代码。

# ▶2.6 书写代码的规则

从书写代码清晰、便于阅读、理解、维护的角度出发，在书写程序时应遵循以下规则。

（1）一个说明或一个语句占一行。我们把空格符、制表符、换行符等统称为空白符。

除了字符串、函数名和关键字，忽略所有的空白符，在其他地方出现时，只起间隔作用，编译器对它们忽略不计。因此在程序中使用空白符与否，对程序的编译不产生影响，但在程序中适当的地方使用空白符，可以增加程序的清晰性和可读性。

例如下面的代码。

```
int
main()
{
    printf("Hello C!\n");
}    /* 这样的写法也能运行，但是太乱，很不妥 */
```

（2）用"{"和"}"括起来的部分，通常表示程序某一层次的结构。"{"和"}"一般与该结构语句的第1个字母对齐，并单独占一行。

例如下面的代码。

```
int main()
{
printf("Hello C!\n");
return 0;}    /* 这样的写法也能运行，但是阅读起来层次不清晰 */
```

（3）低一层次的语句通常比高一层次的语句向右缩进。一般来说，缩进指的是存在两个空格或者一个制表符的空白位置。

例如下面的代码。

```
int main()
{
    printf("Hello C!\n");
    {
        printf("Hello C!\n");
    }
    return 0;
}
```

（4）在程序中书写注释，用于说明程序做了什么，同样可以增加程序的清晰性和可读性。

以上介绍的4点规则，大家在编程时应力求遵循，以养成良好的编程习惯。

# ▶ 2.7　高手点拨

文件中声明函数，就像变量可以在头文件中声明、在源文件中定义一样，函数也可以在头文件中声明，在源文件中定义。把函数声明直接放在每个使用该函数的源文件中是大多数新手习惯并喜爱的方式，这是合法的，但是这种方式古板且易出错。解决方法就是把函数的声明放在头文件中，这样可以确保指定函数的所有声明保持一致。如果函数接口发生变化，则只需修改其唯一的声明即可。

将提供函数声明的头文件包含在定义该函数的源文件中，可使编译器检查该函数的定义和声明是否一致。特别地，如果函数定义和函数声明的形参列表一致，但实际返回数据类型不一致，编译器会发出警告或出错信息来指出差异。

那么函数声明与函数定义，它们到底有什么不同呢？我们知道函数的定义是一个完整的函数单元，它包含函数类型、函数名、形参及形参类型、函数体等，并且在程序中，函数的定义只能有一次，函数首部后面也不加分号。而函数声明只是对定义函数的返回值类型进行说明，以通知系统在本函数中所调用的函数是什么类型。它不包含函数体，并且调用几次该函数应在各个主调函数中作相应声明，函数声明是一个说明语句，必须以分号结束！

# ▶ 2.8　实战练习

（1）输入两个整数 a 和 b，然后再输出这两个整数。

（2）输入两个整数，求这两个整数的和以及平均数并输出。

# 第 **3** 章

# C 语言的基本构成元素

字符是组成语言的基本元素。在 C 语言中使用的字符分为标识符、关键字、运算符、分隔符、常量和注释符这 6 类。C 语言中根据数据是否在程序执行期间发生变化又将数据分为常量和变量，常量可分为数值常量、字符常量、字符串常量、符号常量和转义字符等多种。

## 本章要点（已掌握的在方框中打钩）

□ 标识符和关键字
□ 常量
□ 常量的类别

# ▶ 3.1 标识符和关键字

在学习常量和变量之前，我们先来了解 C 语言中的标识符和关键字。

## 3.1.1 标识符

在 C 语言中，常量、变量、函数名称等都是标识符。可以将标识符看作一个代号，就像日常生活中物品的名称一样。

标识符的名称可以由用户来决定，但也不是想怎么命名就怎么命名，也需要遵循以下一些规则。

（1）标识符只能是由英文字母（A ~ Z，a ~ z）、数字（0 ~ 9）和下划线（_）组成的字符串，并且其第 1 个字符必须是字母或下划线。例如：

```
int MAX_LENGTH;    /* 由字母和下划线组成 */
```

（2）不能使用 C 语言中保留的关键字。例如：int 在变量声明时表示整型数据类型，所以 int 是 C 语言的关键字，不能再作为变量名出现。

（3）C 语言对大小写是敏感的，但程序中不要出现仅靠大小写区分的标识符，例如：

```
int x, X;        /* 变量 x 与 X 容易混淆 */
```

（4）标识符应当直观且可以拼读，让别人看了就能了解其用途。标识符可以采用英文单词或其组合，不要太复杂，且用词要准确，便于记忆和阅读。切忌使用汉语拼音来命名。

（5）标识符的长度应当符合"min-length && max-information（最短的长度表达最多的信息）"的原则。

（6）尽量避免名字中出现数字编号，如 Value1、Value2 等，除非逻辑上需要编号。这是为了防止程序员不肯为命名动脑筋，而导致产生无意义的名字。

## 3.1.2 关键字

关键字是 C 语言中的保留字，通常已有各自的用途（如系统函数名），不能用作标识符。例如"int double;"就是错误的，会导致程序编译错误。因为 double 是关键字，不能用作变量名。

下面列出了 C 语言中的所有关键字。

| | | | |
|---|---|---|---|
| auto | enum | restrict | unsigned |
| break | extern | return | void |
| case | float | short | volatile |
| char | for | signed | while |
| const | goto | sizeof | _Bool |
| continue | if | static | _Complex |
| default | inline | struct | _Imaginary |
| do | int | switch | |
| double | long | typedef | |
| else | register | union | |

# ▶ 3.2 常量

其实我们已经使用过常量了，只是不知道而已，在 1.2.2 节的程序中输出过的"Hello C！"就是一个常量，是一个字符串常量。从这不难看出，常量的值在程序运行中是不能改变的。

在程序中，有些数据是不需要改变的，也是不能改变的，因此，我们把这些不能改变的固定值称为常量。到底常量是什么样的？下面来看几条语句。

```
int a=1;
char ss='a';
```

```
printf("Hello \n");
```

"1"　"a"　"Hello"这些数据在程序执行中都是不能改变的,它们都是常量。

细心一些的读者可能会问:这些常量怎么看上去不一样呢?确实,就像布可以分为丝绸、棉布、麻布等各种类型一样,常量也是有种类之分的。

下面来看一个范例,认识一下这些不同类型的常量。

📋 **范例 3-1**　**显示不同类型常量的值。**

（1）在 Code::Blocks 中,新建名为"3-1.c"的文件。
（2）在编辑窗口中输入以下代码（代码 3-1.txt）。

```
01  #include <stdio.h>
02  int main(void)                   /* 主函数,程序的入口 */
03  {
04    printf("%d \n",+125);          /* 输出整型常量 +125 并换行 */
05    printf("%d \n",-50);           /* 输出整型常量 -50 并换行 */
06    printf("%c \n",'a');     /* 输出字符常量 a 并换行 */
07    printf("%s \n","Hello");       /* 输出字符串常量 Hello 并换行 */
08    return 0;          /* 程序无错误安全退出 */
09  }
```

**【代码详解】**

printf() 函数的作用是输出双引号里的内容,\n 不显示,是转义字符,作用是换行。由于函数首部使用了"int main()",因此在程序结束的时候一定要有返回值,语句"return 0;"就起到程序返回 0 并安全退出的作用。如果使用的是"void main()"语句,就可以省略返回语句 return。

**【运行结果】**

编译、连接、运行程序,即可在程序执行窗口中输出各个类型不同的常量。

```
■ E:\范例源码\ch3\3-1.exe                    —    □    ×
125
-50
a
 Hello

Process returned 0 (0x0)    execution time : 0.766 s
Press any key to continue.
```

**【范例分析】**

本例中有 4 个常量,分别是数值 +125 和 -50,字符"a"和字符串"Hello"。这些就是不同类型的常量。在这里,可以把常量分为数值常量、字符常量、字符串常量和符号常量等。

# ▶3.3　常量的类别

## 3.3.1 ▶数值常量

上例中的 +125 和 -50 都是数值常量,通常表示的是数字,就像数字可以分为整型、实型一样,数值常量也可以分为整型常量和实型常量。数字有正负之分，数值常量的值当然也有正负。在上面的例子中，+125带的是"+"，当然也可以不带，而 -50 前面的"-"则是必须要带的。

---

**范例 3-2　输出数值常量。**

（1）在 Code::Blocks 中，新建名为"3-2.c"的文件。
（2）在编辑窗口中输入以下代码（代码 3-2.txt）。

```
01  #include <stdio.h>
02  int main(void)
03  {
04      printf("%d\n",123);              /* 输出 123*/
05      printf("%f\n",45.31);            /* 输出 45.31*/
06      printf("%d\n",-78);              /* 输出 -78*/
07      printf("%f\n",-12.8975);         /* 输出 -12.8975*/
08      return 0;
09  }
```

**【运行结果】**

编译、连接、运行程序，即可在程序执行窗口中输出各个数值常量。

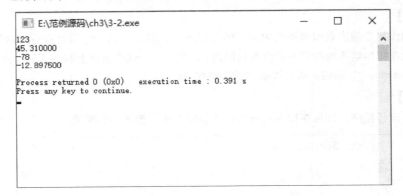

**【范例分析】**

第 04 行输出正整数 123，第 05 行输出正实数 45.31，第 06 行输出负整数 -78，第 07 行输出负实数 -12.8975，这些都是数值常量。

在 C 语言中，数值常量如果大到一定的程度，程序就会出现错误，无法正常运行，这是为什么？

原来，C 程序中的量，包括我们现在学的常量，也包括在后面要学到的变量，在计算机中都要放在一个存储空间里，这个空间就是常说的内存。可以把它们想象成一个个规格固定的盒子，这些盒子的大小是有限的，不能放无穷大的数据。那到底能放多大的数据？读者在学习数据类型后就会有所认识。这里只需记住，整数也好，实数也好，不是想放多大就能放多大的。不过也不用担心，我们能遇到的数，不管多大我们都能想办法放进程序中去，具体的办法读者慢慢就能学会。

**3.3.2　字符常量**

在 C 语言中，字符常量就是指单引号里的单个字符，如【范例 3-1】中的"a"，这是一般情况。还有一种特殊情况，比如"\n""\a"，像这样的字符常量就是通常所说的转义字符。这种字符以反斜杠（\）开头，后面跟一个字符或者一个八进制或十六进制数，表示的不是单引号里面的值，而是"转义"，即转化为具体功能的含义。

下面给出 C 语言中常见的转义字符。

| 字符形式 | 含义 |
|---|---|
| \n | 换行符（光标移动到下行行首） |
| \r | 回车符（光标移动到本行行首） |
| \t | 水平制表符 |
| \v | 垂直制表符 |
| \a | 响铃 |
| \b | 退格符 |
| \f | 换页符 |
| \' | 单引号 |
| \" | 双引号 |
| \\ | 反斜杠 |
| \? | 问号字符 |
| \ooo | 以三位八进制数表示对应的一个 ASCII 字符 |
| \xhh | 以两位十六进制数表示对应的一个 ASCII 字符 |

下面看一个例子，比较一下这些字符常量的含义。

📝 **范例 3-3**　　**比较转义字符的含义。**

（1）在 Code::Blocks 中，新建名为 "3-3.c" 的文件。
（2）在编辑窗口中输入以下代码（代码 3-3.txt）。

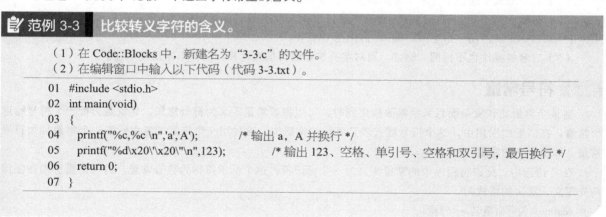

```
01  #include <stdio.h>
02  int main(void)
03  {
04    printf("%c,%c \n",'a','A');        /* 输出 a、A 并换行 */
05    printf("%d\x20\'\x20\"\n",123);        /* 输出 123、空格、单引号、空格和双引号，最后换行 */
06    return 0;
07  }
```

【运行结果】

编译、连接、运行程序，即可在程序执行窗口中输出以下字符常量。

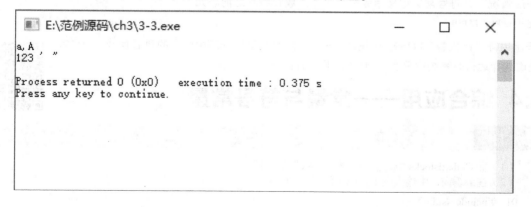

```
E:\范例源码\ch3\3-3.exe                    —    □    ×

a,A
123 ' "

Process returned 0 (0x0)   execution time : 0.375 s
Press any key to continue.
```

**【范例分析】**

本范例中不仅用到了数值常量（比如 123）和字符常量（比如 'a' 'A' 等），还用到了转义字符（比如 "\n" "\'" "\"" "\x20" 等）。第 04 行首先输出一个小写字母 'a'，然后又输出一个大写字母 'A'，接着输出一个转义字符 "\n"，相当于输出一个换行符。第 05 行先输出一个数值常量 123，接着输出一个转义字符 "\x20"，相当于输出 1 个空格，接着输出转义字符 "\'"，相当于输出 1 个单引号，接下来又输出空格、双引号，最后输出换行符。

### 3.3.3 字符串常量

在前面程序中输出的 "Hello" 就是字符串常量，用双引号括起来的形式表示，其值就是双引号里面的字符串。所以字符串常量可以定义为在一对双引号里的字符序列或转义字符序列，比如 ""、" "、"a"、"abc"、"abc\n" 等。

> **提示**
>
> 通常把 "" 称为空串，即一个不包含任意字符的字符串；而 " " 则称为空格串，是包含一个空格字符的字符串。二者不能等同。

比较 "a" 和 'a' 的不同。

（1）书写形式不同：字符串常量用双引号，字符常量用单引号。

（2）存储空间不同：在内存中，字符常量只占用一个字节的存储空间，而字符串存储时自动加一个结束标记 '\0'，所以 'a' 占用一个字节，而 "a" 占用两个字节。

（3）二者的操作也不相同。例如，可对字符常量进行加减运算，字符串常量则不能。

### 3.3.4 符号常量

当某个常量比较复杂而且又经常要被用到时，可以将该常量定义为符号常量，也就是分配一个符号给这个常量，在以后的引用中，这个符号就代表了实际的常量值。这种用一个指定的名字代表一个常量称为符号常量，即带名字的常量。

在 C 语言中，允许将程序中的常量定义为一个标识符，这个标识符称为符号常量。符号常量必须在使用前先定义，定义的格式为：

#define <符号常量名> <常量>

其中，<符号常量名> 通常使用大写字母表示，并且要符合标识符定义规则，<常量> 可以是数值常量，也可以是字符常量。

一般情况下，符号常量定义命令要放在主函数 main() 之前。如：

#define PI 3.14159

表示用符号 PI 代替 3.14159。在编译之前，系统会自动把程序中所有的 PI 替换成 3.14159，也就是说编译运行时系统中只有 3.14159，而没有符号。

## ▶ 3.4 综合应用——常量与符号常量

**范例 3-4**    使用符号常量计算圆的周长和面积。

（1）在 Code::Blocks 中，新建名为 "3-4.c" 的文件。
（2）在编辑窗口中输入以下代码（代码 3-4.txt）。

01   #include <stdio.h>

```
02  #define PI 3.14159          /* 定义符号常量 PI 的值为 3.14159*/
03  int main(void)
04  {
05    float r;
06    printf(" 请输入圆的半径： ");          /* 提示输入圆的半径 */
07    scanf("%f",&r);                /* 读取输入的值 */
08    printf(" 圆的周长： %f\n",2*PI*r);    /* 计算圆的周长并输出 */
09    printf(" 圆的面积： %f\n",PI*r*r);    /* 计算圆的面积并输出 */
10    return 0;
11  }
```

**【运行结果】**

编译、连接、运行程序，根据提示输入圆的半径 6，按【 Enter 】键，程序就会计算圆的周长和面积并输出。

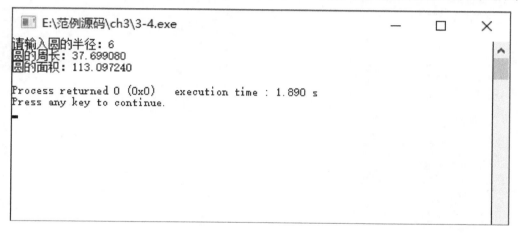

**【范例分析】**

因为我们在程序前面定义了符号常量 PI 的值为 3.14159，所以经过系统预处理，程序在编译之前已经将 "2*PI*r" 变为 "2*3.14159*r"，将 "PI*r*r" 变为 "3.14159*r*r"，然后经过计算并输出。

代码第 02 行中的 #define 就是预处理命令。程序在编译之前，首先要对这些命令进行一番处理，在这里就是用真正的常量值 3.14159 取代符号常量 PI。

有的人可能会问，那既然在编译时都已经处理成常量，为什么还要定义符号常量？原因有两个。

（1）易于输入，易于理解。在程序中输入 PI，我们可以清楚地与数学公式对应，且设计代码时输入相应的字符数少一些。

（2）便于修改。如果想提高计算精度，如把 PI 的值改为 3.1415926，只需要修改预处理命令中的常量值即可，在程序中不管用多少处，该值都会自动地跟着修改。

# ▶3.5 高手点拨

（1）符号常量不同于变量，它的值在其作用域内不能改变，也不能被赋值。

（2）习惯上，符号常量名用大写英文标识符，而变量名用小写英文标识符，以示区别。

（3）定义符号常量的目的是提高程序的可读性，便于程序的调试和修改。因此在定义符号常量名时，应尽量表达它所代表的常量的含义。

（4）对于程序中用双引号括起来的字符串，即使与符号常量名一样，预处理时也不做替换。

# ▶ 3.6 实战练习

（1）编一个程序，设圆柱截面的半径 r=1.2，高 h=1.5，定义圆周率常量 PI=3.1415，求出圆柱的体积并输出。

（2）编一个程序，输出下面图形。

```
*******
 *****
  ***
   *
```

第

# 4

章

# 变量

常量和变量都是用来存储数值的，就像用来存放东西的一堆小箱子，里面的东西永远不变的就是常量，会变的就是变量。变量是计算机程序设计语言中能储存初始值、中间结果或者最终计算结果的抽象元素，变量可以通过变量名访问。本章将介绍变量如何定义、初始化、赋值、输入和输出。

## 本章要点（已掌握的在方框中打钩）

☐ 变量的定义
☐ 变量的初始化和赋值
☐ 变量的输入和输出
☐ 字符的输入和输出

# ▶4.1 变量概述

我们把程序中不能改变的数据称为常量，相对地，能改变的数据就称为变量。

### 4.1.1 变量的定义

变量用于存储程序中可以改变的数据。其实变量就像一个存放东西的抽屉，知道了抽屉的名字（变量名），也就能找到抽屉的位置（变量的存储单元）以及抽屉里的东西（变量的值）。当然，抽屉里存放的东西是可以改变的，也就是说，变量的值是可以变化的。

我们可以总结出变量的 4 个基本属性。

（1）变量名：一个符合标识符定义规则的符号。

（2）变量类型：C 语言中的数据类型或者是自定义的数据类型。

（3）变量位置：数据的存储空间地址。

（4）变量值：数据存储空间内存放的值。

程序编译时，会给每个变量分配存储空间和位置，程序读取数据的过程其实就是根据变量名查找内存中相应的存储空间，从其中取值的过程。

---

📝 **范例 4-1　　变量的简单输出。**

（1）在 Code::Blocks 中，新建名为 "4-1.c" 的文件。

（2）在编辑窗口中输入以下代码（代码 4-1.txt）。

```
01  #include<stdio.h>
02  int main()
03  {
04    int i=10;              /* 定义一个变量 i 并赋初值 */
05    char ppt='a';             /* 定义一个 char 类型的变量 ppt 并赋初值 */
06    printf(" 第 1 次输出 i=%d\n",i);     /* 输出变量 i 的值 */
07    i=20;                 /* 给变量 i 赋值 */
08    printf(" 第 2 次输出 i=%d\n",i);     /* 输出变量 i 的值 */
09    printf(" 第 1 次输出 ppt=%c\n",ppt); /* 输出变量 ppt 的值 */
10    ppt='b';               /* 给变量 ppt 赋值 */
11    printf(" 第 2 次输出 ppt=%c\n",ppt); /* 输出变量 ppt 的值 */
12    return 0;
13  }
```

**【运行结果】**

编译、连接、运行程序，即可在程序执行窗口中输出以下结果。

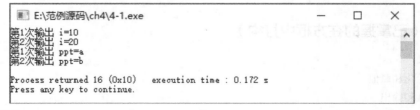

```
E:\范例源码\ch4\4-1.exe                          —  □  ×
第1次输出  i=10
第2次输出  i=20
第1次输出  ppt=a
第2次输出  ppt=b

Process returned 16 (0x10)   execution time : 0.172 s
Press any key to continue.
```

**【范例分析】**

变量在使用前，必须先进行声明或定义，在这个程序中，变量 i 和 ppt 就是先进行定义的。而且变量 i 和 ppt 都进行了两次赋值，可见，变量在程序运行中值是可以改变的。第 04 行和第 05 行是给变量赋初值的一种方式，变量的初始化也可以先声明类型再赋初值。

### 4.1.2 ▶ 变量的定义与声明

在 2.2.3 节已经详细讲解了变量的声明，那么变量的声明与变量的定义有什么区别呢？声明一个变量意味着向编译器描述变量的类型，但并不一定为变量分配存储空间。从广义的角度来讲声明中包含着定义，但是并非所有的声明都是定义。一般情况下我们常常这样叙述，把建立空间的声明称为"定义"，而把不建立存储空间的称为"声明"。定义一个变量意味着在声明变量的同时还要为变量分配存储空间。在定义一个变量的同时还可以对变量进行初始化。来看下面的例子。

```
01   void main()
02   { int a;
03       int b=1;
04       extern int c;
05   }
```

对于第 02 行、第 03 行代码，它既是声明，又是定义，即"定义性声明"，编译器会为变量 *a*、*b* 分配存储空间；到第 04 行，其中变量 *c* 是在别的文件中定义的，是"引用性声明"，编译器不会给变量 *c* 分配内存空间。extern 只作声明，不作定义。

## ▶ 4.2 变量的初始化和赋值

既然变量的值可以在程序中改变，那么，变量必然可以多次赋值。我们把第 1 次的赋值称为变量的初始化。

下面来看一个赋值的例子。

```
01   int i;
02   double f;
03   char a;
04   i=10;
05   f=3.4;
06   a='b';
```

在这组语句中，第 01~03 行是变量的定义，第 04~06 行是对变量赋值。将 10 赋给了 int 类型的变量 *i*，3.4 赋给了 double 类型的变量 *f*，字符 b 赋给了 char 类型的变量 *a*。第 04~06 行使用的都是赋值表达式。

对变量赋值的主要方式是使用赋值表达式，其形式如下。

变量名 = 值；

那么，变量的初始化语句的形式为：

变量类型名 变量名 = 初始值；

例如：

```
01   int i=10;
02   int j=i;
03   double f=3.4+4.3;
04   char a='b';
```

其中，我们对变量类型名和变量名已经比较了解，现在就来看一下"="和初始值。

"="为赋值运算符，其作用是将赋值运算符右边的值赋给运算符左边的变量。赋值运算符左边是变量，右边是初始值。其中，初始值可以是一个常量，如第 01 行的 10 和第 04 行的字符 'b'；可以是一个变量，如第 02 行的 *i*，意义是将变量 *i* 的值赋给变量 *j*；还可以是一个其他表达式的值，如第 03 行的 3.4+4.3。那么，变量 *i* 的值是 10，变量 *j* 的值也是 10，变量 *f* 的值是 7.7，变量 *a* 的值是字符 b。

变量声明时不仅可以给一个变量赋值，也可以给多个变量赋值，形式如下。

类型 变量名 1= 初始值，变量名 2= 初始值，…；

例如：

int i=10,j=20,k=30;

上面的代码分别为变量 *i* 赋值 10，为变量 *j* 赋值 20，为变量 *k* 赋值 30，相当于语句：

int i,j,k;
i=10;
j=20;
k=30;

下面的语句相同吗？

01　int i=10,j=10,k=10;
02　int i,j,k; i=j=k=10;
03　int i,j,k=10;

这几条语句看上去类似，但是却不同。第 01 行的作用和第 02 行相同，都是定义 *i*、*j*、*k* 这 3 个变量，并对它们初始化。但是第 03 行的功能则不同，它同样定义了 *i*、*j*、*k* 这 3 个变量，但只给 *k* 赋了初值 10。

# ▶ 4.3　变量的输入和输出

在前面的范例中已经使用过 **printf()** 函数和 **scanf()** 函数，分别用来实现数据的输出和输入。这两个函数是 **C** 语言提供的格式化的输入 / 输出函数。在这两个函数后面加分号，就构成了函数调用语句，它也属于表达式语句的一种。

### 4.3.1　格式化输出函数——printf()

printf() 本身是 C 语言的输出函数，功能是按指定的输出格式把相应的参数值在标准输出设备（通常是终端）上显示出来。其一般使用格式是：

printf("< 格式控制字符串 >", 参数 1, 参数 2,…);

例如：

int a=10,b=20;
printf("a,b 的值分别为 %d,%d",a,b);
printf(" 欢迎来到 C 语言的世界！ \n");

在第 1 个 printf() 函数中，格式控制字符串是由双引号引起来的字符串，如 "a,b 的值分别为 %d,%d" 中的 "%d"，称为格式控制符，是由 % 和类型描述字符构成的，它的作用就是将指定的数据按该格式输出。在格式控制字符串与参数之间用逗号作为分隔符。参数就是所要输出的数据。每一个格式控制符对应一个参数，如第 1 个 "%d" 对应参数 *a*，第 2 个 "%d" 对应参数 *b*。

在第 2 个 printf() 函数中，没有输出的参数，只有一个用一对双引号括起来的字符串，并且其中没有格式控制符，这种格式双引号内的内容原样输出，通常用于提示信息的输出。

那么 "%d" 中的 d 是什么作用呢？下表列出了常用的格式控制符及用法举例。

| 格式控制符 | 输出形式 | 举　例 | 输　出 |
| --- | --- | --- | --- |
| %d | 十进制的 int 型 | printf("count is %d",34); | count is 34 |
| %f | 十进制的 double 型 | printf("the max is %f",max=3.123); | the max is 3.123 |
| %c | 单个字符 | printf("**%c**",a='A'); | **A** |
| %s | 字符串 | printf("%s", "hello world! "); | hello world! |
| %o | 无符号八进制数 | printf("Oce=%o",a=034); | Oce=34 |
| %x | 无符号十六进制数 | printf("Hex=%x",a=0xFF4e); | Hex=FF4e |
| %% | % 本身 | printf("a%%b==3"); | a%b==3 |

范例 4-2　分析下面程序的输出结果。

（1）在 Code::Blocks 中，新建名称为"4-2.c"的文件。
（2）在代码编辑区域输入以下代码（代码 4-2.txt）。

```
01  #include<stdio.h>   /*stdio.h 是指标准库中输入输出的头文件 */
02  int main()
03  {
04    printf("%d,%c\n",65,65);
05    printf("%d,%c,%o\n",66,66+32,66+32);
06  }
```

【运行结果】

编译、连接、运行程序，即可在程序执行窗口中输出结果。

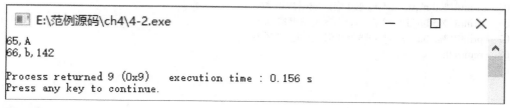

```
E:\范例源码\ch4\4-2.exe                          —    □    ×

65,A
66,b,142

Process returned 9 (0x9)    execution time : 0.156 s
Press any key to continue.
```

【范例分析】

本范例中，使用了 3 种常用的格式控制符，用来输出不同类型的数据。其中需要注意的是，十进制整型的格式控制符为 %d，%c 则输出该数据对应的 ASCII 码表示的字符。如第 1 条输出语句"printf("%d,%c\n",65,65);"中的第 2 个格式控制符是"%c"，其对应的输出数据是十进制整型的 65，因为 65 在 ASCII 编码集中对应的是大写字符 A，而输出的格式控制符是字符格式，因此输出结果为字符 A。

反之，若字符 A 以 %d 格式输出，则会输出对应在 ASCII 编码集中对应的十进制数 65。

提示

printf() 函数的输出参数必须和格式控制字符串中的格式说明相对应，并且它们的类型、个数和位置要一一对应。使用 printf() 函数必须在文件的头部包含库文件"stdio.h"，stdio 是 standard input & output 的缩写。

**4.3.2** 格式控制符

在上面的程序中，所使用的 %d、%c 和 %f 就是格式控制符。除了这些，格式控制符还有很多，下表所示就是 C 程序中常用的格式控制符。

| 格式控制符 | 含义 |
| --- | --- |
| %d | 以十进制形式输出整数值 |
| %u | 以无符号数形式输出整数值 |
| %f | 输出十进制浮点数 |
| %c | 输出字符值 |
| %s | 输出字符串 |
| %o | 以八进制形式输出整数值 |
| %x | 以十六进制形式输出整数值 |
| %e | 以科学计数法输出浮点数 |
| %g | 等价于 %f 或 %e，输出两者中占位较短的 |

下面详细介绍这些格式控制符的使用方法。

### 01 %d 格式控制符

（1）%d：以十进制形式输出整数。

（2）%md：与 %d 相比，用 $m$ 限制了数据的宽度，也就是指数据的位数。当数据的位数小于 $m$ 时，以前面补空格的方式输出；反之，如果位数大于 $m$，则按原数输出。

（3）%ld：输出长整型的数据，其表示的数据的位数比 %d 多。

**范例 4-3    %d格式控制符的应用。**

（1）在 Code::Blocks 中，新建名为 "4-3.c" 的文件。
（2）在代码编辑窗口中输入以下代码（代码 4-3.txt）。

```
01  #include <stdio.h>
02  int main(void)
03  {
04      int i=123456;        /* 初始化变量 */
05      printf("%d\n",i);    /* 按 %d 格式输出数据 */
06      printf("%5d\n",i);   /* 按 %md 格式输出数据 */
07      printf("%7d\n",i);   /* 按 %md 格式输出数据 */
08      return 0;
09  }
```

【运行结果】

编译、连接、运行程序，即可在程序执行窗口中输出结果。

```
■ E:\范例源码\ch4\4-3.exe                    —     □     ×

123456
123456
 123456

Process returned 0 (0x0)    execution time : 0.669 s
Press any key to continue.
```

【范例分析】

本范例主要练习 %d 格式控制符的使用，第 05 行中使用 %d 形式按原数据输出。

第 06、07 行中使用了 %md 形式，其中，第 06 行的 m=5，数据位数 6>m，输出原数据；第 07 行中的 m=7，数据位数 6<m，以前面补空格的方式输出，所以在输出结果中第 03 行的 123456 前面多了一个空格。

### 02 %u 格式控制符

（1）%u：以十进制形式输出无符号的整数。

（2）%mu：与 %md 类似，限制了数据的位数。

（3）%lu：与 %ld 类似，输出的数据是长整型，范围较大。

### 03 %f 格式控制符

（1）%f：以小数形式输出实数，整数部分全部输出，小数部分为 6 位。

（2）%m.nf：以固定的格式输出小数，$m$ 指的是包括小数点在内的数据的位数，$n$ 是指小数的位数。当总的数据位数小于 $m$ 时，数据左端补空格；如果大于 $m$，则原样输出。

（3）%-m.nf：除了 %m.nf 的功能以外，还要求输出的数据向左靠齐，右端补空格。

**范例 4-4**　%f格式控制符的应用。

（1）在 Code::Blocks 中，新建名为 "4-4.c" 的文件。
（2）在代码编辑窗口中输入以下代码（代码 4-4.txt）。

```
01  #include<stdio.h>
02  int main(void)
03  {
04    float f1=11.110000811;      /* 定义一个 float 类型的变量 f1 并赋值 */
05    float f2=11.110000;             /* 定义一个 float 类型的变量 f2 并赋值 */
06    printf("%f\n",f1);      /* 按 %f 的格式输出 f1*/
07    printf("%f\n",f2);      /* 按 %f 的格式输出 f2*/
08    return 0;
09  }
```

**【运行结果】**

编译、连接、运行程序，即可在程序执行窗口中输出结果。

```
E:\范例源码\ch4\4-4.exe                          —    □    ×

11.110001
11.110000

Process returned 0 (0x0)    execution time : 0.358 s
Press any key to continue.
```

**【范例分析】**

本范例中定义的 f1 和 f2 的小数位数不同，但是输出后的位数都为 6 位，这是为什么？这是因为以 %f 格式输出的数据小数部分必须是 6 位，如果原数据不符合，位数少的时候补零，位数多的时候小数部分取前6位，第 7 位四舍五入。

**范例 4-5**　%f、%m.nf和%-m.nf格式控制符的应用。

（1）在 Code::Blocks 中，新建名为 "4-5.c" 的文件。
（2）在代码编辑窗口中输入以下代码（代码 4-5.txt）。

```
01  #include <stdio.h>
02  int main(void)
03  {
04    float f=123.456;          /* 初始化变量 */
05    printf("123456789012345\n");
06    printf("--------------\n");
07    printf("%f\n",f);           /* 按 %f 格式输出 */
08    printf("%10.1f\n",f);            /* 按 %m.nf 格式输出 */
09    printf("%5.1f\n",f);
10    printf("%10.3faaa\n",f);
11    printf("%-10.3faaa\n",f);      /* 按 %-m.nf 格式输出 */
12    return 0;
13  }
```

## 【运行结果】

编译、连接、运行程序，即可在程序执行窗口中输出结果。

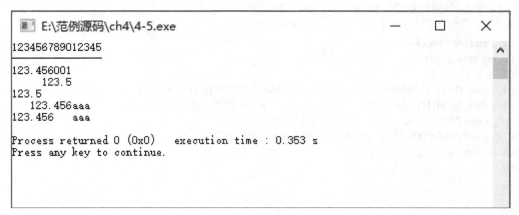

## 【范例分析】

本范例是探讨数据因 *m*、*n* 的不同，输出内容有何不同。

第 07 行是按 %f 的格式输出的，但是，大家会发现为什么输出的会是 123.456001 呢？按正常的情况来说，应该输出 123.456000，这是由系统内实数的存储误差形成的。

第 08 行要求输出 10 位的数字并有一位小数，小数四舍五入是 5，加上 3 位整数和小数点是 5 位，所以前面补了 5 个空格，数据按默认的右对齐方式输出。

第 09 行要求是 5 位数字，1 位小数，所以不需补零，且小数点后面进行了四舍五入。

大家看一下第 10 行和第 11 行，会发现，用 %m.nf 格式输出的数字将空格补在了前面，而用 %-m.nf 的则补在了后面，aaa 是用来对比空格的位置。

### 04 %c 格式控制符

%c 格式控制符作用是输出单个字符。

### 05 %s 格式控制符

%s 格式控制符作用是输出字符串。

%s、%ms 和 %-ms 与前面介绍的几种格式控制符用法相同，故省略。在此介绍 %m.ns 和 %-m.ns 两种。

（1）%m.ns：输出 *m* 位的字符，从字符串的左端开始截取 *n* 位的字符，如果 *n* 位小于 *m* 位，则左端补空格。

（2）%-m.ns：与 %m.ns 相比是右端补空格。

### 📝 范例 4-6　%s、%m.ns和%-m.ns格式控制符的应用。

（1）在 Code::Blocks 中，新建名为 "4-6.c" 的文件。
（2）在代码编辑窗口中输入以下代码（代码 4-6.txt）。

```
01  #include<stdio.h>
02  int main(void)
03  {
04      printf("%s\n","Hello");          /* 按 %s 格式输出 */
05      printf("%5.3s\n","Hello");       /* 按 %m.ns 格式输出 */
06      printf("%-5.3s\n","Hello");      /* 按 %-m.ns 格式输出 */
07      return 0;
08  }
```

【运行结果】

编译、连接、运行程序，即可在程序执行窗口中输出结果。

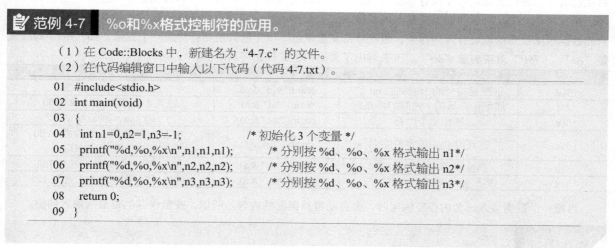

【范例分析】

本范例目的是练习 %m.ns 和 %m.ns 格式控制符，并比较二者输出的区别。第 04 行是原样输出，即 %s 格式。第 05 行是 %m.ns 格式输出，共 m 位，从 "Hello" 中截取前 3 位，并在前面补两个空格。第 06 行与第 05 行的不同之处是空格补在字符的后端。若 n>m，m 就等于 n，以保证字符显示 n 位。

**06** %o **格式控制符**

%o 格式控制符以八进制形式表示数据，即把内存中数据的二进制形式转换为八进制后输出。由于二进制中有符号位，因此把符号位也作为八进制的一部分输出。

**07** %x **格式控制符**

%x 格式控制符以十六进制形式表示数据，与 %o 一样，也把二进制中的符号位作为十六进制中的一部分输出。

📝 **范例 4-7**　　%o和%x格式控制符的应用。

（1）在 Code::Blocks 中，新建名为 "4-7.c" 的文件。
（2）在代码编辑窗口中输入以下代码（代码 4-7.txt）。

```
01  #include<stdio.h>
02  int main(void)
03  {
04      int n1=0,n2=1,n3=-1;            /* 初始化 3 个变量 */
05      printf("%d,%o,%x\n",n1,n1,n1);      /* 分别按 %d、%o、%x 格式输出 n1*/
06      printf("%d,%o,%x\n",n2,n2,n2);      /* 分别按 %d、%o、%x 格式输出 n2*/
07      printf("%d,%o,%x\n",n3,n3,n3);      /* 分别按 %d、%o、%x 格式输出 n3*/
08      return 0;
09  }
```

【运行结果】

编译、连接、运行程序，即可在程序执行窗口中输出结果。

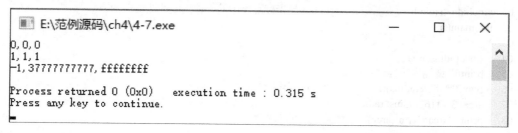

【范例分析】

本范例是比较 %d、%o、%x 这 3 种格式在输出同一个数时结果有什么不同，特举了 1、0 和 -1 这 3 个具有代表性的数字进行试验。我们知道,既可以将 0 看成正数,也可以看成负数,与运行时的计算机系统有关,有的系统把它作为正数存储,本次运行的计算机就是这样,但也有的计算机把它作为负数存储。

### 08 %e 格式控制符

%e 格式控制符以指数形式输出数据。

### 09 %g 格式控制符

%g 格式控制符在 %e 和 %f 中自动选择宽度较小的一种格式输出。

## 4.3.3 格式化输入函数——scanf()

基本输入函数的功能是接收用户从键盘上输入的数据,并按照格式控制符的要求进行类型转换,然后送到对应参数所指定的变量单元中。其一般格式如下。

scanf("< 格式控制字符串 >", 参数地址 1, 参数地址 2,…);

例如:

scanf("%d%f",&a,&b);

与 printf() 函数类似,格式控制字符串是用双引号引起来的字符串,如 "%d%f",转换说明同 printf() 函数,其作用是将用户输入的数据转换成指定的输入格式。参数地址是指明输入数据所要放置的地址,因此参数地址部分必须为变量,且变量名之前要加上 & 运算符,表示取变量的地址,如 "&a,&b"。我们知道变量的值是存储在内存中的,系统为每个变量分配一块存储空间,每个存储单元都有地址编码,而程序设计者不需要通过地址编码去找到存储在其中的数据,编译时系统把已定义的变量名指向给它分配的存储空间的首地址,以后我们就可以通过变量名对不同存储空间的数据进行读写操作了。计算机怎样找到这个地址呢?这就要用到地址运算符 &,在 & 的后面加上变量名就能获取该变量的地址。其实,scanf() 函数的作用就是把从键盘上输入的数据根据找到的地址存入内存中,也就是给变量赋值。一个格式控制符对应一个变量,如 "%d" 对应变量 "&a","%f" 对应变量 "&b"。下表列出了常用的格式控制符及举例。

| 格式控制符 | 输出形式 | 举 例 | 输 入 |
| --- | --- | --- | --- |
| %d | 匹配带符号的十进制的 int 型 | scanf("%d",&a); | 输入 20,则 a 为 20 |
| %f | 匹配带符号的十进制的浮点数 | scanf("%f",&a); | 输入 2.0,则 a 为 2.000000 |
| %c | 匹配单个字符 | scanf("%c",&a); | 输入 a,则 a 为 'a' |
| %s | 匹配非空白的字符序列 | scanf("%s",s); | 输入 hello,则数组 s 中放置 hello,末尾自动加上空字符 |
| %o | 匹配带符号的八进制数 | scanf("%o",&a); | 输入 754,则 a 为八进制 754 |
| %x | 匹配带符号的十六进制数 | scanf("%x",&a); | 输入 123,则 a 为十六进制 123 |

当把一个数据放入一个内存空间里时,会自动覆盖里面的内容。所以,变量保存的是最后输入的值。

### 📝 范例 4-8    计算圆的面积,其半径由用户指定。

(1)在 Code::Blocks 中,新建名称为 "4-8.c" 的文件。
(2)在代码编辑区域输入以下代码(代码 4-8.txt)。

```
01  #include <stdio.h>              /*stdio.h 是指标准库中输入输出流的头文件 */
02  int main( )
03  {
04    float radius,area ;
05    printf(" 请输入半径值:  " );
06    scanf("%f",&radius);              /* 输入半径 */
07    area=3.1416*radius*radius;
08    printf("area=%f\n",area);    /* 输出圆的面积 */
09  }
```

## 【运行结果】

编译、连接、运行程序，根据提示输入圆的半径值 4，按【Enter】键，即可计算并输出圆的面积。

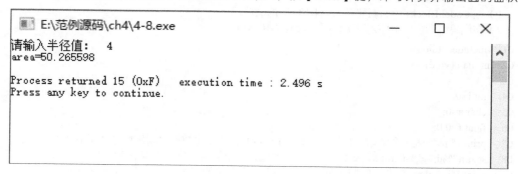

## 【范例分析】

该程序首先定义两个 float 类型的变量 radius 和 area，在屏幕上输出"请输入半径值："的提示语句，之后从键盘获取数据传给变量 radius，然后为变量 area 赋值，最后将 area 的值输出。

### 范例 4-9　scanf() 函数的使用。

（1）在 Code::Blocks 中，新建名为 "4-9.c" 的文件。
（2）在代码编辑窗口中输入以下代码（代码 4-9.txt）。

```
01  #include<stdio.h>
02  int main(void)
03  {
04      int i=0;
05      printf(" 请输入一个整数: ");
06      scanf("%d",&i);              /* 输入数据，给变量 i 赋值 */
07      printf("i=%d\n",i);          /* 输出 i 的值 */
08      printf("i 在内存中的地址: %o\n",&i);/* 以八进制形式输出变量 i 在内存中的地址 */
09      return 0;
10  }
```

## 【运行结果】

编译、连接、运行程序，输入一个整数并按【Enter】键，即可在程序执行窗口中输出结果。

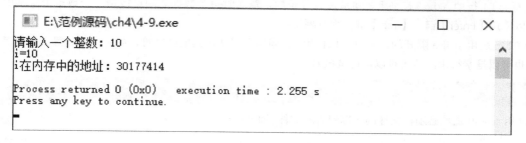

## 【范例分析】

printf() 函数的作用是输出提示，第 06 行是 scanf() 函数的应用，给变量 i 赋值，根据地址操作符 & 找到 i 的空间地址，把从键盘输入的值存储在该空间内。第 07 行是输出 i 的值，第 08 行是按八进制形式输出变量 i 的内存地址。

如果输入多个值，怎样区别数据？下面来看一个例子。

📝 **范例 4-10**　输入多个值。

（1）在 Code::Blocks 中，新建名为"4-10.c"的文件。
（2）在代码编辑窗口中输入以下代码（代码 4-10.txt）。

```
01  #include<stdio.h>
02  int main(void)
03  {
04      int i=0;
05      char a=0;
06      float f=0.0;
07      printf(" 请输入 1 个整型、1 个字符型和 1 个浮点型的值 ( 数据之间用逗号分隔 ): \n");
08      scanf("%d,%c,%f",&i,&a,&f);              /* 输入 3 个数据，分别给变量赋值 */
09      printf("i=%d,a=%c,f=%f\n",i,a,f);        /* 输出 3 个变量的值 */
10      return 0;
11  }
```

**【运行结果】**

编译、连接、运行程序，根据提示输入 1 个整型、1 个字符型和 1 个浮点型的值（数据之间用逗号隔开），按【Enter】键，即可在程序执行窗口中输出结果。

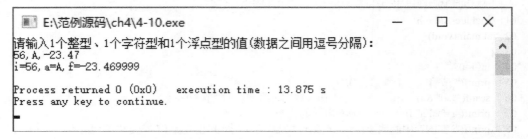

```
E:\范例源码\ch4\4-10.exe                              —    □    ×

请输入1个整型、1个字符型和1个浮点型的值(数据之间用逗号分隔):
56, A, -23.47
i=56, a=A, f=-23.469999

Process returned 0 (0x0)    execution time : 13.875 s
Press any key to continue.
```

**【范例分析】**

本范例输入 3 个不同类型的数据：整型（int）、字符型（char）和浮点型（float）。可以看到，输入时每个变量之间是用逗号隔开的，那么，数据之间的分隔符还有其他的格式吗？当然，下面来列举一些：

```
01  scanf("%d%c%f",&i,&a,&f);
02  scanf("a%da%ca%f", &i,&a,&f);
```

注意第 01 行的 %d、%c、%f 之间是没有符号的，输入时每个数据之间可以用一个或多个空格隔开，当然也可以使用【Enter】键、【Tab】键作为分隔符。

第 02 行是用字符 a 隔开的，不只可以使用 a，同样可以使用其他的字符，如 b、c、o 等。可以是单个的字符，也可以是字符串。读者可以自己试试看。

📖 **提示**

使用 scanf() 函数必须在文件的头部包含库文件"stdio.h"。

# ▶4.4　字符的输入和输出

字符的输入和输出是程序经常进行的操作，C 库函数中专门设置有 putchar() 函数和 getchar() 函数，用于对字符的输入和输出进行控制。

### 4.4.1 字符输出函数——putchar()

putchar() 函数：把单个字符输出到标准输出设备。调用格式为：

putchar(v);　　/*v 是一个字符变量 */

例如：

```
char v=0;
putchar('A');  /* 输出单个字符 A*/
putchar(v);    /* 输出变量 v 的 ASCII 对应字符 */
putchar('\n'); /* 执行换行效果，屏幕不显示 */
```

### 范例 4-11　putchar()函数的用法。

（1）在 Code::Blocks 中，新建名为 "4-11.c" 的文件。
（2）在代码编辑窗口中输入以下代码（代码 4-11.txt）。

```
01  #include<stdio.h>
02  int main(void)
03  {
04    char r=0;              /* 初始化变量 */
05    printf(" 请输入一个字符：");  /* 输出提示 */
06    scanf("%c",&r);            /* 输入及给 r 赋值 */
07    putchar(r);                /* 输出 r 的值 */
08    putchar('\n');             /* 换行 */
09    putchar('a');              /* 输出字符常量 */
10    putchar('\n');             /* 换行 */
11    return 0;
12  }
```

【运行结果】

编译、连接、运行程序，根据提示输入字符 "Y"，按【Enter】键，即可输出结果。

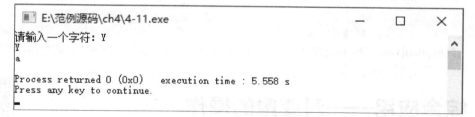

```
E:\范例源码\ch4\4-11.exe                    —    □    ×
请输入一个字符：Y
Y
a

Process returned 0 (0x0)   execution time : 5.558 s
Press any key to continue.
```

【范例分析】

putchar() 函数是输出字符的函数，第 07 行输出的是字符变量 r 的值，第 09 行输出的是字符常量 a（注意 a 用的是单引号），第 08 行和第 10 行作用都是换行，单引号里面的是转义字符。

从本范例可以看出，使用 putchar() 函数可以输出字符变量、字符常量，也可以使用转义字符，起到一些特殊的作用。在这里，putchar(r) 和 printf("%c",r) 的作用是一样的，都是输出字符变量 r 的值。printf("\n") 和 putchar('\n') 的作用也是相同的，都是换行。不光是换行，只要是转义字符，这两种形式的作用就是相同的。

直接输出字符常量或转义字符时，printf() 函数括号里面是双引号，而 putchar() 函数括号里面是单引号。

### 4.4.2 字符输入函数——getchar()

getchar() 函数：从标准输入设备上读取单个字符，返回值为字符。调用格式如下。

getchar();

例如：

```
char c;
c=getchar();   /* 把输入的字符赋给变量 c*/
```

**范例 4-12　getchar()函数的用法。**

（1）在 Code::Blocks 中，新建名为"4-12.c"的文件。
（2）在代码编辑窗口中输入以下代码（代码 4-12.txt）。

```
01  #include<stdio.h>
02  int main(void)
03  {
04    char r=0;    /* 变量初始化 */
05    r=getchar();          /* 字符输入 */
06    putchar(r);           /* 输出变量 */
07    putchar('\n');        /* 换行 */
08    return 0;
09  }
```

**【运行结果】**

编译、连接、运行程序，输入字符"a"，按【Enter】键，即可输出结果。

```
■ E:\范例源码\ch4\4-12.exe                          —    □    ×
a
a

Process returned 0 (0x0)    execution time : 9.430 s
Press any key to continue.
```

**【范例分析】**

第 05 行是输入字符的语句，和 scanf("%c",&r) 的作用相同；第 06 行是输出字符的语句，和 printf("%c",r) 的作用相同；第 07 行是换行。

**提示**

scanf() 函数和 printf() 函数也可以处理字符的输入和输出，此时，它们的函数调用的格式控制符都是 %c。

# ▶4.5　综合应用——对变量的操作

**范例 4-13　输入不确定人数的学生的成绩，输入[0,100]外的数据时程序结束。**

根据输入的某课程的成绩计算全班的平均成绩，并统计 90 分及以上的学生人数、80（含）~90 分的学生人数、70（含）~80 分的学生人数、60（含）~70 分的学生人数，以及不及格的学生人数。
（1）在 Code::Blocks 中，新建名为"4-13.c"的文件。
（2）在编辑窗口中输入以下代码（代码 4-13.txt）。

由于此代码过长，读者可扫描下方二维码查看。

## 【代码详解】

第 04 行定义了两个变量——*sum* 和 *avg*，*sum* 用于存储学生的总成绩，*avg* 用于存放学生的平均成绩，这条语句是对变量初始化。注意，*sum* 和 *avg* 的数据类型为 float，为什么？大家可以上机试试，如果定义成其他类型，结果会有什么变化？

第 05 行也是定义变量，*num* 用于存储输入的每个学生成绩；*count* 用于存储学生的人数，即输入的符合规则的学生成绩的个数；c9 用于存储成绩在 90 分及以上的学生的人数；c8_9 用于存储成绩在 80（含）~90 分的学生的人数；c7_8 用于存储成绩在 70（含）~80 分的学生的人数；c6_7 用于存储成绩在 60（含）~70 分的学生人数；c0_6 用于存储成绩在 60 分以下的学生的人数。

第 06 行对第 05 行变量赋初值。

第 08 行是一条输入语句，& 是地址操作符，这条语句的作用是把客户端输入的数据存入 & 后面的变量 *num* 中。

第 09~32 行是 while 语句，只要满足 while 后面括号内的条件，就可以执行 while 后面花括号的语句（循环体）。循环体用于判断输入的学生成绩是哪个分数段的，并分别在表示该分数段人数的变量上加 1。

第 34 行是求平均成绩的语句。

第 37~41 行是输出各分数段人数的语句。

> **提示**
>
> 在做累加和累乘运算时，运算结果可能会很大，如果定义成整型变量，可能会超出数据范围。所以如果无法保证结果的范围不超出整型数的范围，那么建议定义成双精度型或长整型，如本例的 **sum** 变量。求平均值时，如果是两整型变量相除，商自动为整型，如 6/4 结果为 1。为了保证精度，本例把 **sum** 和 **ave** 变量都定义成了 float 型。

## 【运行结果】

编译、连接、运行程序，输入学生的成绩（输入 [0,100] 外的数据时结束），按【Enter】键，即可在程序执行窗口中输出以下结果。

```
E:\范例源码\ch4\4-13.exe                    —    □    ×
输入学生成绩（当输入[0,100]外的数据时结束）：
100
88
75
86
58
62
92
68
-2

班级平均成绩：78.625000
全班总人数：8
[90,100]分数段的人数：2
[80,90)分数段的人数：2
[70,80)分数段的人数：2
[60,70)分数段的人数：2
[0,60)分数段的人数：1

Process returned 0 (0x0)    execution time : 22.018 s
Press any key to continue.
```

## 【范例分析】

我们首先分析解决这个问题需要用到的几个变量：首先读入的每个学生成绩是整数，这里用 *num* 存放；成绩总和与平均值各需要一个变量，分别用 *sum*、*avg* 存放；程序读入数据是重复的动作，这个重复的功能要用到循环结构来实现（循环结构将在本书第 10 章中介绍）。在这里循环次数不固定，适宜用 while 循环，循环结束条件是输入的学生成绩为 [0,100] 集合之外的数据。还需要哪些变量呢？求平均成绩该怎么求，肯定是用成绩总和除以学生的人数，显然在输入的过程中一定要统计输入成绩的个数，用到了 *count*；又要统计各个分数段的人数，用到了 c9、c8_9、c7_8、c6_7 和 c0_6；在判断学生成绩是哪个分数段时用到了选择结构（选择结构将在本书第 9 章中介绍），符合条件时分别在这个分数段的人数变量上加 1 即可。

# ▶4.6 高手点拨

**为什么变量要初始化？如果没有初始化，会影响变量的使用吗？**

变量的定义是让系统给变量分配内存空间，在分配好一块内存空间后，系统即把变量名指向了这个存储空间的首地址。如果没有对其进行赋值就使用该变量，系统会读出这块存储空间的当前数据，而这个数据是之前程序执行时留下的数据，并不是当前程序中该变量的值，如果引用该变量势必会引起不可预知的结果。所以，使用变量前务必要对其进行初始化，即赋一个确定的值。

讲到这个问题时有必要简单了解一下我们经常听到的一个概念"释放内存空间"，从字面意思容易让人产生错误的理解。当 C 程序某个函数执行结束后，其中定义的局部变量会被系统自动释放其占用的存储空间，这个释放并不是把存储空间的数据删除了，而是断开了变量名对该存储空间的指向，通知操作系统先前申请的指定部分的变量所使用的空间不再使用，使用权交还给操作系统，以便可以分配给其他程序使用。所谓释放，就是不让该程序控制这块内存了。

变量可以理解为一段连续的内存空间的别名，程序中通过变量来申请并命名存储空间，通过变量的名字可以使用存储空间。

# ▶4.7 实战练习

（1）输出 1~5 的阶乘值。

（2）将"China"译成密码，译码规律是：用原来字母后面的第 4 个字母代替原来的字母。例如，字母 'A' 后面第 4 个字母是"E"，"E"代替"A"。用赋初值的方法使 cl、c2、c3、c4、c5 这 5 个变量的值分别为"C""h""i""n""a"，经过运算，使 c1、c2、c3、c4、c5 分别变为"G""l""m""r""e"，并输出。

# 第 **5** 章

# 计算机中的数制系统

数制是用来表示数的大小的机制方式，在计算机中常用的有二进制、八进制、十进制、十六进制。在使用的进位计数制中，表示数的符号在不同的位置上时所代表的数的大小是不同的。数制计数的特点是逢 N 进 1 且采用位权表示法。本章将介绍计算机中的常用数制系统。

## 本章要点（已掌握的在方框中打钩）

□ 二进制
□ 八进制
□ 十进制
□ 十六进制
□ 数制间的转换

数据在计算机中是一个广义的概念，包括字母、字符、数字、声音、图形、图像、汉字等，各种数据在计算机里都是以二进制形式表示的。在实际程序中，许多系统程序需要直接对二进制数据的位进行操作，还有不少硬件设备与计算机通信，通过一组二进制数控制和反映硬件的状态。在表示一个数时，二进制形式位数多，数据长，八进制和十六进制比二进制书写方便些，它们都是计算机中表示、计算数据时常用的数制。

# ▶ 5.1 二进制

二进制是逢二进一的数制，目前的计算机全部都采用二进制系统。0和1是二进制数字符号，运算规则简单，操作方便，因为每一位数都可以用任何具有两个稳定状态的电子元件表示，所以二进制易于用电子方式实现。

二进制数中的每一个二进制数称为位（bit），每个0或1就是一位，位是数据存储的最小单位。

一组4位二进制数称为半字节（nibble），一组8位二进制数称为一个字节（byte）。通常把CPU能够一次读写的若干字节称为一个字（word），两个字又称为一个双字（double word）。比如现在普及的计算机是64位，就是CPU能够一次读写64个二进制位，即8个字节的存储数据，它表示了计算机处理数据的能力。

## 01 二进制运算规则

加法：$0 + 0 = 0$，$0 + 1 = 1$，$1 + 0 = 1$，$1 + 1 = 10$。

减法：$0 - 0 = 0$，$1 - 0 = 1$，$1 - 1 = 0$，$10 - 1 = 1$。

乘法：$0 \times 0 = 0$，$0 \times 1 = 0$，$1 \times 0 = 0$，$1 \times 1 = 1$。

除法：$0 \div 1 = 0$，$1 \div 1 = 1$。

例如，$(1100)_2 + (0111)_2$ 的计算如下。

$$
\begin{array}{r}
1100 \\
+\ 0111 \\
\hline
10011
\end{array}
$$

## 02 二进制转换为十进制

十进制是逢十进一，由数字符号0、1、2、3、4、5、6、7、8、9组成，可以按各位权值展开分析十进制数。

$(1234)_{10} = 1 \times 10^3 + 2 \times 10^2 + 3 \times 10^1 + 4 \times 10^0 = 1000 + 200 + 30 + 4 = (1234)_{10}$

可采用同样的方式转换二进制为十进制。

$(1101)_2 = 1 \times 2^3 + 1 \times 2^2 + 0 \times 2^1 + 1 \times 2^0 = 8 + 4 + 0 + 1 = (13)_{10}$

$(10.01)_2 = 1 \times 2^1 + 0 \times 2^0 + 0 \times 2^{-1} + 1 \times 2^{-2} = 2 + 0 + 0 + 0.25 = (2.25)_{10}$

## 03 十进制转换为二进制

（1）十进制整数转换为二进制：方法是除以2取余，直到商为0，逆序排列余数，以 $(89)_{10}$ 为例，如下。

$$
\begin{array}{lll}
89 \div 2 = 44 & \quad & 余\ 1 \\
44 \div 2 = 22 & \quad & 余\ 0 \\
22 \div 2 = 11 & \quad & 余\ 0 \\
11 \div 2 = 5 & \quad & 余\ 1 \\
5 \div 2 = 2 & \quad & 余\ 1 \\
2 \div 2 = 1 & \quad & 余\ 0 \\
1 \div 2 = 0 & \quad & 余\ 1
\end{array}
$$

$$(89)_{10} = (1011001)_2$$

$$(5)_{10} = (101)_2$$

$$(2)_{10} = (10)_2$$

（2）十进制小数转换为二进制：方法是小数部分乘以2取整，直到满足精度为止，整数顺序排列，以 $(0.625)_{10}$ 为例。

$$0.625 \times 2 = 1.25 \qquad 取整\ 1$$
$$0.25 \times 2 = 0.5 \qquad 取整\ 0$$
$$0.5 \times 2 = 1 \qquad 取整\ 1$$
$$(0.625)_{10} = (0.101)_2$$
$$(0.25)_{10} = (0.01)_2$$
$$(0.5)_{10} = (0.1)_2$$

### 04 无符号数和有符号数

简单起见，这里以一个字节为例，来说明无符号数和有符号数。需要注意的是，在 Code::Blocks 16.01 中，int 用 4 个字节 32 位表示一个有符号整数。

无符号数是一个字节的 8 位二进制数都用来存储数据，它只能表示非负整数，范围为 0~255。二进制数 00000000 最小，表示十进制的 0；二进制数 11111111 最大，表示十进制的 255。

有符号数是通过一个字节左边的第 1 位的二进制数来表示的，0 表示正数，1 表示负数。例如，10000011 表示 -3，00000011 表示 3。

再来看个特殊情况，就是十进制数 0。使用 00000000 表示正 0，使用 10000000 表示负 0，这样一对多的关系不利于数据的存储，程序开发也会产生很多隐患。

为了解决这个问题，引入了二进制补码机制。

（1）正数的时候最高位是 0，不需要再求补码（数在计算机内部存储时用来表示的二进制数），或者可以理解为原码（数据直接转换的二进制数）和补码是相同的，因此 00000011 表示为十进制 3。

（2）负数的时候最高位是 1，补码为原码先按位取反后加 1（符号位不动）。例如，-3 的原码是 10000011，先按位取反变为 11111100，然后再加 1 变成 11111101，这样 11111101 就是 -3 的补码，在计算机内部存储时用来表示它的二进制数。反之，当知道存储器中有序列 11111101，而且知道它的最高位是符号位，表示的是一个负整数，用转变为十进制数的方法就是先减 1（符号位不动），变为 11111100，然后再按位取反得到 10000011，即它表示的就是 -3 了。

# ▶5.2 八进制

**八进制是逢八进一的数制系统，由 0~7 共 8 个数字组成。八进制比二进制书写方便，也常用于计算机计算。需要注意的是，在 C 语言中，八进制数表示时以数字 0 开头，比如 04、017 等。**

### 01 八进制转换为十进制

与二进制转换为十进制的原理相同，如：$(64)_8 = 6 \times 8^1 + 4 \times 8^0 = 48 + 4 = (52)_{10}$。

### 02 二进制转换为八进制

整数部分从最低有效位开始，以 3 位二进制数为一组，最高有效位不足 3 位时以 0 补齐，每一组均可转换成一个八进制的值，转换结果就是八进制的整数。小数部分从最高有效位开始，以 3 位为一组，最低有效位不足 3 位时以 0 补齐，每一组均可转换成一个八进制的值，转换结果就是八进制的小数。例如，$(11001111.01111)_2 = (011\ 001\ 111.011\ 110)_2 = (317.36)_8$。

# ▶5.3 十进制

**十进制是逢十进一的数制系统，由 0、1、2、3、4、5、6、7、8、9 这 10 个基本数字组成。**

把八进制数转换成十进制数很容易，只要把各位数按权展开，再把各项相加即可（见 5.2 节）。十进制数转换成八进制数的方法如下。

（1）十进制整数转换为八进制整数——除 8 取余法。

例如，把十进制数 13 转换成八进制数的过程如下。

$$13 \div 8 = 1, \quad 余\ 5$$
$$1 \div 8 = 0, \quad 余\ 1$$

这时，从下往上读出余数就是相应的八进制整数，即 $(13)_{10}=(15)_8$。

（2）十进制小数转换为八进制小数——乘 8 取整法。

例如，把十进制数 0.6875 转换成八进制数（保留小数点后 3 位数）。

$$0.6875 \times 8 = 5.5000, \quad 整数位为 5$$
$$0.5 \times 8 = 4, \qquad 整数位为 4$$

这时，只要从上往下读出整数部分，就是相应的八进制数，即 $(0.6875)_{10}=(0.540)_8$。

如果一个数既有整数又有小数，可以分别转换后再合并。

# ▶ 5.4 十六进制

十六进制就是逢十六进一的数制系统，由 0~9 和 A~F 组成 (A 代表 10，F 代表 15)，也常用于计算机计算。在 C 语言中，十六进制数以数字 0x 开头，比如 0x1A、0xFF 等。

### 01 十六进制转换为十进制

与二进制转换为十进制的原理相同，例如：

$(2FA)_{16} = 2 \times 16^2 + F \times 16^1 + A \times 16^0 = 512 + 240 + 10 = (762)_{10}$

### 02 二进制转换为十六进制

与二进制转换为八进制的原理相同，这里是以 4 位为一组，每一组转换为一个十六进制的值。例如：

$(11001111.01111)_2 = (1100\ 1111\ .0111\ 1000)_2 = (CF.78)_{16}$

# ▶ 5.5　数制间的转换

了解了二进制、八进制、十进制和十六进制的原理和转换方法后，下面通过程序实际验证一下。

前面已经接触过标准输出函数 printf()，在这里就使用 printf() 函数输出转换的结果。printf() 函数的格式控制符及描述如下表所示。

| 格式控制符 | 描述 |
| --- | --- |
| %d | 十进制有符号整数 |
| %u | 十进制无符号整数 |
| %f | 十进制浮点数 |
| %o | 八进制数 |
| %x | 十六进制数 |

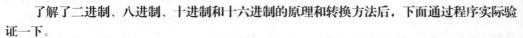

### 📝 范例 5-1　分别使用十进制、八进制和十六进制输出已知数值。

（1）在 Code::Blocks 中，新建名为 "5-1.c" 的文件。

（2）在代码编辑区域输入以下代码（代码 5-1.txt）。

```
01  #include <stdio.h>
02  int main(void)
03  {
04      unsigned int x=12;
05      unsigned int y=012;                              /* 八进制 0 开头 */
06      unsigned int z=0x12;                             /* 十六进制 0x 开头 */
07      printf(" 十进制 %u 转换为 八进制 %o 十六进制 %x\n",x,x,x);      /*%u 表示无符号十进制数 */
08      printf(" 八进制 %o 转换为 十进制 %u 十六进制 %x\n",y,y,y);      /*%o 表示无符号八进制数 */
```

```
09    printf(" 十六进制 %x 转换为 八进制 %o 十进制 %u\n",z,z,z);          /*%x 表示无符号十六进制数 */
10    return 0;
11  }
```

### 【运行结果】

编译、连接、运行程序，即可在程序执行窗口中输出以下结果。

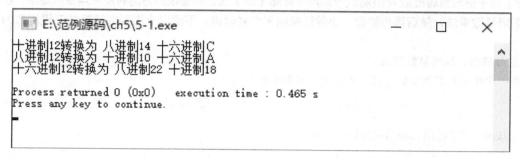

### 【范例分析】

根据 3 种进制的转换关系，通过二进制这样一个中介，可以得出下面的结论。

$$(12)_{10} = (1100)_2 = (14)_8 = (C)_{16}$$
$$(12)_8 = (1010)_2 = (A)_{16} = (10)_{10}$$
$$(12)_{16} = (10010)_2 = (22)_8 = (18)_{10}$$

## ▶ 5.6 综合应用——数制转换

1. $(53)_{10}=(?)_8$

解：

箭头表示由低位到高位的方向，所以 $(53)_{10}=(110101)_2$ 。同理，若将十进制数转换成八进制数，因为基数为 8，所以依次除以 8 取余数即可。$(53)_{10}=(65)_8$。

2. $(0.375)_{10}=(?)_2$

解：

$$
\begin{array}{r}
0.375 \\
\times \quad\quad 2 \\
\hline
(0).750 \quad b_\blacksquare=0 \\
\times \quad\quad 2 \\
\hline
(1).500 \quad b_\blacksquare=1 \\
\times \quad\quad 2 \\
\hline
(1).000 \quad b_\blacksquare=1
\end{array}
$$

所以 $(0.375)_{10}=(0.011)_2$。

# ▶5.7 高手点拨

（1）二进制与八进制（3位一组）、十六进制（4位一组）转换要注意分组，这样可以快速准确地转换。

（2）将 R（R 表示二、八、十六）进制数转换为十进制数可采用各位按权展开成多项式相加法，再在十进制的数制系统内进行计算，所得结果就是该 R 进制数的十进制数形式。

（3）将十进制数转换成 R 进制数可采用基数除（乘）法。即整数部分的转换采用基数除法，小数部分的转换采用基数乘法，然后再将整数、小数转换结果合并起来。下面以十进制数转换成二进制数为例进行说明。

① 整数转换，采用基数除法。

设有一个十进制整数 $(N)_{10}$，将它表示成二进制的形式：

$$(N)_{10} = b_{n-1}2^{n-1} + b_{n-2}2^{n-2} + \cdots + b_1 2^1 + b_0 2^0$$

将 2 从前 n-1 项括出，相当于除以 2，得：

$$(N)_{10} = 2\left(b_{n-1}2^{n-2} + b_{n-2}2^{n-3} + \cdots + b_1\right) + b_0 = 2A_1 + b_0$$

式中，$A_1$ 为除以 2 后所得的商，$b_0$ 为余数。可见余数 $b_0$ 就是二进制数的最低位。把商 $A_1$ 再除以 2 得到余数 $b_1$，为二进制数的第二位，如此连续除以 2 得：

$$A_1 = 2A_2 + b_1$$
$$A_2 = 2A_3 + b_2$$
$$A_i = 2A_{i+1} + b_i$$

一直进行到商为 0，余数为 $b_{n-1}$ 为止。

② 小数转换，采用基数乘法。

设有一个十进制小数 $(N)_{10}$，将它表示成二进制的形式：

$$(N)_{10} = b_{n-1}2^{-1} + b_{n-2}2^{-2} + \cdots + b_{n-m}2^{-m}$$

上式两边乘以 2，得：

$$2(N)_{10} = b_{n-1} + \left(b_{n-2}2^{-1} + \cdots + b_{n-m}2^{-m+1}\right)$$

$b_{n-1}$ 为 0 或 1，而括号中的数值则小于 1。连续乘以 2，可以得到 $b_{n-1}$，$b_{n-2}$，$\cdots$，$b_{n-m}$。直至最后乘积为 0 或达到一定的精度为止。

# ▶5.8 实战练习

（1）$(11010.11)_2 = (?)_{10}$

（2）$(137.504)_8 = (?)_{10}$

（3）$(12AF.B4)_{16} = (?)_{10}$

（4）编写一个函数，输入一个二进制数、八进制数、十六进制数，输出相应的十进制数。

# 第**6**章
第 ... 章

## 数据的种类——数据类型

在 C 语言中，数据类型可以理解为固定内存大小的别名，数据类型是创建变量的模型。数据类型用于声明不同类型的变量或函数。变量的类型决定了存储变量占用的空间，以及解释了存储的位模式。如果是常量数据，编译器一般通过其书写来辨认其类型，比如：123 是整数，3.14 是浮点数（即小数）。而变量则需要在声明语句中指定其类型。本章将详细介绍 C 语言的数据类型。

## 本章要点（已掌握的在方框中打钩）

□ 数据类型的分类
□ 整型
□ 字符型
□ 浮点型
□ 类型转换

# ▶ 6.1 数据类型的分类

所谓数据类型是按被说明量的性质、表示形式、占据存储空间的大小、构造特点来划分的。在 C 语言中，数据类型可分为基本类型、构造类型、指针类型、空类型四大类。

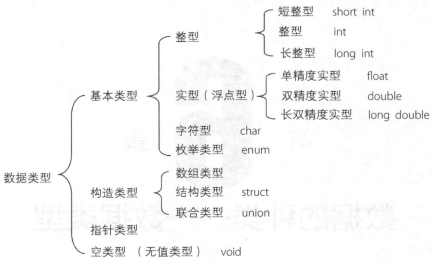

### 6.1.1 基本类型

C 语言中常用的数据类型有整型、实型和字符型。

整型是数值型数据，只有整数部分的数值，如 56，-78。

实型即浮点型，也是数值型数据，有整数部分和小数部分，如 13.56，-9.7。

字符型是用单引号定界的一个字符，如 'a' 'A'。字符型数据不同于字符串类型的数据，如 "A" "123"。

### 6.1.2 构造类型

构造类型是由一个或多个基本类型的数据构造而成的。也就是说，一个构造类型的值可以分解成若干个"成员"或"元素"。每个"成员"都是一个基本类型或一个构造类型。在 C 语言中，构造类型有数组类型、结构类型、联合类型。

前面章节的例子中已介绍和引用过基本类型（即整型、实型、字符型等）的变量。一组相同类型的数据的集合可以通过定义一维或者二维数组来存储。

在实际应用中，有时需要将一些有相互联系而类型不同的数据组合成一个整体，以便于数据处理。如学生学籍档案中的学号、姓名、性别、年龄、成绩、地址等数据，对每个学生来说，除了其各项的值不同外，表示形式是一样的。这种由多个不同类型的数据项组合在一起且数据项之间又有内在联系的数据称为结构体(structure)。它是由用户自己定义的。

### 6.1.3 指针类型

指针是一种特殊的、有重要作用的数据类型，其值用来表示某个变量在内存中的地址。虽然指针变量的取值类似于整型量，但这是两个类型完全不同的量，因此不能混为一谈。

### 6.1.4 空类型

在调用函数时，通常应向调用者返回一个函数值。这个返回的函数值是具有一定数据类型的，应在函数定义及函数说明中予以说明。例如，max() 函数定义中，函数头为 int max(int a,int b)，其中，max 前的 "int"

类型说明符表示该函数的返回值为整型量。又如库函数 sin()，如果系统规定其函数返回值为双精度浮点型，那么在赋值语句 s=sin(x); 中，s 也必须是双精度浮点型，以便与 sin() 函数的返回值一致。所以在说明部分，把 s 说明为双精度浮点型。但是，也有一类函数，调用后并不需要向调用者返回函数值，这种函数可以定义为"空类型"，其类型说明符为 void。

# ▶6.2 整型

整型数据的英文单词是 **Integer**，比如 **0**、**-12**、**255**、**1**、**32767** 等都是整型数据。整型数据是不允许出现小数点和其他特殊符号的。

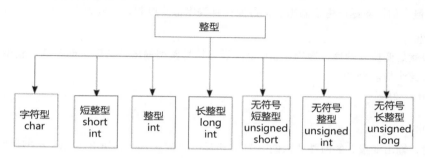

从上图中可以看出整型数据共分为 7 类，分别是字符型、短整型、整型、长整型、无符号短整型、无符号整型和无符号长整型。其中，短整型、整型和长整型是有符号的数据类型。

**01 取值范围**

计算机内部的数据都是以二进制形式存储的，把每一个二进制数字称为一位，位是计算机里最小的存储单元，又把一组 8 个二进制数称为一个字节，不同类型的数据有不同的字节要求。通常来说，整型数据长度的规定是为了提高程序的执行效率，所以 int 类型可以得到最大的执行速度。这里以在 Code::Blocks 中数据类型所占存储单位为基准，建立如下的整型数据范围表。

| 类型 | 说明 | 字节 | 范围 |
|------|------|------|------|
| 整型 | int | 4 | -2147483648~2147483647 |
| 短整型 | short (int) | 2 | -32768~32767 |
| 长整型 | long (int) | 4 | -2147483648~2147483647 |
| 无符号整型 | unsigned (int) | 4 | 0~4294967295 |
| 无符号短整型 | unsigned short (int) | 2 | 0~65535 |
| 无符号长整型 | unsigned long (int) | 4 | 0~4294967295 |
| 字符型 | char | 1 | 0~255 |

在使用不同的数据类型时，需要注意的是不要让数据超出范围，也就是常说的数据溢出。

**02 有符号数和无符号数**

int 类型在内存中占用了 4 个字节，也就是 32 位。因为 int 类型是有符号的，所以这 32 位并不是全部用来存储数据的，使用左边最高位来存储符号，使用其他的 31 位来存储数值。简单起见，下面用一个字节来说明。

对于有符号整数，以最高位（左边第 1 位）作为符号位，最高位是 0，表示的数据是正数；最高位是 1，表示的数据是负数。

对于无符号整数，因为表示的都是非负数，因此一个字节中的 8 位全部用来存储数据，不再设置符号位。

| 整数 10 二进制形式： | 0 | 0 | 0 | 0 | 1 | 0 | 1 | 0 |
| --- | --- | --- | --- | --- | --- | --- | --- | --- |
| 整数 -10 二进制形式： | 1 | 0 | 0 | 0 | 1 | 0 | 1 | 0 |

### 03 类型间转换

不同类型的整型数据所占的字节数不同，在相互转换时就需要格外留心，不要将过大的数据放在过小的数据类型中。在把所占字节较大的数据赋值给占字节较小的数据时，应防止出现以下情况。例如：

```
int a = 2147483648;
printf("%d",a);
```

这样赋值后，输出变量 a 的值并非预期的 2147483648，而是 -2147483648，原因是 2147483648 超出了 int 类型能够装载的最大值，数据产生了溢出。但是换一种输出格式控制符，例如：

```
printf("%u",a);
```

输出的结果就是变量 a 的值，原因是 %u 是按照无符号整型输出的数据，而无符号整型的数据范围上限大于 2147483648 这个值。例如：

```
unsigned short a = 256;
char b = a;
printf("%d",b);
```

这样赋值后，输出变量 b 的值并非预期的 256，而是 0，原因是 256 超出了 char 类型能够表示的最大值，b 只截取了 a 的低 8 位的数据。

变量 a：

| 0 | 0 | 0 | 0 | 0 | 0 | 0 | 1 | 0 | 0 | 0 | 0 | 0 | 0 | 0 | 0 |
| --- | --- | --- | --- | --- | --- | --- | --- | --- | --- | --- | --- | --- | --- | --- | --- |

变量 b：

| 高 8 位被截掉了！ | | | | | | | | 0 | 0 | 0 | 0 | 0 | 0 | 0 | 0 |
| --- | --- | --- | --- | --- | --- | --- | --- | --- | --- | --- | --- | --- | --- | --- | --- |

当把所占字节较小的数据赋值给占字节较大的数据时，可能出现以下两种情况。

第 1 种情况，当字节较大数是无符号数时，转换时新扩充的位被填充成 0。例如：

```
char b = 10;
unsigned short a = b;
printf("%u",a);
```

这样赋值后，变量 a 中输出的值是 10，原因如下。

变量 b：

| 空的！ | | | | | | | | 0 | 0 | 0 | 0 | 1 | 0 | 1 | 0 |
| --- | --- | --- | --- | --- | --- | --- | --- | --- | --- | --- | --- | --- | --- | --- | --- |

变量 a：

| 0 | 0 | 0 | 0 | 0 | 0 | 0 | 0 | 0 | 0 | 0 | 0 | 1 | 0 | 1 | 0 |
| --- | --- | --- | --- | --- | --- | --- | --- | --- | --- | --- | --- | --- | --- | --- | --- |

第 2 种情况，当字节较大数是有符号数时，转换时新扩充的位被填充成符号位。例如：

```
char b = 255;
short a = b;
printf("%d",a);
```

这样赋值后，变量 a 输出的值是 -1，变量 a 扩充的高 8 位根据变量 b 的最高位 1 都被填充成了 1。因为变量 a 的最高位符号位是 1，所以数值由正数变成了负数。至于为什么 16 个 1 表示的是 -1，涉及二进制数的原码和补码问题。转换图示如下。

变量 b：

| 空的！ | | | | | | | | 1 | 1 | 1 | 1 | 1 | 1 | 1 | 1 |
| --- | --- | --- | --- | --- | --- | --- | --- | --- | --- | --- | --- | --- | --- | --- | --- |

变量 a：

| 1 | 1 | 1 | 1 | 1 | 1 | 1 | 1 | 1 | 1 | 1 | 1 | 1 | 1 | 1 | 1 |
| --- | --- | --- | --- | --- | --- | --- | --- | --- | --- | --- | --- | --- | --- | --- | --- |

# ▶6.3 字符型

　　字符型是整型数据中的一种，它存储的是单个的字符，存储方式是按照 **ASCII** 码表（**American Standard Code for Information Interchange**，美国信息交换标准码）中的编码，每个字符对应的 **ASCII** 码占一个字节即 **8** 位。

> 📋 **提示**
>
> 　　ASCII 虽然用 8 位二进制编码表示字符，但是其有效位为 7 位。

　　字符使用单引号 " ' " 引起来，与变量和其他数据类型相区别，比如 'A'、'5'、'm'、'$'、';' 等。

　　又比如有 5 个字符 'H'、'e'、'l'、'L'、'o'，它们在内存中存储的形式如下所示。

| 01001000 | 01100101 | 01101100 | 01001100 | 01101111 |
|----------|----------|----------|----------|----------|
| H | e | l | L | o |

　　字符型的输出既可以使用字符的形式输出，即采用 "%c" 格式控制符，还可以使用 6.2 节采用的其他整数输出方式。例如：

```
char c = 'A';
printf("%c,%u",c,c);
```

　　输出结果是 A，65 。

　　此处的 65 是字符 'A' 的 ASCII 码。

📋 **范例 6-1　字符和整数的相互转换输出。**

　　（1）在 Code::Blocks 中，新建名为 "6-1.c" 的文件。

　　（2）在代码编辑区域输入以下代码 ( 代码 6-1.txt)。

```
01  #include <stdio.h>
02  int main(void)
03  {
04      char c='a';              /* 字符变量 c 初始化 */
05      unsigned i=97;          /* 无符号变量 i 初始化 */
06      printf("%c,%u\n",c,c);  /* 以字符和整数输出 c*/
07      printf("%c,%u\n",i,i);  /* 以字符和整数输出 i*/
08      return 0;
09  }
```

**【运行结果】**

编译、连接、运行程序，即可在程序执行窗口中输出以下结果。

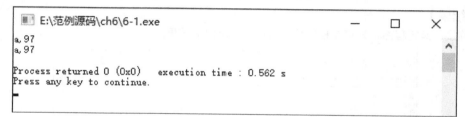

```
■ E:\范例源码\ch6\6-1.exe                              —    □    ×

a,97
a,97

Process returned 0 (0x0)   execution time : 0.562 s
Press any key to continue.
```

**【范例分析】**

因为字符是以 ACSII 码形式存储的，所以字符 'a' 和整数 97 是可以相互转换的。

在字符的家族中，控制符是无法通过正常的字符形式表示的，比如常用的回车、换行、退格等，而需要使用特殊的字符形式来表示，这种特殊字符称为转义符。

| 转义符 | 说明 | ASCII 码 |
|---|---|---|
| \n | 换行，移动到下一行首 | 00001010 |
| \t | 水平制表键，移动到下一个制表符位置 | 00001001 |
| \b | 退格，向前退一格 | 00001000 |
| \r | 回车，移动到当前行行首 | 00001101 |
| \a | 报警 | 00000111 |
| \? | 输出问号 | 00111111 |
| \' | 输出单引号 | 00100111 |
| \" | 输出双引号 | 00100010 |
| \ooo | 八进制方式输出字符，o 表示八进制数 | 空 |
| \xhhh | 十六进制方式输出字符，h 表示十六进制数 | 空 |
| \0 | 空字符 | 000000 |

📝 **范例 6-2**    输出字符串，分析转义符的作用。

（1）在 Code::Blocks 中，新建名为 "6-2.c" 的文件。
（2）在代码编辑区域输入以下代码（代码 6-2.txt）。

```
01  #include <stdio.h>
02  int main(void)
03  {
04    printf("12345678901234567890\n");   /* 参考列数 */
05    printf("--------------------\n");
06    printf("abc\tdef\n");               /* 转义符使用 */
07    printf("abc\tde\bf\n");
08    printf("abc\tde\b\rf\n");
09    printf("abc\"def\"ghi\?\n");
10    printf(" 整数 98\n");                /* 转义符数制 */
11    printf(" 八进制表达整数 98 是 \142\n");
12    printf(" 十六进制表达整数 98 是 \x62\n");
13    return 0;
14  }
```

【运行结果】

编译、连接、运行程序，即可在程序执行窗口中输出以下结果。

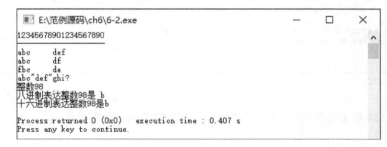

**【范例分析】**

"abc\tdef\n" 输出字符 c 后，水平跳一个制表符位置，下一个字符 d 从第 9 位开始，在输出字符 f 后，输出换行转义符，移动到下一行行首。

"abc\tde\bf\n" 在输出字符 e 后，后退一格，下一个字符 f 就覆盖了先输出的字符 e。

"abc\tde\b\rf\n" 在输出 e 后先后退一格，又退回到当前行的行首，字符 f 覆盖了先输出的字符 a。

如果在字符串中直接键入 98，则输出就是 98；如果改成转义符的形式，就可以看到 ASCII 码为 98 所对应的字符 b。

# ▶6.4 浮点型

**C 语言中浮点型数据可以表示有小数部分的数据。浮点型包含 3 种数据类型，分别是单精度的 float 类型、双精度的 double 类型和长双精度 long double 类型。**

浮点型数据的字节、有效数字和取值范围如下表所示。

| 类型 | 字节 | 有效数字 | 取值范围 |
|---|---|---|---|
| float | 4 | 6~7 | -1.4e-45~3.4e38 |
| double | 8 | 15~16 | -4.9e-324~1.8e308 |
| long double | 12 | 18~19 | — |

浮点数的有效数字是有限制的，所以在运算时需要注意，比如不要对两个差别非常大的数值进行求和运算，因为取和后，较小的数据对求和的结果没有什么影响。例如：

```
float f = 123456789.00 + 0.01;
```

当参与运算的表达式中存在 double 类型，或者说，参与运算的表达式不是完全由整型组成的，在没有明确的类型转换标识的情况下（将在 6.5 节中讲解），表达式结果的数据类型就是 double 类型。例如：

```
1 + 1.5 + 1.23456789    /* 表达式运算结果是 double 类型 */
1 + 1.5      /* 表达式运算结果是 double 类型 */
1 + 2.0      /* 表达式运算结果是 double 类型 */
1 + 2        /* 表达式运算结果是 int 类型 */
```

对于例子当中的 1.5，编译器也默认它为双精度的 double 类型参与运算，精度高且占据存储空间大。如果只希望以单精度 float 类型运行，在常量后面添加字符 "f" 或者 "F" 都可以，比如 1.5F、2.38F。同样，如果希望数据是以精度更高的 long double 参与表达式运算，在常量后面添加字符 "l" 或者 "L" 都可以，比如 1.51245L、2.38000L。建议使用大写的 "L"，因为小写的 "l" 容易和数字 1 混淆。

下面举几个运算的表达式的例子：

```
int i,j;
float m;
double x;
i + j     /* 表达式运算结果是 int 类型 */
i + m       /* 表达式运算结果是 float 类型 */
i + m +x      /* 表达式运算结果是 double 类型 */
```

浮点型数据在计算机内存中的存储方式与整型数据不同，浮点型数据是按照指数形式存储的。系统把一个浮点型数据分成小数部分和指数部分，并分别存放。指数部分采用规范化的指数形式。根据浮点型的表现形式不同，我们还可以把浮点型表示为小数形式和指数形式两种。

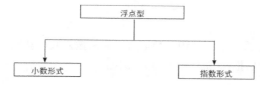

指数形式如下所示（"e" 或 "E" 都可以）。

```
2.0e3        /* 表示 2000.0*/
1.23e-2      /* 表示 0.0123*/
.123e2       /* 表示 12.3*/
1.e-3        /* 表示 0.001*/
```

对于指数部分采用规范化的指数形式，有以下两点要求。

（1）字母 e 前面必须有数字。

（2）字母 e 的后面必须是整数。

在 Code::Blocks 开发环境下，浮点数默认输出 6 位小数位，虽然有数字输出，但是并非所有的数字都是有效数字。例如：

```
float f = 12345.6789;
printf("f=%f\n",f);
```

输出结果为 12345.678611（可能还会出现其他相似的结果，均属正常）。

浮点数是有有效位数要求的，所以要比较两个浮点数是否相等，比较这两个浮点数的差值是不是在给定的范围内即可。例如：

```
float f1=1.0000;
float f2=1.0001;
```

只要 f1 和 f2 的差值不大于 0.001，就认为它们是相等的，可以采用下面的方法表示（伪代码如下所示）。

```
如果 (f1-f2) 的绝对值小于 0.001 则
f1 等于 f2
结束
```

# ▶ 6.5 类型转换

在计算过程中，如果遇到不同的数据类型参与运算，是终止程序，还是转换类型后继续计算？编译器采取第 2 种方式，能够转换成功的继续运算，转换失败时程序再报错终止运行。有两种转换方式——隐式转换和显式转换。

## 6.5.1 隐式转换

C 语言中设定了不同数据参与运算时的转换规则，编译器会自动地进行数据类型的转换，进而计算出最终结果，这就是隐式转换。

数据类型转换如下图所示。

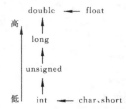

图中标示的是编译器默认的转换顺序，比如有 char 类型和 int 类型混合运算，则 char 类型自动转换为 int 后再进行运算；又比如有 int 型、float 型、double 型混合运算，则 int 和 float 自动转换为 double 类型后再进行运算。例如：

```
int i;
i = 2 + 'A';
```

先计算 "=" 号右边的表达式，字符型和整型混合运算，按照数据类型转换先后顺序，把字符型转换为 int 类型 65，然后求和得 67，最后把 67 赋值给变量 i。例如：

```
double d;
d = 2 + 'A' + 1.5F;
```

　　先计算 "=" 号右边的表达式，字符型、整型和单精度 float 类型混合运算，因为有浮点型参与运算，"="右边表达式的结果是 float 类型。按照数据类型转换顺序，把字符型转换为 double 类型 65.0，2 转换为 2.0，1.5F 转换为 1.5，最后把双精度浮点数 68.5 赋值给变量 d。

　　上述情况都是由低精度类型向高精度类型转换。如果逆向转换，可能会出现丢失数据的危险，编译器会以警告的形式给出提示。例如：

```
int i;
i = 1.2;
```

　　浮点数 1.2 舍弃小数位后，把整数部分 1 赋值给变量 i。如果 i=1.9，运算后变量 i 的值依然是 1，而不是 2。

📋 **提示**

　　把浮点数转换为整数，则直接舍弃小数位。

📝 **范例 6-3　整型和浮点型数据类型间的隐式转换。**

　　（1）在 Code::Blocks 中，新建名为 "6-3.c" 的文件。
　　（2）在代码编辑区域输入以下代码（代码 6-3.txt）。

```
01  #include <stdio.h>
02  int main(void)
03  {
04      int i;
05      i=1+2.0*3+1.234+'c'-'A';     /* 混合运算 */
06      printf("%d\n",i);            /* 输出 i*/
07      return 0;
08  }
```

**【运行结果】**

编译、连接、运行程序，即可在程序执行窗口中输出以下结果。

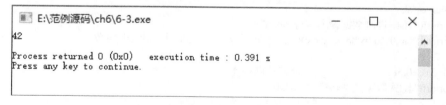

```
E:\范例源码\ch6\6-3.exe                              —    □    ×

42

Process returned 0 (0x0)   execution time : 0.391 s
Press any key to continue.
```

**【范例分析】**

题目转换后得到以下结果：i=1+6.0+1.234+99-65=1.0+6.0+1.234+99.0-65.0。和自动转换为整数赋值给 i。

### 6.5.2 显式转换

　　隐式类型转换编译器是会产生警告的，提示程序存在潜在的隐患。如果非常明确地希望转换数据类型，就需要用到显式类型转换。

　　显式转换格式如下：

( 类型名称 ) 变量或者常量 ;

　　或者：

( 类型名称 ) ( 表达式 ) ;

　　例如，我们需要把一个浮点数以整数的形式使用 printf() 函数输出，怎么办？可以调用显示类型转换，代码如下：

```
float f=1.23;
printf("%d\n",(int)f);
```

可以得到输出结果1，没有因为调用的printf()函数格式控制列表和输出列表前后类型不统一导致程序报错。

继续分析上例，我们只是把f小数位直接舍弃，输出了整数部分，变量f的值没有改变，依然是1.23，可以再次输出结果查看。

```
printf("%f\n", f);
```

输出结果是1.230000。

再看下面的例子，分析结果是否相同。

```
float f1,f2;
f1=(int)1.2+3.4;
f2=(int)(1.2+3.4);
printf("f1=%f,f2=%f",f1,f2);
```

输出结果：f1=4.4,f2=4.0。

显然结果是不同的，原因是f1只对1.2取整，相当于f1=1+3.4；而f2是对1.2和3.4的和4.6取整，相当于f2=(int)4.6。

# ▶ 6.6 综合应用——数据类型转换

本节综合应用数据类型和类型转换的知识，分析和解决范例中的问题。

**范例 6-4** 综合应用数据类型和类型转换知识的例子。

（1）在Code::Blocks中，新建名为"6-4.c"的文件。
（2）在代码编辑区域输入以下代码（代码6-4.txt）。

```
01  #include <stdio.h>
02  int main(void)
03  {
04    int i;
05    double d;
06    char c='a';
07    printf(" 不同进制数据输出字符 'a'\n");
08    printf("%u,0%o,0x%x\n",c,c,c);         /* 十进制、八进制、十六进制 */
09    i=2;
10    d=2+c+0.5F;                 /* 隐式转换 */
11    printf(" 隐式数据类型转换 %f\n",d);
12    i=d;                        /* 隐式转换，舍弃小数位 */
13    printf(" 隐式数据类型转换 %d\n",i);
14    d=(int)1.2+3.9;             /* 显式转换，1.2取整 */
15    printf(" 显式数据类型转换 %f\n",d);
16    d=(int)(1.2+3.9);           /* 显式转换，和取整 */
17    printf(" 显式数据类型转换 %f\n",d);
18    return 0;
19  }
```

【运行结果】

编译、连接、运行程序，即可在程序执行窗口中输出以下结果。

【范例分析】

本范例综合了本章的知识点，需要注意隐式转换是否丢失了数据，以及显式转换的转换对象。

# ▶6.7 高手点拨

学过数据类型这一章后，在以后声明变量以及编写程序时应注意以下问题。

（1）当标识符由多个词组成时，每个词的第一个字母大写，其余全部小写，比如 int CurrentVal，这样的名字看起来比较清晰，远比一长串字符好得多。

（2）尽量避免名字中出现数字编号，如 Value1、Value2 等，除非逻辑上的确需要编号。比如驱动开发时为管脚命名，非编号名字反而不好。初学者总是喜欢用带编号的变量名或函数名，这样看上去很简单方便，但其实是一颗颗定时炸弹。初学者一定要把这个习惯改过来。

（3）程序中不得出现仅靠大小写区分的相似的标识符。例如：

```
int x, X; /* 变量 x 与 X 容易混淆 */
void foo(int x);
void FOO(float x);/* 函数 foo 与 FOO 容易混淆  */
```

这里还有一个要特别注意的就是 1（数字 1）和 l（小写字母 l）之间、0（数字 0）和 o（小写字母 o）之间的区别。

（4）一个函数名禁止被用于其他地方。例如：

```
void foo(int p_1)
{
    int x = p_1;
}
void static_p(void)
{
    int foo = 1u;  /* 变量名 foo 与函数名 foo 相同了 */
}
```

（5）所有宏定义、枚举常数、只读变量全用大写字母命名，用下划线分割单词。例如：

```
const int MAX_LENGTH = 100; /* 这不是常量，而是一个只读变量 */
```

（6）考虑到习惯性问题，局部变量中可采用通用的命名方式，仅限于 n、i、j 等作为循环变量使用。一般不要写出如下代码：

```
int p;
char i;
int c;
char *a;
```

一般来说，习惯上用 n、m、i、j、k 等表示 int 类型的变量；用 c、ch 等表示字符类型变量；用 a 等表示数组；用 p 等表示指针。当然这仅仅是一般习惯，除了 i、j、k 等可以用来表示循环变量外，别的字符变量名尽量不要使用。

# ▶6.8 实战练习

（1）写出程序运行的结果。

```
main()
{   int i,j,m,n;
    i=8;
    j=10;
    m=++i;
    n=j++;
    printf("%d,%d,%d,%d",i,j,m,n);
}
```

（2）若有定义：int a=7; float b=2.5,c=4.7，则表达式 a+(int)(b/3*(int)(a+c)/2)%4 的值为多少？

（3）表达式 8/4*(int)2.5/(int)(1.25*(3.7+2.3)) 的值是什么数据类型？

（4）求下面算术表达式的值。

① x+a%3*(int)(x+y)%2/4 ，设 x=2.5，a=7，y=4.7。

② (float)(a+b)/2+(int)x%(int)y ，设 a=2，b=3，x=3.5，y=2.5。

# 第 **7** 章

# C 语言中的运算符和表达式

运算符是告诉编译程序执行特定算术或逻辑操作的符号。C 语言中的运算符是极其丰富的,运算范围很宽,几乎可以把除了控制语句和输入 / 输出以外的所有基本操作都当作运算符,常见的有三大类: 算术运算符、关系运算符和逻辑运算符。表达式由运算符、常量和变量构成。C 语言的表达式基本遵循一般代数规则。本章将详细介绍 C 语言的运算符和表达式。

## 本章要点(已掌握的在方框中打钩)

□ 算术运算符和表达式
□ 关系运算符和表达式
□ 逻辑运算符和表达式
□ 条件运算符和表达式
□ 赋值运算符和表达式
□ 自增、自减运算符
□ 逗号运算符和表达式
□ 位运算符
□ 运算符的优先级和结合性

# ▶7.1 运算符和表达式

在C语言中，程序要对数据进行大量的运算，就必须利用运算符操作数据。用来表示各种不同运算的符号称为运算符，而表达式则是由运算符和运算分量（操作数）组成的式子。正是因为有丰富的运算符和表达式，C语言的功能才能十分完善，这也是C语言的主要特点之一。

## `7.1.1` ▶运算符

在以往学习的数学知识中，总是少不了加、减、乘、除这样的运算，用符号表示出来就是"+" "–" "×" "÷"。同样，在C语言的世界里，也要进行各种各样的运算。例如，C语言中也有加（+）、减（-）、乘（*）、除（/）等运算符，只是有些运算符与数学符号表示的不一样而已。当然，C语言除了这些进行算术运算的运算符以外，还有很多完成其他操作功能的运算符，如下表所示。

| 运算符种类 | 作用 | 包含运算符 |
|---|---|---|
| 算术运算符 | 用于各类数值运算 | 加（+）、减（-）、乘（*）、除（/）、求余（或称模运算，%）、自增（++）、自减（--） |
| 关系运算符 | 用于比较运算 | 大于（>）、小于（<）、等于（==）、大于等于（>=）、小于等于（<=）、不等于（!=） |
| 逻辑运算符 | 用于逻辑运算 | 与（&&）、或（\|\|）、非（!） |
| 位操作运算符 | 参与运算的量，按二进制位进行运算 | 位与（&）、位或（\|）、位非（~）、位异或（^）、左移（<<）、右移（>>） |
| 赋值运算符 | 用于赋值运算 | 简单赋值（=）、复合算术赋值（+=,-=,*=,/=,%=）、复合位运算赋值（&=,\|=,^=,>>=,<<=） |
| 条件运算符 | 用于条件求值 | （?:） |
| 逗号运算符 | 用于把若干个表达式组合成一个表达式 | （,） |
| 指针运算符 | 用于取内容和取地址 | 取内容（*）、取地址（&） |
| 求字节数运算符 | 用于计算数据类型所占的字节数 | （sizeof） |
| 其他运算符 | 其他 | 括号()、下标[ ]、成员（→,.）等 |

按运算符在表达式中与运算分量的关系（连接运算分量的个数），运算符可分为以下3类。

（1）单目运算符，即一元运算符，只需要1个运算分量，如 –5 和 !a。

（2）双目运算符，即二元运算符，需要2个运算分量，如 a+b 和 x\|\|y。

（3）三目运算符，即三元运算符，需要3个运算分量，如 a>b?a:b。

## `7.1.2` ▶表达式

在数学中，将"3+2"称为算式，是由3和2两个数据通过"+"号相连接构成的一个式子。C语言中由运算符和数据构成的式子，称为表达式；表达式运算的结果称为表达式的值。因此，"3+2"在C语言中称为表达式，表达式的值为5。

根据运算符的分类，可以将C语言中的表达式分为8类——算术表达式、关系表达式、逻辑表达式、条件表达式、赋值表达式、逗号表达式、位表达式和其他表达式。

由以上表达式还可以组成更复杂的表达式，例如：

$$z=x+(y>=0)$$

整体来看这是一个赋值表达式，但赋值运算符的右边，是由关系表达式和算术表达式组成的。

# ▶7.2 算术运算符和表达式

算术运算符和表达式接近于数学上用的算术运算，包含了加、减、乘、除，其运算的规则基本上是一样的。但是 C 语言中还有其特殊运算符和与数学不同的运算规则。

## 7.2.1 算术运算符

C 语言基本的算术运算符有 5 个，如下表所示。

| 符号 | 说明 |
| --- | --- |
| + | 加法运算符或正值运算符 |
| - | 减法运算符或负值运算符 |
| * | 乘法运算符 |
| / | 除法运算符 |
| % | 求模运算符或求余运算符 |

## 7.2.2 算术表达式

C 语言的算术表达式如同数学中的基本四则混合运算，在实际中运用得十分广泛。简单的算术表达式如下表所示。

| 算术表达式举例 | 数学中的表示 | 含 义 | 表达式的值 |
| --- | --- | --- | --- |
| 2+3 | 2+3 | 2 与 3 相加 | 5 |
| 2–3 | 2–3 | 2 减 3 | -1 |
| 2*3 | 2×3 | 2 与 3 相乘 | 6 |
| 2/3 | 2÷3 | 2 除以 3 | 0 |
| 2%3 |  | 2 对 3 求余数 | 2 |

复杂的算术表达式，如下所示。

$$2*(9/3) \quad 结果为 6$$
$$10/((12+8)\%9) \quad 结果为 5$$

需要说明的是，"%"运算符要求两侧的运算分量必须为整型数据。这个很好理解，如果有小数部分，就不存在余数了。例如，6.0%4 为非法表达式。对负数进行求余运算，规定：若第 1 个运算分量为正数，则结果为正；若第 1 个运算分量为负，则结果为负。

"/"运算符如果前后两个运算分量都为整数，则商也是整数，否则商为实数。

## 7.2.3 应用举例

本节通过两个范例来学习算术运算符和表达式的使用。

### 📝 范例 7-1　使用算术运算符计算结果。

（1）在 Code::Blocks 中，新建名为"7-1.c"的文件。
（2）在代码编辑区域输入以下代码（代码 7-1.txt）。

```
01  #include <stdio.h>
02  int main()
03  {
04      int a=99;                          /* 定义整型变量 a、b、c、d，并分别赋初值 */
```

```
05      int b=5;
06      int c=11;
07      int d=3;
08      printf("a-b=%d\n",a-b);          /* 输出 a-b 的结果 */
09      printf("b*c=%d\n",b*c);          /* 输出 b*c 的结果 */
10      printf("a/b=%d\n",a/b);          /* 输出 a/b 的结果 */
11      printf("a%%b=%d\n",a%b);   /* 输出 a%b 的结果 */
12      printf("a%%d+b/c=%d\n",a%d+b/c); /* 输出 a%d+b/c 的结果 */
13   }
```

## 【运行结果】

编译、连接、运行程序，即可在程序执行窗口中输出结果。

```
■ E:\范例源码\ch7\7-1.exe                        —    □    ×

a-b=94
b*c=55
a/b=19
a%b=4
a%d+b/c=0

Process returned 10 (0xA)    execution time : 0.521 s
Press any key to continue.
```

## 【范例分析】

此范例中使用了本节介绍的 5 种运算符，分别输出不同算术表达式的值。其中，"printf("a-b=%d\n",a-b);"，表示先输出 "a-b="，然后再输出 a-b 的值，所以最后输出 "a-b=94"。其余按相同方法处理。

📝 **范例 7-2**　**算术运算符和表达式的应用。**

（1）在 Code::Blocks 中，新建名为 "7-2.c" 的文件。
（2）在代码编辑区域输入以下代码（代码 7-2.txt）。

```
01   #include <stdio.h>
02   int main()
03   {
04      int x,a=3;
05      float y;
06      x=20+25/5*2;
07      printf("(1)x=%d\n",x);
08      x=25/2*2;
09      printf("(2)x=%d\n",x);
10      x=-a+4*5-6;
11      printf("(3)x=%d\n",x);
12      x=a+4%5-6;
13      printf("(4)x=%d\n",x);
14      x=-3*4%-6/5;
15      printf("(5)x=%d\n",x);
16      x=(7+6)%5/2;
17      printf("(6)x=%d\n",x);
18      y=25.0/2.0*2.0;
19      printf("(7)y=%f\n",y);
20   }
```

## 【运行结果】

编译、连接、运行程序，即可在程序执行窗口中输出结果。

```
E:\范例源码\ch7\7-2.exe                    —    □    ×
(1)x=30
(2)x=24
(3)x=11
(4)x=1
(5)x=0
(6)x=1
(7)y=25.000000

Process returned 15 (0xF)    execution time : 0.309 s
Press any key to continue.
```

## 【范例分析】

此范例中使用了复杂的算术表达式，即同一个表达式中出现了多个运算符，因此计算结果应根据不同运算符的优先级与结合性进行运算。如 20+25/5*2，应先计算 25/5 的值，再乘以 2，最后与 20 相加，因为 "/" 与 "*" 运算符的优先级高于 "+" 运算符，而 "/" 与 "*" 优先级相同，自左向右进行计算，结果为 30。

# ▶7.3 关系运算符和表达式

关系运算符中的 "关系" 二字指的是两个运算分量间的大小关系，与数学意义上的比较概念相同，只不过 C 语言中关系运算符的表示形式有所不同。

### 7.3.1 关系运算符

C 语言提供了 6 种关系运算符，分别是 >（大于）、>=（大于等于）、<（小于）、<=（小于等于）、==（等于）、!=（不等于）。它们都是双目运算符。

### 7.3.2 关系表达式

用关系运算符把两个 C 语言表达式连接起来的式子称为关系表达式。关系表达式的结果只有两个——1 和 0。关系表达式成立时值为 1，不成立时值为 0。在 C 语言中 "逻辑真" 用 1 表示，"逻辑假" 用 0 表示。

例如，若 x=3，y=5，z=-2，则：

（1）x+y<z 的结果不成立，表达式的值为 0；

（2）x!=(y>z) 的结果成立，表达式的值为 1（因为 y>z 的结果成立，值为 1，x 不等于 1 结果成立，整个表达式的值为 1）。

### 7.3.3 应用举例

本节通过一个范例来说明关系运算符和表达式的使用方法。

### 📝 范例 7-3　输出程序中表达式的值。

（1）在 Code::Blocks 中，新建名为 "7-3.c" 的文件。

（2）在代码编辑区域输入以下代码（代码 7-3.txt）。

```
01  #include<stdio.h>
02  int main()
03  {
04      int a,b,c;
05      a=b=c=10;                    /*a、b、c 均赋值为 10*/
06      a=b==c;                      /* 将 b==c 的结果赋值变量 a*/
07      printf(" a=%d,b=%d,c=%d\n",a,b,c); /* 分别输出 a、b、c 的值 */
```

```
08      a=b>c>=100;                      /* 将 b>c>=100 的结果赋给变量 a*/
09      printf(" a=%d,b=%d,c=%d\n",a,b,c); /* 分别输出 a、b、c 的值 */
10    }
```

**【运行结果】**

编译、连接、运行程序，即可在程序执行窗口中输出结果。

```
■ E:\范例源码\ch7\7-3.exe                          —    □    ×
a=1, b=10, c=10
a=0, b=10, c=10

Process returned 15 (0xF)    execution time : 0.669 s
Press any key to continue.
```

**【范例分析】**

本范例重点考察了关系运算符的使用及表达式的值。如 a=b==c; 是先计算 b==c 的值，由于关系表达式的值只有 0 和 1，b 与 c 相等，则 b==c 的值为 1，然后将 1 赋给变量 a，通过 printf 语句输出 3 个变量的值。

# ▶ 7.4 逻辑运算符和表达式

**什么是逻辑运算？逻辑运算又称为布尔运算，通常用来测试真假值，"真"即事件"成立"，"假"即事件"不成立"，判断的结果只有两种情况。在 C 语言中用数字"1"和"0"表示真假两种状态，这两个值称为"逻辑值"。**

当判断一个复杂的事件是否成立时，如果这个事件由 n 个状态构成，例如一个房间有两个门——A 门和 B 门。要进房间从 A 门进可以，从 B 门进也可以。用语言来描述是"要进房间去，可以从 A 门进或者从 B 门进"，如何用符号来表示呢？假设，能否进房间用符号 C 表示，C 的值为 1 表示可以进房间，为 0 表示进不了房间；A 和 B 的值为 1 时表示门是开着的，为 0 表示门是关着的。那么能否进门一共有 4 种可能：

（1）两个房间的门都关着（A、B 均为 0），进不去房间（C 为 0）；

（2）B 是开着的（A 为 0、B 为 1），可以进去（C 为 1）；

（3）A 是开着的（A 为 1、B 为 0），可以进去（C 为 1）；

（4）A 和 B 都是开着的（A、B 均为 1），可以进去（C 为 1）。

## 7.4.1 逻辑运算符

逻辑运算符主要用于逻辑运算，包含"&&"（逻辑与）、"||"（逻辑或）、"!"（逻辑非）3 种。逻辑运算符的真值表如下。

| 条件 a | 条件 b | a&&b | a\|\|b | !a |
|---|---|---|---|---|
| 1 | 1 | 1 | 1 | 0 |
| 1 | 0 | 0 | 1 | 0 |
| 0 | 1 | 0 | 1 | 1 |
| 0 | 0 | 0 | 0 | 1 |

其中，"!"是单目运算符，而"&&"和"||"是双目运算符。

### 7.4.2 逻辑表达式

逻辑运算符把各个条件表达式连接起来组成一个逻辑表达式，如 a&&b、1||(!x)。逻辑表达式的值也只有两个——0和1。0代表结果为假，1代表结果为真。

例如，当 x 为 0 时，x<-2 && x>=5 的值为多少？

当 x=0 时，0<-2 结果为假，值等于 0；当 0&&"任何值"时其结果仍为 0，所以在此系统不再判断 x>=5 的结果，可以直接得到整个式子的结果。

当对一个量（可以是单一的一个常量或变量）进行判断时，C 语言编译系统认为 0 代表"假"，非 0 代表"真"。例如，当 a=4，则：

（1）!a 的值为 0（因为 a 为 4，非 0，被认为是真，对真取反结果为假，假用 0 表示）；

（2）a&&-5 的值为 1（因为 a 为非 0，被认为是真，-5 也为非 0，也是真，真与真，结果仍为真，真用 1 表示）；

（3）4||0 的值为 1（因为 4 为真，0 为假，真 || 假，结果为真，用 1 表示）。

### 7.4.3 应用举例

本节通过两个范例来学习逻辑运算符和表达式的使用。

**范例 7-4**　试写出判断某数x是否小于-2且大于等于5的逻辑表达式。当x值为0时，分析程序运行结果。

（1）在 Code::Blocks 中，新建名为"7-4.c"的文件。
（2）在代码编辑区域输入以下代码（代码 7-4.txt）。

```
01  #include<stdio.h>
02  int main()
03  {
04    int x,y;                      /* 定义整型变量 x,y */
05    x=0;
06    y=x<-2 && x>=5;               /* 将表达式的值赋给变量 y*/
07    printf(" 表达式 x<-2 && x>=5 的值为 %d\n",y);        /* 输出结果 */
08  }
```

**【运行结果】**

编译、连接、运行程序，即可在程序执行窗口中输出结果。

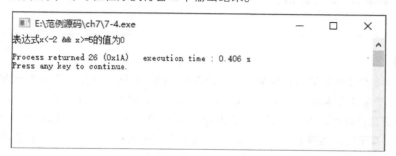

```
E:\范例源码\ch7\7-4.exe                    —    □    ×
表达式x<-2 && x>=5的值为0

Process returned 26 (0x1A)   execution time : 0.406 s
Press any key to continue.
```

**【范例分析】**

本范例中判断某数 x 是否小于 -2 且大于等于 5 的逻辑表达式可写为"x<-2 && x>=5"，因为是两个条件同时成立，应使用"&&"运算符将两个关系表达式连接在一起，所以表达式从整体上看是逻辑表达式，而逻辑符左右两边的运算分量又分别是关系表达式。该例先计算 x<-2，不成立，值为 0，因为后面的逻辑运算符是 &&，所以不管 x>=5 的值为真还是假，整个表达式的值都为假，所以系统不再计算 x>=5 的值，直接可确定整个表达式的值即为 0。

**范例 7-5**　试判断给定的某年year是否为闰年。（闰年的条件是符合下面两个条件之一：能被4整除，但不能被100整除；能被400整除。）

（1）在 Code::Blocks 中，新建名为 "7-5.c" 的文件。
（2）在代码编辑区域输入以下代码（代码 7-5.txt）。

```
01  #include<stdio.h>
02  int main()
03  {
04    int year;                        /* 定义整型变量 year 表示年份 */
05    printf(" 请输入任意年份 :");                /* 提示用户输入 */
06    scanf("%d",&year);                      /* 由用户输入某一年份 */
07    if(year%4==0&&year%100!=0||year%400==0)  /* 判断 year 是否为闰年 */
08      printf("%d 是闰年 \n",year);            /* 若为闰年则输出 year 是闰年 */
09    else
10      printf("%d 不是闰年 \n",year);          /* 否则输出 year 不是闰年 */
11  }
```

**【运行结果】**

编译、连接、运行程序，根据提示输入任意年份，按【Enter】键即可将该年是否为闰年输出。

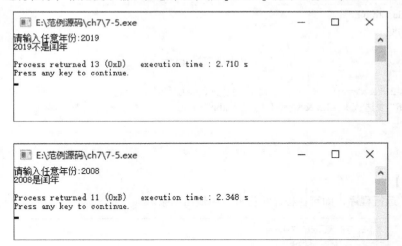

**【范例分析】**

在本例中，用了 3 个求余运算符判断某一个数能否被整除。判断 *year* 是否为闰年有两个条件，这两个条件是或的关系，第 1 个条件可表示为 year %4==0&&year %100!=0，第 2 个条件可表示为 year %400==0。两个条件中间用 "||" 运算符连接即可。即表达式可表示为 (year %4==0&& year %100!=0)||(year %400==0)。

由于 ! 的优先级高于算术运算符，算术运算符的优先级高于关系运算符，关系运算符的优先级高于逻辑运算符，&& 的优先级又高于 ||，因此上式可以将括号去掉，写为：

year%4==0 && year%100!=0 || year %400==0

如果判断 *year* 为平年（非闰年），可以写为：

!（year%4==0 && year%100!=0|| year %400==0）

因为是对整个表达式取反，所以要用圆括号括起来。否则就成了 !year %4==0，由于 ! 的优先级高，会先计算 !year，因此后面必须用圆括号括起来。

本例中使用了 if-else 语句，可理解为若 if 后面括号中的表达式成立，则执行 printf("%d 是闰年 \n",year); 语句，否则执行 printf("%d 不是闰年 \n",year); 语句。

如果要判断变量 *a* 的值是否为 0~5，很自然想到了这样一个表达式：

if(0<a<5)

这个表达式没有什么不正常的，编译可以通过。但是现在仔细分析一下 if 语句的运行过程，表达式 0<a<5 中首先判断 0<a，如果 a>0 则为真，否则为假。

设 a 的值为 3，此时表达式结果为逻辑真，那么整个表达式 if(0<a<5) 成为 if(1<5)（注意这个新表达式中的 1 是 0<a 的逻辑值），这时问题就出现了，可以看到当变量 a 的值大于 0 的时候总有 1<5，所以后面的 <5 这个关系表达式是多余的。另外，假设 a 的值小于 0，也会出现这样的情况。由此看来这样的写法肯定是错误的。

正确的写法应该是：

if((0<a)&&(a<5))　　　　　　/* 如果变量 a 的值大于 0 并且小于 5*/

# ▶ 7.5 条件运算符和表达式

条件运算符由 "?" 和 ":" 组成，是 C 语言中唯一的一个三目运算符，是一种功能很强的运算符。用条件运算符将运算分量连接起来的式子称为条件表达式。

条件表达式的一般构成形式如下。

表达式 1? 表达式 2: 表达式 3

条件表达式的执行过程如下。

（1）计算表达式 1 的值。

（2）若该值不为 0，则计算表达式 2 的值，并将表达式 2 的值作为整个条件表达式的值。

（3）否则，就计算表达式 3 的值，并将该值作为整个条件表达式的值。

例如（x>=0）?1:-1，该表达式的值取决于 x 的值，如果 x 的值大于等于 0，该表达式的值为 1，否则表达式的值为 -1。

条件运算符的结合性是 "右结合"，它的优先级低于算术运算符、关系运算符和逻辑运算符。

例如 a>b?a:c>d?c:d，等价于 a>b?a:(c>d?c:d)。

## 📝 范例 7-6　　条件运算符和表达式的应用。

（1）在 Code::Blocks 中，新建名为 "7-6.c" 的文件。

（2）在代码编辑区域输入以下代码（代码 7-6.txt）。

```
01  #include<stdio.h>
02  int main()
03  {
04      int a=6,b=7,m;
05      m=a<b?a:b;                    /* 若 a<b 返回 a 的值，否则返回 b 的值 */
06      printf("%d、%d 二者的最小值为 :%d\n",a,b,m);        /* 输出两者的最小值 */
07  }
```

【运行结果】

编译、连接、运行程序，即可计算并输出 6 和 7 二者的最小值。

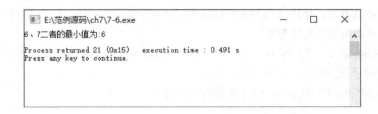

6、7二者的最小值为:6

Process returned 21 (0x15)    execution time : 0.491 s
Press any key to continue.

**【范例分析】**

本范例实际上是通过条件表达式来计算两个数的最小值，并将最小值赋给变量 *m*，从而输出 *a* 和 *b* 两个数中相对较小的一个。

# ▶7.6 赋值运算符和表达式

赋值运算符是用来给变量赋值的。它是双目运算符，将一个表达式的值赋给一个变量。

## 7.6.1 赋值运算符

在 C 语言中，赋值运算符有一个基本的运算符 "="。

C 语言允许在赋值运算符 "=" 的前面加上一些其他的运算符，构成复合的赋值运算符。复合赋值运算符共有 10 种，分别为 +=、–=、*= 、/=、%=、<<=、>>=、&=、^=、!=。

## 7.6.2 赋值表达式

由赋值运算符将一个变量和一个表达式连接起来的式子称为赋值表达式。赋值表达式的一般格式如下。

变量 = 表达式

对赋值表达式求解的过程是将赋值运算符右侧 "表达式" 的值赋给左侧的变量。

说明：右侧的表达式可以是任何常量、变量或表达式（只要它能运算得到一个值就行）；但左侧必须是一个明确的、已声明的变量，也就是说，必须有一个物理空间可以存储赋值号右侧的值。例如：

a=5;   //a 的值为 5
x=10+y;

对赋值运算符的说明如下。

（1）赋值运算符 "=" 与数学中的等式形式一样，但含义不同。"=" 在 C 语言中作为赋值运算符，是将 "=" 右边的值赋给左边的变量；而在数学中则表示两边相等。

（2）注意 "==" 与 "=" 的区别，例如，a==b<c 等价于 a==(b<c)，作用是判断 *a* 与 (b<c) 的结果是否相等；a=b<c 等价于 a=(b<c)，作用是将 *b<c* 的值赋给变量 *a*。

（3）赋值表达式的值等于右边表达式的值，而结果的类型则由左边变量的类型决定。例如：

① 浮点型数据赋给整型变量，截去浮点数据的小数部分；

② 整型数据赋给浮点型变量，值不变，但以浮点数的形式存储到变量中；

③ 字符型赋给整型，由于字符型为一个字节，而整型为 2 个字节，故将字符的 ASCII 码值放到整型量的低 8 位中，高 8 位为 0；

④ 整型赋给字符型，只把低 8 位赋予字符变量。例如：

int i;
float f;
i=1.2*3; /*i 的值为 3，因为 i 为整型变量，只能存储右边表达式的整数部分 */
f=23;    /*f 的值为 23.000000，因为 f 为浮点型数据，23 虽然是整数，但仍以浮点形式存储到变量中，即增加小数部分 */

（4）使用复合的赋值运算符构成的表达式，例如：

$$a+=b+c \text{ 等价于 } a=a+(b+c)$$
$$a-=b+c \text{ 等价于 } a=a-(b+c)$$
$$a*=b+c \text{ 等价于 } a=a*(b+c)$$
$$a/=b+c \text{ 等价于 } a=a/(b+c)$$
$$a\%=b+c \text{ 等价于 } a=a\%(b+c)$$

### 7.6.3 应用举例

本节通过两个范例来学习赋值运算符和表达式的使用。

**范例 7-7　分析下面程序的运行结果。**

（1）在 Code::Blocks 中，新建名为 "7-7.c" 的文件。
（2）在代码编辑区域输入以下代码（代码 7-7.txt）。

```
01  #include<stdio.h>
02  int main()
03  {
04    int a=1,b=1,c=1;
05    a+=b;                       /* 等价于 a=a+b*/
06    b+=c;
07    c+=a;
08    printf(" (1)%d\n",a>b?a:b);                /* 输出 a,b 二者的较大者 */
09    (a>=b && b>=c)? printf(" AA"):printf(" CC");   /* 若 a>=b&& b >=c 成立则输出 AA，否则输出 CC*/
10    printf(" \n a=%d,b=%d,c=%d\n",a,b,c);
11  }
```

**【运行结果】**

编译、连接、运行程序，即可在程序执行窗口中输出程序运行结果。

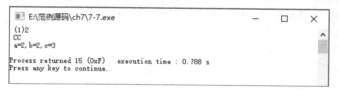

```
E:\范例源码\ch7\7-7.exe                                    —    □    ×
(1)2
CC
a=2, b=2, c=3

Process returned 15 (0xF)    execution time : 0.788 s
Press any key to continue.
```

**【范例分析】**

本范例中通过 3 个复合的赋值运算对 $a$、$b$、$c$ 重新赋值，如 a+=b，相当于执行了 a=a+b；将 a+b 的值重新赋给了变量 $a$，此时变量 $a$ 的值变为 2。后面的两句也按此处理，最终 3 个变量的值分别为 2、2、3。

**范例 7-8　若a=12，试写出表达式a+=a-=a*=a运算后a的值。**

（1）在 Code::Blocks 中，新建名为 "7-8.c" 的文件。
（2）在代码编辑区域输入以下代码（代码 7-8.txt）。

```
01  #include<stdio.h>
02  int main()
03  {
04    int a=12;
05    printf("%d\n",a+=a-=a*=a);
06  }
```

【运行结果】

编译、连接、运行程序，即可在程序执行窗口中输出结果。

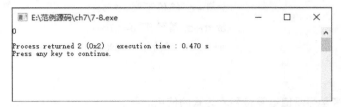

【范例分析】

先进行 a*=a 的运算，相当于 a=a*a=12*12=144，此时 *a* 的值为 144；再进行 a-=144 的运算，相当于 a=a-144=144-144=0，此时 *a* 值为 0；最后进行 a+=0 的运算，相当于 a=a+0=0+0，最终结果为 0。

本范例中是赋值运算符的连续运算，并且为同一变量进行运算。应根据赋值运算符的结合性进行从右到左的运算，变量重新赋值后，使用新的值进行下一步的运算，切记不要与数学运算混淆。

# ▶7.7　自增、自减运算符

C 语言提供了两个特殊的运算符，通常在其他计算机语言中找不到，即自增运算符 ++ 和自减运算符 --。它们都是单目运算符，运算的结果是使变量值增 1 或减 1，可以放在变量之前，称为前置运算；也可以放在变量之后，称为后置运算。它们都具有"右结合性"。

这两个运算符有以下几种形式：

```
++i   /* 相当于 i=i+1，i 自增 1 后再参与其他运算 */
--i   /* 相当于 i=i-1，i 自减 1 后再参与其他运算 */
i++   /* 相当于 i=i+1，i 参与运算后，i 的值再自增 1*/
i--   /* 相当于 i=i-1，i 参与运算后，i 的值再自减 1*/
```

### 范例 7-9　前置加和后置加的区别。

（1）在 Code::Blocks 中，新建名为 "7-9.c" 的文件。

（2）在代码编辑区域输入以下代码（代码 7-9.txt）。

```
01  #include <stdio.h>
02  int main()
03  {
04     int a,b,c;
05     a=9;
06     b=++a;              /* 前置加 */
07     printf(" (1) a=%d  b=%d\n",a,b);
08     a=9;
09     c=a++;              /* 后置加 */
10     printf(" (2) a=%d  c=%d\n",a,c);
11  }
```

【运行结果】

编译、连接、运行程序，即可在程序执行窗口中输出结果。

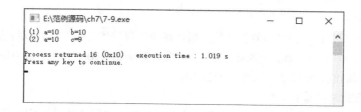

## 【范例分析】

本范例中，变量 $a$ 开始赋初值为 9，执行 b=++a 时，相当于先执行 a=a+1=10，再将 10 赋给变量 $b$，然后输出此时 $a$、$b$ 的值。$a$ 的值又重新赋值为 9，执行 c=a++，相当于先执行 c=a，$c$ 的值为 9，然后才执行 a++，即 a=a+1=10，此时 $a$、$c$ 的值分别为 10 和 9。

但是当表达式中连续出现多个加号（+）或减号（−）时，如何区分它们是增量运算符，还是加法或减法运算符呢？例如：

$$y=i+++j;$$

是应该理解成 y=i+(++j)，还是 y=(i++)+j 呢？在 C 语言中，语句分析遵循"最长匹配"原则。即如果在两个运算分量之间连续出现多个表示运算符的字符（中间没有空格），那么，在确保有意义的条件下，则从左到右尽可能多地将若干个字符组成一个运算符，所以，上面的表达式就等价于 y=(i++)+j，而不是 y=i+(++j)。如果读者在录入程序时有类似的操作，可以在运算符之间加上空格，如 i+ ++j，或者加上圆括号，作为整体部分处理，如 y=i+(++j)。

# ▶**7.8　逗号运算符和表达式**

在 **C 语言中，逗号不仅作为函数参数列表的分隔符使用，也作为运算符使用。逗号运算符的功能是把两个表达式连接起来，使之构成一个逗号表达式。逗号运算符在所有运算符中是级别最低的。其一般形式如下。**

表达式 1，表达式 2

求解的过程是先计算表达式 1，再计算表达式 2，最后整个逗号表达式的值就是表达式 2 的值。

### 📝 范例 7-10　逗号表达式的应用。

（1）在 Code::Blocks 中，新建名为"7-10.c"的文件。
（2）在代码编辑区域输入以下代码（代码 7-10.txt）。

```
01  #include<stdio.h>
02  int main()
03  {
04      int a=2,b=4,c=6,x,y;
05      y=(x=a+b),(b+c);
06      printf("y=%d,x=%d\n",y,x);
07  }
```

## 【运行结果】

编译、连接、运行程序，即可在程序执行窗口中输出结果。

## 【范例分析】

在本范例代码第 05 行，因为逗号运算符的优先级比赋值运算符优先级低，所以将该语句整体看成逗号表达式，第 1 个表达式是 y=(x=a+b)，第 2 个表达式是 b+c。先计算 y=(x=a+b)，其中，x=a+b=6，y=(x=a+b)=6；再计算 b+c=10。这条语句的值等于第 2 个表达式的值 10。

对于逗号表达式还要说明以下 3 点。

（1）逗号表达式一般形式中的表达式 1 和表达式 2 也可以是逗号表达式。例如表达式 1,（表达式 2,表达式 3)，形成了嵌套情形。因此可以把逗号表达式扩展为以下形式：表达式 1,表达式 2,…,表达式 n，整个逗号表达式的值等于表达式 n 的值。

（2）程序中使用逗号表达式，通常是要分别求逗号表达式内各表达式的值，并不一定要求整个逗号表达式的值。

（3）并不是在所有出现逗号的地方都组成逗号表达式，如【范例 7-10】中代码的第 04 行。在变量说明中，函数参数表中的逗号只是用作各变量之间的间隔符。

# ▶7.9 位运算符

数据在计算机里是以二进制形式表示的，在实际程序中，许多系统程序需要直接对二进制位数据进行操作，还有不少硬件设备与计算机通信都是通过一组二进制数控制和反映硬件的状态。**C 语言特别提供了直接对二进制位进行操作的功能，称为位运算。**

位运算应用于整型数据，即把整型数据看成固定的二进制序列，然后对这些二进制序列进行按位运算，无须转成十进制，因此处理速度非常快。正确地使用位运算，可以合理地利用内存，优化程序。

C 语言中提供了以下 6 种位运算符。

| 位运算符 | 描述 |
| :---: | :---: |
| & | 按位与 |
| \| | 按位或 |
| ^ | 按位异或 |
| ~ | 取反 |
| << | 左移 |
| >> | 右移 |

说明：

（1）位运算符中，除~以外，均为双目（元）运算符，即要求运算符两侧各有一个运算量；

（2）运算量只能是整型或字符型的数据，不能为实型数据。

### 7.9.1 按位与运算符

按位与运算符"&"是双目运算符，其功能是将参与运算的两数各对应的二进位相与。只有对应的两个二进位均为 1 时，结果位才为 1，否则为 0。即

0 & 0 = 0，0 & 1 = 0，1 & 0 = 0，1 & 1 = 1

#### 01 正数的按位与运算

例如，计算 10 & 5。需要先把十进制数转换为补码形式，再按位与运算，计算如下。

```
       0000 1010        10 的二进制补码
  &    0000 0101         5 的二进制补码
       0000 0000        按位与运算，结果转换为十进制后为 0
```

所以，10 & 5 = 0。

### 02 负数的按位与运算

例如，计算 -9 & -5。

第 1 步：先转换为补码形式。

-9 的原码为 1000 1001，反码为 1111 0110，补码为 1111 0111

-5 的原码为 1000 0101，反码为 1111 1010，补码为 1111 1011

第 2 步：补码进行位与运算。

$$
\begin{array}{r}
1111\ 0111 \qquad \text{-9 的二进制补码} \\
\&\ 1111\ 1011 \qquad \text{-5 的二进制补码} \\
\hline
1111\ 0011 \qquad \text{按位与运算}
\end{array}
$$

第 3 步：将结果转换为原码。

补码为 1111 0011，反码为 1111 0010，原码为 1000 1101，原码为 -13，所以 -9 & -5 = -13。

### 03 按位与的作用

按位与运算通常用来对某些位清 0 或保留某些位。例如，把 a 的高 8 位清 0，保留低 8 位，可以使用 a&255 运算 (255 的二进制数为 0000000011111111)。

又比如，有一个数是 0110 1101，我们希望保留从右边开始第 3 位、第 4 位，以满足程序的某些要求，可以这样运算：

$$
\begin{array}{r}
0110\ 1101 \\
\&\ 0000\ 1100 \\
\hline
0000\ 1100
\end{array}
$$

上式描述的就是为了保留指定位进行的按位与运算。如果写成十进制形式，可以写成 109 & 12。

## 7.9.2 按位或运算符

按位或运算符 "|" 是双目运算符，其功能是将参与运算的两数各对应的二进位相或。只要对应的两个二进位有一个为 1，结果位就为 1。即

$$0\,|\,0 = 0,\ 0\,|\,1 = 1,\ 1\,|\,0 = 1,\ 1\,|\,1 = 1$$

参与运算的两个数均以补码出现。例如，10 | 5 可写成如下算式。

$$
\begin{array}{r}
0000\ 1010 \\
|\ 0000\ 0101 \\
\hline
0000\ 1111 \qquad \text{15 的二进制补码}
\end{array}
$$

所以，10 | 5 = 15。

常用来置源操作数的某些位置为 1，其他位不变。

首先设置一个二进制掩码 mask，执行 s=s|mask，让其中的特定位置为 1，其他位为 0。比如有一个数是 0000 0011，希望从右边开始的第 3、4 位为 1，其他位不变，可以写成 0000 0011 | 0000 1100 = 0000 1111，也就是 3 | 12 = 15。

## 7.9.3 按位异或运算符

按位异或运算符 "∧" 是双目运算符，其功能是将参与运算的两数各对应的二进位相异或。当两个对应的二进位相异或时，结果为 1。即

$$0 \wedge 0 = 0,\ 0 \wedge 1 = 1,\ 1 \wedge 0 = 1,\ 1 \wedge 1 = 0$$

参与运算数仍以补码出现，例如，10 ∧ 5 可写成如下的算式。

$$
\begin{array}{r}
0000\ 1010 \\
\wedge\ 0000\ 0101
\end{array}
$$

$$0000\ 1111 \qquad 15\ 的二进制补码$$

所以，10 ^ 5 = 15。

充分利用按位异或的特性，可以实现以下效果。

（1）设置一个二进制掩码 mask，执行 s = s ^ mask，设置特定位置是 1，可以使特定位的值取反；设置掩码中特定位置的其他位是 0，可以保留原值。

设有 0111 1010，想使其低 4 位翻转，即 1 变为 0，0 变为 1。可以将它与 0000 1111 进行 ^ 运算，即

$$
\begin{array}{r}
0111\ 1010 \\
^\wedge\quad 0000\ 1111 \\
\hline
0111\ 0101
\end{array}
$$

（2）不引入第 3 个变量而交换两个变量的值。

想将 a 和 b 的值互换，可以用以下赋值语句实现。

$$a = a \wedge b;$$
$$b = b \wedge a;$$
$$a = a \wedge b;$$

分析如下（按位异或满足交换率）。

$$a = a \wedge b;$$
$$b = b \wedge a = b \wedge a \wedge b = b \wedge b \wedge a = 0 \wedge a = a;$$
$$a = a \wedge b = a \wedge b \wedge a = a \wedge a \wedge b = 0 \wedge b = b;$$

假设 a = 3，b = 4，验证如下。

$$
\begin{array}{r}
a = 011 \\
^\wedge\quad b = 100 \\
\hline
a = 111\ （a \wedge b\ 的结果，a\ 变成\ 7） \\
^\wedge\quad b = 100 \\
\hline
b = 011\ （b \wedge a\ 的结果，b\ 变成\ 3） \\
^\wedge\quad a = 111 \\
\hline
a = 100\ （a \wedge b\ 的结果，a\ 变成\ 4）
\end{array}
$$

### 7.9.4 按位取反运算符

求反运算符 "~" 为单目运算符，具有右结合性，其功能是对参与运算的数的各二进位按位求反。例如，~9 的运算为 ~（0000 1001），结果为（1111 0110），如果表示无符号数是 246，如果表示有符号数是 -10（按照上文的方法自己演算）。

### 7.9.5 左移运算符

左移运算符 "<<" 是双目运算符，其功能是把 "<<" 左边运算数的各二进位全部左移若干位，移动的位数由 "<<" 右边的数指定。

#### 01 无符号数的左移

如果是无符号数，则向左移动 $n$ 位时，丢弃左边 $n$ 位数据，并在右边填充 0，如下图所示。

| | | | | | | | |
|---|---|---|---|---|---|---|---|
| 0 | 0 | 0 | 0 | 0 | 0 | 0 | 1 |
| 0 | 0 | 0 | 0 | 0 | 0 | 1 | 0 |
| 0 | 0 | 0 | 0 | 0 | 1 | 0 | 0 |
| 0 | 0 | 0 | 0 | 1 | 0 | 0 | 0 |
| 0 | 0 | 0 | 1 | 0 | 0 | 0 | 0 |
| 0 | 0 | 1 | 0 | 0 | 0 | 0 | 0 |

十进制 $n$=1：
$n$<<1，十进制 2：
$n$<<1，十进制 4：
$n$<<1，十进制 8：
$n$<<1，十进制 16：
$n$<<1，十进制 32：

| $n\ll1$，十进制 64： | 0 | 1 | 0 | 0 | 0 | 0 | 0 | 0 |
| $n\ll1$，十进制 128： | 1 | 0 | 0 | 0 | 0 | 0 | 0 | 0 |

程序每次左移一位，结果是以 2 的幂不断变化，此时继续左移。

| $n\ll1$，十进制 0： | 0 | 0 | 0 | 0 | 0 | 0 | 0 | 0 |

### 02 有符号数的左移

如果是有符号数，则向左移动 $n$ 位时，丢弃左边 $n$ 位数据，并在右边填充 0，同时把最高位作为符号位。这种情况对于正数，与上述的无符号数左移结果是一样的，不再分析。那对于负数呢，如下图所示。

| 十进制 $n=-1$： | 1 | 1 | 1 | 1 | 1 | 1 | 1 | 1 |
| $n\ll1$，十进制 -2： | 1 | 1 | 1 | 1 | 1 | 1 | 1 | 0 |
| $n\ll1$，十进制 -4： | 1 | 1 | 1 | 1 | 1 | 1 | 0 | 0 |
| $n\ll1$，十进制 -8： | 1 | 1 | 1 | 1 | 1 | 0 | 0 | 0 |
| $n\ll1$，十进制 -16： | 1 | 1 | 1 | 1 | 0 | 0 | 0 | 0 |
| $n\ll1$，十进制 -32： | 1 | 1 | 1 | 0 | 0 | 0 | 0 | 0 |
| $n\ll1$，十进制 -64： | 1 | 1 | 0 | 0 | 0 | 0 | 0 | 0 |
| $n\ll1$，十进制 -128： | 1 | 0 | 0 | 0 | 0 | 0 | 0 | 0 |
| $n\ll1$，十进制 0： | 0 | 0 | 0 | 0 | 0 | 0 | 0 | 0 |
| $n\ll1$，十进制 0： | 0 | 0 | 0 | 0 | 0 | 0 | 0 | 0 |

我们已经看到了有符号数左移是如何移动的。有符号数据的左移操作也非常简单，只不过要把最高位考虑成符号位而已，遇到 1 就是负数，遇到 0 就是正数，就是这么简单，直到全部移除变成 0。

左移操作与正负数无关，它只是将所有位进行移动，进行补 0、舍弃操作。

在数字没有溢出的前提下，对于正数和负数，左移一位相当于乘以 $2^1$，左移 $n$ 位就相当于乘以 $2^n$。

## 7.9.6 右移运算符

右移运算符“>>”是双目运算符，其功能是把“>>”左边运算数的各二进位全部右移若干位，“>>”右边的数指定移动的位数。

### 01 无符号数的右移

如果是无符号数，则向右移动 $n$ 位时，丢弃右边 $n$ 位数据，并在左边填充 0，如下图所示。

| 十进制 $n=127$： | 0 | 1 | 1 | 1 | 1 | 1 | 1 | 1 |
| $n\gg1$，十进制 63： | 0 | 0 | 1 | 1 | 1 | 1 | 1 | 1 |
| $n\gg1$，十进制 31： | 0 | 0 | 0 | 1 | 1 | 1 | 1 | 1 |
| $n\gg1$，十进制 15： | 0 | 0 | 0 | 0 | 1 | 1 | 1 | 1 |
| $n\gg1$，十进制 7： | 0 | 0 | 0 | 0 | 0 | 1 | 1 | 1 |
| $n\gg1$，十进制 3： | 0 | 0 | 0 | 0 | 0 | 0 | 1 | 1 |
| $n\gg1$，十进制 1： | 0 | 0 | 0 | 0 | 0 | 0 | 0 | 1 |
| $n\gg1$，十进制 0： | 0 | 0 | 0 | 0 | 0 | 0 | 0 | 0 |
| $n\gg1$，十进制 0： | 0 | 0 | 0 | 0 | 0 | 0 | 0 | 0 |

结果变成了 0，显然结果是不对的，所以右移时一旦溢出就不再正确了。

### 02 有符号数的右移

如果是有符号数，则向右移动 $n$ 位时，丢弃右边 $n$ 位数据，而左边填充的内容则依赖于具体的计算机，可能是 1，也可能是 0。

对于有符号数 (1000 1010) 来说，右移有以下两种情况。

（1）(1000 1010) >> 2 =(00 10 0010)。

（2）(1000 1010) >> 2 =(11 10 0010)。

我们的计算机是按上面哪种方式右移运算的不能一概而论。例如，计算机安装的是 Windows 10 操作系统，使用 Code::Blocks16.01 是按照方式 2 运行的有符号运算，如下图所示。

| | | | | | | | |
|---|---|---|---|---|---|---|---|
| 1 | 1 | 0 | 0 | 0 | 0 | 0 | 0 |
| 1 | 1 | 1 | 0 | 0 | 0 | 0 | 0 |
| 1 | 1 | 1 | 1 | 0 | 0 | 0 | 0 |
| 1 | 1 | 1 | 1 | 1 | 0 | 0 | 0 |
| 1 | 1 | 1 | 1 | 1 | 1 | 0 | 0 |
| 1 | 1 | 1 | 1 | 1 | 1 | 1 | 0 |
| 1 | 1 | 1 | 1 | 1 | 1 | 1 | 1 |
| 1 | 1 | 1 | 1 | 1 | 1 | 1 | 1 |

十进制 $n$=-64：
$n$>>1，十进制 -32：
$n$>>1，十进制 -16：
$n$>>1，十进制 -8：
$n$>>1，十进制 -4：
$n$>>1，十进制 -2：
$n$>>1，十进制 -1：
$n$>>1，十进制 -1：

最高的符号位保持原来的符号位，不断右移，直到全部变成 1。

在不溢出的情况下，右移一位相当于除以 2，右移 $n$ 位相当于除以 $2^n$。

### 7.9.7 ▶ 位运算赋值运算符

位运算符与赋值运算符可以组成位运算赋值运算符。

| 位运算赋值运算符 | 举例 | 等价于 |
|---|---|---|
| &= | a &= b | a = a & b |
| \|= | a \|= b | a = a \| b |
| ^= | a ^= b | a = a ^ b |
| >>= | a <<=2 | a = a << 2 |
| <<= | a >>=2 | a = a >> 2 |

### 7.9.8 ▶ 位运算应用

本节通过 3 个范例来学习位运算的应用。

**范例 7-11　分析以下程序的位运算的结果。**

（1）在 Code::Blocks 中，新建名为"7-11.c"的文件。

（2）在代码编辑区域输入以下代码（代码 7-11.txt）。

```
01  #include <stdio.h>
02  int main()
03  {
04    unsigned char a,b,c;          /* 声明字符型变量 */
05    a=0x3;        /*a 是十六进制数 */
06    b=a|0x8;      /* 按位或 */
07    c=b<<1;       /* 左移运算 */
08    printf("%d\n%d\n",b,c);
09    return 0;
10  }
```

**【运行结果】**

编译、连接、运行程序，即可在程序执行窗口中输出结果。

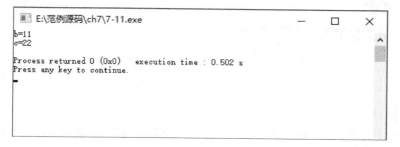

**【范例分析】**

变量 $a$ 的二进制数如下。

| 0 | 0 | 0 | 0 | 0 | 0 | 1 | 1 |
|---|---|---|---|---|---|---|---|

0x8 的二进制数如下。

| 0 | 0 | 0 | 0 | 1 | 0 | 0 | 0 |
|---|---|---|---|---|---|---|---|

变量 $b$ 的二进制数如下。

$$0000\ 0011$$
$$或\quad 0000\ 1000$$
$$0000\ 1011\quad 十进制\ 11\ 的二进制码$$

变量 $b$ 左移 1 位，结果如下图所示。

| 0 | 0 | 0 | 1 | 0 | 1 | 1 | 0 |
|---|---|---|---|---|---|---|---|

所以，变量 $c$ 的值是十进制 22。

---

**范例 7-12　取一个整数a的二进制形式从右端开始的4～7位，并以八进制形式输出。**

（1）在 Code::Blocks 中，新建名为"7-12.c"的文件。
（2）在代码编辑区域输入以下代码（代码 7-12.txt）。

```
01  #include <stdio.h>
02  int main()
03  {
04    unsigned short a,b,c,d;       /* 声明 3 个无符号的短整型变量 */
05    scanf("%o",&a);
06    b=a>>4;                       /* 右移运算 */
07    c=~(~0<<4);                   /* 取反左移后再取反 */
08    d=b&c;                        /* 按位与 */
09    printf("%o\n%o\n",a,d);
10    return 0;
11  }
```

**【运行结果】**

编译、连接、运行程序，输入 1 个整数并按【Enter】键，即可在程序执行窗口中输出结果。

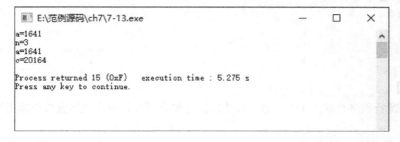

**【范例分析】**

本范例分 3 步进行，先使 a 右移 4 位；然后设置一个低 4 位；全为 1、其余全为 0 的数，可用 ~(~0<<4)；最后将上面二者进行 & 运算。

我们输入的八进制数是 1640，转换为二进制数是 0000 0011 1010 0000，获取其右端开始的 4 ~ 7 位是二进制数 1010，转换为八进制就是 12。

📝 **范例 7-13**　将无符号数a右循环移*n*位，即将a中原来左面(16-*n*)位右移*n*位，原来右端*n*位移到最左面*n*位。

（1）在 Code::Blocks 中，新建名为"7-13.c"的文件。
（2）在代码编辑区域输入以下代码（代码 7-13.txt）。

```
01  #include <stdio.h>
02  int main()
03  {
04    unsigned short a,b,c;              /* 声明字符型变量 */
05    int n;
06    printf("a=");
07    scanf("%o",&a);            /* 输入八进制数 */
08    printf("n=");
09    scanf("%d",&n);            /* 输入十进制数 */
10    b=a<<(16-n);               /* 左移运算 */
11    c=a>>n;            /* 右移运算 */
12    c=c|b;                /* 按位或 */
13    printf("a=%o\nc=%o\n",a,c); /* 输出八进制数 */
14  }
```

**【运行结果】**

编译、连接、运行程序，输入 1 个无符号数以及移动位数（如 1641，3）并按【Enter】键，即可在程序执行窗口中输出结果。

**【范例分析】**

本范例分 3 步进行，首先将 a 的右端 *n* 位先放到 b 中的高 *n* 位中，实现语句为 b = a<<（16-n）；然后

将 a 右移 n 位，其左面高位 n 位补 0，实现语句为 c = a>>n；最后 c 与 b 进行按位或运算，即 c = c|b。

我们输入的八进制数是 1641，转换为二进制数是 0000 0011 1010 0001，获取其循环移 3 位，结果是 0010 0000 0111 0100，转换为八进制就是 20164。

# ▶ 7.10 运算符的优先级和结合性

　　C 语言中规定了运算符的优先级和结合性。优先级是指当不同的运算符进行混合运算时，运算顺序是根据运算符的优先级而定的，优先级高的运算符先运算，优先级低的运算符后运算。在一个表达式中，如果各个运算符有相同的优先级，运算顺序是从左向右，还是从右向左，是由运算符的结合性确定的。所谓结合性是指运算符可以和左边的表达式结合，也可以与右边的表达式结合。

　　比如 x+y*z，应该先做乘法运算，再做加法运算，相当于 x+(y*z)，这是因为乘号的优先级高于加号。当一个运算分量两侧的运算符优先级相同时，要按运算符的结合性所规定的结合方向，即左结合性（自左至右运算）和右结合性（自右至左运算）。例如表达式 x-y+z，应该先进行 x-y 运算，然后再进行 +z 的运算，这就称为"左结合性"，即从左向右进行计算。

　　比较特殊的是右结合性算术运算符，它的结合性是自右向左，如 x=y=z，由于"="的右结合性，因此应先进行 y=z 运算，再进行 x=(y=z) 运算。

　　C 语言中，运算符的优先级共分为 15 级。1 级最高，15 级最低。在表达式中，优先级较高的先于优先级较低的进行运算。一个运算量两侧的运算符优先级相同时，则按运算符的结合性所规定的结合方向处理。

## 7.10.1 算术运算符

　　在复杂的算术表达式中，"( )"的优先级最高，"*""/""%"运算符的优先级高于"+""-"运算符。因此，可适当添加括号改变表达式的运算顺序，并且算术运算符中的结合性均为"左结合"，可概括如下。

　　（1）先计算括号内，再计算括号外。

　　（2）在没有括号或在同层括号内，先进行乘除运算，后进行加减运算。

　　（3）相同优先级运算，从左向右依次进行。

## 7.10.2 关系运算符

　　在这 6 种关系运算符中，">"">=""<"和"<="的优先级相同，"=="和"!="的优先级相同，前 4 种的优先级高于后两种。例如：

　　（1）a==b<c 等价于 a==(b<c)；

　　（2）a>b>c 等价于 (a>b)>c。

　　关系运算符中的结合性均为"左结合"。

## 7.10.3 逻辑运算符

　　在这 3 种逻辑运算符中，它们的优先级别各不相同。逻辑非"!"的优先级别最高，逻辑与"&&"的优先级高于逻辑或"||"。

　　如果将前面介绍的算术运算符和关系运算符结合在一起使用时，逻辑非"!"优先级最高，然后是算术运算符、关系运算符、逻辑与"&&"、逻辑或"||"。

　　比如，5>3&&2||!8<4-2 等价于 ((5>3)&&2)||((!8)<(4-2))，结果为 1。

　　运算符"!"的结合性是"右结合"，而"&&"和"||"的结合性是"左结合"。

## 7.10.4 赋值运算符

　　在使用赋值表达式时有以下几点说明。

（1）赋值运算可连续进行。例如：

a = b = c = 0 等价于 a = (b = (c = 0))，即先求 c=0，c 的值为 0，再把 0 赋给 b，b 的值为 0，最后再把 0 赋给 a，a 的值为 0，整个表达式的值也为 0，因为赋值运算符是"右结合"。

（2）赋值运算符的优先级比前面介绍的几种运算符的优先级都低。例如：

① a = (b = 9)*(c = 7) 等价于 a = ( (b = 9)*(c = 7) )；

② y=x==0?1:sin(x)/x 等价于 y= ( x==0?1:sin(x)/x )；

③ max=a>b?a:b 等价于 max= ( a>b?a:b )。

# ▶ 7.11 综合应用——条件运算符的应用

本节通过一个范例来总结本章所学的内容。

| 📋 范例 7-14 | 计算如下函数的结果。其中，a、b的值分别为1、5，x的值由用户指定。 |
|---|---|

（1）在 Code::Blocks 中，新建名为"7-14.c"的文件。
（2）在代码编辑区域输入以下代码（代码 7-14.txt）。

```
01  #include<stdio.h>
02  int main()
03  {
04  int a=1,b=5,x;
05  double y;
06  printf(" 请输入 x 的值 :");                /* 输出提示信息 */
07  scanf("%d",&x);                    /* 输入一个整数 */
08  y=x>=-10?(-a)*(b+x):3.0/(a*a*a+x*x*x)/b;      /* 计算 y 的值 */
09  printf("%f\n",y);
10  }
```

【运行结果】

编译、连接、运行程序，分别输入 -20 和 4，按【Enter】键，程序的两次运行结果分别如下图所示。

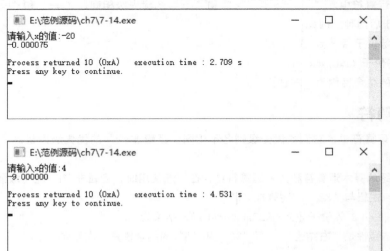

【范例分析】

本范例中主要使用条件运算符完成对 x 值的判断，并计算相应的表达式。由于函数的计算结果有可能是浮点型数据，因此定义函数值为 double 类型。当 x<-10 时，需要计算一个分式，而 C 语言中表达式必须写在

一行上，而且除法运算对于整型数来说，不论是否整除，结果都为整型。为保证结果的准确性，将分子上的数字 3，在程序中写为 3.0，使表达式的结果仍为浮点型数据。

## ▶7.12 高手点拨

**在运算符和表达式的学习中，需要注意以下几点。**

（1）除求余运算符只适用整型数运算外，其余运算符可以作整数运算，也可以作浮点数运算符。加、减法运算符还可作字符运算。

（2）两个整数相除其结果为整数。例如，8/5 结果为 1，小数部分舍去。如果两个操作数有一个为负数时，则舍入方法与计算机有关。多数计算机是取整后向零靠拢。例如，8/5 取值为 1；-8/5 取值为 -1，但也有的计算机例外。

（3）求余运算符的功能是舍掉两整数相除的商，只取其余数。两个整数能够整除，其余数为 0，例如，8%4 的值为 0。当两个整数中有一个为负数，其余数如何处理呢？请记住，按照下述规则处理，即余数 = 被除数 - 除数 * 商。这里，被除数是指 % 左边的操作数，除数是指 % 右边的操作数，商是两整数相除的整数商。

（4）等于运算符是由两个代数式中的等号组成的，有时容易写成一个等号，与代数式中的等号相混。在 C 语言中，一个等号是赋值运算符，它与等于运算符截然不同，请一定注意其区别。

（5）"算术 2"表明算术运算符分 2 个优先级，*、/ 和 % 在前，+、- 在后。"关系 2"表明它在算术运算符后边有 2 个优先级，<、<=、>、>= 在前，==、!= 在后。"逻辑 2"表明它在关系运算符之后，又分 2 个优先级，&& 在前，|| 在后。"移位 1 插在前"表明移位运算符是 1 个优先级插在算术和关系之间，即 >> 和 <<。"逻辑位 3 插在后"表明逻辑位运算符有 3 个优先级，& 在前，^ 在中，| 在后，它们插在关系和逻辑之间，这样，15 个优先级的顺序就记住了。

（6）条件表达式的功能相当于一个 if 语句。在计算条件表达式的值时，先找出"条件"来，然后计算其值，分析是非零还是零来选取冒号（:）前还是冒号后的表达式的值作为条件表达式值。"条件"是在问号（?）前的表达式，确定该表达式是关键。

（7）任何一个表达式都具有一个确定的值和一种类型。正确书写表达式和计算表达式的值和类型是编程和分析程序中重要的工作。在书写表达式和计算表达式时，必须搞清楚表达式的计算顺序。表达式的计算顺序首先是由运算符的优先级决定的，优先级高的先运算，优先级低的后运算；其次是由运算符的结合性决定的，在优先级相同的情况下，由结合性决定，有少数运算符的结合性从右至左，而多数运算符的结合性是从左至右。

（8）在包含 && 和 || 运算符的逻辑表达式的求值过程中，当计算出某个操作数的值后就可以确定整个表达式的值时，计算便不再继续进行。这就是说，并不是所有的操作数都被求值，只是在必须求得下一个操作数的值才能求出逻辑表达式的值时，才计算该操作数的值。例如，在由一个或多个 && 运算符组成的逻辑表达式中，自左向右计算各个操作数时，当计算到某个操作数的值为零时，则不再继续进行计算，这时，该逻辑表达式的值为 0。同样，在由一个或多个 || 运算符组成的逻辑表达式中，自左向右顺序计算各个操作数时，当计算到某个操作数的值为非零时，则不再继续进行计算，这时该逻辑表达式的值为 1。这就是说，在由 && 运算符组成的逻辑表达式中，只有所有的操作数都不为零时，所有的操作数才都被计算；而在由 || 运算符组成的逻辑表达式中，只有所有的操作数的值都不为非零时，所有的操作数才都被计算。

（9）按位运算是对字节或字中的实际位进行检测、设置或移位，它只适用于字符型和整数型以及它们的变量，对其他数据类型不适用。我们要注意区分位运算和逻辑运算。

下面代码是一段验证二进制位左移、右移的代码，读者可以通过这段程序学习二进制移位的操作。

```c
#include "stdio.h"
char leftshift(char i, int n)
{
 if(n < 0)
  return -1;
```

```
    return  i<<n;
}
char rightshift(char i, int n)
{
  if(n < 0)
    return -1;
  return  i>>n;
}
int main()
{
 // 左移
 char a1 = 127;        /* 读者也可以通过 scanf() 函数随机输入需要判断的十进制数 */
 char a2 = -1;         /* 读者也可以通过 scanf() 函数随机输入需要判断的十进制数 */
 int i;
for( i = 1; i <= 8; i++)
  printf("%d<<%d = %d;\n", a1, i, leftshift(a1,i));
for(i = 1; i <= 8; i++)
  printf("%d<<%d = %d;\n", a2, i, leftshift(a2,i));
// 右移
a1 = 127;             /* 读者也可以通过 scanf() 函数随机输入需要判断的十进制数 */
a2 = -64;             /* 读者也可以通过 scanf() 函数随机输入需要判断的十进制数 */
for(i = 1; i <= 8; i++)
  printf("%d>>%d = %d;\n", a1, i, rightshift(a1,i));
for(i = 1; i <= 8; i++)
  printf("%d>>%d = %d;\n", a2, i, rightshift(a2,i));
return 0;
}
```

# ▶ 7.13 实战练习

（1）请编程序，从终端读入十六进制无符号整数 $m$，调用 rightrot() 函数将 $m$ 中的原始数据循环右移 $n$ 位。并输出移位前后的内容。

（2）请编写 getbits() 函数从一个 16 位的单元中取出以 $n1$ 开始至 $n2$ 结束的某几位，起始位和结束位都从左向右计算。同时编写主调用 getbits() 函数进行验证。

（3）设计一个函数，使给出一个数的原码，能得到该数的补码。

# 第**8**章

第 **8** 章

程序的灵魂——算法

　　要使计算机能完成人们设定的工作，首先必须为如何完成预先设定的工作设计一个算法，即完成工作的步骤和方法，然后再根据算法编写程序。算法是问题求解过程的精确描述，一个算法由有限条可完全机械执行的、有确定结果的指令组成。指令正确地描述了要完成的任务和执行顺序。计算机按算法指令所描述的顺序执行算法的指令，并能在有限的步骤内终止，或终止于给出问题的解，或终止于指出问题对此输入数据无解。本章重点介绍算法的定义、流程图的基本元素和绘制的方法，以及用不同的形式表示算法，即用自然语言、流程图、N-S 流程图和伪代码表示程序设计的步骤和方法。

## 本章要点（已掌握的在方框中打钩）

□ 自然语言表示算法
□ 流程图表示算法
□ N-S 流程图表示算法
□ 伪代码表示算法

# ▶8.1 算法概述

著名的计算机科学家尼克劳斯·维尔特曾提出一个公式：程序 = 数据结构 + 算法。数据结构是对数据的描述，而算法则是对实现过程的描述。可见，程序设计离不开算法，算法是程序的灵魂。其实人们的生产活动和日常生活都离不开算法，都在自觉不自觉地使用算法。当利用计算机解决一个具体问题时，也要先确定算法。

## 8.1.1 算法的定义

现实中解决问题时，一般都要制定一个针对具体问题的解决步骤和方法，以此为据去实现目标。将为了解决问题所制定的步骤、方法称为算法（Algorithm）。

通常针对一个给定的可计算或可解的问题，不同的人可以设计出不同的算法来解决。

例如，计算 1+2+3+…+100，可以先计算 1+2，再 +3，+4……一直加到 100；也可以用第 2 种方法，(1+100)+(2+99)+…+(50+51)=101×50=5050；还可以采用另一种方法，用公式 $n(n+1)/2=100×101/2=5050$ 得到，当然还有其他的方法。

那么哪一种方法比较好呢？衡量一个算法好坏的标准是：算法应当正确，易于阅读和理解，实现的算法所占存储空间要少，运算时间要短，实现方法简单可行等。显而易见，上例是后两种方法要比第 1 种方法简单。

利用计算机会涉及以下两类算法问题。

（1）数值性计算问题。如解方程（或方程组）、解不等式（或不等式组）、套用公式判断性的问题，累加、累乘等一类问题的算法描述。可通过相应的数学模型，借助一般数学的计算方法，分解成清晰的步骤，使之条理化即可。

（2）非数值性计算问题。如排序、查找、变量变换、文字处理等，需先建立过程模型，然后通过模型进行算法设计与描述。

利用计算机解决问题时，一般要经过分析、设计、确认、编码、测试、调试等阶段。对算法的学习包括以下 5 个方面的内容。

① 设计算法：算法设计工作是不可能完全自动化的，应学习了解已经被实践证明是有用的一些基本的算法设计方法。这些基本的算法设计方法不仅适用于计算机科学，还适用于电气工程、运筹学等领域。

② 表示算法：表示算法的方法有多种形式，例如自然语言和算法语言，各自有适用的环境和特点。

③ 确认算法：确认算法的目的是使人们确信这一算法能够正确无误地工作，即该算法具有可计算性。正确的算法用计算机算法语言描述，构成计算机程序，计算机程序在计算机上运行，得到算法运算的结果。

④ 分析算法：分析算法是对一个算法需要多少计算时间和存储空间做定量的分析。分析算法可以预测这一算法适合在什么样的环境中有效地运行，对解决同一问题的不同算法的有效性做出比较，从而决定采用哪个算法最高效。

⑤ 验证算法：用计算机语言描述的算法是否可计算、有效合理，需对程序进行测试，测试程序的工作由调试和工作时空分布图组成。

## 8.1.2 算法的特性

尽管算法因求解问题的不同而千变万化、简繁各异，但应该具有以下 5 个重要的特征。

### 01 有穷性

算法中所包含的步骤必须是有限的，不能无穷无止，应该在一个人所能接受的合理时间段内产生结果。如果让计算机执行一个历时 1000 年才结束的算法，虽然是有限的，但超过了合理的限度，人们也不把它视为有效算法。究竟什么算"合理时间"并无严格的标准，由人们的常识和需要而定。

### 02 确定性

算法中的每一步所要实现的操作必须是明确无误的，不能有二义性。例如，要把全班同学分成两队，"高个子的同学站出来"这个步骤就是不确定的、含糊的，哪些同学算高，哪些同学算矮？个子中等的同学就会不知是否应该站出来。

### 03 有效性

算法中的每一步如果被执行了，就必须被有效地执行。例如，计算 X 除以 Y，如果 Y 为非 0 值，则这一步可以有效执行；但如果 Y 为 0 值，则这一步就无法得到有效的执行。

### 04 有零或多个输入

根据算法的不同，有的在实现过程中需要输入一些原始数据，而有些算法可能不需要输入原始数据，求 5！就不需要任何输入。所谓多个输入，就是需要输入多个数据。比如求两个整数 M 和 N 的最大公约数，就需要输入 M 和 N 的值。

### 05 有一个或多个输出

设计算法的最终目的是解决问题，因此，每个算法至少应有一个输出结果来反映问题的最终结果。没有输出的算法是没有意义的。

## 8.1.3 简单算法举例——解方程

本节通过一个简单的算法范例来初步了解算法的概念——解决问题的步骤和方法。

### 提示

对本章所有范例中的选择结构、循环结构的设计将在第 9 章和第 10 章中介绍，读者可以关注算法部分的内容，对于代码可以尝试在 C 语言编译环境（如 Code::Blocks16.01）中验证算法的正确性，同时也可慢慢熟悉开发工具。

### 范例 8-1　计算下面的分段函数。

$$y = \begin{cases} 2x-1 & x>0 \\ 0 & x=0 \\ 3x+1 & x<0 \end{cases}$$

第 1 步：算法描述。

（1）输入 x 的值。

（2）判断 x 是否大于 0，若大于 0，则 y 为 2x − 1，然后转步骤（5），否则进行步骤（3）。

（3）判断 x 是否等于 0，若等于 0，则 y 为 0，然后转步骤（5），否则进行步骤（4）。

（4）y 为 3x+1（因为步骤（2）、步骤（3）条件不成立，则肯定步骤（4）条件成立）。

（5）输出 y 的值后结束。

第 2 步：编程实现。

（1）在 Code::Blocks 中，新建名为 "8-1.c" 的文件。

（2）在代码编辑区域输入以下代码（代码 8-1.txt）。

```
01   #include<stdio.h>
02   int main()
03   {
04       int x,y;
05       printf(" 请输入 x 的值： "); /* 输入提示信息 */
06       scanf("%d",&x);              /* 由键盘输入 x 的值 */
07       if(x>0)                      /* 若 x>0，执行下条语句 */
08           y=2*x-1;
09       else if(x==0)                /* 若 x==0，执行下条语句 */
10           y=0;
11       else                         /* 若 x<0，执行下条语句 */
```

```
12        y=3*x+1;
13      printf("y=%d\n",y);                    /* 输出 y 的值 */
14    }
```

### 【运行结果】

编译、连接、运行程序，根据提示输入任意一个整数，按【Enter】键，即可将这个分段函数的值计算出来。

```
E:\范例源码\ch8\8-1.exe                              —    □    ×

请输入x的值: 25
y=49

Process returned 5 (0x5)   execution time : 3.656 s
Press any key to continue.
```

### 【范例分析】

本范例中按照算法分析的步骤，可编写出一个多分支结构的程序，在执行过程中会按照键盘输入的值来执行不同的程序段，从而计算出相应的函数值。

# ▶ 8.2　如何表示一个算法

表示算法的方法很多，如自然语言、流程图、N-S 流程图、伪代码、计算机语言等。

## 8.2.1　自然语言表示算法

自然语言就是我们平时交流使用的语言，如汉语、英语等，是最简单的描述算法的工具之一。其优点是通俗易懂，易于掌握，一般人都会用。但也存在以下一些缺点。

（1）容易产生二义性。例如"走火"既可以表示子弹从枪膛射出，又可以表示电线漏电，还可以表示说话说过了头。

（2）比较冗长。

（3）在算法中如果有分支，用文字表示就显得不够直观，如范例 8-1 中解决步骤的描述。

（4）目前计算机不便于处理自然语言。

### 📝 范例 8-2　用自然语言描述s=1+2+…+100的算法。

第 1 步：算法分析。

（1）先求 1+2，得到结果 3。

（2）将步骤(1)得到的值 3 加上下一个数 3，得到结果 6。

（3）重复上述过程，一直加到 100，得到 5050。

这样的算法描述太烦琐，用计算机不容易实现，要经过一定的改进才能用计算机程序设计语言实现。其实这个过程中最关键之处是建立数学模型。

通过分析可知这个过程是一个重复的加操作过程，每次都加一个自然数，且这个自然数是递增 1 的。可以考虑先设计一个变量 s 作为累加器，初值设置为 0（开始累加器中没有任何值），依次往累加器中加 1，加 2……一直加到 100。其中，1~100 之间的自然数用变量 i 表示，累加操作就是把 s+i 的值赋给 s，而且 i 的值是不断变化的，从 1 变化到 100，每增加一个自然数后 i 的值就加 1 且仍然保存在变量 i 中，即执行 i+1 赋给 i 的操作。所以用自然语言描述求累加和的计算机算法就是重复执行 s+i 赋给 s、i+1 赋给 i 操作，直到 i 的值变成 101。

第 2 步：算法描述。

（1）把 0 放入 s 单元。

（2）把 1 放入 i 单元。

（3）将 s+i 赋给 s。

（4）i 值加 1。

（5）判断 *i* 是否小于等于 100，是，转(3)，否则转(6)。

（6）输出 *s* 的值，结束。

第 3 步：编程实现。

（1）在 Code::Blocks 中，新建名为 "8-2.c" 的文件。

（2）在代码编辑区域输入以下代码（代码 8-2.txt）。

```
01  #include<stdio.h>
02  int main()
03  {
04    int sum,i;
05    sum=0;                /*sum 初始设为 0*/
06    for(i=1;i<=100;i++)
07      sum+=i;
08    printf("1+2+...+100=%d\n",sum);
09  }-
```

【运行结果】

编译、连接、运行程序，即可在程序执行窗口中输出 1~100 的和。

```
E:\范例源码\ch8\8-2.exe                    —    □    ×

1+2+...+100=5050

Process returned 17 (0x11)    execution time : 0.437 s
Press any key to continue.
```

【范例分析】

本范例使用循环语句，重复执行算法描述中的（3）、（4）、（5）这 3 个步骤。

**范例 8-3**　判定2000~2050年中的哪一年是闰年，将结果输出（闰年的条件：能被4整除，但不能被100整除；或者能被400整除的年份）。

第 1 步：算法描述。

设 *y* 为被检测的起始年份，用自然语言描述如下。

（1）将 2000 赋值给 *y*。

（2）若 *y* 不能被 4 整除，则转到（5）。

（3）若 *y* 能被 4 整除，不能被 100 整除，则输出 *y*（是闰年），然后转到（5）。

（4）若 *y* 能被 400 整除，则输出 *y*（是闰年），然后转到（5）。

（5）将 *y*+1 赋给 *y*。

（6）当 *y*<=2050 时，转（2）继续执行，如果 *y*>2050，结束。

第 2 步：编程实现。

（1）在 Code::Blocks 中，新建名为 "8-3.c" 的文件。

（2）在代码编辑区域输入以下代码（代码 8-3.txt）。

```
01  #include<stdio.h>
02  int main()
03  {
04    int y;                          /* 被检测的起始年份 */
05    for(y=2000;y<=2050;y++)          /*y 从 2000 循环到 2050，执行以下循环体 */
06      if(y%4==0 && y%100!=0 || y%400==0)      /* 若 y 为闰年，则输出 y 的值 */
07        printf("%d   ",y);
08    printf("\n");
09  }
```

## 【运行结果】

编译、连接、运行程序，即可在程序执行窗口中输出 2000~2050 年内所有的闰年。

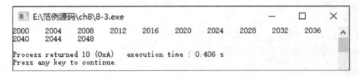

```
■ E:\范例源码\ch8\8-3.exe                                    —     □    ×
2000    2004    2008    2012    2016    2020    2024    2028    2032    2036
2040    2044    2048

Process returned 10 (0xA)    execution time : 0.406 s
Press any key to continue.
```

## 【范例分析】

在考虑算法时，应仔细判断所需条件，逐步缩小被判断的范围。

判断条件的先后次序在有的算法里是没有关系的，但有的不能任意颠倒，要由具体问题决定。

## 8.2.2 流程图表示算法

算法必须用一些直观的方法表示出来，这样才能让人理解，易于用计算机语言来实现。流程图就是以图示的方法来描述算法。流程图用一些几何框、流向线和简单的文字说明表示算法中每一步的操作。就像我们到达某个地方画出一个路线图一样，可画出先到什么地方、干什么，再到什么地方、干什么。

流程图有以下几个优点。

（1）采用少量、简单、通用、规范的符号。

（2）结构清晰，逻辑性强。

（3）便于描述，容易理解。

（4）理解时不会产生二义性。

下面是煮饭的流程图，一个从来没有做过饭的人看后也会清楚煮饭的过程：舀米、淘米、米入锅、加水、点火依次进行，煮饭反复进行直到饭熟了为止。

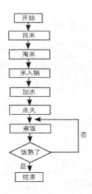

描述算法的流程图主要有传统流程图、N-S 流程图、PAD 流程图等。本节介绍传统流程图，8.2.3 节介绍 N-S 流程图。

美国国家标准化协会规定了一些常用的流程图符号，已被世界各国的计算机程序工作者普遍采用。

传统流程图由下列基本元素组成。

（1）起止框：是个椭圆形符号，用来表示一个过程的开始或结束。"开始"或"结束"写在椭圆内。

（2）输入/输出框：是个平行四边形符号。

（3）处理框：是个矩形符号，用来表示过程中的一个单独数据处理的步骤。活动的简要说明写在矩形内。

（4）判断框：是个菱形符号，用来表示过程中的一项判定或一个分岔点，判定或分岔的条件说明写在菱形内，常以问题的形式出现。对该问题的回答成立与否决定了后续工作的分支路线，每条路线标上相应的回答——成立、不成立。

（5）流向线：用来表示每个步骤在执行后面代码时的方向。流向线的箭头表示一个过程的流程方向。

（6）连接符：是个圆圈符号，用来表示流程图的待续和接续。圈内有一个字母或数字。在相互联系的流程图内，连接符使用同样的字母或数字，以表示各个过程是如何连接的。

针对传统流程图中对流向线的使用无限制可能导致流程图混乱、毫无规律的问题，1966 年伯姆和亚科皮尼提出，程序设计中可以不使用 goto 语句，而只使用顺序结构、选择结构和循环结构就可以实现任何简单或复杂的算法。用这 3 种结构作为表示一个良好算法的基本单元，可以大大提高流程图的规律性，也便于人们阅读和维护。

### 01 顺序结构

顺序结构是最简单的基本结构之一，计算机在执行顺序结构的程序时，按语句出现的先后次序依次执行。如下图（左）所示，按照流向线的方向计算机先进行 A 部分操作，再进行 B 部分操作。

### 02 选择结构

当程序在执行过程中需要根据某种条件的成立与否有选择地进行后续不同操作时，就需要使用选择结构。下图（中）表示了选择结构的流程图。这种结构包含一个判断框，根据给定的条件是否满足，从两个分支路径中选择一个执行。从图中可以看出，在这种结构中必须要执行其中的一个分支。

### 03 循环结构

循环结构用于重复进行一些有规律变化的操作。要使计算机能够正确地完成循环操作，就必须使循环在执行有限次数后退出，因此，循环的执行要在一定的条件下进行。根据对条件的判断位置不同，有两类循环结构——当型循环和直到型循环［见下图（右）］。

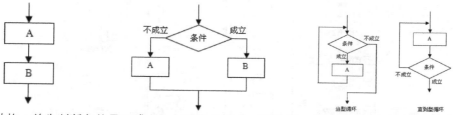

当型循环结构。首先判断条件是否成立，如果条件成立，则进行 A 操作；进行完 A 操作，再判断条件是否成立，若仍然成立，再进行 A 操作。如此反复进行，直到某次条件不成立，这时退出循环。显然，在进入当型循环时，如果一开始条件就不成立，则 A 操作一次也不进行。

直到型循环结构。首先进行 A 操作，然后判断条件是否成立，如果条件不成立，则继续进行 A 操作；再判断条件是否成立，若仍然不成立，再进行 A 操作。如此反复执行，直到某次条件成立时为止，这时不再进行 A 操作，退出循环。显然，在进入直到型循环时，A 操作至少进行一次。

> 📋 提示
>
> 需要提醒读者的是在 C 语言中没有提供直到型循环的语句，在第 10 章中介绍循环结构时用到的 **do-while** 循环其实也属于当型循环，虽然它的结构形态很像直到型循环。

流程图的绘制工具很多，可以使用比较经典的流程图绘制工具，比如 Office 工具软件套装中的 Visio。由于使用 Visio 不容易与 Word 文档一起排版，因此也可以采用 Word 自带的流程图绘图工具来绘制流程图。

下面以计算两个数之和为例，用两种工具分别绘制流程图。

### 01 使用 Word 自带的流程图绘图工具

（1）选择【插入】→【形状】→【流程图】→【终止】图标，单击待鼠标指针变为【＋】字形，在文档的任意位置按住鼠标左键，拖动到合适大小，然后松开左键，一个框图对象就出现了［见下图（左）］，可以任意改变它的填充颜色、边框线颜色和粗细、位置、大小等直到合适为止。

（2）右击该对象，在弹出的快捷菜单中，选择【添加文字】，输入"开始"二字，单击对象以外的空白区域，输入结束，"开始"框图绘制成功［见下图（右）］。

开始

（3）依照上述步骤分别绘制出输入／输出框、处理框、流向线等，并按照程序流程依次排列。

（4）按住【Shift】键同时单击选中所有的对象，然后右击，选择快捷菜单中的【组合】，将所有的对象组成一个对象。

## 02 使用 Visio 绘制工具

（1）启动 Visio 软件。单击左侧图表类别中的【流程图】，并选择右侧的基本流程图模板，这样我们就可以使用标准的流程图形状进行绘制。

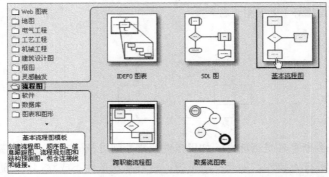

（2）在【基本流程图】形状列表中，将【终节符】形状拖到右边的绘图页中，并双击添加文字"开始"，然后适当地修改字体大小及形状大小。

（3）依照上述步骤，分别绘制出所需的其他不同类型的框图，并按照程序流程依次排列［见下图（左）］。

（4）单击工具栏中的【连接线工具】按钮，将鼠标指针移到【开始】框图的中心角点处，显示红色方块，按住鼠标左键向下拖动至下一个框图的中心角点处，同样也会显示红色的方块，这种红色的方块代表着两个框图间的动态连接，此时松开鼠标左键就可完成框图间的连线。用同样的方法，对其他的框图进行连接［见下图（右）］。

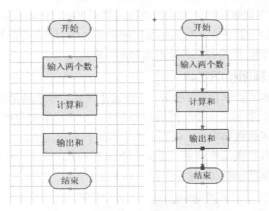

（5）单击工具栏中的【保存】按钮，对流程图进行保存即可。

📑 **提示**

　　对初学者来说，画流程图是十分必要的。画流程图可以帮助我们理清程序思路，避免出现不必要的逻辑错误。在程序的调试、除错、升级、维护过程中，作为程序的辅助说明文档，流程图也是很高效便捷的。另外，在团队的合作中，流程图还是程序员们相互交流的重要手段。一份简明扼要的流程图，比一段繁杂的代码更易于理解。

　　相对自然语言来说，流程图更直观形象，易于理解，所以应用广泛。流程图成了程序员们交流的重要手段，直到面向对象的程序设计语言出现，程序员对流程图的依赖才有所降低。

📝 **范例 8-4**　　求区间[100, 200]内10个随机整数中的最大数、最小数。

　　第1步：算法分析。

　　求数据中的最大数和最小数主要采用"打擂"算法。以求最大数为例，可先用第1个数作为最大数，再用其与其他的数逐个比较，并用找到的较大数作为最大数。求最小数的方法与此类似。

　　第2步：流程图描述。

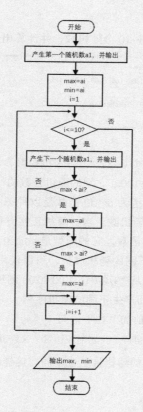

　　第3步：编程实现。

（1）在 Code::Blocks 中，新建名为 "8-4.c" 的文件。

（2）在代码编辑区域输入以下代码（代码 8-4.txt）。

```
01  #include<stdio.h>
02  #include<stdlib.h>          /* 调用产生随机数 rand() 函数，要包含头文件 stdlib.h*/
03  int main()
04  {
05    int a1,ai,i;
06    int max,min;
07    a1=rand()%101+100;        /* 产生一个 [100，200] 之间的随机整数 a1*/
08    printf("%d ",a1);    /* 输出这个随机数 */
```

```
09    max=min=a1;           /* 将产生的第 1 个随机数设为最大值和最小值 */
10    for(i=1;i<10;i++)     /* 再产生其余 9 个随机数，并计算出最大值和最小值 */
11    {
12      ai=rand()%101+100;        /* 产生一个 [100，200] 之间的随机整数 ai*/
13      printf("%d ",ai);  /* 输出这个随机数 */
14      if(ai>max)              /* 若产生的随机整数比之前的最大值还大，则将该值作为最大值 */
15        max=ai;
16      if(ai<min)                /* 若产生的随机整数比之前的最小值还小，则将该值作为最小值 */
17        min=ai;
18    }
19    printf("\n 最大值为 :%d, 最小值为 :%d\n",max,min);        /* 输出这 10 个数的最大值和最小值 */
20  }
```

### 【运行结果】

编译、连接、运行程序，即可随机产生 10 个随机数，并计算出这 10 个数中的最大值和最小值。

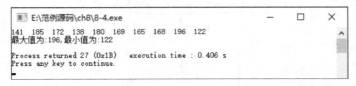

```
E:\范例源码\ch8\8-4.exe                            —    □    ×

141  185  172  138  169  165  168  196  122
最大值为:196,最小值为:122

Process returned 27 (0x1B)    execution time : 0.406 s
Press any key to continue.
```

### 【范例分析】

本范例使用了随机函数 rand() 返回一个 0~32767 的随机整数，为了生成区间 [m,n] 之间的随机整数，可使用公式 rand()%(n-m+1)+m。产生区间 [100,200] 之间的随机整数的计算方法为 rand()%101+100。

该程序的运行结果每次都是一样的，因为 rand() 函数是以种子 (seed) 为基准，以某个递推公式推算出来的一系列数（随机序列），但不是真正的随机数。当计算机正常开机后，这个种子的值就是确定的。要改变种子的值，可以使用 C 语言提供的 srand() 函数，它的原型是 void srand(int a)，功能是初始化随机产生器，即将 rand() 函数的种子的值改为 a。若需要不同的随机序列，可以使用 srand(time(0))，其中，time() 函数是包含在头文件 time.h 中的，其功能是返回一个从 1970/01/01 00:00:00 到现在的秒数，因为每次运行的时间不同，可以使用它作为 rand() 函数的种子值，从而产生不同的随机序列。

因此，上例可以在 rand() 函数使用之前加上如下语句：

srand(time(0));  /* 以当前时间产生一个随机种子，之前应包含头文件 time.h*/

由于每次运行的时间不同，因此产生的随机种子也不同，这样就可以保证每次运行时可以得到不同的随机序列。

## 8.2.3　N-S 流程图表示算法

1973 年，美国学者纳西和施奈德曼提出了另一种流程图。在这种流程图中完全去掉了复杂的流向线，通过一个矩形框表达每一步对数据的基本处理，在框内还可以包含其他的框。这种流程图称为 N-S 流程图，也称为盒子图。N-S 流程图是一种结构化的流程图，通过 3 种基本的元素框可以按需要进行任意的逻辑组合，按矩形框的顺序从上向下执行，实现处理逻辑的控制策略，从而表达一个完整的处理问题的算法。

用 N-S 流程图表示程序设计中的 3 种基本结构如下。

（1）顺序结构：A 和 B 两个框组成一个顺序结构。A 框或 B 框可以是一个简单的操作（如读入数据或输出等），也可以是 3 种基本结构之一 [ 见下页图（左）]。

（2）选择结构：当条件 P 成立时进行 A 框操作，P 不成立时则进行 B 框操作。在这里不可能对 A 和 B 同时操作，这是两个分支的选择结构 [ 见下页图（右）]。

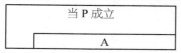

| A |
|---|
| B |

| P | |
|---|---|
| 成立 | 不成立 |
| A | B |

（3）循环结构：对于当型循环，当条件 P 成立时，反复进行 A 框中的操作，直到 P 条件不成立为止。对于直到型循环，反复进行 A 框中的操作，直到 P 条件成立退出循环。当型循环与直到型循环的区别是：当型循环先判断条件是否成立，再执行循环中的 A 框；而直到型循环先执行一次 A 框，再判断条件是否成立；直到型循环最少会执行一次 A 框，而当型循环中如果第 1 次判断时条件就不成立，则 A 框一次也不执行。

当型循环　　　　　　　　　　　　直到型循环

### 范例 8-5　求两个数的最大公约数。

第 1 步：算法分析。

求最大公约数通常使用"辗转相除法"。

（1）比较两数，并使 $m$ 大于 $n$。

（2）将 $m$ 作被除数，$n$ 作除数，相除后余数为 $r$。

（3）将 $n$ 赋值给 $m$，$r$ 赋值给 $n$。

（4）若 $r=0$，则 $m$ 为最大公约数，结束循环。若 $r \neq 0$，执行步骤（2）和（3）。

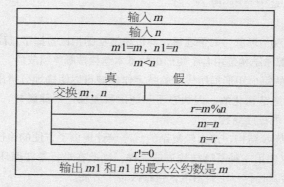

在上图中可以看出包含了一个直到型循环结构。对于直到型循环，按照该类循环的概念，反复进行循环体中语句的操作，直到循环条件成立退出循环。而 C 语言中的 **do-while** 循环虽然在结构上与直到型循环一样，但它是当循环结束条件不成立时结束并退出循环，当循环条件成立时反复执行循环体，所以它并不是真正的直到型循环，仍然属于当型循环。本例中，是当 $r!=0$ 成立反复执行循环体！所以流程图中的循环条件表达式 "$r!=0$" 不同于上面算法分析中第 4 步的条件表达式 "$r=0$"。

第 2 步：算法描述。

（1）在 Code::Blocks 中，新建名为 "8-5.c" 的文件。

（2）在代码编辑区域输入以下代码（代码 8-5.txt）。

```
01  #include<stdio.h>
02  int main( )
03  {
04    int m,n,r,t;
05    int m1,n1;
06    printf(" 请输入第 1 个数 :");
07    scanf("%d",&m);   /* 由用户输入第 1 个数 */
08    printf("\n 请输入第 2 个数 :");
09    scanf("%d",&n);     /* 由用户输入第 2 个数 */
10    m1=m;          /* 保存原始数据供输出使用 */
```

```
11   n1=n;
12   if(m<n)
13    {t=m; m=n; n=t;}/*m,n 交换值，使 m 存放大值，n 存放小值 */
14   do                /* 使用辗转相除法求得最大公约数 */
15   {
16    r=m%n;
17    m=n;
18    n=r;
19   }while(r!=0);
20   printf("%d 和 %d 的最大公约数是 %d\n",m1,n1,m);
21  }
```

## 【运行结果】

编译、连接、运行程序，从键盘上输入任意两个整数，按【Enter】键，即可计算出它们的最大公约数。

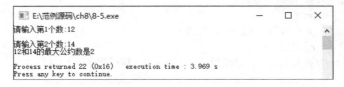

## 【范例分析】

N-S 流程图比文字描述直观、形象、易于理解，与传统流程图相比省掉了流程图中的流程线，紧凑易画。尤其是它废除了流向线，整个算法结构是由各个矩形框的基本结构按顺序组成的。它具有以下几个明显的优点。

（1）功能明确。即图中的每个矩形框所代表的特定作用域可以明确地分辨出来。

（2）能够保证程序整体是结构化的。因为它不可能出现流程无规律跳转，只能自上而下地顺序执行，所以可以保证单入口、单出口的程序结构。

（3）很容易实现和表示嵌套结构，这为较复杂的程序设计提供了方便的途径。

缺点：由于 N-S 流程图仅使用 3 种基础结构形成流程，因此在进行某些循环嵌套和分支嵌套程序设计时流程图层次可能会很复杂，绘制时有一定的困难，且修改也不方便。

### 8.2.4 伪代码表示算法

流程图、N-S 流程图均是描述算法的图形工具。使用这些图形工具可以直观地描述算法，逻辑关系清楚，但绘制时比较费事，修改困难；同时，流程图、N-S 流程图、自然语言等与程序相比差异较大，不利于转换成程序。另外，如果直接用计算机语言去编写程序，需要掌握相应计算机语言的语法规则。因此，在描述算法时还经常用到一种工具，即伪代码。

伪代码是介于自然语言与计算机语言之间的一种文字和符号相结合的算法描述工具，形式上和计算机语言比较接近，但没有严格的语法规则限制，通常是借助某种高级语言的语法结构，中间的操作可以用自然语言和程序设计语言描述。这样，既可以避免严格的语法规则，又比较容易最终转换成程序。但是，伪代码是不能在 C 语言编译环境中执行的。

### 📝 范例 8-6　用伪代码描述s=1+2+…+100的算法。

描述如下（代码 8-6.txt）。

```
01   s 置初值为 0;
02   i 置初值为 0;
03   while(i＜=100)
```

```
04  {
05    s=s+i
06    i=i+1
07  }
08  输出 s 的值；
```

程序代码与【范例 8-2】相同。

伪代码如同一篇文章，自上而下地写下来。每一行（或几行）表示一个基本操作。它的优点是不用图形符号，因此书写方便、格式紧凑，易于理解，也便于向计算机语言（即程序）过渡。

### 8.2.5 计算机语言表示算法

人与人之间交流要用语言，人与计算机交流也要用专门的、能被计算机直接或间接识别的语言，即计算机程序设计语言。

计算机程序设计语言通常是一个能完整、准确和规则地表达人们的意图，并用于指挥或控制计算机工作的"符号系统"。

按其发展过程，计算机程序设计语言通常分为 3 类，即机器语言、汇编语言和高级语言。此处以高级语言中的 C 语言为例，来说明如何使用计算机程序设计语言表示算法。

例如，用计算机语言描述 s=1+2+…+100 的算法，就是【范例 8-2】中第 3 步中（2）的代码。

用计算机语言去描述算法的好处是可以在计算机上运行（算法最终要变成程序，才能在计算机上实现）。不管是何种语言，一般都有严格的、不同的格式要求和语法限制等。

## ▶ 8.3 结构化程序设计方法

**程序设计的基本要求是用算法对问题的原始数据进行处理，从而获得所期望的结果。提高程序的质量，提高编程效率，使程序具有良好的可读性、可靠性、可维护性和结构，这是每位程序设计工作者追求的目标。而要做到这一点，就必须掌握正确的程序设计方法和技术——结构化程序设计方法。**

结构化程序设计是"采用自顶向下、逐步求精"的程序设计方法。使用 3 种基本控制结构构造程序，任何程序都可由顺序、选择、循环 3 种基本控制结构构造，这种程序便于编写、阅读、修改和维护。

结构化程序设计强调程序设计的风格和程序结构的规范化，提倡清晰的结构。结构化程序设计的特征主要有以下几点。

（1）以 3 种基本结构的组合来描述程序。

（2）程序设计自顶向下，整个程序采用模块化结构。

（3）有限制地使用转移语句，在非用不可的情况下，也要十分谨慎，并且只限于在一个结构内部跳转，不允许从一个结构跳到另一个结构内，这样可缩小程序的静态结构与动态执行过程之间的差异，使人们能正确地理解程序的功能。

（4）以控制结构为单位，每个结构只有一个入口、一个出口，各单位之间接口简单，逻辑清晰。

（5）采用结构化程序设计语言书写程序，并采用一定的书写格式使程序结构清晰，易于阅读。

结构化程序设计的总体思想是采用模块化结构，自顶向下、逐步求精，即首先把一个复杂的大问题分解为若干个功能相对独立的小问题。如果小问题仍较复杂，则可把这些小问题再继续分解成若干个子问题。这样不断地分解，使得小问题或子问题简单到能够直接用程序的 3 种基本结构表达为止。然后，对应每一个小问题或子问题编写出一个功能上相对独立的程序块，这种像积木一样的程序块被称为模块。每个模块各个击破，最后再统一组装。这样，对一个复杂问题的求解就变成了对若干个简单问题的求解，这就是自顶向下、逐步求精的程序设计方法。确切地说，模块是程序对象的集合，模块化就是把程序划分成若干个模块，每个模块完成一个确定的子功能，把这些模块集中起来组成一个整体，就可以完成对问题的求解。这种用模块组装起来的程序被称为模块化结构程序。在模块化结构程序设计中，采用自顶向下、逐步求精的设计方法，便于问题的分解和模块的划分，因此，它是结构化程序设计的基本原则。

结构化程序设计方法作为面向过程程序设计的主流，被人们广泛地接受和应用，其主要原因在于结构化程序设计能提高程序的可读性和可靠性，便于程序的测试和维护，能有效地保证程序的质量。读者对此方法的理解和应用要在初步掌握 C 语言之后，主要是在今后大量的编程实践中去不断地体会和提高。

# ▶ 8.4　衡量程序质量的标准

一个好的程序编写规范是高质量程序的保证。"清晰"与"高效"是衡量程序质量的主要标准。清晰、规范的源程序不仅仅是方便阅读，更重要的是能够便于检查程序中的错误，提高调试效率，从而保证软件的质量和可靠性。

### 01 软件开发中有很多设计规则

代码书写要规范，对函数进行定义时，每个函数的定义和说明都应该从第 1 列开始书写。函数名（包括参数表）和函数体的花括号（{和}）应该各占一行。

注释书写要规范，注释是源代码程序中非常重要的一部分。注释的原则是有助于对程序的阅读理解，注释必须准确、简洁、易懂。注释不宜太多也不宜太少。注释的内容要清楚、明了，含义准确，防止注释二义性，该加的地方一定要加，但不必要的地方一定不要加。以下为几种注释样式。

```
/*
* **********************************************
* 强调注释
* **********************************************
*/
/*
* 块注释
*/
/* 单行注释 */
int i; /* 行末注释 */
// 行注释
```

在函数体结尾的花括号（"}"）后面应该加上注释，注释中应包括函数名，这样比较方便进行花括号配对检查，也可以清晰地看出函数是否结束。

选择结构、循环结构、嵌套语句要采用缩进格式书写。

命名要规范，变量命名的基本原则如下。

（1）可以选择有意义的英文（小写字母）组成变量名，使读者看到该变量就能大致清楚其含义。

（2）不要使用人名、地名和汉语拼音。

（3）如果使用缩写，应该使用约定俗成的，而不是自己编造的。

（4）多个单词组成的变量名，除第一个单词外的其他单词首字母应该大写，如 dwUserInputValue。

函数的命名原则与变量命名原则基本相同。

符号常量的命名要用大写字母表示，如 #define INTEGER 10。

### 02 代码行数要少，环路复杂度要小

### 03 代码被测试的程度要高、覆盖面要大

### 04 问题要可跟踪

一般一个指标不能说明整个项目或者程序的质量。使用更多的指标，会让我们对项目或者程序的质量有

更全面的了解和控制。对于初学者要特别注意在设计规则方面严格要求自己，养成良好的编程习惯和素养。

# ▶ 8.5 综合应用——求解一元二次方程的根

**📝 范例 8-7**　　求一元二次方程：$ax^2+bx+c=0$的根。

第 1 步：结构化分析。

先从最上层考虑，几乎所有求解问题的算法都可以分成 3 个小问题，即输入、求解和输出问题。这 3 个小问题就是求一元二次方程根的 3 个功能模块——输入模块M1、计算处理模块M2和输出模块M3。其中，M1 模块输入必要的原始数据，M2 模块根据求根算法求解，M3 模块完成所得结果的显示或打印。这样的划分，可使求一元二次方程根的问题变成 3 个相对独立的子问题。其模块结构如图所示。

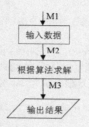

分解出来的 3 个模块从总体上是顺序结构。其中，M1 和 M3 模块完成简单的输入和输出，可以直接设计出程序流程，不需要再分解。而 M2 模块完成求根计算，求根则需要首先判断二次项系数 $a$ 是否为 0。当 $a=0$ 时，方程蜕化成一次方程，其求根方法就不同于二次方程。如果 $a \neq 0$，则要根据 $b^2-4ac$ 的情况求二次方程的根。可见 M2 模块比较复杂，可以将其再细化成 M21 和 M22 两个子模块，分别对应一次方程和二次方程的求根。其模块结构如下图所示。

此次分解后，M21 子模块的功能是求一次方程的根，其算法简单，可以直接表示。M22 求二次方程的根，用流程图表示算法如下图所示，它由简单的顺序结构和一个选择结构组成，这就是 M22 模块的流程。

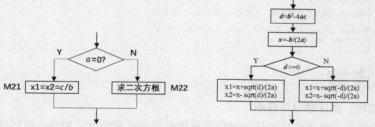

然后，按照细化 M22 模块的方法，分别将 M1、M21、M22 和 M3 的算法组合到一起，最终得到细化后完整的流程图。

第 2 步：编程实现。

（1）在 Code::Blocks 中，新建名为 "8-7.c" 的文件。

（2）在代码编辑区域输入以下代码（代码 8-7.txt）。

```
01  #include<stdio.h>
02  #include<math.h>              /* 调用 sqrt() 函数，必须包含头文件 math.h*/
03  int main()
04  {
05      float a,b,c,d;
06      float x1,x2,x;
07      printf(" 请输入 a,b,c 值：");      /* 提示用户输入 */
08      scanf("%f%f%f",&a,&b,&c);          /* 用户由键盘输入 a,b,c 的值 */
09      if(a==0.0)                   /* 如果 a 为零，方程的两个根均为 -c/b*/
10      {
```

```
11      x1=x2=-c/b;
12      printf("\n 该方程式有两个相等实根为 %f\n",x2);        /* 输出结果 */
13    }
14    else                      /* 如果 a 不为零, 执行以下代码 */
15    {
16      d=b*b-4*a*c;
17      x=-b/(2*a);
18      if(d>=0)                    /* 如果 b*b-4*a*c>=0, 计算出如下平方根 */
19      {
20        x1=x+sqrt(d)/(2*a);
21        x2=x-sqrt(d)/(2*a);
22        printf("\n 该方程式有两个不等实根, 分别为 %f,%f\n",x1,x2); /* 输出结果 */
23      }
24      else                    /* 如果 b*b-4*a*c<0, 计算出如下平方根 */
25      { printf("\n 该方程式的第一个共轭复根分别为 %f+%f*i ", x,sqrt(-d)/(2*a));
26        printf("\n 该方程式的第二个共轭复根分别为 %f-%f*i \n", x,sqrt(-d)/(2*a));
27      }
28    }
29  }
```

**【运行结果】**

编译、连接、运行程序，从键盘上输入 a、b、c 这 3 个数的值，按【Enter】键，即可计算出方程的两个根。

```
■ E:\范例源码\ch8\8-7.exe                    —    □    ×
请输入 a, b, c 值: 1 4 3

   该方程式有两个不等实根, 分别为 -1.000000,-3.000000

Process returned 54 (0x36)    execution time : 3.297 s
Press any key to continue.
```

# ▶ 8.6  高手点拨

**（1）对于循环结构，要注意以下几点。**

① 循环结构要在某个条件下终止循环，这需要根据循环条件来判断。因此，循环结构中一定要包含能使循环条件改变的语句，不允许出现"死循环"。

② 在循环结构中有一个计数变量。计数变量用于记录循环次数，每循环一次，计数变量加 1 或者减 1。

③ 在代数中有形如 a=10 这类等式，但是在程序设计的算法中，这些不再称为等式，而是赋值语句。它们具有重要的意义：计算等号右边的表达式值，并赋值给左边的变量。

**（2）程序框图的记忆要诀如下。**

① 起始框有一条流出线，终止框有一条流入线。

② 输入、输出和处理框有一条流入线和一条流程线。

③ 判断框有一条流入线和两条流出线。

④ 循环结构实质上是判断和处理的结合，可先判断再处理，也可先处理再判断。

# ▶ 8.7  实战练习

**（1）用梯形法求数值积分，并且画出程序流程图。**

**（2）假如我国现有 14 亿人，按年 0.2% 的增长速度，10 年后将有多少人？设计程序并且画出程序流程图。**

# 第**9**章

# 顺序结构与选择结构

案例 1：设计一个求圆面积的程序。从键盘上输入半径，当输入半径的值大于 0 时计算相应的面积，并输出面积值；当输入半径的值小于等于 0 时就不是圆了，不需要计算面积，同时输出提示信息告诉用户输入的半径是无效数据。

案例 2：设计一个根据业务员每月销售利润为其发放奖金的程序。当利润 ≤ 10 万时，奖金为利润的 10%；当 10 万 < 利润 ≤ 20 万时，奖金为利润的 12%；当 20 万 < 利润 ≤ 40 万时，奖金为利润的 14%；当 40 万 < 利润 ≤ 60 万时，奖金为利润的 16%；当 60 万 < 利润 ≤ 100 万时，奖金为利润的 18%；当利润 >100 万时，奖金为利润的 20%。每月利润从键盘上输入，求某个业务员某月应发放奖金情况，并输出。如果输入利润为负数，则输出提示信息告诉用户输入的利润为无效数据。

以上两个案例在设计程序的算法时都需要根据不同情况选择不同的处理流程，得出不同的结果，案例 1 较简单（有两种情况），案例 2 较复杂（有多种情况）。本章介绍的选择结构可以实现这两个案例中的选择算法。

## 本章要点（已掌握的在方框中打钩）

.......................................................................................................

□ 语句
□ 顺序结构
□ 选择结构

# ▶9.1 语句

和其他的高级语言一样，**C 语言的语句用来对数据进行加工处理，完成一定的任务。一个程序或函数包含有若干条语句。利用语句不仅可以表达编程人员所要达到的目标，也规定了达到此目标所要经历的步骤——这就是程序的执行流向。**

下面先来了解 C 语言中有哪些语句。

C 语言属于第三代语言，是过程性语言，能够满足结构化程序设计的要求。从程序执行流向的角度讲，程序可以分为顺序、选择和循环 3 种基本结构，任何复杂的问题都可以由这 3 种基本结构组合完成。每个结构中又包含若干条语句，C 语句可以分为 5 种，即表达式语句、控制语句、空语句、复合语句和函数调用语句。

## 9.1.1 表达式语句

由一个表达式加分号构成一个表达式语句，这是 C 语言中最简单的语句之一，其一般形式如下。

表达式；

我们已经学习了赋值运算符和表达式，赋值语句就是在赋值表达式的后面加上分号，是 C 语言中比较典型的一种表达式语句，而且也是程序设计中使用频率最高、最基本的语句之一，其一般形式如下。

变量 = 表达式；

功能：首先计算 "=" 右边表达式的值，将值类型转换成 "=" 左边变量的数据类型后，赋给该变量（即把表达式的值存入该变量存储单元）。

说明：赋值语句中，"=" 左边是以变量名标识的内存中的存储单元。在程序中定义变量，编译程序将为该变量分配存储单元，以变量名代表该存储单元。所以出现在 "=" 左边的必须是变量。例如：

```
int i;
float a=3.5;
i=1;
i=i+a;
a+1=a+1;        /* 错误 */
```

分析：先把 1 赋给变量 $i$，则 $i$ 变量的值为 1；接着计算 $i+a$ 的值为 4.5，把 4.5 转换成 int 类型，即 4；再赋给 $i$，则 $i$ 的值变为 4。$i$ 的初值 1 消失了，这是因为 $i$ 代表的存储单元任何时刻只存放一个值，后存入的数据 4 把原先的 1 覆盖了。$a+1=a+1$; 是错误的，因为 "=" 左边的 $a+1$ 不是变量名。

> **✒注意**
>
> 从语法上讲，任何表达式的后面加上分号都可以构成一条语句，例如：a*b; 也是一条语句，实现 $a$、$b$ 相乘，但相乘的结果没有赋给任何变量，也没有影响 $a$、$b$ 本身的值，所以，这条语句并没有实际意义。

## 9.1.2 控制语句

控制语句用于完成程序流程转向的控制功能，由特定的语句定义符组成。C 语言中有 9 种控制语句，分别是 if-else 语句、switch-case 语句、for 语句、while 语句、do-while 语句、break 语句、goto 语句、continue 语句和 return 语句。

## 9.1.3 空语句和复合语句

空语句只由一个分号构成。例如：

```
;
```

它表示什么都不做，有时起到占位作用，或者为循环体提供空体（循环什么也不做）。例如：

```
while(getchar()! = '\n');
```

或写为：

```
while(getchar()! = ' \ n' )
 ;
```

复合语句就是用一对花括号"{ }"把多个单一的语句括起来构成一个语句块。复合语句的一般形式如下。

```
{
z=x+y;
 t=z/100;
printf("%f ",t);
}
```

> **注意**
>
> 复合语句中最后一条语句的分号不能忽略不写（这是和结构化编程语言的不同之处）。而且复合语句的"{ }"之后不能有";"。"{ }"必须成对使用。复合语句当中可以是表达式语句、复合语句、空语句等。

### 9.1.4 函数调用语句

在前面的程序中已经使用过 printf() 函数和 scanf() 函数，分别用来实现数据的输出和输入。这两个函数是 C 语言提供的格式化的输入 / 输出函数。在这两个函数后面加分号，就构成了函数调用语句。

printf() 是 C 语言的格式输出函数，功能是按指定的输出格式把相应的参数值在标准输出设备（通常是终端）上显示出来。其一般使用格式如下。

printf( 格式控制串 , 参数 1, 参数 2,…);

例如：

printf("a,b 的值分别为 %d,%d",a,b);

scanf() 函数是 C 语言的格式输入函数，功能是接收用户从键盘上输入的数据，并按照格式控制符的要求进行类型转换，然后送到由对应参数所指定的变量单元中。其一般格式如下。

scanf( 格式控制串 , 参数地址 1, 参数地址 2,…);

例如：

scanf("%d%f ",&a,&b);

## ▶9.2 顺序结构

顺序结构是程序设计中最基本的结构之一。在顺序结构中，程序按照语句的书写顺序依次执行，语句在前的先执行，语句在后的后执行。顺序结构虽然只能满足简单程序的设计要求，但它是任何一个程序的主体结构，即从整体上看，程序都是从上向下依次执行每个功能模块的。但在顺序执行的每个功能模块中又包含了选择结构或循环结构，而在选择和循环结构中往往也以顺序结构作为其内部的主体结构。

顺序结构的流程图如下。

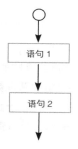

其含义为：先执行语句 1，再执行语句 2。语句执行顺序与书写的顺序一致。例如：

a=3;
b=4;
c=a+b;

其执行顺序是先执行 a=3，再执行 b=4，最后执行 c=a+b。

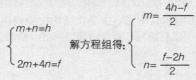 **范例 9-1**　"鸡兔同笼问题"。鸡有2只脚，兔有4只脚，如果已知鸡和兔的总头数为 $h$，总脚数为 $f$。问笼中各有多少只鸡和兔。

第 1 步：问题分析。

设笼中的鸡有 $m$ 只，兔有 $n$ 只，可以列出方程组：

$$\begin{cases} m+n=h \\ 2m+4n=f \end{cases} \quad 解方程组得： \begin{cases} m=\dfrac{4h-f}{2} \\ n=\dfrac{f-2h}{2} \end{cases}$$

第 2 步：编程实现。

（1）在 Code::Blocks 中，新建名为 "9-1.c" 的文件。

（2）在代码编辑区域输入以下代码（代码 9-1.txt）。

```
01  #include<stdio.h>
02  int main()
03  {
04      int h,f,m,n;
05      printf(" 请输入鸡和兔的总头数：");
06      scanf("%d",&h);    /* 由用户输入总头数 */
07      printf(" 请输入鸡和兔的总脚数：");
08      scanf("%d",&f);    /* 由用户输入总脚数 */
09      m=(4*h-f)/2;
10      n=(f-2*h)/2;       /* 根据方程求解 */
11      printf(" 笼中鸡有 %d 只，兔有 %d 只 !\n",m,n);        /* 输出结果 */
12  }
```

**【运行结果】**

编译、连接、运行程序，根据提示输入总头数 10 和总脚数 32，按【Enter】键，即可计算并输出笼中有多少只鸡，有多少只兔。

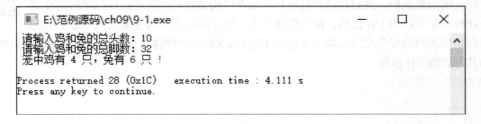

```
请输入鸡和兔的总头数：10
请输入鸡和兔的总脚数：32
笼中鸡有 4 只，兔有 6 只！

Process returned 28 (0x1C)    execution time : 4.111 s
Press any key to continue.
```

**【范例分析】**

该程序是一个顺序结构的程序，首先定义 4 个 int 类型的变量，在屏幕上输出"请输入鸡和兔的总头数："及"请输入鸡和兔的总脚数："的提示语句，然后从键盘获取数据给变量 $h$ 和 $f$，最后输出由上面方程求解得到的鸡和兔的只数。程序的执行过程是按照书写语句的顺序，一步一步地执行，直至程序结束。

在该程序中，运算的结果是由用户输入的总头数与总脚数决定的。也就是说，程序运行的结果可能每次都是不同的，是由用户决定的。

> **✎ 注意**
>
> 第 9、10 两行的语句是由方程求解得到的，在编写程序时，不能按数学公式输入。如：
>
> $$m = \frac{4h - f}{2}$$
>
> 这样的输入是错误的，必须把公式写在一行上，因此分子必须加上圆括号，保证分子部分是一个整体。但是这样输入也是不对的，如 $m=(4h-f)/2$。C 程序中的相乘操作中间必须有乘号"*"，而不能写成数学上的 $4h$。

# ▶9.3 选择结构

**选择结构通过对给定的条件进行判断，来确定执行程序流程中的哪个语句。**

## 9.3.1 选择结构的定义

C 语言中的选择结构也称为分支结构，选择结构可以用分支语句来实现。分支语句包括 if 语句和 switch 语句。if 语句提供一种二分支选择的控制流程，它根据表达式的值来决定执行两个不同情况下的其中一个分支程序段；switch 是一种专门进行多分支选择的分支结构控制。

## 9.3.2 二分支选择结构——if 语句

二分支结构—— if 语句的一般语法如下。

if( 表达式 )
　　语句；

其执行过程为，先计算表达式的值，如果表达式为非 0（即为真），则执行选择结构内的语句；否则不执行任何语句，结束并退出 if 语句，继续执行 if 语句之后的程序部分。该格式中的"语句"有可能不被执行（当表达式为假时）。

其中，表达式必须是关系表达式或逻辑表达式，语句可以为简单语句或复合语句，本书后面的内容只要提到"语句"的部分都是指简单语句或复合语句。流程图表示如下。

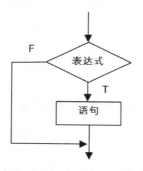

例如：

if(x>y) printf("%d",x);

这个语句的含义为：如果 $x$ 大于 $y$，输出 $x$ 的值，否则什么也不做。

> **📰 提示**
>
> 初学者容易在语句 (if) 后面误加分号，例如：
>
> if(x>y);x+=y;
>
> 这样相当于满足条件执行空语句，下面的 x+=y 语句将被无条件执行。一般情况下，if 条件后面不需要加分号。

**范例 9-2　输入3个不同的数，按从大到小的顺序输出。**

第1步：问题分析。

假设 3 个数分别为 *a*、*b*、*c*。

（1）先将 *a* 与 *b* 比较，把较大者放在 *a* 中，较小者放在 *b* 中。

（2）再将 *a* 与 *c* 比较，把较大者放在 *a* 中，较小者放在 *c* 中，此时，*a* 为三者中的最大者。

（3）最后将 *b* 与 *c* 比较，把较大者放在 *b* 中，较小者放在 *c* 中，此时 *a*、*b*、*c* 已经按从大到小的顺序排列。

用流程图描述如下。

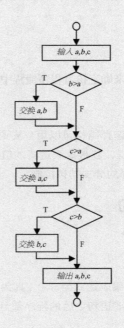

第2步：编程实现。

（1）在 Code::Blocks 中，新建名为 "9-2.c" 的文件。

（2）在代码编辑区域输入以下代码（代码 9-2.txt）。

```
01  #include<stdio.h>
02  int main()
03  {
04      int a,b,c,t;          /*t 为临时变量 */
05      printf(" 请输入 a,b,c： ");
06      scanf("%d%d%d",&a,&b,&c);
07      if(a<b) /* 如果 a<b, 交换 a,b 的值，通过下面 3 条语句实现，使 a 中始终存放较大者 */
08      {
09          t=a; a=b;b=t
10      }
11      if(a<c) {t=a;a=c;c=t;}        /* 若 a<c, 交换 a,c 的值，那么 a 是三者的最大值 */
12      if(b<c) {t=b,b=c,c=t;}        /* 再比较 b 与 c 的大小，使 b 为第二大者 */
13      printf(" 从大到小输出： \n");
14      printf("%d\t %d \t%d\n",a,b,c);        /* 输出排序后的结果 */
15  }
```

**【运行结果】**

编译、连接、运行程序，根据提示分别输入 *a*、*b*、*c* 的值 20、-9、3 ，按【Enter】键，即可输出 *a*、*b*、

$c$ 这 3 个数从大到小排序的结果。

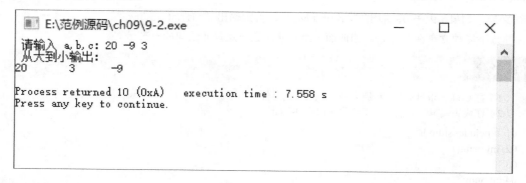

### 【范例分析】

实现两个变量的交换，通常都要引入第 3 个变量，进行 3 次赋值操作。假设 $a$ 的值为 2，$b$ 的值为 3，交换 $a$、$b$ 两个变量，需要引入第 3 个变量 $t$，执行 $t=a;a=b;b=t$ 才可以。其过程为将 $a$ 的值 2 赋给 $t$，此时变量 $a$ 与 $t$ 的值都为 2；再将 $b$ 的值赋给 $a$，$a$ 中的值已经变成了 3；最后将 $t$ 中的值赋给 $b$，$t$ 中存放的是原来 $a$ 的值即 2，赋给 $b$ 后，$b$ 的值就是 2。

但是如果写成 "a=b; b=a;" 就错了。因为 $b$ 的值赋给 $a$ 后，$a$ 的值变成了 3，原来的 2 已经不存在了，再执行 b=a，结果两个变量是同值，都是 3。可见这两条语句并不能实现变量的交换。

**提示**

> 在 if 语句中，可以包含多个操作语句（如【范例 9-2】），此时必须用 "{}" 将几条语句括起来作为一个复合语句。

### 9.3.3 二分支选择结构——if-else 语句

if 语句的标准形式为 if-else，当给定的条件满足时，执行一个语句；当条件不满足时，执行另一个语句。其一般语法格式如下。

```
if( 表达式 )
语句 1;
else
语句 2;
```

其执行过程为：先计算表达式的值，如果表达式的值为非 0（即为真），则执行语句 1，否则执行语句 2。总之，该格式中的"语句 1"和"语句 2"总会有一个得到执行。

下图展示了 if-else 语句的流程。

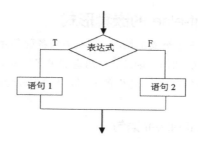

例如：

```
if(a>0)
printf("a is positive.\n");
else
```

```
printf("a is not positive.\n");
```

其含义为，如果 $a$ 大于 0，输出 "a is positive."，否则输出 "a is not positive."。

else 部分不能独立存在，即 else 的前面一定有 if，它一定是 if 语句的一部分。

### 📝 范例 9-3　判断输入的整数是否是13的倍数。

（1）在 Code::Blocks 中，新建名为 "9-3.c" 的文件。
（2）在代码编辑区域输入以下代码（代码 9-3.txt）。

```
01  #include<stdio.h>
02  int main()
03  {
04  int num;
05  printf(" 请输入一个整数： ");
06  scanf("%d",&num); /* 由用户输入 */
07  if(num%13==0)            /* 如果输入的数是 13 的倍数，则执行下面的语句 */
08  printf("%d 是 13 的倍数 !\n",num);
09  else/* 若输入的数不是 13 的倍数，则执行下面的语句 */
10  printf("%d 不是 13 的倍数 !\n",num);
11  }
```

### 【运行结果】

编译、连接、运行程序，根据提示输入任意一个整数，按【Enter】键，即返回该整数是否为 13 的倍数。

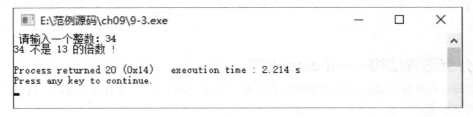

### 【范例分析】

本范例中判定一个整数是否为 13 的倍数的方法是该数被 13 除，如果能除尽（即余数为零），就是 13 的倍数，否则，就不是 13 的倍数。

if 后面 "()" 内的表达式应该为关系或逻辑表达式，该例中是一个关系表达式，判断两数是否相等。如果在条件括号内只是单一的一个量，则 C 语言规定：以数值 0 表示 "假"，以非 0 值表示 "真"。因为在 C 语言中，没有表示 "真" "假" 的逻辑量。

### 9.3.4　二分支选择结构——if-else 的嵌套形式

前两种形式的 if 语句一般都用于两个分支的情况。现实中的各种条件是很复杂的，在满足一定的条件下，又需要满足其他的条件才能确定相应的动作。因此，C 语言提供了 if 语句的嵌套功能，即一个 if 语句能够在另一个 if 语句或 if-else 语句里，这种形式称作 if 语句的嵌套。if 语句嵌套的目的是解决多分支选择问题。

嵌套有如下两种形式。

#### 01 嵌套在 else 分支中，形成 if-else-if 语句

其形式如下。

```
if ( 表达式 1) 语句 1; else  if ( 表达式 2) 语句 2;
else if ( 表达式 3) 语句 3;
...
else 语 句 n;
```

该结构的流程图如下。

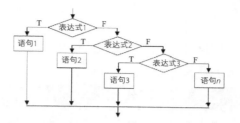

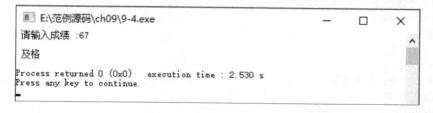

范例 9-4    评价学生的成绩。按分数score输出等级：score≥90为优，80≤score<90为良，70≤score<80为中等，60≤score<70为及格，score<60为不及格。

（1）在 Code::Blocks 中，新建名为 "9-4.c" 的文件。
（2）在代码编辑区域输入以下代码（代码 9-4.txt）。

```
01  #include<stdio.h>
02  int main()
03  {
04      int score;
05      printf(" 请输入成绩 :");
06      scanf("%d",&score);          /* 由用户输入成绩 */
07      if(score>=90)     /* 判断成绩是否大于等于 90*/
08          printf("\n 优 \n");
09      else if(score>=80)/* 判断成绩是否大于等于 80 小于 90*/
10          printf("\n 良 \n");
11      else if(score>=70)/* 判断成绩是否大于等于 70 小于 80*/
12          printf("\n 中 \n");
13      else if(score>=60)/* 判断成绩是否大于等于 60 小于 70*/
14          printf("\n 及格 \n");
15      else      /* 成绩小于 60*/
16          printf("\n 不及格 \n");
17  }
```

【运行结果】

编译、连接、运行程序，根据提示输入任意一个成绩，按【Enter】键，即返回该成绩对应的等级。

```
E:\范例源码\ch09\9-4.exe                          —     □     ×

请输入成绩 :67

及格

Process returned 0 (0x0)    execution time : 2.530 s
Press any key to continue.
```

【范例分析】

本范例中有 5 个分数段，所以 5 个输出语句只能有一个得到执行。是从高向低判断的，从 100 分开始判断，先考虑大于等于 90 分的情况，然后是小于 90 分的情况，再考虑大于等于 80 分的情况等，一直将所有的情况分析完毕。如果我们从最低点 0 处开始判断，即先考虑小于 60 分的情况，再考虑大于等于 60 分的情况，程序分支部分可以改写为：

```
if(score<60)
printf("\n 不及格 \n"); else if(score<70)
```

```
printf("\n 及格 \n");
else if(score<80)
printf("\n 中等 \n");
else if(score<90)
printf("\n 良 \n");
else
printf("\n 优 \n");
```

---

**✎注意**

一般使用嵌套结构的 if 语句时，需注意合理地安排给定的条件，即符合给定问题在逻辑功能上的要求，又要增加可读性。

---

### 02 嵌套在 if 分支中

其形式为：

```
if( 表达式 1)
if( 表达式 2)
    语句 1;
else
    语句 2;
else
 语句 3;
```

该结构的流程图如下。

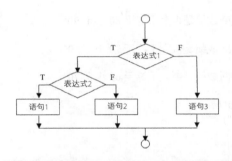

---

**📝 范例 9-5　判断某学生的成绩score是否及格，如果及格是否达到优秀（score≥90）。**

（1）在 Code::Blocks 中，新建名为 "9-5.c" 的文件。
（2）在代码编辑区域输入以下代码（代码 9-5.txt）。

```
01  #include<stdio.h>
02  int main()
03  {
04    int score;
05    printf(" 请输入该学生成绩 :");
06    scanf("%d",&score);          /* 由用户输入成绩 */
07    if(score>=60)     /* 判断成绩是否大于等于 60*/
08     if(score>=90)     /* 若大于 60，是不是还大于等于 90*/
09        printf("\n 优秀 \n");
10    else     /* 大于 60，但小于 90*/
11        printf("\n 及格 \n");
12     else     /* 小于 60*/
13        printf("\n 不及格 \n");
14  }
```

## 【运行结果】

编译、连接、运行程序，根据提示输入一个任意成绩，按【Enter】键，即返回该成绩对应的等级。

```
E:\范例源码\ch09\9-5.exe                          —     □     ×

请输入该学生成绩 :98

优秀

Process returned 0 (0x0)    execution time : 2.017 s
Press any key to continue.
```

## 【范例分析】

本范例中采用的是第 2 种嵌套形式，如果在 if 分支中嵌套的是只有 if 没有 else 的分支结构，就成了下面的情况。

```
if( 表达式 1)
if( 表达式 2)
语句 1; else 语句 2;
```

改写【范例 9-5】，即把 "else printf("\n 及格 \n");" 去掉，整个程序就变成了：

```
if(score>60) if(score>=90)
printf("\n 优秀 \n");
else
printf("\n 不及格 \n");
```

此时，从书写形式上看，"else printf("\n 不及格 \n");" 似乎与 if(score>60) 是匹配的，但是按照 C 语言规定的 if 和 else "就近配对"原则，即 else 总是与前面最近的（未曾配对的）if 配对。那么上面的代码实际等价于：

```
if(score>60)
{ if(score>=90)
printf("\n 优秀 \n");
else
        printf("\n 不及格 \n");
}
```

也就是 else 与第 2 个 if 构成了 if-else 语句，但从逻辑上来看，与题目是矛盾的。为了保证 else 与第 1 个 if 配对，必须用花括号将第 2 个 if 语句括起来作为第 1 个 if 语句的分支部分。

```
if(score>60)
{ if(score>=90)
printf("\n 优秀 \n");
}
else
printf("\n 不及格 \n");
```

> **提示**
>
> if 语句的嵌套结构可以是 if-else 形式和 if 形式的任意组合，被嵌套的 if 语句仍然可以是 if 语句的嵌套结构，但在实际应用中是根据实际问题来决定的，如果需要改变配对关系，可以加 "{}"。

为了便于书写和阅读，可采用左对齐形式，而分支结构的内部语句部分右缩进两格，即相匹配的 "if" 和 "else" 左对齐，上下都在同一列上，这样显得层次清晰。

## 9.3.5　多分支选择结构——switch 语句

前面介绍了 if 语句的嵌套结构可以实现多分支，但实现起来，if 的嵌套层数过多，程序冗长且较难理解，还会使得程序的逻辑关系变得不清晰。如果采用 switch 语句实现分支则结构比较清晰，而且更容易阅读及编写。

switch 语句的一般语法格式如下。

```
switch( 表达式 )
{
case 常量表达式 1: 语句 1;[break;] case 常量表达式 2: 语句 2;[break；]
…
case 常量表达式 n: 语句 n;[break;] [default: 语句 n+1;]
}
```

其中，[ ] 括起来的部分是可选的。

执行过程：先计算 switch 表达式的值，并逐个与 case 后面的常量表达式的值相比较，当表达式的值与某个常量表达式 i 的值一致时，则从该 case 后的语句 i 开始执行，直到遇到 break 语句或 switch 语句的 "}"；若表达式与任何常量表达式的值均不一致，则执行 default 后面的语句或执行 switch 结构的后续语句。例如：

```
switch(x)
{ case 1: printf("statement 1.\n"); break;
 case 2: printf("statement 2.\n"); break;
default: printf("default");
}
```

以上代码在执行时，如果 x 的值为 1，则输出 statement 1.。

说明：x 的值与第一个 case 后的常量 1 一致，就处理它后面的输出语句，然后遇到 break 语句，退出 switch 结构。同样，如果 x 的值为 2，则输出 "statement 2."；如果 x 的值是除了 1 和 2 的其他值，程序则输出 "default"，遇到 "}" 退出 switch 结构。

switch 结构的说明如下。

（1）switch 后面的表达式类型一般为整型、字符型和枚举型，不能为浮点型。

（2）常量表达式 i 仅起语句标号作用，不作求值判断。

（3）每个常量表达式的值必须各不相同，没有先后次序。

（4）多个 case 语句可以共用一组执行语句，例如：

```
switch(x)
{ case 1:
case 2: printf("statement 2.\n");break;
default: printf("");
}
```

表示 x 的值为 1 或 2 都执行 " printf("statement 2.\n");" 语句。

### 📝 范例 9-6　根据一个代表星期几的0~6之间的整数，在屏幕上输出它代表的是星期几。

（1）在 Code::Blocks 中，新建名为 "9-6.c" 的文件。
（2）在代码编辑区域输入以下代码（代码 9-6.txt）。

```
01  # include <stdio.h>
02  void  main( )
03  {
04      int  w ; /* 定义代表星期的整数变量 w*/
05      printf( " 请输入代表星期的整数（0~6）: ") ;
06      scanf("%d",&w); /* 从键盘获取数据赋值给变量 w*/
```

```
07    switch ( w ) {    /* 根据变量 w 的取值选择执行不同的语句 */
08    case 0 :         /* 当 w 的值为 0 时执行下面的语句 */
09     printf(" It's Sunday .\n");
10         break ;
11    case 1 :         /* 当 w 的值为 1 时执行下面的语句 */
12     printf(" It's Monday .\n");
13     break ;
14    case 2 :         /* 当 w 的值为 2 时执行下面的语句 */
15     printf(" It's Tuesday .\n");
16     break ;
17    case 3 :          /* 当 w 的值为 3 时执行下面的语句 */
18     printf(" It's Wednesday .\n");
19     break ;
20    case 4 :          */ 当 w 的值为 4 时执行下面的语句 */
21     printf(" It's Thuesday .\n");
22     break ;
23    case 5 :          /* 当 w 的值为 5 时执行下面的语句 */
24     printf(" It's Friday .\n");
25     break ;
26    case 6 :          /* 当 w 的值为 6 时执行下面的语句 */
27     printf(" It's Saturday .\n");
28     break ;
29    default : printf(" Invalid data!\n");    /* 当 w 取别的值时 */
30    }
31  }
```

## 【运行结果】

编译、连接、运行程序，根据提示输入"6"（0~6 中的任意 1 个整数），按【Enter】键，即可在命令行中输出结果。

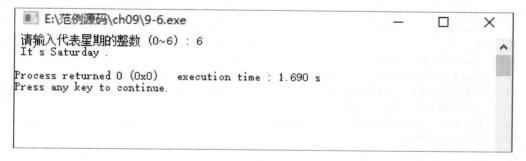

## 【范例分析】

本范例中，首先从键盘输入一个整数赋值给变量 *w*，根据 *w* 的取值分别执行不同的 case 语句。例如当为 w 赋值 6 时，执行 case 6 后面的语句：

```
printf(" It's Saturday .\n");
break ;
```

于是，在屏幕上输出"It's Saturday"。从本范例可以看到，switch 语句中的每一个 case 的结尾通常有一个 break 语句，它停止并退出 switch 语句的继续执行，而转向 switch 语句的后续语句，如果没有 break，则顺序执行下一个 case 后的语句。使用 switch 语句比用 if-else 语句简洁得多，可读性也好得多。因此遇到多分支选择的情况，应当尽量选用 switch 语句，避免采用嵌套较深的 if-else 语句。

## ⚙技巧

case 后面的常量表达式可以是一条语句，也可以是多条语句，甚至可以在 case 后面的语句中再嵌套一个 switch 语句。

## ▶9.4 综合应用——计算奖金

### 📋 范例 9-7　　企业发放的奖金由利润确定。从键盘输入当月利润，求应发放奖金总数。

$$
奖金 = \begin{cases}
利润 \times 10\% & 利润 \leq 10\ 万 \\
利润 \times 12\% & 10\ 万 < 利润 \leq 20\ 万 \\
利润 \times 14\% & 20\ 万 < 利润 \leq 40\ 万 \\
利润 \times 16\% & 40\ 万 < 利润 \leq 60\ 万 \\
利润 \times 18\% & 60\ 万 < 利润 \leq 100\ 万 \\
利润 \times 20\% & 利润 > 100\ 万
\end{cases}
$$

（1）在 Code::Blocks 中，新建名为 "9-7.c" 的文件。
（2）在编辑窗口中输入以下代码（代码 9-7.txt）。

```
01  #include "stdio.h"
02  int main()
03  {
04      float x,y;
05      int n;
06      scanf("%f",&x);
07      n=(int)x/10;
08      if((int)x/10==x/10) n--;
09      switch(n)
10      {
11      case 0:y=x*0.1;break;
12      case 1:y=x*0.12;break;
13      case 2:case 3:y=x*0.14;break;
14      case 4:case 5:y=x*0.16;break;
15      case 6:case 7:case 8:case 9:y=x*0.18;break;
16      default:y=x*0.2;
17      }
18      printf("y=%.2f\n",y);
19  }
```

【运行结果】

编译、连接、运行程序，根据提示从键盘上输入当月利润，按【Enter】键，即可输出应发放奖金数。

```
E:\范例源码\ch09\9-7.exe                              —    □    ×

45
y=7.20

Process returned 7 (0x7)   execution time : 7.306 s
Press any key to continue.
```

**【范例分析】**

程序中的变量 x 表示当月利润，为浮点型，scanf() 函数用于输入 x 的值，变量 y 表示应发奖金的总数，为程序输出值。本程序主要采用 switch 选择结构，而使用 switch 解题的关键，是通过分析变形后找到相应表达式，通过表达式的值将复杂问题分成能用有限个常量表示的几种情况。

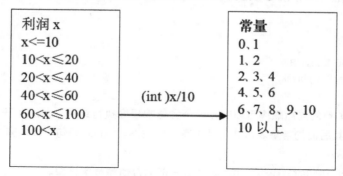

用这种方法转换后，n 出现了在不同区域有重复数字的情况。解决的方法有很多，其中一种是可以采用当 x 为 10 的整数倍时，将计算出的 n 值减 1。例如，当输入的 x 值为 10 时，(int)x/10=1，即 n=1。此时如果 n 不做减 1 处理时，那么所求发放奖金总额为 y=x*0.12，但按照题目要求，此时发放金额总数应为 y=x*0.1，将 n 减 1 后便可采用 switch 语句处理了。

# ▶9.5 高手点拨

学习了这一章，读者是否对选择结构有了新的认识呢？那么在使用 **if** 和 **swith** 这些选择语句，我们还要注意哪些问题呢？

在 if 的 3 种形式中，当满足条件需要执行多个语句时，应用一对花括号 "{}" 将需要执行的多个语句括起，形成一个复合语句。例如：

```
if(a>b){a++; b--;}
else {a=0;b=5; }/* 花括号后不加分号 */
```

同时，if 语句中表达式形式很灵活，可以是常量、变量、任何类型表达式、函数、指针等。只要表达式的值为非零值，条件就为真，反之条件为假。如下 if 语句也是可以的：

```
main()
{
int a=3,b=6;
if(a=b)  printf("%d",a);
if(3)  printf("OK");
if('a')  printf("%d",'a');
}
```

当 if 语句中出现多个 "if" 与 "else" 的时候，要特别注意它们之间的匹配关系，否则就可能导致程序逻辑错误。"else" 与 "if" 的匹配原则是 "就近一致原则"，即 "else" 总是与它前面最近的 "if" 相匹配。

另一种重要的选择语句是 switch 语句，根据表达式的不同值，可以选择不同的程序分支，又称开关语句。case 中常量表达式的值必须互不相同，否则执行时将出现矛盾，即同一个开关值，将对应多种执行方案。例如，下面是一种错误的表达方式：

```
switch (n)
{   case 1: n*n;break;
case 3: n--;break;
…
case 1: n++;break; /* 错误语句，case 中常量表达式的值必须互不相同 */
default : n+1;
```

```
}
```

在 switch 语句中，case 常量表达式只相当于一个语句标号，表达式的值和某标号相等则转向该标号执行，但不能在执行完该标号的语句后自动跳出整个 switch 语句，而会继续执行所有后面的语句。因此 C 语言提供了一种 break 语句，其功能是可以跳出它所在的 switch 结构。例如：

```
switch(grade)
{
case 'A':
default:printf("grade<60"); case 'B':
case 'C':printf("grade>=60\n");break;
}
```

各 case 和 default 子句的先后顺序可以变动，不会影响程序执行结果，default 语句也可以省略。在格式方面，case 和 default 与其后面的常量表达式间至少有一个空格。switch 语句可以嵌套，break 语句只跳出它所在的 switch 语句。

最后，在编写 switch 语句时，switch 中的表达式一般为数值型或字符型。

# ▶9.6  实战练习

（1）从键盘输入两个整数 $a$ 和 $b$，如果 $a$ 大于 $b$ 则交换两数，最后输出两个数。

（2）输入两个整数，输出其中较大的数。

$$y = \begin{cases} x+5 & x \leqslant 1 \\ 2x & 1 < x \leqslant 10 \\ \dfrac{3}{x-10} & x > 10 \end{cases}$$

（3）计算分段函数。

（4）给出一个位数不多于 4 位的正整数，求出它是几位数，逆序打印出各位数字。

（5）任意输入 3 个数，判断能否构成三角形？若能构成三角形，是等边三角形、等腰三角形，还是其他三角形？

第 **10** 章

# 循环结构与转向语句

案例 1：仍然是第 9 章设计一个求圆面积的程序。输入半径，当半径输入的值是无效数据时，即小于等于 0 时，需要给用户输出提示"无效的半径，请重新输入！"，直到用户输入了有效半径，计算圆的面积并在屏幕上输出面积值。

案例 2：设计青年技能大赛成绩统计程序。大赛设立了 3 个比赛项目，有 20 人报名参加，每个选手都要进行 3 个项目的较量，评委由 5 名专家组成，对每个选手每项比赛当场打分（满分 100）。每项比赛每个选手按专家评分的平均成绩排出名次（1~20 名），最终按照 3 项比赛的平均名次确定选手的排名。

以上两个案例在设计程序的算法时都需要重新执行或者反复执行某个功能的代码段，本章介绍的循环结构和转向语句可以实现这样的算法，通过学习可以掌握 C 语言的结构化程序设计方法中最具有变化性的循环结构，同时结合第 9 章介绍的选择结构实现各种复杂算法。

## 本章要点（已掌握的在方框中打钩）

□ 循环结构
□ for 语句
□ while 语句
□ do-while 语句
□ 循环的嵌套
□ 转向语句

# ▶ 10.1 循环结构

当我们遇到的问题需要做重复的、有规律的运算时，可以使用循环结构来实现。循环结构是程序中一种很重要的结构，其特点是，在给定条件成立时，反复执行某程序段，直到条件不成立为止。给定的条件称为循环条件，反复执行的程序段称为循环体。C 语言提供以下 3 种循环语句，可以实现各种不同形式的循环结构。

（1）for 语句。

（2）while 语句。

（3）do-while 语句。

## 10.1.1 循环结构的定义

循环结构是指在满足循环条件时反复执行的循环代码块，直到循环条件不能满足为止。C 语言中有 3 种循环语句可用来实现循环结构，即 for 语句、while 语句和 do-while 语句。这些语句各有特点，而且常常可以互相替代。在编程时，应根据题意选择合适的循环语句。下面先来看一个具有循环结构程序的例子。

**📝 范例 10-1 ｜ 计算100以内的奇数之和。**

（1）在 Code::Blocks 中，新建名为 "10-1.c" 的文件。

（2）在代码编辑区域输入以下代码（代码 10-1.txt）。

```
01  # include <stdio.h>  /* 是指标准库中输入输出流的头文件 */
02  int main()
03  {
04    int  n = 1 ;           /* 为奇数变量 n 赋初值为 1*/
05    int  sum = 0 ;          /* 奇数的累加和 */
06    while ( n < 100 )  /* n 不能超过 100*/
07    {
08      sum += n ;           /* 累加 */
09      n += 2 ;             /* 修改为下一个奇数 */
10    }
11    printf("100 以内的奇数和是 : %d\n",sum);
12  }
```

**【运行结果】**

编译、连接、运行程序，即可计算出 100 以内的奇数之和，并在程序执行窗口中输出。

```
■ E:\范例源码\ch10\10-1.exe                    —    □    ×

100以内的奇数和是: 2500

Process returned 24 (0x18)    execution time : 0.634 s
Press any key to continue.
```

**【范例分析】**

该程序是一个循环结构的程序，在执行过程中会根据循环条件反复执行循环体里面的语句，直到条件不能满足为止。本范例中，从 $n$ 为 1 开始，累计求 100 以内奇数的和，直到 $n$ 为 101 时，不满足 $n<100$ 这个循环条件则终止循环。

## 10.1.2 for 语句

for 语句是 C 语言中最为灵活的循环语句之一，不但可以用于循环次数确定的情况，也可以用于循环次数不确定（只给出循环结束条件）的情况。其一般语法格式如下。

for( 表达式 1; 表达式 2; 表达式 3)
　　循环体语句 ;

它的执行过程如下。

① 计算表达式 1 的值。

② 判断表达式 2，如果其值为非 0（真），则执行循环体语句，然后执行第③步；如果其值为 0（假），则结束循环，执行第⑤步。

③ 计算表达式 3。

④ 返回，继续执行第②步。

⑤ 循环结束，执行 for 后面的语句。

该循环的流程图如下。

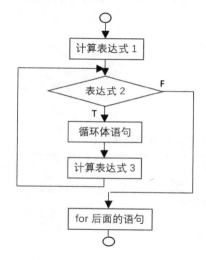

例如：

sum=0;
for(i=0;i<=100;i++)
　　sum+=i;

其中，"i" 是循环变量，表达式 1（i=0）是给循环变量赋初值；表达式 2（i<=100）决定了循环能否执行的条件，称为循环条件；循环体部分（重复执行的语句）是 sum+=i；表达式 3（i++）是使循环变量每次增 1，又称为步长（在这里步长为 1）。

它的执行过程是，先给循环变量 i 赋初值为 0，再判断 i 是否小于等于 100，如果为真，执行语句 sum+=i，将 i 的值自增 1，再判断 i 是否小于等于 100，如果为真，再执行循环体并且 i 自增 1……一直到 i<=100 不成立时，循环结束。因此上面代码的作用是计算 1+2+…+100 的和。

为了更容易理解，可以将 for 语句的形式改写为：

for( 循环变量赋初值 ; 循环条件 ; 循环变量增值 )
　　循环体语句 ;

**范例 10-2**

经典问题：打印出[100,999]范围内所有的"水仙花数"，所谓"水仙花数"是指一个3位数，其各位数字的立方和等于该数本身。例如，153是一个"水仙花数"，因为153=$1^3$＋$5^3$＋$3^3$。

（1）在 Code::Blocks 中，新建名为"10-2.c"的文件。
（2）在代码编辑区域输入以下代码（代码 10-2.txt）。

```
01  #include <stdio.h>
02  int main()
03  {   int a,b,c;
04      int i;
05      for(i=100;i<1000;i++)       /* 从 100 循环到 1000，依次判断每个数是否是水仙花数 */
06      {
07          a=i%10;           /* 分解出个位 */
08          b=(i/10)%10;      /* 分解出十位 */
09          c=i/100;              /* 分解出百位 */
10          if(a*a*a+b*b*b+c*c*c==i)   /* 判断 3 个数的立方数和是否等于该数本身，若是则打印出来 */
11              printf("%d\t",i);
12      }
13  }
```

**【运行结果】**

编译、连接、运行程序，即可输出所有的水仙花数。

```
■ E:\范例源码\ch10\10-2.exe                    —    □    ×
153     370     371     407
Process returned 2187 (0x88B)   execution time : 0.460 s
Press any key to continue.
```

**【代码详解】**

第 03~04 行定义变量，用 $a$、$b$、$c$ 分别存放每个 3 位数的个位、十位和百位；$i$ 是循环控制变量，控制从 100~999 之间的数。

第 05~12 行是 for 循环，其中：

第 05 行，给循环控制变量赋初值为 100，循环条件是 $i$<1000，每次循环后 $i$ 的值自增 1；

第 07~09 行，分解当前 $i$ 的个位、十位和百位；

第 10~11 行，判断该数是否满足条件，满足则输出。

**【范例分析】**

本范例中利用 for 循环控制 100~999 的数，每个数分解出个位、十位和百位，然后再判断立方和是否等于该数本身。

在编写 for 循环时，注意 3 个表达式所起的作用是不同的，而且 3 个表达式的运行时刻也不同，表达式 1 在循环开始之前只计算一次，而表达式 2 和 3 则要每循环一次就执行一次。

如果循环体的语句多于一条，则需要用花括号括起来作为复合语句使用。

📝 **范例 10-3**　　**计算** *n*！，*n*！=1*2*…*n*。

（1）在 Code::Blocks 中，新建名为"10-3.c"的文件。
（2）在代码编辑区域输入以下代码（代码 10-3.txt）。

```
01  #include <stdio.h>
02  int main()
03  {   int i,n;
04      long t=1;
05      printf(" 请输入一个整数：");
06      scanf("%d",&n);        /* 用户从键盘输入一个整数 */
07      for(i=1;i<=n;i++)      /* 从 1 循环到 n*/
08      t=t*i;
09      printf("%d! 为 %ld\n",n,t); /* 输出 n! */
10  }
```

## 【运行结果】

编译、连接、运行程序，由用户输入任意整数（如 5），即可在程序执行窗口中输出"5! 为 120"。

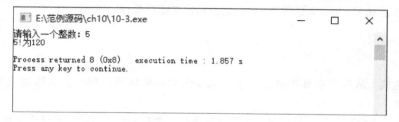

## 【范例分析】

本范例中利用循环变量 *i* 存放自然数 1，2，…，*n*；变量 *t* 存放阶乘，初值为 1，重复执行的是 *t*=*t*\**i*，即：

当 *i*=1 时，*t*=*t*\**i*=1　　　　(1!)
当 *i*=2 时，*t*=*t*\**i*=1\*2　　　(2!)
当 *i*=3 时，*t*=*t*\**i*=1\*2\*3　　 (3!)
……
当 *i*=*n* 时，*t*=*t*\**i*=1\*2\*…\*(*n*-1)\**n*　　(*n*!)

　　累加与累乘是比较常见的算法，这类算法就是在原有的基础上不断地加上或乘以一个新的数。这类算法至少需要设置两个变量，一个变量作为循环变量控制自然数的变化，一个变量用来存放累加或累乘的结果，通过循环将变量变成下一个数的累加和或累乘积。所以一般求阶乘时存放阶乘的循环变量的初值应设置为 1，求累加初值应设置为 0。

**01 for 循环扩展形式**

　　（1）表达式 12 和表达式 3 可以是一个简单的表达式，也可以是逗号表达式（即包含了一个简单表达式），例如：

```
for(i=0,j=100;i<j;i++,j--)   k=i+j;
```

这里的循环控制变量可以不止一个。而且表达式 1 也可以是与循环变量无关的其他表达式。

　　（2）循环条件可由一个较复杂表达式的值来确定，例如：

```
for(i = 0;s[i]! = c && s[i]! = '\0'; + + i)
```

　　（3）表达式 2 一般是关系表达式或逻辑表达式，但也可以是数值表达式或字符表达式，只要其值不等于 0 就执行循环体。例如：

```
for(k=1;k-4;k++)  s=s+k;
```

仅当 $k$ 的值等于 4 时终止循环。$k-4$ 是数值表达式。

### 02 for 循环省略形式

for 循环语句中的 3 个表达式都是可以省略的。

（1）省略"表达式 1"，此时应在 for 语句之前给循环变量赋初值。例如：

```
i=1;
for(;i<=100;i++) sum+=i;
```

（2）省略"表达式 2"，表示不判断循环条件，循环无终止地进行下去，也可以认为表达式 2 始终为真。例如：

```
for(i=1;;i++)  sum+=i;
```

上面的代码将无休止地执行循环体，一直做累加和。为了终止循环，就要在循环体中加入 break 语句和 goto 语句等。

（3）省略"表达式 3"，此时应在循环体内部实现循环变量的增量，以保证循环能够正常结束。例如：

```
for(i=1;i<=100;) {sum+=i;i++;}
```

相当于把表达式 3 写在了循环体内部，作为循环体的一部分。

（4）省略"表达式 1"和"表达式 3"，此时只给出了循环条件。例如：

```
i=1;
for(;i<=100;)
{sum+=i;i++}
```

相当于把表达式 1 放在了循环的外面，表达式 3 作为循环体的一部分。这种情况与下面将要介绍的 while 语句完全相同。

（5）3 个表达式都省略，既不设初值，也不判断条件，循环变量不增值，无终止地执行循环体。例如：

```
for(; ;) 循环体语句；
```

### 10.1.3 while 语句

while 语句用来实现当型循环，即先判断循环条件，再执行循环体。其一般语法格式为：

```
while ( 表达式 )
    循环体语句；
```

它的执行过程是，当表达式为非 0（真）时，执行循环体语句，然后重复上述过程，一直到表达式为 0（假）时，while 语句结束。例如：

```
i=0;
while(i<=100)
{
    sum+=i;
    i++;
}
```

说明：

（1）循环体包含一条以上语句时，应用"{}"括起来，以复合语句的形式出现，否则它只认为 while 后面的第 1 条语句是循环体；

（2）循环前，必须给循环控制变量赋初值，如上例中的"i=0;"；

（3）循环体中，必须有改变循环控制变量值的语句（使循环趋向结束的语句），如上例中的"i++;"，否则循环永远不结束。

**范例 10-4**　　求数列1/2、2/3、3/4……前20项的和。

（1）在 Code::Blocks 中，新建名为 "10-4.c" 的文件。
（2）在代码编辑区域输入如下代码（代码 10-4.txt）。

```
01  #include <stdio.h>
02  int main()
03  { int i;              /* 定义整型变量 i 用于存放整型数据 */
04    double sum=0;       /* 定义浮点型变量 sum 用于存放累加和 */
05    i=1;                /* 给循环变量赋初值 */
06    while(i<=20)        /* 循环的终止条件是 i<=20*/
07    {
08      sum=sum+i/(i+1.0);      /* 每次把新值加到 sum 中 */
09      i++;             /* 循环变量自增，此句一定要有 */
10    }
11    printf(" 该数列前 20 项的和为：%f\n",sum);
12  }
```

**【运行结果】**

编译、连接、运行程序，即可计算 1/2、2/3、3/4……前 20 项的和，并在程序执行窗口中输出。

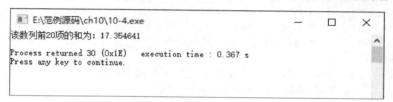

**【范例分析】**

本范例中的数列可以写成通项式：$n/(n+1)$，$n=1，2，…，20$，$n$ 从 1 循环到 20，计算每次得到当前项的值，然后加到 sum 中即可求出。

与 for 不同的是，while 必须在循环之前设置循环变量的初值，在循环中有改变循环变量的语句存在；for 语句是在 "表达式 1" 处设置循环变量的初值，在 "表达式 3" 处进行循环变量的增值。

**10.1.4** **do-while 语句**

do-while 语句实现的是先执行循环体语句，后判断条件表达式的循环。其一般的语法格式为：

do
{
  循环体语句；
}while ( 表达式 );

它的执行过程是，先执行一次循环体语句，然后判断表达式是否为非 0（真）；如果为真，则再次执行循环体语句。如此反复，一直到表达式的值等于 0（假）时，循环结束。

下图展示了 do-while 语句的流程。

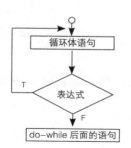

说明如下。

（1）do-while 语句是先执行循环体 "语句"，后判别循环终止条件。与 while 语句不同，二者的区别在于，当 while 后面的表达式一开始的值为 0（假）时，while 语句的循环体一次也不执行，而 do-while 语句的循环体至少要执行一次。

（2）在书写格式上，循环体部分要用花括号括起来，即使只有一条语句也如此；do-while 语句最后以分号结束。

（3）通常情况下，do-while 语句是从 while 后面控制表达式退出循环。但它也可以构成无限循环，此时要利用 break 语句直接跳出循环。

### 范例 10-5    计算两个数的最大公约数。

（1）在 Code::Blocks 中，新建名为 "10-5.c" 的文件。
（2）在代码编辑区域输入以下代码（代码 10-5.txt）。

```
01  #include <stdio.h>
02  int main( )
03  {
04    int m,n,r,t;
05    int m1,n1;
06    printf(" 请输入第 1 个数 :");
07    scanf("%d",&m);    /* 由用户输入第 1 个数 */
08    printf("\n 请输入第 2 个数 :");
09    scanf("%d",&n);       /* 由用户输入第 2 个数 */
10    m1=m; n1=n;          /* 保存原始数据供输出使用 */
11    if(m<n)
12    {t=m; m=n; n=t;}/*m,n 交换值，使 m 存放大值，n 存放小值 */
13    do              /* 使用辗转相除法求得最大公约数 */
14    {
15      r=m%n;
16      m=n;
17      n=r;
18    }while(r!=0);
19    printf("%d 和 %d 的最大公约数是 %d\n",m1,n1,m);
20  }
```

【运行结果】

编译、连接、运行程序，从键盘上输入任意两个数，按【Enter】键，即可计算它们的最大公约数。

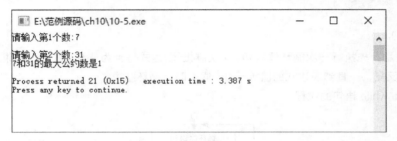

【范例分析】

本范例中，求两个数的最大公约数采用 "辗转相除法"，具体方法如下。

（1）比较两数，并使 $m$ 大于 $n$。

（2）将 *m* 作被除数，*n* 作除数，相除后余数为 *r*。

（3）将 *n* 赋值给 *m*，*r* 赋值给 *n*。

（4）若 *r*=0，则 *m* 为最大公约数，结束循环。若 $r \neq 0$，执行步骤(2)和(3)。

由于在求解过程中，*m* 和 *n* 已经发生了变化，所以要将它们保存在另外两个变量 *m*1 和 *n*1 中，以便输出时可以显示这两个原始数据。

如果要求两个数的最小公倍数，只需要将两个数相乘再除以最大公约数，即 *m*1\**n*1/*m* 即可。

## 10.1.5　循环的嵌套

循环的嵌套是指一个循环结构的循环体内又包含另一个完整的循环结构。内嵌的循环中还可以嵌套循环，这样就构成了多重循环。

本节介绍的 3 种循环（for 语句、while 语句和 do-while 语句）之间可以互相嵌套。例如下面几种形式。

**01** while 嵌套 while

```
while()
{
  …
  while()
  { … }
  …
}
```

**02** do-while 嵌套 do-while

```
do
{
  …
  do
  { …
  }while();
  …
} while();
```

**03** for 嵌套 for

```
for( ; ; )
{
  …
  for( ; ; )
  { … }
  …
}
```

**04** while 嵌套 do-while

```
while()
{
  …
  do
  { …
  } while();
  …
}
```

**05** for 嵌套 while

```
for( ; ; )
```

```
    {
      …
      while()
      { … }
      …
    }
```

**范例 10-6    编写程序打印如图所示的金字塔图形。**

```
            *
           ***
          *****
         *******
        *********
```

（1）在 Code::Blocks 中，新建名为"10-6.c"的文件。
（2）在代码编辑区域输入以下代码（代码 10-6.txt）。

```
01  #include<stdio.h>
02  int main()
03  {  int i,j,k;
04    for(i=1;i<=5;i++)      /* 控制行数 */
05    {
06      for(j=1;j<=5-i;j++)          /* 控制输出 5-i 个空格 */
07        printf(" ");
08      for(k=1;k<=2*i-1;k++)       /* 控制输出 2*i-1 个星号 */
09        printf("*");
10      printf("\n");              /* 每一行输出完后均需换行 */
11    }
12  }
```

**【运行结果】**

编译、连接、运行程序，即可在程序执行窗口中输出金字塔图形。

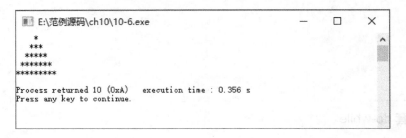

**【代码详解】**

第 04~11 行，是一个双重循环结构，外层循环控制行数，其中：

第 06~07 行，是一个完整的 for 循环，用来控制输出每行的空格数，由于每行的空格数不同，但有规律，因此用循环变量 *j* 循环 5-*i* 次，每次输出一个空格即可；

第 08~09 行，也是一个完整的 for 循环，与上面的 for 是并列的关系，即上面的 for 执行完毕再执行这个循环；循环 2*i*-1 次，每次输出一个星号，即每行可输出 2*i*-1 个星号；

第 10 行，上面的两个 for 循环控制输出了一行符号，需要换行继续下一行的输出，这样才能形成金字塔的形式。

## 【范例分析】

本范例利用双重 for 循环，外层循环用 i 控制行数，内层循环用 k 控制星号的个数。

每行星号的起始位置不同，即前面的空格数 j 是递减的，与行的关系可以用公式 j=5-i 表示。

每行的星号数 k 不同，与行的关系可以用公式 k=2*i-1 表示。

内循环控制由两个并列的循环构成，控制输出空格数和星数。

本范例还可以改变输出的图形形状，如矩形、菱形等。

对于双重循环或多重循环的设计，内层循环必须被完全包含在外层循环当中，不得交叉。

内、外循环的循环控制变量尽量不要相同，否则会造成程序的混乱。

在嵌套循环中，外层循环执行一次，内层循环要执行若干次（即内层循环结束）后，才能进入外层循环的下一次循环，因此，内循环变化快，外循环变化慢。

| 范例 10-7 | 在《算经》中张丘建曾提出过一个"百钱百鸡"问题，就是1只公鸡值5元钱，1只母鸡值3元钱，3只小鸡值1元钱。用100元钱买100只鸡，问公鸡、母鸡、小鸡各买多少只？ |
| --- | --- |

（1）在 Code::Blocks 中，新建名为"10-7.c"的文件。
（2）在代码编辑区域输入以下代码（代码 10-7.txt）。

```
01  #include<stdio.h>
02  int main()
03  {
04      int x,y,z;
05      for(x=0;x<=20;x++)              /* 公鸡的循环次数 */
06          for(y=0;y<=33;y++)          /* 母鸡的循环次数 */
07          {
08              z=100-x-y;              /* 某次循环中公鸡、母鸡数确定后，计算出小鸡数 */
09              if(5*x+3*y+z/3.0==100)  /* 是否满足 100 元钱 */
10                  printf(" 公鸡 %d 只 , 母鸡 %d 只 , 小鸡 %d 只 \n",x,y,z);
11          }
12  }
```

## 【运行结果】

编译、连接、运行程序，即可在程序执行窗口中输出公鸡、母鸡、小鸡各有多少只。

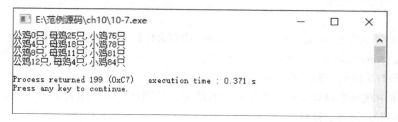

## 【代码详解】

第 05~11 行，是一个双重循环结构，外层循环控制公鸡的只数，从 0~20，找到满足条件的母鸡数和小鸡数。其中：

第 06~10 行，内层循环，用来控制母鸡数从 0~33 变化，从而找到满足条件的小鸡数；

第 07~10 行，找到满足条件的小鸡数并输出。

**【范例分析】**

本范例中，"百钱买百鸡"问题是枚举法的典型应用。枚举法又称穷举法或试探法，是对所有可能出现的情况一一进行测试，从中找出符合条件的所有结果。该方法特别适合用计算机求解。如果人工求解，工作量就太大了。

对于本范例，设能买 $x$ 只公鸡，$y$ 只母鸡，$z$ 只小鸡，由题意可列出方程组。

两个方程 3 个未知数，在数学上是无固定可行解的，可以采用枚举法把每一种可能的组合方案都测试一下，输出满足条件者。

由题意可知，公鸡 $x$ 的取值范围是 $0 \leq x \leq 20$，母鸡 $y$ 的取值范围是 $0 \leq y \leq 33$，小鸡 $z$ 的值可由 $100-x-y$ 得到（即已经满足了"百鸡"的条件）。当每一次 $x$、$y$、$z$ 取一个值后，再验证是否符合如下条件。

$5x+3y+(100-x-y)/3=100$

用枚举法共列出了 $21 \times 34 = 714$ 种组合，计算机对这714种组合一一测试，最后求出符合条件的解并输出。如果不考虑 $x$、$y$ 的取值范围，写成：

```
for(x=0;x<=100;x++)
for(y=0;y<=100;y++)
{
    …
}
```

这种方法虽然也可以，但组合数更多，有 $101 \times 101$ 种，会降低程序的运行效率，因此建议采用前面的方法。

# ▶10.2　转向语句

在 **C** 语言中还有一类语句，即转向语句，它可以改变程序的流程，使程序从其所在的位置转向另一处执行。转向语句包括 **3** 种，即 **goto** 语句、**break** 语句和 **continue** 语句。

其中，goto 语句是无条件转移语句。break、continue 语句经常用在 while 语句、do-while、for 语句和 switch 语句中，二者使用时有区别。continue 只结束本次循环，而不是中止整个循环；而 break 则是中止本循环，并从循环中跳出。

## 10.2.1　goto 语句

goto 语句是无条件转向语句，即转向到指定语句标号处，执行标号后面的程序。其一般语法格式为：

goto 语句标号 ;

例如：

goto end;

结构化程序设计不主张使用 goto 语句，因为 goto 语句会使程序的流程变得无规律、可读性差，但也不是绝对禁止使用的。goto 语句主要应用在以下两个方面。

（1）goto 语句与 if 语句一起构成循环结构。

（2）从循环体中跳转到循环体外，甚至一次性跳出多重循环，而 C 语言中的 break 语句和 continue 语句可以跳出本层循环和结束本次循环。

### 范例 10-8　用goto语句来显示1～100的数字。

（1）在 Code::Blocks 中，新建名为 "10-8.c" 的文件。
（2）在代码编辑区域输入以下代码（代码 10-8.txt）。

```
01  #include <stdio.h>    /* 是指标准库中输入输出流的头文件 */
```

```
02  int main()
03  {
04      int count=1;
05      label:           /* 标记 label 标签 */
06      printf("%d ",count++);
07      if(count <= 100)
08          goto label;           /* 如果 count 的值不大于 100，则转到 label 标签处开始执行程序 */
09      printf("\n");
10  }
```

## 【运行结果】

编译、连接、运行程序，即可在程序执行窗口中输出 1~100 的数字。

```
E:\范例源码\ch10\10-8.exe                          —    □    ×
1   2   3   4   5   6   7   8   9   10  11  12  13  14  15  16  17  18  19  20  21  22  2
3   24  25  26  27  28  29  30  31  32  33  34  35  36  37  38  39  40  41  42  4
3   44  45  46  47  48  49  50  51  52  53  54  55  56  57  58  59  60  61  62  6
3   64  65  66  67  68  69  70  71  72  73  74  75  76  77  78  79  80  81  82  8
3   84  85  86  87  88  89  90  91  92  93  94  95  96  97  98  99  100

Process returned 10 (0xA)    execution time : 0.326 s
Press any key to continue.
```

## 【范例分析】

本范例使用 goto 语句对程序运行进行了转向。在代码中标记了一个位置（label），后面使用 "goto label;" 来跳转到这个位置。

所以程序在运行时，会先输出 count 的初值 1，然后跳转回 label 标记处，在值上加 1 后再输出，即 2，直到不再满足 "count <= 100" 的条件就会停止循环，然后运行 "printf("\n");" 结束。

### 10.2.2 break 语句

前面已经介绍了 break 语句在 switch 语句中的作用是退出 switch 循环语句。break 语句在循环语句中使用时，可使程序跳出当前循环结构，执行循环后面的语句。根据程序的目的，有时需要程序在满足另一个特定的条件时立即终止循环，程序继续执行循环体后面的语句，使用 break 语句可以实现此功能。

其一般的语句格式为：

```
break;
```

break 语句用在循环语句的循环体内的作用是终止当前的循环语句。例如：

```
01  /* 无 break 语句 */
02  int sum = 0, number;
03  scanf("%d",&number);
04  while (number != 0)
05  {   sum += number;
06      scanf("%d",&number);
07  }
08  /* 有 break 语句 */
09  int sum = 0, number;
10  while (1)
11  {   scanf("%d",&number);
12      if (number == 0)
13          break;
14      sum += number;
15  }
```

这两段程序产生的效果是一样的。需要注意的是，break 语句只是跳出当前的循环语句，对于嵌套的循环语句，break 语句的功能是从内层循环跳到外层循环。例如：

```
01  int i = 0, j, sum = 0;
02  while (i < 5)
03  { for ( j = 0; j < 5; j++)
04    { sum += i + j;
05      if ( j == i) break;
06    }
07    i++;
08  }
```

本例中的 break 语句执行后，程序立即终止 for 循环语句，并转向 for 循环语句后的下一个语句，即 while 循环体中的 i++ 语句，继续执行 while 循环语句。

📝 **范例 10-9**　输入一个大于2的整数，判断该数是否为素数。若是素数，输出"是素数"，否则输出"不是素数"。

（1）在 Code::Blocks 中，新建名为 "10-9.c" 的文件。
（2）在代码编辑区域输入以下代码（代码 10-9.txt）。

```
01  #include<stdio.h>
02  int main()
03  {
04    int m,i,flag;              /* 引入标志性变量 flag，用 0 和 1 分别表示 m 不是素数或是素数 */
05    flag=1;
06    printf(" 请输入一个大于 2 的整数：");
07    scanf("%d",&m);
08    for(i=2;i<m;i++)   /*i 从 2 变化到 m-1，并依次去除 m*/
09    {
10      if(m%i==0)            /* 如果能整除 m，表示 m 不是素数，可提前结束循环 */
11      {
12        flag=0;              /* 给 flag 赋值为 0*/
13        break;
14      }
15    }
16    if(flag)
17      printf("%d 是素数！\n",m);
18    else
19      printf("%d 不是素数！\n",m);
20  }
```

**【运行结果】**

编译、连接、运行程序，从键盘上输入任意一个整数，按【Enter】键，即可输出该数是否为素数。

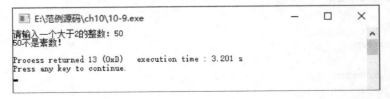

```
E:\范例源码\ch10\10-9.exe                    —    □    ×

请输入一个大于2的整数：50
50不是素数！

Process returned 13 (0xD)   execution time : 3.201 s
Press any key to continue.
```

**【代码详解】**

第 05 行，假设 m 是素数，先给 flag 赋初值为 1，如果不是素数再重新赋值，否则不用改变。

第 08~15 行，通过 for 循环依次用 2~(m-1) 去整除 m，如果能整除，说明 m 不是素数，给 flag 变量赋值为 0，并用 break 语句退出循环（不用再继续循环到 i<m，此刻足以说明 m 不是素数）。

第 16~19 行，通过判断 flag 的值决定输出的内容。

### 【范例分析】

素数是除了 1 和本身不能被其他任何整数整除的整数。判断一个数 m 是否为素数，只要依次用 2、3、4……m-1 作除数去除 m，只要有一个数能整除 m，m 就不是素数；如果没有一个数能整除 m，m 就是素数。

在求解过程中，可以通过使用 break 语句使循环提前结束，不必等到循环条件起作用。而且 break 语句总是作 if 的内嵌语句，即总是与 if 语句一块使用，表示满足什么条件时就结束循环。

## 10.2.3 continue 语句

根据程序的目的，有时需要程序在满足另一个特定的条件时结束本次循环重新开始下次循环，使用 continue 语句可实现该功能。continue 语句的功能与 break 语句不同，其功能是结束当前循环体的执行，而重新执行下一次循环。在循环体中，continue 语句被执行之后，其后面的语句均不再执行。

### 范例 10-10　输出 100~200 所有不能被 3 和 7 同时整除的整数。

（1）在 Code::Blocks 中，新建名为 "10-10.c" 的文件。
（2）在代码编辑区域输入以下代码（代码 10-10.txt）。

```
01  #include<stdio.h>
02  int main()
03  { int i,n=0;            /*n 计数 */
04    for(i=100;i<=200;i++)
05    {
06      if(i%3==0&&i%7==0)     /* 如果能同时整除 3 和 7，不打印 */
07      {
08        continue;         /* 结束本次循环未执行的语句，继续下次判断 */
09      }
10      printf("%d\t",i);
11      n++;
12      if(n%10==0)    /* 每 10 个数输出为一行 */
13        printf("\n");
14    }
15  }
```

### 【运行结果】

编译、连接、运行程序，即可在程序执行窗口中显示 100~200 不能同时被 3 和 7 整除的所有整数，每 10 个数输出为一行。

```
E:\范例源码\ch10\10-10.exe                              —    □    ×
100    101    102    103    104    106    107    108    109    110
111    112    113    114    115    116    117    118    119    120
121    122    123    124    125    127    128    129    130    131
132    133    134    135    136    137    138    139    140    141
142    143    144    145    146    148    149    150    151    152
153    154    155    156    157    158    159    160    161    162
163    164    165    166    167    169    170    171    172    173
174    175    176    177    178    179    180    181    182    183
184    185    186    187    188    190    191    192    193    194
195    196    197    198    199    200
Process returned 90 (0x5A)   execution time : 0.409 s
Press any key to continue.
```

**【范例分析】**

本范例中，只有当 i 的值能同时被 3 和 7 整除时，才执行 continue 语句，执行后越过后面的语句（printf 语句及后面的部分不执行），直接使 *i*++，然后判断循环条件 i<=200，再进行下一次循环。只有当 *i* 的值不能同时被 3 和 7 整除时，才执行后面的 printf 语句及 n++ 语句。

一般来说，它的功能可以用单个的 if 语句代替，如本例 6~13 行：

```
If(!(i%3==0&&i%7==0))          /* 如果能同时整除 3 和 7，不打印 */
{
  printf("%d\t",i);
        n++;
        if(n%10==0)       /* 每 10 个数输出一行 */
  printf("\n");
}
```

这样编写比用 continue 语句更清晰，又不用增加嵌套深度，因此如果能用 if 语句，就尽量不要用 continue 语句。

# ▶10.3  综合应用——简单计算器的设计

**本节通过一个综合应用的例子，再熟悉一下前面学习的选择、循环和转向等语句。**

**范例 10-11**　编写一个程序，模拟具有加、减、乘、除4种功能的简单计算器。

（1）在 Code::Blocks 中，新建名为 "10-11.c" 的文件。
（2）在代码编辑区域输入以下代码（代码 10-11.txt）。

```
01  #include <stdio.h>
02  int main()
03  {
04    char command_begin;        /* 开始字符 */
05    double first_number;       /* 第 1 个数 */
06    char character;            /* 运算符 (+、-、*、/)*/
07    double second_number;      /* 第 2 个数 */
08    double value;              /* 计算结果 */
09    printf(" 简单计算器程序 \n---------------\n");
10    printf(" 在 '>' 提示后输入一个命令字符 \n");   /* 输出提示信息 */
11    printf(" 是否开始？ (Y/N)>");              /* 输出提示信息 */
12    scanf("%c",&command_begin);               /* 输入 Y/N; */
13    while(command_begin=='Y'||command_begin=='y')  /* 当接收 Y/y 命令时执行计算器程序 */
14    {
15      printf(" 请输入一个简单的算式： ");            /* 输出提示信息 */
16      scanf("%lf%c%lf",&first_number,&character,&second_number);  /* 输入一个算式 */
17      switch(character)         /* 判断 switch 语句的处理命令 */
18      {
19      case '+':                 /* 当输入运算符为 "+" 时，执行如下语句 */
20        value=first_number+second_number;    /* 进行加法运算 */
21        printf(" 等于 %lf\n",value);
22        break;                  /* 转向 switch 语句的下一条语句 */
23      case '-':                 /* 当输入运算符为 "-" 时，执行如下语句 */
24        value=first_number-second_number;      /* 进行减法运算 */
25        printf(" 等于 %lf\n",value);
26        break;                  /* 转向 switch 语句的下一条语句 */
27      case '*':                 /* 当输入运算符为 "*" 时，执行如下语句 */
28        value=first_number*second_number;      /* 进行乘法运算 */
```

```
29          printf(" 等于 %lf\n",value);
30          break;                        /* 转向 switch 语句的下一条语句 */
31      case '/':                         /* 当输入运算符为 "/" 时，执行如下语句 */
32          while(second_number==0)       /* 若除数为零，重新输入算式，直到除数不为零为止 */
33          {
34            printf(" 除数为零，请输入一个算式： "); /* 输出提示信息 */
35            scanf("%lf%c%lf",&first_number,&character,&second_number);        /* 输入一个算式 */
36          }
37          value=first_number/second_number;        /* 进行除法运算 */
38          printf(" 等于 %lf\n",value);
39          break;                        /* 转向 switch 语句的下一条语句 */
40      default:
41          printf(" 非法输入 !\n");        /* 当输入命令为其他字符时，执行如下语句 */
42      }                                 /* 结束 switch 语句 */
43      printf(" 是否继续运算？ (Y/N)>");  /* 输出提示信息 */
44      fflush(stdin);                    /* 清空缓冲区 */
45      scanf("%c",&command_begin);       /* 输入命令类型如 y/Y*/
46      }                                 /* 结束 while 循环语句 */
47      printf(" 程序退出！ \n");          /* 退出循环时显示提示信息 */
48  }
```

## 【运行结果】

编译、连接、运行程序，根据提示输入 Y 或 y 时，开始计算，从键盘上输入一个简单的算式，如 5/3，按【Enter】键，即可计算出结果。按 Y 或 y，可继续使用计算器运算。

当进行除法运算时，若除数为零，程序则会提醒用户再一次输入算式，直到除数不为零为止。

当输入的运算符为其他字符时，程序就会提醒 "非法输入"。是否进行运算，可根据提示按 Y 或 y 即可。若此时输入的符号为除了 Y 和 y 的其他符号，计算器结束运行。

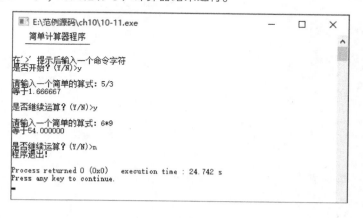

## 【范例分析】

本范例用选择和循环语句实现了程序功能。该程序首先进行程序的初始化操作，然后进行循环设置，在循环体内完成处理命令、显示运算结果、提示用户输入命令字符以及读命令字符等工作。程序总的控制结构是一个 while 循环，而对于不同的命令处理，则用多分支的 switch 语句来完成，它嵌套在循环语句当中。

# ▶10.4　高手点拨

（1）在循环体中使用 break 语句时应注意，只能在 do-while、for、while 循环语句体内使用 break 语句，其作用是使程序提前终止它所在的循环结构，转去执行循环结构外的下一条语句；若程序中有上述 3 种循环结构语句的嵌套使用，则 break 语句只能终止它所在的最内层的循环语句结构。

（2）continue 语句只能在 do-while、for 和 while 循环语句中使用，其作用是提前结束当前循环开始下次循环。

（3）break 语句和 continue 语句的区别在于，continue 语句只是结束本次循环，而不是终止整个循环的执行。而 break 语句则是结束整个循环过程，不再判断执行循环条件是否成立。

# ▶10.5　实战练习

（1）输入一行字符，分别统计出其中英文字母、空格、数字和其他字符的个数。

（2）求 $Sn=a+aa+aaa+\cdots+aa\cdots aaa$（有 $n$ 个 $a$）之值，其中 $a$ 是一个数字。例如：2+22+222+2222+22222（n=5），$n$ 由键盘输入。

（3）一个数如果恰好等于它的因子之和，这个数就称为"完数"。例如，6 的因子为 1、2、3，而 6=1+2+3，因此 6 是"完数"。编程序找出 1000 之内的所有完数，并按下面格式输出其因子：The factors of 6 are 1、2、3 。

（4）有一分数序列： 1/2，1/4，…，1/2$n$，$n$ 为正整数。求出这个数列的前 20 项之和。

（5）一球从 100 米高度自由下落，每次落地后返回原高度的一半，再落下。求它在第 10 次落地时共经过多少米？第 10 次反弹多高？

（6）猴子吃桃问题。猴子第 1 天摘下若干个桃子，当即吃了一半，还不过瘾，又多吃了一个。第 2 天早上又将剩下的桃子吃掉一半，又多吃一个。以后每天早上都吃了前一天剩下的一半零一个。到第 10 天早上想再吃时，见只剩下一个桃子了。求第 1 天共摘多少桃子。

# 第

# 11

# 章

# 数组

案例 1：设计一个马拉松比赛记分程序。有 2000 名选手参赛，输入选手比赛用时，自动排序给出选手的名次，比赛用时少的选手排在前面。

案例 2："杨辉三角"是中国南宋数学家杨辉 1261 年所著的《详解九章算法》一书中出现的数学发现。它正好是现代数学中二项式系数在三角形中的一种几何排列，设计一个程序输出"杨辉三角"的前 10 行。

以上两个案例中处理的数据量不仅多，而且数据之间有一定的相关性，同时这一组数据具有相同的数据类型，有这些特征的一批数据如果采用过去学习的变量来存储的话，不但需要定义大量的变量，而且不能利用循环结构来处理这些变量。本章介绍的数组可以用来存储和处理同一种数据类型的一批数据，并且只需定义一个变量名，利用不同的下标就可以引用不同的数据，这样可以在很大程度上减少代码的开发量，同时可用循环结构处理复杂问题。

## 本章要点（已掌握的在方框中打钩）

□ 数组概述
□ 一维数组
□ 二维数组

# ▶11.1　数组概述

到目前为止，我们所使用的变量都有一个共同的特点，就是每个变量只能存储一个数值。比如定义 3 个类型不同的变量 num、money 和 cname，代码如下。

```
int num;
double money;
char cname;
```

这 3 个变量属于不同的数据类型，所以只能一个类型定义一个变量。

数组用来存储一组数据类型相同的数，通过定义一个数组变量可以存储和处理一批类型相同的相关数据。

例如，下表描述了 3 种不同的数据，序号列是整数，成绩列是浮点数，代码列是字符类型。

| 序号 | 成绩 | 代码 |
| --- | --- | --- |
| 5 | 60.5 | e |
| 3 | 70 | b |
| 1 | 80 | c |
| 4 | 90.5 | d |
| 2 | 100 | a |

鉴于表中的每一列都是同一种数据类型，因此，可以为每一列创建一个数组。例如，序号列可以用整型数组存储，成绩列可以用浮点型数组存储，代码列可以用字符型数组存储。

# ▶11.2　一维数组

一维数组是使用同一个数组名存储一组数据类型相同的数据，用索引或者下标区别数组中的不同元素。正如上一节中建立的数据表，为每一列建立的数组称为一维数组，本节介绍一维数组的定义和使用方法。

### 11.2.1　一维数组的定义

一维数组定义的一般形式如下。

类型说明符 数组名 [ 常量表达式 ];

例如：

int code[5];

或者：

```
#define NUM 5
int code[NUM];
```

上述两种形式都正确地定义了一个名称为 "code" 的整型数组，该数组含有 5 个整型数据，这 5 个数据可以用不同的下标表示：code[0]、code[1]、code[2]、code[3] 和 code[4]。

在 C 语言中，数组的下标总是从 0 开始标记的，而不是从 1 开始，这一点大家需要格外注意，特别是最初接触数组的时候。

这里使用 code 数组存储上一节中建立的数据表的序号列中的数据，如下表所示。

| 序号 | 数组 |
| --- | --- |
| 5 | code[0] |
| 3 | code[1] |

续表

| 序号 | 数组 |
|---|---|
| 1 | code[2] |
| 4 | code[3] |
| 2 | code[4] |

数组 code 中的元素 code[0] 存储的是数据 5，它在使用上与一般的变量没有区别，例如 int x=5，code[0] 与 x 不同之处在于 code[0] 采用了数组名和下标组合的形式。

例如下面的代码：

```
printf("code[0]=%d,code[4]=%d\n",code[0],code[4]);
```

输出结果：

```
code[0]=5,code[4]=2
```

又如下面的代码：

```
for(int i=0;i<5;i++)
printf("code[%d]=%d\n",i,code[i]);
```

输出结果：

```
code[0]=5
code[1]=3
code[2]=1
code[3]=4
code[4]=2
```

从这些例子可以看出使用数组的一个很直观的好处就是很大程度上可以减少定义的变量数目。原来需要定义 5 个变量，使用数组后，我们仅使用 code 作为数组名，改变下标值，就可以表示这些变量了。使用数组还有一个好处就是在循环结构中可以方便地访问数组中的数据，只需要变动下标就可以访问不同值。当然还有其他一些好处，比如数据的查找、数据的移动等。

数组在内存中的存储形式如图所示。数组元素在内存中占用一片连续的存储空间，并且每个元素按照数组的数据类型系统分配相应长度的存储空间。如整型分配 4 个字节，则每个元素都占用 4 个字节，5 个元素共分配了 20 个字节的连续存储空间。

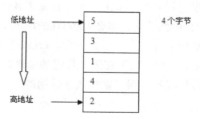

## 01 数组定义的说明

（1）数组下标使用的是方括号"[]"，不要误写成圆括号"()"。例如：

```
int name(10);          /* 是错误的形式 */
```

（2）对数组命名必须按照标识符的命名规则进行。

（3）数组下标总是从 0 开始的。以前面定义的 code 数组为例，数组元素下标的范围是 0~4，而不是 1~5，大于 4 的下标会产生数组溢出错误，下标更不能出现负数。例如：

```
code[0]                /* 是存在的，可以正确访问 */
```

```
code[4]                  /* 是存在的，可以正确访问 */
code[5]                  /* 是不存在的，无效的访问 */
code[-1]                 /* 是错误的形式 */
```

（4）定义数组时，code[5] 括号中的数字 5 表示的是定义数组中元素的总数。使用数组时，code[2]=1 括号中的数值 2 是下标，表示的是数组中的第 3 个元素。

（5）在定义数组元素数目时，如上例中的 5 或者 NUM，此处要求括号当中一定要是常量，而不能是变量。但是数组定义后，使用该数组的元素时，下标可以是常量，也可以是变量，或者是表达式。如下面的代码就是错误的：

```
int number=5;
int code[number];        /* 在编译这样的代码时，编译器会报错 */
```

假如 code 数组已经正确定义，下面的代码是正确的：

```
int n = 3;
code[n] = 100;           /* 等价于 code[3]=100; */
code[n+1]=80;            /* 等价于 code[4]=80; */
code[n/2]=65;       /* 等价于 code[1]=65，这个是需要注意的，下标只能是整数，如果是浮点数，编译器会舍弃小数位
取整数部分 */
code[2]=code[1] + n;
code[0]=99.56    /* 等价于 code[0]=99，因为 code[0] 本就是一个整型变量，赋值时数据类型转换，直接把浮点数舍弃
小数位后赋值给了 code[0]*/
```

### 02 其他类型数组的定义

整型数组的定义：

```
int array[10]; /* 包含 10 个整型元素的数组名为 array 的数组，下标范围从 0 到 9*/
```

浮点型数组的定义：

```
float score[3]; /* 包含 3 个浮点型元素的数组名为 score 的数组，下标范围从 0 到 2*/
```

字符型数组的定义：

```
char name[5]; /* 包含 5 个字符型元素的数组名为 name 的数组，下标范围从 0 到 4*/
```

### 03 数组的地址

数组的一个很重要的特点是，它在内存中占据一块连续的存储区域。这个特点对于一维数组、二维数组、多维数组一样适用。前面例子中数组 code 的存储区域从某一个地址开始存储 code[0] 元素值 5，然后地址从低到高，每次增加 4 个字节（int 类型占用 4 个字节），顺序存储了其他数组元素的值。

假如我们现在已知 code[0] 在内存中的地址，那么 code[1] 的地址是多少呢？

code[1] 就是在 code[0] 的地址基础上加 4 个字节，同理，code[4] 的地址就是在 code[0] 地址的基础上加 4×4 个字节，共 16 个字节。所以对于数组，只要知道了数组的首地址，就可以根据偏移量计算出待求数组元素的地址。数组的首地址又怎样得到呢？数组名就代表了数组的首地址，比如要输出数组的首地址，就可以采用下面的方式：

```
printf("code 的首地址是 %d\n",code);
```

输出结果就是 code 数组的首地址值。

## 11.2.2 一维数组的初始化

初始化数组的方法和初始化变量的方法一致，有以下两种形式。

### 01 先定义数组，再进行初始化

例如下面的代码。

```
int code[5];    /* 定义整型数组，数组有 5 个元素，下标从 0 到 4*/
code[0]=5;    /* 为数组第 0 个元素赋值 */
```

```
code[1]=3;      /* 为数组第 1 个元素赋值 */
code[2]=1;      /* 为数组第 2 个元素赋值 */
code[3]=4;      /* 为数组第 3 个元素赋值 */
code[4]=2;      /* 为数组第 4 个元素赋值 */
```

### 02 在定义的同时对其初始化

```
int code[5]={5,3,1,4,2}; /* 定义整型数组，同时初始化数组的 5 个元素 */
```

在数学中使用 "{ }" 表示的是集合的含义，这里也一样。定义数组时也可省略数组元素的个数，如下面的语句。

```
int code[ ]={5,3,1,4,2};
```

因为 "{ }" 中是每个数组元素的初值，初始化时也告诉了我们数组中有多少个元素，所以可以省略 "[ ]" 中的 5。定义数组同时对所有元素初始化，这时可以省略数组名后 [ ] 中数组的个数。但是如果分开写就是错误的，如下面的代码。

```
int code[5];      /* 定义数组 */
code[5]={5,3,1,4,2};      /* 错误的赋值 */
```

或者：

```
int code[ ]={5,3,1,4,2};      /* 错误的赋值 */
```

下面都是错误的形式。

```
int code[ ];      /* 错误的数组定义 */
code[0]=5;      /* 错误的赋值 */
code[1]=3;      /* 错误的赋值 */
```

定义数组时没有定义数组元素的个数，使用时就会发生异常，原因是内存中并没有为数组 code 开辟任何存储空间，数据自然无处存放。

数组初始化时常见的其他情况如下。

定义数组时省略 [ ] 内元素总数：

```
int code[10]= {1,2,3,4,5};      /* 表示 code 数组共有 10 个元素，仅对前 5 个进行了初始化，后面 5 个元素编译器
自动初始化为 0*/
int code[ ]= {1,2,3,4,5}; /* 表示 code 数组共有 5 个元素，初始化 code[0]=1，code[1]=2，…，code[4]=5*/
```

元素初始化为 0：

```
int code[5]= {0,0,0,0,0};
```

或者：

```
int code[5]={0}
```

二者的含义相同，都是将 5 个元素初始化为 0，显然第 2 种方式更为简洁。

### 11.2.3 一维数组元素的引用

数组的特点是多个数据使用同一个变量名，利用下标引用不同数据。因此可以使用循环结构控制数组下标的值，进而访问不同的数组元素。例如：

```
int i;
int array[5]={1,2,3,4,5}; /* 定义数组，同时初始化 */
for(i=0;i<5;i++)      /* 循环访问数组元素 */
printf("%d",array[i]);
```

输出结果：

```
1,2,3,4,5
```

此代码中定义 array 为整型数组，包含 5 个整型元素，并同时赋初始元素值，分别是：

```
array[0]=1，array[1]=2，array[2]=3，array[3]=4，array[4]=5
```

for 语句中，循环变量 *i* 的初值是 0，终值是 4，步长是 1，调用 printf() 函数就可以访问数组 array 中的每一个元素。

---

📝 **范例 11-1**    一维数组的输入/输出。

（1）在 Code::Blocks 中，新建名为 "11-1.c" 的文件。
（2）在代码编辑区域输入以下代码（代码 11-1.txt）。

```
01  #include <stdio.h>
02  #define MAXGRADES 5            /* 数组元素总数 */
03  int main(void)
04  {
05    int code[MAXGRADES];         /* 定义数组 */
06    int i;
07    /* 输入数据 */
08    for (i = 0; i < MAXGRADES; i++)   /* 循环遍历数组 */
09    {
10      printf(" 输入一个数据 : ");
11      scanf("%d", &code[i]);          /* 输入值到 code[i] 变量中 */
12    }
13    /* 输出数据 */
14    for (i = 0; i < MAXGRADES; i++)
15      printf("code[%d] = %d\n", i, code[i]); /* 输出 code[i] 值 */
16    return 0;
17  }
```

【运行结果】

编译、连接、运行程序，根据提示依次输入 5 个数，按【Enter】键，即可在程序执行窗口中输出结果。

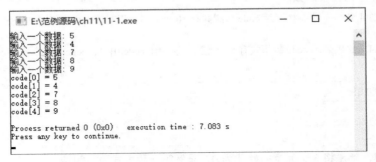

```
E:\范例源码\ch11\11-1.exe                    —  □  ×
输入一个数据: 5
输入一个数据: 4
输入一个数据: 7
输入一个数据: 8
输入一个数据: 9
code[0] = 5
code[1] = 4
code[2] = 7
code[3] = 8
code[4] = 9

Process returned 0 (0x0)    execution time : 7.083 s
Press any key to continue.
```

【范例分析】

本范例首先定义符号常量 MAXGRADES，然后定义 int 类型数组 code，数组共有 MAXGRADES 个元素。使用 for 循环，通过循环遍历 *i*，改变数组 code 元素的下标值，从而输入输出数组的每一个元素。

---

📝 **范例 11-2**    使用一维数组计算元素的和以及平均值。

（1）在 Code::Blocks 中，新建名为 "11-2.c" 的文件。
（2）在代码编辑区域输入以下代码（代码 11-2.txt）。

```
01  #include <stdio.h>
02  #define MAX 5                 /* 数组元素总数 */
03  int main()
04  {
```

```
05    int code[MAX];        /* 定义数组 */
06    int i, total = 0;
07    for (i = 0; i < MAX; i++)      /* 输入数组元素 */
08    {
09      printf(" 输入一个数据 : ");
10      scanf("%d", &code[i]);
11    }
12    for (i = 0; i < MAX; i++)
13    {
14      printf("%d ", code[i]);        /* 输出数组元素 */
15      total += code[i];       /* 累加数组元素 */
16    }
17    printf("\n 和是 %d\n 平均值是 %f\n", total,1.0*total/MAX);        /* 输出和以及平均值 */
18    return 0;
19    }
```

【运行结果】

编译、连接、运行程序，根据提示依次输入 5 个数，按【Enter】键，即可在程序执行窗口中输出结果。

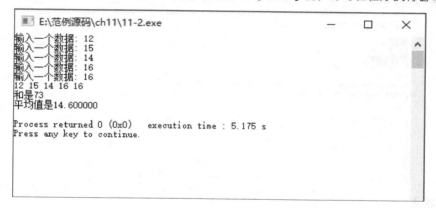

【范例分析】

本范例首先定义符号常量 MAX，然后定义 int 类型数组 code，数组共有 MAX 个元素。使用 for 循环，通过循环遍历 i，改变数组 code 元素的下标值，输入值到数组。再次使用循环，累加数组每一个元素，累加和存放在变量 total 中，最后调用 printf() 函数，输出数组元素和并求出平均值。

### 11.2.4 一维数组的应用举例

**范例 11-3**  将一个数组逆序输出。数组原始值为 9 6 5 4 1，则逆序数组值为 1 4 5 6 9。

（1）在 Code::Blocks 中，新建名为 "11-3.c" 的文件。
（2）在代码编辑区域输入以下代码（代码 11-3.txt）。

```
01   #include <stdio.h>
02   #define N 5
03   int main(void)
04   {
05     int a[N]={9,6,5,4,1},i,temp;  /* 定义数组 */
```

```
06    printf(" 原数组 :\n");
07    for(i=0;i<N;i++)      /* 输出元素 */
08      printf("%4d",a[i]);
09    for(i=0;i<N/2;i++)              /* 交换数组元素 */
10    {
11      temp=a[i];
12      a[i]=a[N-i-1];
13      a[N-i-1]=temp;
14    }
15    printf("\n 排序后数组 :\n");
16    for(i=0;i<N;i++)      /* 输出元素 */
17      printf("%4d",a[i]);              /* 每个输出元素占 4 列 */
18    printf("\n");
19    return 0;
20    }
```

### 【运行结果】

编译、连接、运行程序，即可在程序执行窗口中输出结果。

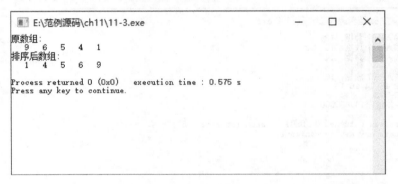

### 【范例分析】

本范例代码中的 a[i]=a[N-i-1]，实现了数组中前后对应两个元素的交换。当 $i$ 为 0 时，交换的是 a[0] 和 a[4]，即 9 和 1 交换；当 $i$ 为 2 时，交换的是 a[1] 和 a[3]，即 6 和 4 交换。因为数组元素是奇数 5，因此下标为 2 的元素 5 不需要交换。

### 📋 范例 11-4    输出100以内的素数。

（1）在 Code::Blocks 中，新建名为"11-4.c"的文件。
（2）在代码编辑区域输入以下代码（代码 11-4.txt）。

```
01  #include <stdio.h>
02  #include <math.h>        /* 包含数学函数库 */
03  #define N 101          /* 数组元素总数 */
04  int main(void)
05  {
06    int i,j,line,a[N];        /* 定义数组 */
07    for(i=2;i<N;i++)        /* 为数组元素赋值 */
08      a[i]=i;
```

```
09    for(j=3;j<N;j++)
10     for(i=2;i<=sqrt(j);i++)
11      if(a[j]%i==0)
12      { a[j]=0;
13         break;
14      }
15    for(i=2,line=0;i<N;i++) /* 输出数组 */
16    {
17     if(a[i]!=0)                /* 输出素数 */
18     {
19      printf("%5d",a[i]);
20      line++;
21     }
22     if(line==10)           /* 每 10 个数换行 */
23     {
24      printf("\n");
25      line=0;
26     }
27    }
28    printf("\n");
29    return 0;
30 }
```

**【运行结果】**

编译、连接、运行程序，即可在程序执行窗口中输出结果。

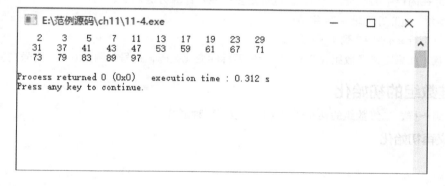

**【范例分析】**

如何求素数我们并不陌生，之前求解出这种特定的数据没有很好的方法来存储，只能输出并显示结果，现在就可以存储到数组中，以备后续程序使用这些特殊值。求解素数的过程是通过两个 for 循环的嵌套实现的，判定素数的标准依然是 2~sqrt(j) 范围内没有整数能够整除当前元素 a[j]。为了输出判定方便，程序中保留了素数数组元素，并将非素数数组元素赋值为 0。

# ▶11.3 二维数组

如果我们现在要处理 10 个学生多门课程的成绩，该怎么办？当然可以使用多个一维数组解决，例如 score1[1]、score2[2]、score3[3]，有没有更好的方法呢？答案是肯定的，使用二维数组。

## 11.3.1 二维数组的定义

二维数组定义的一般形式为：

类型说明符 数组名 [ 常量表达式 ][ 常量表达式 ];

例如：

```
int a[3][4];      /* 定义 a 为 3 行 4 列的数组 */
int b[5][10];     /* 定义 b 为 5 行 10 列的数组 */
```

不能写成下面的形式：

```
int a[3,4];       /* 错误的数组定义 */
int b[5,10];      /* 错误的数组定义 */
```

我们之前了解过一维数组元素在内存中占用一块连续的存储区域，二维数组是什么样的情况？以 a[3][4] 为例，数组元素在内存中存储的形式如下图所示。

| a[0][0] | a[0][1] | a[0][2] | a[0][3] |
| --- | --- | --- | --- |
| a[1][0] | a[1][1] | a[1][2] | a[1][3] |
| a[2][0] | a[2][1] | a[2][2] | a[2][3] |

二维数据是按照行存储的，每个整型元素占 4 个字节（数组 a 是 int 类型）。先依次保存第 1 行所有元素，再依次保存第 2 行所有元素……直到所有行元素全部保存。

| a[0][0] | a[0][1] | … | a[2][2] | a[2][3] |
| --- | --- | --- | --- | --- |

已知 a[0][0] 在内存中的地址，a[1][2] 的地址是多少呢？计算方法如下。

a[1][2] 的地址 = a[0][0] 地址 + 24 字节

24 字节 =（1 行×4 列 +2 列）×4 字节

还需要注意，如果定义了数组 a[3][4]，则元素下标的变化范围，行号范围是 0~2，列号范围是 0~3。

## 11.3.2 二维数组的初始化

同一维数组一样，二维数组的初始化也可以有以下两种形式。

### 01 先定义再初始化

```
int a[3][4];
a[0][0]=1;
a[2][3] = 9;
```

### 02 定义的同时初始化

```
int a[3][4]= { {1,2,3,4},{5,6,7,8},{9,0,1,2}};
```

或者：

```
int a[3][4]= { 1,2,3,4,5,6,7,8,9,0,1,2};
```

前面已经讲过，二维数组在内存中是按照线性顺序存储的，所以行括号可以省去。

还可以这样：

```
int a[ ][4]= { {1,2,3,4},{5,6,7,8},{9,0,1,2}};
```

或者：

```
int a[ ][4]= { 1,2,3,4,5,6,7,8,9,0,1,2};
```

　　省去行数 3 也是可以的，但是列数 4 不能省去。编译器会根据所赋数值的个数及数组的列数，自动计算出数组的行数。

　　分析下面的二维数组初始化后的值：

```
int a[3][4]={{1},{5},{9}};
```

　　可以认为二维数组是由 3 个一维数组构成的，每个一维数组有 4 个元素，这就可以和一维数组初始化对应上。经过上述初始化，数组 a 元素值的形式如下表所示。

| a[0][0]=1 | a[0][1]=0 | a[0][2]=0 | a[0][3]=0 |
| a[1][0]=5 | a[1][1]=0 | a[1][2]=0 | a[1][3]=0 |
| a[2][0]=9 | a[2][1]=0 | a[2][2]=0 | a[2][3]=0 |

### 11.3.3　二维数组元素的引用

　　二维数组元素的操作和一维数组元素的操作相似，一般使用双重循环遍历数组的元素，外层循环控制数组的行标，内层循环控制数组的列标，如下所示：

```
int i,j;
int array[3][4];
for(i=0;i<3;i++)
{
   for(j=0;j<4;j++)
   {
     array[i][j]=4*i+j;
   }
}
```

　　经过上面双循环的初始化操作，数组 array 元素的值是 {0,1,2,3,4,5,6,7,8,9,10,11}。

　　原因是 4*$i$+$j$，$i$ 表示行号，$j$ 表示列号，首先赋值 $i$=0 的行的数组元素值 {0,1,2,3}，内层循环结束，接下来外层循环变量 $i$=1，继续对数组元素第 2 行赋值 {4,5,6,7}，这样反复进行，就会得到所有元素的值。

### 11.3.4　二维数组的应用举例

　　本小节通过两个实际应用的例子，介绍二维数组的使用方法和技巧。

📝 **范例 11-5**　　求一个 3×3 矩阵从左上到右下的对角线元素之和。

　　（1）在 Code::Blocks 中，新建名为 "11-5.c" 的文件。
　　（2）在代码编辑区域输入以下代码（代码 11-5.txt）。

```
01  #include <stdio.h>
02  int main()
03  {
04    float a[3][3],sum=0;
05    int i,j;
06    printf(" 请输入 3*3 个元素 :\n");
07    for(i=0;i<3;i++)      /* 循环输入 9 个元素 */
08    {
09      for(j=0;j<3;j++)
10        scanf("%f",&a[i][j]);
11    }
12    for(i=0;i<3;i++)      /* 计算对角元素和 */
13      sum=sum+a[i][i];
14    printf(" 左上到右下一条对角线元素和为 %6.2f\n",sum);
```

```
15    return 0;
16    }
```

## 【运行结果】

编译、连接、运行程序，输入 3×3 个元素，即 3 行 3 列，按【Enter】键即可输出结果。

## 【范例分析】

本范例对 3 行 3 列的数组 a 进行双循环依次赋值。由于二维数组在内存中存储的形式是一行结束后再从下一行开头继续存储，呈 "Z" 字形，因此输入数据的顺序也按照这个方式。

计算二维数组对角元素的和时，对角线元素的特点是行号和列号相同，所以无须使用双重循环遍历数组，使用单循环就足够了，运算时取数组的行号和列号相等即可。

### 📝 范例 11-6　将一个二维数组的行和列元素互换，存到另一个二维数组中，实现数组的转置。

（1）在 Code::Blocks 中，新建名为 "11-6.c" 的文件。
（2）在代码编辑区域输入以下代码（代码 11-6.txt）。

```
01   #include <stdio.h>
02   int main(void)
03   {
04    int a[2][3]={{1,2,3},{4,5,6}};         /* 数组 a*/
05    int b[3][2],i,j;
06    printf("array a:\n");
07    for (i=0;i<=1;i++)
08    {
09      for (j=0;j<=2;j++)
10      {
11       printf("%5d",a[i][j]);         /* 输出数组 a*/
12       b[j][i]=a[i][j];       /* 行列互换存储到数组 b 中 */
13      }
14      printf("\n");
15    }
16    printf("array b:\n");
17    for(i=0;i<=2;i++)       /* 输出数组 b*/
18    {
19      for(j=0;j<=1;j++)
```

```
20      printf("%5d",b[i][j]);
21      printf("\n");
22    }
23    return 0;
24  }
```

**【运行结果】**

编译、连接、运行程序，即可在程序执行窗口中输出结果。

```
E:\范例源码\ch11\11-6.exe                    —   □   ×

array a:
       1    2    3
       4    5    6
array b:
       1    4
       2    5
       3    6

Process returned 0 (0x0)    execution time : 0.522 s
Press any key to continue.
```

**【范例分析】**

行列互换的关键是对下标的控制，如果没有找到正确的方法，那么数组将被弄得一团糟。定义原数组 a 是 a[2][3]，是 2 行 3 列，转置后新数组 b 是 b[3][2]，是 3 行 2 列。

实现行列互换的代码如下：

b[j][i]=a[i][j];

巧妙地使用行号和列号的交换就可以实现转置。

# ▶11.4 综合应用——杨辉三角

本节通过 **1** 个范例来学习数组的综合应用。

📝 **范例 11-7**  编写代码实现杨辉三角，存储到数组中，然后使用循环输出杨辉三角。

杨辉三角的特点：（1）每行数字左右对称，由 1 开始逐渐变大，然后变小，回到 1；（2）第 n 行的数字个数为 n 个；（3）第 n 行数字和为 2n-1；（4）除首尾数字是 1 外，中间每个数字等于其正上方和左上方数字之和，如下所示。

```
1
1  1
1  2  1
1  3  3  1
1  4  6  4  1
1  5  10  10  5  1
```

（1）在 Code::Blocks 中，新建名为 "11-7.c" 的文件。
（2）在代码编辑区域输入以下代码（代码 11-7.txt）。

```
01  #include <stdio.h>
02  int main()
03  {
04    int i,j;
```

```
05    int a[10][10];
06    for(i=0;i<10;i++)   /* 初始化第 0 行和对角线元素 */
07    {
08      a[i][0]=1;
09      a[i][i]=1;
10    }
11    for(i=2;i<10;i++)   /* 公式计算元素值 */
12    {
13      for(j=1;j<i;j++)
14        a[i][j]=a[i-1][j-1]+a[i-1][j];
15    }
16    for(i=0;i<10;i++)   /* 输出数组 */
17    {
18      for(j=0;j<=i;j++)
19        printf("%5d",a[i][j]);
20      printf("\n");
21    }
22    return 0;
23    }
```

【运行结果】

编译、连接、运行程序，即可在程序执行窗口中输出结果。

```
E:\范例源码\ch11\11-7.exe                      —    □    ×
    1
    1     1
    1     2     1
    1     3     3     1
    1     4     6     4     1
    1     5    10    10     5     1
    1     6    15    20    15     6     1
    1     7    21    35    35    21     7     1
    1     8    28    56    70    56    28     8     1
    1     9    36    84   126   126    84    36     9     1
Process returned 0 (0x0)    execution time : 0.551 s
Press any key to continue.
```

【范例分析】

根据杨辉三角的特点分析，第 0 列和对角线元素的值都是 1，在此基础上计算中间其他元素，然后存储到数组中。数组中只保存每行的有效数据。

# ▶11.5 高手点拨

**（1）对于数组类型说明应注意以下几点。**

① 数组的类型实际上是指数组元素的取值类型。对于同一个数组，其所有元素的数据类型都是相同的。

② 数组名的书写规则应符合标识符的书写规定。

③ 数组名不能与其他变量名相同，例如：

```
void main()
{
  int a;
```

```
    float a[10];
    …
}
```

这是错误的。

④ 在定义数组时方括号中常量表达式表示数组元素的个数，如 a[5] 表示数组 a 有 5 个元素。在数组元素引用时其下标从 0 开始计算。因此 5 个元素分别为 a[0]、a[1]、a[2]、a[3]、a[4]。

⑤ 在定义数组时不能在方括号中用变量来表示元素的个数，但可以是符号常数或常量表达式。例如：

```
#define FD 5
void main()
{
    int a[3+2],b[7+FD];
    …
}
```

上述定义是合法的。但是下述定义是错误的：

```
void main()
{
    int n=5;
    int a[n];
    …
}
```

⑥ 允许在同一个类型说明中，说明多个数组和多个变量。

例如：int a,b,c,d,k1[10],k2[20];。

**（2）C语言对数组的初始赋值还有以下几点规定。**

① 可以只给部分元素赋初值。当 "{ }" 中值的个数少于元素个数时，表示只给前面部分元素赋值。例如：static int a[10]={0,1,2,3,4}; /* 表示只给 a[0] ~ a[4]5 个元素赋值，而后 5 个元素自动赋 0 值 */。

② 只能给元素逐个赋值，不能给数组整体赋值。例如，给 10 个元素全部赋值 1，只能写为 static int a[10]={1,1,1,1,1,1,1,1,1,1};，而不能写为 static int a[10]=1;。

③ 对于静态数组如果不给数组赋初值，则全部元素均为 0 值。

④ 如果给全部元素赋值，则在数组说明中，可以不给出数组元素的个数。例如，"static int a[5]={1,2,3,4,5}"；可写为 "static int a[ ]={1,2,3,4,5}"；动态赋值可以在程序执行过程中，对数组作动态赋值。这时可用循环语句配合 scanf() 函数逐个对数组元素赋值。

**（3）对二维数组初始化赋值要注意以下两点。**

① 可以只对部分元素赋初值，未赋初值的元素自动取 0 值。

例如，static int a[3][3]={{1},{2},{3}}; 是对每一行的第一列元素赋值，未赋值的元素取 0 值。赋值后各元素的值为 1 0 0 2 0 0 3 0 0。

static int a [3][3]={{0,1},{0,0,2},{3}}; 赋值后的元素值为 0 1 0 0 0 2 3 0 0。

② 如对全部元素赋初值，则第一维的长度可以不给出。

例如，static int a[3][3]={1,2,3,4,5,6,7,8,9}; 可以写为 static int a[][3]={1,2,3,4,5,6,7,8,9};。

# ▶11.6 实战练习

（1）用选择法对 10 个整数从小到大排序。

（2）有一个已按升序排序的一维数组，今输入一个数要求按原来排序的规律将它插入数组中。

（3）打印 "魔方阵"，所谓魔方阵是指这样的方阵，它的每一行、每一列和对角线之和均相等。例如，三阶魔方阵为

$$8 \quad 1 \quad 6$$

$$3 \quad 5 \quad 7$$

$$4 \quad 9 \quad 2$$

要求打印出由 $1 \sim n^2$ 的自然数构成的魔方阵，其中 $1 < n < 15$。

（4）找出一个二维数组中的鞍点，即该位置上的元素在该行上最大，在该列上最小（数组也可能没有鞍点）。

（5）有 15 个数，按由小到大的顺序存放在一个数组中，输入一个数，要求用折半查找法找出该数组中某个元素的值。如果该数不在数组中，则输出"无此数"。

# 第 **12** 章

## 字符数组和字符串

案例 1：设计一个管理通信录的程序，记录联系人的姓名、单位、手机、办公电话。

案例 2：设计一个基于扭曲（Twisting）方法的加密 / 解密程序。把明文变换成密文称为加密，把密文变换成明文称为解密。Twisting 加密方法需要发送者和接受者共同认可的加密关键字 $k$，$k$ 是一个正整数，不超过 300；消息中只包含小写字母、句号和下划线，由 1~70 个字符组成。

以上两个案例中需要处理的姓名、单位、密文等信息都是由一串字符组成的字符串数据，但是 C 语言中没有定义字符串数据类型。这类数据的共同特点是每个字符串由有限个字符组成，根据第 11 章学习的数组知识可推测，这有限个字符可以存储在一个一维数组中，数组中的每个元素都是字符，这个一维数组就是字符数组。如果有多个字符串则可以存储在二维字符数组中。由于字符串是经常要处理的数据信息，所以 C 语言中定义了很多专门对它进行处理的系统函数，方便用户编程。本章介绍如何利用字符数组存储、处理字符串数据，如何利用系统函数快速实现对字符串的各种操作。

## 本章要点（已掌握的在方框中打钩）

□ 字符数组概述
□ 字符数组
□ 字符串

# ▶ 12.1　字符数组概述

在 **C 语言**中，**字符串是由一维字符数组存储的，我们可以像处理数组元素一样处理字符串中的每个字符。**

字符串常量是使用双引号包含的字符序列。例如下面就是字符串。

"hello world"
"123abc,. ？ "

在 C 语言中，字符串存储时以一个指定的转义符 '\0' 作为结束标志。字符串中每个字符在内存中占 1 个字节，例如 "hello world" 字符串，它并不像我们看到的占用了 11 个存储字节，而是占用了内存中的 12 个字节。'\0' 是编译器自动加上的，是字符串的一部分。

字符串 "hello world" 在内存中的存储形式如下图所示。

| h | e | l | l | o |  | w | o | r | l | d | \0 |
|---|---|---|---|---|---|---|---|---|---|---|---|

**提示**

　　字符串由有效字符和字符串结束符 '\0' 组成，系统对字符串操作时，并不是按定义时的字符数组长度扫描所有存储单元，而是扫描到 '\0' 即认为串结束，不再继续扫描 '\0' 之后的存储单元。

# ▶ 12.2　字符数组

## 12.2.1　字符数组的定义

一维字符数组定义的一般形式如下。

char 数组名 [ 常量表达式 ];

例如：

char name[10];

定义了一个可以保存 1 个姓名的字符数组，这个姓名最长可以存储 10 个字符（含字符串结束符 '\0'）。系统给该数组分配 10 个字节，姓名中的每个字符占一个字节。

姓名中的每个字符可以用不同的下标表示，下标范围是 0~9。name[2] 表示姓名中的第 3 个字符。

二维字符数组定义的一般形式如下。

char 数组名 [ 常量表达式 ][ 常量表达式 ];

例如：

char name[5][10];

定义了一个可以保存 5 个姓名的字符数组，每个姓名最长可以存储 10 个字符（含字符串结束符 '\0'）。系统给该数组分配 50 个字节，姓名中的每个字符占一个字节。

第 *n* 个姓名用行下标表示，下标范围是 0~4；每个人姓名中的每个字符用不同的列下标表示，下标范围是 0~9。name[2][0] 表示第 3 个姓名中的第 1 个字符。

## 12.2.2　字符数组的初始化

字符数组的初始化通常是逐个字符赋给数组中各元素。例如：

char str[11]={ 'W','E ','L','C',' O','M',' ','T','O',' ','C'};

即把 11 个字符分别赋给 str[0]~str[10] 这 11 个元素。其中，str[0]='W'， str[1]='E'， str[2]='L'， str[3]='C'， str[4]='O'，　str[5]='M'，　str[6]=' '，　str[7]='T'，　str[8]='O'，　str[9]=' '，　str[10]='C'。

如果花括号中提供的字符个数大于数组长度，则按语法错误处理；若小于数组长度，则只将这些字符赋给数组中前面那些元素，其余的元素自动定为空字符（即 '\0'）。

### 12.2.3 字符数组的引用

字符数组用来存储字符串，串中的每个字符用下标引用。

**范例 12-1**　　输入字符串"welcome to China"，然后输出。

（1）在 Code::Blocks 中，新建名为"12-1.c"的文件。
（2）在代码编辑区域输入以下代码（代码 12-1.txt）。

```
01  #include <stdio.h>
02  int main()
03  { int i;
04    char c[16]={'w','e','l','c','o','m','e',' ','t','o',' ','C','h','i','n','a'};   /* 初始化字符串 */
05    for (i=0;i<16;i++)                              /* 输出字符串 */
06      printf("%c",c[i]);
07    printf("\n");
08  }
```

**【 运行结果 】**

编译、连接、运行程序，即可在程序执行窗口中输出结果。

```
E:\范例源码\ch12\12-1.exe                        —    □    ×
welcome to China

Process returned 10 (0xA)    execution time : 0.281 s
Press any key to continue.
```

**【 范例分析 】**

上述程序中采用初始化的方式将字符串 "welcome to China" 初始化到字符数组中，当然也可采用字符串的方式，这将在 12.2.4 小节中介绍。

### 12.2.4 字符数组的输入与输出

由于字符串放在字符数组中，因此，对字符串的输出也是对字符数组的输出。例如：

```
char s[11];
for(i=0;i<11;i++)      /* 输入 */
  scanf("%c",s[i]);
for(i=0;i<11;i++)      /* 输出 */
  printf("%c",s[i]);
```

上述例子适用于字符数组中存储的字符不是以 '\0' 结束时，用格式控制符 "%c" 将字符数组中的每个元素输出。当然，用字符数组处理字符串时，也可以与"%s"格式控制符配合，完成字符串的输入/输出。例如：

```
char s[11];
scanf("%s",s); /* 输入 */
char s[ ]="Hello,China";
```

```
printf("%s",s);   /* 输出 */
```

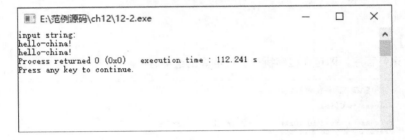

**范例 12-2    采用printf()函数和scanf()函数输入 / 输出一个字符数组。**

（1）在 Code::Blocks 中，新建名为 "12-2.c" 的文件。
（2）在代码编辑区域输入以下代码（代码 12-2.txt）。

```
01  #include <stdio.h>
02  int main()
03  {  int i;
04     char st[15];
05     printf("input string:\n");
06     scanf("%s",st);
07     for(i=0;i<15;i++)
08        printf("%c",st[i]);
09  }
```

### 【运行结果】

编译、连接、运行程序，即可在程序执行窗口中输出结果。

```
■ E:\范例源码\ch12\12-2.exe                    —    □    ×

input string:
hello-china!
hello-china!
Process returned 0 (0x0)    execution time : 112.241 s
Press any key to continue.
```

### 【范例分析】

本例中由于定义数组长度为 15，因此输入的字符串长度必须小于 15，以留出一个字节用于存放字符串结束标志 '\0'。应该说明的是，对一个字符数组，如果不作初始化赋值，则必须说明数组长度。还应该特别注意的是，当用 scanf() 函数输入字符串时，字符串中不能含有空格，否则将以空格作为串的结束符。

例如，当输入的字符串中含有空格时，运行情况为：

```
input string:
this is a book
```

输出为：

```
this
```

从输出结果可以看出空格以后的字符都未能输出。为了避免这种情况，可使用 gets() 函数输入带空格的串。

## ▶12.3  字符串

利用格式控制符 "%s"，字符串的输入 / 输出将变得简单方便。除了上述用字符串赋初值的办法外，还可用 **printf() 函数和 scanf() 函数输出 / 输入一个字符数组中的字符串，而不必使用循环语句逐个地输入 / 输出每个字符**。例如：

```
main()
{
  char c[ ]="BASIC";
  printf("%s\n",c);
}
```

注意，在本例的 printf() 函数中，使用的格式控制符为 "%s"，表示输出的是一个字符串。而在输出表列中给出数组名则可。不能写为 "printf("%s",c[ ])"。

### 12.3.1 字符串和字符数组

字符串和字符数组有什么相同和不同点呢？字符数组是由字符构成的数组，它和之前介绍的数组的使用方法一样。可以这样定义字符数组：

```
char c[11]={'h','e','l','l','o',' ','w','o','r',' l','d'};
```

或者：

```
char c[ ]={'h','e','l','l','o',' ','w','o','r',' l','d'};
c[0]='h';
c[10]='d';
```

或者先定义数组，再进行初始化。下图是字符数组 c 在内存中的存储形式。

| h | e | l | l | o |  | w | o | r | l | d | \0 |
|---|---|---|---|---|---|---|---|---|---|---|----|

注意，上面的图和 12.1 节的图是不同的，字符所占的字节数是不同的。字符串的最后一位字符是由编译器自动地加上了 '\0'，而字符数组没有添加。字符串的长度是 12，而字符数组的长度是 11，当然也可以设置字符数组的长度是 12，如下所示。

```
char c[ ]={'h','e','l','l','o',' ','w','o','r',' l','d','\0'};
```

正如上面提到的例子，字符串和字符数组在很多时候是可以混用的。

下面用字符串来初始化字符数组，换一种方式，不再按照数组赋值方法对数组元素一个个赋值，而是使用串的形式初始化。例如：

```
char c[ ]={"hello world"};          /* 使用双引号 */
```

或者：

```
char c[ ]="hello world"; /* 等效方法，可以省去花括号 */
```

还可以按照字符数组的方式对字符串进行操作。

### 📝 范例 12-3　　字符串和字符数组。

（1）在 Code::Blocks 中，新建名为 "12-3.c" 的文件。
（2）在代码编辑区域输入以下代码（代码 12-3.txt）。

```
01  #include <stdio.h>
02  int main()
03  {
04    char c[ ]="abc";      /* 初始化字符串 */
05    printf("%s\n",c);      /* 输出字符串 */
06    printf("%c\n",c[0]);           /* 输出 c[0] 字符 */
07    c[1]='w';        /* 修改 c[1] 字符为 w*/
08    printf("%s\n",c);
09    return 0;
10  }
```

### 【运行结果】

编译、连接、运行程序，即可在程序执行窗口中输出结果。

```
■ E:\范例源码\ch12\12-3.exe                    —    □    ×
abc
a
awc

Process returned 0 (0x0)    execution time : 0.265 s
Press any key to continue.
```

## 【范例分析】

字符数组和字符串在输入 / 输出、修改等方面的操作是相同的，但需注意两者在内存中存储的长度不同。

### 📋 提示

注意字符串长度、有效长度与数组的联系。

字符串相当于末尾字符为 '\0' 的一维数组，其长度 = 有效字符数 +1。sizeof() 函数的作用是计算数组的长度，strlen() 函数的作用是求字符串的有效长度。如 char arr[] = "hello"，sizeof(arr) 为 6，strlen(arr) 为 5。

## 12.3.2 字符串的输入和输出

**在 C 语言中，puts() 函数和 gets() 函数就是对字符串输出和输入的函数。**

### 01 字符串输出函数——puts()

puts() 函数：向标准输出设备输出已经存在的字符串并换行。函数调用格式如下。

puts(s);　　　/*s 为字符串变量 */

例如：

char str[ ]="Hello ,C!";　/* 定义一个数组，储存了一串字符串 */
puts(str);　　　/* 输出字符串 */

puts() 函数的作用与 printf("%s\n", s) 相同——输出字符串并换行。

### 📋 提示

printf() 输出字符时，注意格式控制符的重要性。
char a=65;
printf("%c",a) 得到的输出结果是 a。
printf("%d",a) 得到的输出结果是 65。

### 02 字符串输入函数——gets()

gets() 函数：读取标准输入设备输入的字符串，直到遇到【Enter】键才结束。函数调用格式如下。

gets();

例如：

char s[20];　　/* 定义一个数组 */
gets(s);　　　　/* 获取输入的字符串 */

用 gets() 函数获取的字符串一般是放在字符数组变量中。

### 📝 范例 12-4　　字符串的读写。

（1）在 Code::Blocks 中，新建名为 "12-4.c" 的文件。
（2）在代码编辑窗口中输入以下代码（代码 12-4.txt）。

```
01  #include<stdio.h>
02  int main(void)
```

```
03   {
04    char str[15];
05    printf(" 请输入字符串： ");
06    gets(str);         /* 输入字符串至数组变量 str*/
07    printf(" 输入的字符串是： ");
08    puts(str);         /* 输出字符串 */
09    return 0;
10   }
```

## 【运行结果】

编译、连接、运行程序，根据提示输入字符串并按【Enter】键，即可输出结果。

```
■ E:\范例源码\ch12\12-4.exe                      —    □    ×
请输入字符串：abcde
输入的字符串是：abcde

Process returned 0 (0x0)    execution time : 6.473 s
Press any key to continue.
```

## 【范例分析】

第 06 行是输入字符串，第 08 行是输出，大家可以看到程序中没有换行的语句，但是输出结果中却换行了，这是因为什么？这主要是 gets() 函数的功劳，gets() 函数除了有输入字符串的功能外，还有换行的作用。

### 03 串输入 / 输出函数 gets()、puts() 与格式输入 / 输出函数 scanf()、printf() 的异同

标准输出函数 printf() 和 puts() 函数的功能基本上是一样的。例如：

```
char c[ ]="message";    /* 定义字符数组 */
printf("%s",c);         /* 输出结果是 "message"，没有换行 */
puts(c);                /* 输出结果是 "message"，并换行 */
```

可以看到，puts() 函数在遇到 '\0' 时，就会被替换为 '\n'，实现换行。除此以外，二者没有什么区别。

标准输入函数 scanf() 和 gets() 函数有些不同，例如：

```
scanf("%s",c);  /* 输入 "message" 按【Enter】键，C 语言中内容为 "message"*/
scanf("%s",c);  /* 输入 "hello world" 按【Enter】键，C 语言中内容为 "hello"*/
gets(c);        /* 输入 "message" 按【Enter】键，C 语言中内容为 "message"*/
gets(c);        /* 输入 "hello world" 按【Enter】键，C 语言中内容为 "hello world"*/
```

输入"message"，C 语言中接收的内容一致，而输入"hello world"，接收的内容不同，原因是什么呢？scanf() 函数读取一串字符时，串中不能有空格；而 gets() 函数只在一个换行符被检测到才停止接收字符，读入的串中可以有空格。

另外需要注意，使用 scanf() 函数时，数组名前面没有写取地址运算符 & 符号。

### 📝 范例 12-5 │ 字符串输入 / 输出函数。

（1）在 Code::Blocks 中，新建名为 "12-5.c" 的文件。

（2）在代码编辑区域输入以下代码（代码 12-5.txt）。

```
01   #include <stdio.h>
02   #define MSIZE 81
03   int main()
04   {
05    char message[MSIZE];
```

```
06    printf(" 用 gets 输入字符串 :\n");
07    gets(message);              /* 使用 gets() 函数 */
08    printf(" 输出字符串 :\n");
09    puts(message);
10    printf("\n 用 scanf 输入字符串 :\n");
11    scanf("%s",message);         /* 使用 scanf() 函数 */
12    printf(" 输出字符串 :\n");
13    puts(message);
14    return 0;
15    }
```

**【运行结果】**

编译、连接、运行程序，根据提示输入字符，按【Enter】键，即可输出结果。

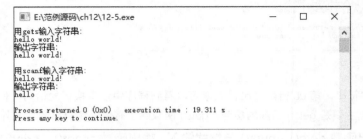

```
E:\范例源码\ch12\12-5.exe                        —    □    ×
用gets输入字符串:
hello world!
输出字符串:
hello world!

用scanf输入字符串:
hello world!
输出字符串:
hello

Process returned 0 (0x0)    execution time : 19.311 s
Press any key to continue.
```

**【范例分析】**

printf() 函数和 puts() 函数基本上无区别，scanf() 函数和 gets() 函数则有明显区别，scanf() 函数在遇到空格、回车、空白符时结束输入，gets() 函数仅在遇到回车时结束输入。

### 12.3.3 字符串应用举例

本小节通过两个实际应用的例子，介绍字符串的使用方法和技巧。

**范例 12-6    连接两个字符串。**

（1）在 Code::Blocks 中，新建名为 "12-6.c" 的文件。
（2）在代码编辑区域输入以下代码（代码 12-6.txt）。

```
01    #include <stdio.h>
02    int main()
03    {
04      char a[]="hello ";
05      char b[]="world!";
06      char c[80];
07      int i=0,j=0,k=0;
08      while(a[i]!='\0' || b[j]!='\0')   /*a 串或 b 串没有到结束时 */
09      {
10        if (a[i] != '\0')      /*a 不到结束时 */
11        {
12          c[k]=a[i];
13          i++;
14        }
```

```
15    else                   /*b 不到结束时 */
16      c[k]=b[j++];
17      k++;                 /*c 数组元素下标 */
18    }
19    c[k]='\0';                      /*c 数组最后一个元素，标志字符串结束 */
20    puts(c);
21    return 0;
22  }
```

【运行结果】

编译、连接、运行程序，即可在程序执行窗口中输出结果。

```
■ E:\范例源码\ch12\12-6.exe              —    □    ×
hello world!

Process returned 0 (0x0)    execution time : 0.893 s
Press any key to continue.
```

【范例分析】

字符串以 '\0' 结束，我们就是利用了这一特点，先将数组 a 的元素依次赋值给数组 c，a 和 c 的下标同时移动指向下一位；当数组 a 指向最后一位 '\0' 时，再把数组 b 的元素依次赋值给数组 c，最后在数组 c 结尾补 '\0'，表示数组 c 结束。

📝 范例 12-7　　复制字符串。

（1）在 Code::Blocks 中，新建名为 "12-7.c" 的文件。
（2）在代码编辑区域输入以下代码（代码 12-7.txt）。

```
01  #include <stdio.h>
02  #define LSIZE 81
03  int main()
04  {
05    int i=0;
06    char message[LSIZE];            /* 原数组 */
07    char newMessage[LSIZE];         /* 复制后的数组 */
08    printf(" 输入字符串 : ");
09    gets(message);
10    while (message[i] != '\0')      /* 是否结束 */
11    {
12      newMessage[i] = message[i]; /* 复制 */
13      i++;
14    }
15    newMessage[i] = '\0';           /* 结束标志 */
16    puts(newMessage);
17    return 0;
18  }
```

【运行结果】

编译、连接、运行程序，输入字符串，按【Enter】键，即可输出结果。

```
E:\范例源码\ch12\12-7.exe                          —    □    ×
输入字符串: hello world!
hello world!

Process returned 0 (0x0)    execution time : 14.202 s
Press any key to continue.
```

**【范例分析】**

　　C 标准函数库提供了字符串复制函数。我们也可以根据字符串的特性，利用字符结束标志 '\0'，循环赋值字符实现字符串的复制，并编写代码完成字符串连接功能。

# ▶12.4 综合应用——自动分类字符

**📝 范例 12-8**　任意输入一段字符串（不超过40个字符），对输入字符串中的字符进行分类。数字分为一类，字母分为一类，其他为另外一类。例如，输入1asdf!@23456QW78#$9ETYU，输出的效果如下。

　　数字字符：123456789
　　字母字符：asdfQWETYU
　　其他字符：!@#$
　　（1）在 Code::Blocks 中，新建名为"12-8.c"的文件。
　　（2）在代码编辑区域输入以下代码（代码 12-8.txt）。

```
01  #include <stdio.h>
02  int main()
03  {   int i,m=0,e=0,o=0;
04      char input[40];
05      char math[40],english[40],others[40];
06      printf(" 输入字符串 \n");
07      gets(input);                  /* 输入字符 */
08      for(i=0;input[i]!= '\0' ;i++)
09      {   if(input[i]>='0' &&input[i]<='9')
10          math[m++]=input[i];
11      else if((input[i]>='a' && input[i]<='z')|| (input[i]>='A' &&input[i]<='Z' ))
12          english[e++]=input[i];
13      else others[o++]=input[i];
14      }
15      printf(" 整数字符："); 　　　　   /* 输出整数字符 */
16      for(i=0;i<m;i++)
17          printf("%c",math[i]);
18      printf("\n");
19      printf(" 字母字符："); 　　　　   /* 输出字母字符 */
20      for(i=0;i<e;i++)
21          printf("%c",english[i]);
22      printf("\n");
23      printf(" 其他字符："); 　　　　   /* 输出其他字符 */
24      for(i=0;i<o;i++)
25          printf("%c",others[i]);
26      printf("\n");
27  }
```

**【运行结果】**

编译、连接、运行程序，即可在程序执行窗口中输出结果。

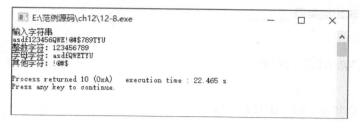

**【范例分析】**

根据判决条件对输入的字符串逐个判断，并且根据字符的属性放置到各自的数组中，最后分别输出整数、字母和其他字符。

# ▶12.5 高手点拨

在 **C** 语言中，将字符串作为字符数组来处理。在实际应用中人们关心的是有效字符串的长度而不是字符数组的长度。例如，定义一个字符数组长度为 **100**，而实际有效字符只有 **40** 个，为了测定字符串的实际长度，**C** 语言规定了一个"字符串结束标志"，以字符 **\0** 代表。如果有一个字符串，其中第 **10** 个字符为 **\0**，则此字符串的有效字符为 **9** 个。也就是说，在遇到第一个字符 **\0** 时，表示字符串结束，由它前面的字符组成字符串。系统对字符串常量也自动加一个 **\0** 作为结束符。例如 **"C Program"** 共有 **9** 个字符，但在内存中占 **10** 个字节，最后一个字节 **\0** 是系统自动加上的，通过 **sizeof()** 函数可验证。

当然，在定义字符数组时应估计实际字符串长度，保证数组长度始终大于字符串实际长度（在实际字符串定义中，常常并不指定数组长度，如 char str[ ]）。

C 语言处理字符串时，可以用字符串常量来初始化字符数组 char str[ ]={"I am happy"}; 可以省略花括号，如下所示 char str[ ]="I am happy";。注意，上述这种字符数组的整体赋值只能在字符数组初始化时使用，不能用于字符数组的赋值，字符数组的赋值只能对其元素一一赋值，下面的赋值方法是错误的。

```
char str[ ];
str="I am happy";
```

数组 str 的长度不是 10，而是 11，这点请务必记住，因为字符串常量 "I am happy" 的最后由系统自动加上一个 \0，因此，上面的初始化与下面的初始化等价。

```
char str[ ]={'I',' ','a','m',' ','h','a','p','p','y','\0'};
```

它的长度是 11，字符数组并不要求它的最后一个字符为 \0，甚至可以不包含 \0，如下面这样写是完全合法的。

```
char str[5]={'C','h','i','n','a'};
```

可见，用两种不同方法初始化字符数组后得到的数组长度是不同的。例如：

```
01 #include <stdio.h>
02 void main(void)
03 {
04    char c1[ ]={'I',' ','a','m',' ','h','a','p','p','y'};
05    char c2[ ]="I am happy";
06    int i1=sizeof(c1);
07    int i2=sizeof(c2);
08    printf("%d\n",i1);
09    printf("%d\n",i2);
10 }
```

输出结果：10 11。

# ▶ 12.6　实战练习

（1）以下程序的输出结果是 _____。

```
main()
{
  char a[10]={'1','2','3',0,'5','6','7','8','9','\0'};
  printf("%s\n",a);
}
```

A. 123　　B. 1230　　C. 123056789　　D. 1230567890

（2）编写一段代码，利用字符串的结束标志来输出。

（3）若运行以下程序时，从键盘输入 2473 然后按【Enter】键，则下面程序的运行结果是多少。

```
#include<stdio.h>
void main()
{
  int c;
  while((c=getchar())!='\n')
    switch(c-'2')
    {
      case 0:
      case 1: putchar(c+4);
      case 2: putchar(c+4);break;
      case 3: putchar(c+3);
      default: putchar(c+2);break;
    }
  printf("\n");
}
```

（4）以下程序输出的结果是 _____。

```
#include <stdio.h>
main( )
{  char  str[ ]="1a2b3c";
int  i;
    for(i=0;str[i]!='\0';i++)
      if(str[i]<'0' || str[i]>'9')
printf("%c",str[i]);
    printf("\n");
}
```

A. 123456789　　　　　　　B. 1a2b3c
C. abc　　　　　　　　　　D. 123

（5）有如下程序：

```
main()
{  char ch[80]="123abcdEFG*&";
  int j;long s=0;
  for(j=0;ch[j]>'\0';j++) ;
  printf("%d\n",j);
}
```

该程序的功能是 _____。

A. 测字符数组 ch 的长度

B. 将数字字符串 ch 转换成十进制数

C. 将字符数组 ch 中的小写字母转换成大写

D. 将字符数组 ch 中的大写字母转换成小写

第 II 篇

## 核心技术——函数

第 **13** 章

函数

案例：设计一个简单的学生成绩管理程序。学生信息数据项包括：学期、班级、学号、姓名、语文、数学、英语、计算机、平均分、班级名次，要求该程序对学生信息可进行按学期录入、浏览、按学号查询、按学号修改、按学号删除、按指定数据项排序、统计平均分、计算名次等多项管理的功能。

本案例中包含了很多功能，如果这些功能代码全部放在 main() 函数中，每次执行程序时只完成用户选择的功能，其他功能的代码不执行，按照前面介绍的知识可设计多分支选择结构来实现算法，但是main() 函数的代码会非常长、层次也不清晰。C 语言是一个非常适合结构化程序设计的开发工具，实现不同功能的代码段其实就是一个一个独立的功能模块，每个功能模块都可以设计成一个具有特定功能的子函数，在 main() 函数中需要的位置调用这些子函数即可，这样可以大大简化 main() 函数的设计，结构简单而清晰。本章介绍子函数的定义、子函数的调用、函数调用时参数的传递、内部函数及外部函数等内容。通过学习，读者能够了解 C 语言被称为函数式语言的真谛。

## 本章要点（已掌握的在方框中打钩）

☐ 函数功能
☐ 函数的返回值及类型
☐ 函数的参数及传递方式
☐ 函数的调用
☐ 内部函数和外部函数

# 13.1 函数概述

如果我们编写的程序越来越长，有成百上千行语句甚至更多，且只用一个 main() 函数来实现，那么 main() 函数的代码就会冗长，造成编写、阅读的困难，又给调试和维护带来了诸多不便。那么怎样调试才能比较方便、简洁、有效呢？要解决这些问题，就要使用本章介绍的函数。

结构化程序设计的思想是把一个大问题分解成若干个小问题，每一个小问题就是一个独立的子模块，以实现特定的功能。在 C 程序中，子模块的作用就是由函数完成的。

## 13.1.1 什么是函数

一个 C 源程序可以由一个或多个文件构成（C 文件扩展名是".c"），一个源文件是一个编译单位。一个源文件可以由若干个函数构成，也就是说，函数是 C 程序基本的组成单位。每个程序有且只有一个主函数 main()，其他的函数都是子函数。主函数可以调用其他的子函数，子函数之间可以相互调用任意多次。下图是一个函数调用的示意图。

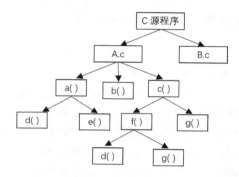

其中，A.c 和 B.c 是 C 程序的源文件，a~g 代表各个子函数。

### 范例 13-1　函数调用的简单实例。

（1）在 Code::Blocks 中，新建名为"13-1.c"的文件。
（2）在代码编辑区域输入以下代码（代码 13-1.txt）。

```
01  #include<stdio.h>
02  void printstar( )        /* 定义函数 printstar()*/
03  {
04    printf("****************");
05  }
06  int sum(int a,int b)    /* 定义函数 sum()*/
07  {
08    return a+b;             /* 通过 return 返回所求结果 */
09  }
10  int main
11  {
12    int x=2,y=3,z;
13    printstar();            /* 调用函数 printstar()*/
14    z=sum(x,y);             /* 调用函数 sum()*/
15    printf("\n%d+%d=%d\n",x,y,z);
16    printstar();            /* 调用函数 printstar()*/
17  }
```

【运行结果】

编译、连接、运行程序，即可在程序执行窗口中输出的结果。

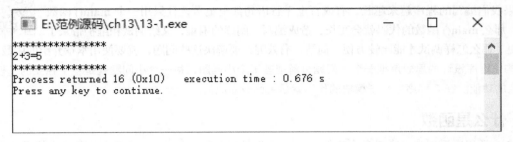

【范例分析】

本范例中 C 程序由 3 个函数构成，分别是 main()、printstar() 和 sum()。其中，main() 函数是程序的入口函数，是每个 C 程序必须有的函数；printstar() 函数是自定义的函数，作用是输出一行星号；而 sum() 函数也是自定义的函数，作用是计算两个数的和，并返回给调用它的函数一个执行结果。在 main() 函数中，按照所要完成的功能，调用了两次 printstar() 函数，调用了一次 sum() 函数。

## 13.1.2 函数的分类

在 C 语言中，可以从不同的角度对函数进行分类。

（1）从函数定义的角度，可以将函数分为标准函数和用户自定义函数。

① 标准函数。标准函数也称库函数，是由 C 系统提供的，用户无须定义，可以直接使用，只需要在程序前包含函数的原型声明的头文件便可。像前面各章范例中所用到的 printf()、scanf() 等都属于库函数。每个系统提供的库函数的数量和功能不同，当然有一些基本的函数是共同的。

② 用户自定义函数。用户自定义函数是由用户根据自己的需要编写的函数，如【范例 13-1】中的 sum() 函数和 printstar() 函数。对于用户自定义函数，不仅要在程序中定义函数本身功能如何实现，而且在主调函数中还必须对该被调函数进行原型说明，然后才能使用。

（2）从有无返回值的角度，可以将函数分为有返回值函数和无返回值函数。

① 有返回值函数。该类函数被调用执行完毕，将向调用者返回一个执行结果，称为函数的返回值，如【范例 13-1】中的 sum() 函数。由用户定义的这种有返回值的函数，必须在函数定义和函数声明中明确返回值的类型。

② 无返回值函数。无返回值函数不需要向主调函数提供返回值，如【范例 13-1】中的 printstar() 函数。通常用户定义此类函数时需要指定它的返回值类型为"空"（即 void 类型）。该类函数主要用于完成某种特定的处理任务，如输入、输出、排序等。

（3）从函数的形式的角度，又可以分为无参函数和有参函数。

① 无参函数。无参函数即在函数定义、声明和调用中均不带参数，如【范例 13-1】中的 printstar() 函数。在调用无参函数时，主调函数并不将数据传递给被调函数。此类函数通常用来完成指定的功能，可以返回或不返回函数值。

② 有参函数。有参函数，就是在函数定义和声明时都有参数，如【范例 13-1】中的 sum() 函数。当主调函数调用被调用函数时，主调函数必须把要处理的值作为实参传递给被调函数的形参，以供被调函数处理。

> **注意**
>
> 　　程序不仅可以调用系统提供的标准库函数，而且可以自定义函数。在程序设计语言中引入函数的目的是使程序更便于维护，结构上更加清晰，减少重复编写代码的工作量，提高程序开发的效率。

# ▶13.2 函数功能

作为 C 程序的基本组成部分来说，函数是具有相对独立性的程序模块，能够供其他程序调用，并在执行完自己的功能后，返回调用它的函数中。函数的定义实际上就是描述一个函数所完成功能的具体过程。

函数定义的一般形式如下。

```
函数类型 函数名（类型说明 变量名，类型说明变量名，…）
{
    函数体
}
```

---

📝 **范例 13-2**　　**定义求最大值的函数。**

（1）在 Code::Blocks 中，新建名为 "13-2.c" 的文件。
（2）在代码编辑区域输入以下代码（代码 13-2.txt）。

```
01  #include<stdio.h>
02  int max(int a,int b)   /* 定义函数 max()*/
03  {
04      int c;
05      c=a>b?a:b;              /* 求 a,b 两个数的最大值，赋给 c*/
06      return c;   /* 将最大值返回 */
07  }
08  int main()
09  {
10      int x,y;
11      printf(" 请输入两个整数：");
12      scanf("%d%d",&x,&y);
13      printf("%d 和 %d 的最大值为：%d\n",x,y,max(x,y));
14  }
```

## 【运行结果】

编译、连接、运行程序，程序执行窗口中会出现提示信息，然后输入两个整数，即可输出这两个数的最大值。

```
E:\范例源码\ch13\13-2.exe                    —    □    ×
请输入两个整数：8 6
8和6的最大值为：8

Process returned 18 (0x12)    execution time : 14.167 s
Press any key to continue.
```

## 【范例分析】

本范例中的 max() 函数是一个求 $a$、$b$ 两者中的最大值的函数。$a$、$b$ 是形式参数，当主调函数 main() 调用 max() 函数时，把实际参数 $x$、$y$ 的值传递给被调用函数中的形参 $a$ 和 $b$。max 后面括号中的 "int $a$,int $b$" 对形参作类型说明，定义 $a$ 和 $b$ 为整型。花括号括起来的部分是函数体，作用是计算出 $a$、$b$ 的最大值并赋值给 $c$，通过 return 语句将 $c$ 的值返回到主调函数中。

范例 13-2 中 max() 函数的说明如下。

（1）函数名必须符合标识符的命名规则（即只能由字母、数字和下划线组成，开头只能为字母或下划线），且同一个程序中函数不能重名，函数名用来唯一标识一个函数。函数名建议能够见名知意。如函数名为 max，一看就知道是求解最大值的。

（2）函数类型规定了函数返回值的类型。如 max() 函数是 int 型的，函数的返回值也是 int 型的，函数的返回值变量 c 的类型是 int 型。也就是说函数值的类型和函数的类型应该是一致的，它可以是 C 语言中任何一种合法的数据类型。若函数类型与返回值类型不一致，系统会把返回值类型自动转换成函数类型返回。

如果函数不需要返回值（即无返回值函数），则必须用关键字 void 加以说明。默认的返回值类型是 int 型。例如：

```
double max(int a,int b)    /* 函数返回值类型为 double 型 */
void max(int a,int b)     /* 函数无返回值 */
max(int a,int b)        /* 函数返回值类型不写，表示默认为 int 型 */
```

（3）函数名后面圆括号括起来的部分称为形式参数列表（即形参列表），方括号括起来的部分是可选的。如果有多个形式参数，应该分别给出各形式参数的类型，并用逗号隔开，该类函数称为有参函数。例如：

```
int max(int a,int b,float c)   /* 有参函数，有 3 个形参 a、b、c，中间用逗号隔开，每个参数分别说明类型 */
```

如果形参列表为空，则称为无参函数。无参函数的定义形式为：

```
类型说明 函数名 ()
{
 函数体
}
```

例如：

```
int max()   /* 无参函数 */
```

> **注意**
>
> 函数名后面圆括号的形参列表可以为空（即可以没有参数），但圆括号一定要有。有参函数与无参函数的唯一区别就是括号里面有没有形参，其他都是一样的。

（4）函数体是由一对花括号 "{}" 括起来的语句序列，用于描述函数所要进行的操作。函数体包含了说明部分和执行部分。其中，说明部分对函数体内部所用到的各种变量类型进行定义和声明，对被调用的函数进行声明；执行部分是实现函数功能的语句序列。如【范例 13-2】中 "int c;" 是函数体的说明部分，执行部分很简单，只有后面两句。

> **注意**
>
> 函数体一定要用花括号括起来，例如主函数的函数体也是用花括号括起来的。

（5）还有一类比较特殊的函数是空函数，即函数体内没有语句。调用空函数时，空函数表示什么都不做。例如：

```
void empty()
{
}
```

使用空函数的目的仅仅是 "占位置"。因为在程序设计中，往往会根据需要确定若干个模块，分别由一个函数来实现，而在设计阶段，需要一个一个模块（函数）设计、调试，在编写程序时，可以在将来准备扩充功能的地方写上一个空函数，占一个位置，以后逐一设计函数代码代替空函数。利用空函数占位，对于复杂程序的编写、调试及功能扩充非常有用。

（6）C 程序中所有的子函数都是平行的，不属于任何其他函数，它们之间可以相互调用。但是函数的

定义不能包含在另一个函数的定义内,即函数定义不能嵌套。下面这种函数定义的形式是不正确的:

```
int func_fst(int a,int b)   /* 第 1 个函数的定义 */
{
  ...
  int func_snd(int c,int d)    /* 第 2 个函数的定义 */
  {
  ...
  }
  ...
}
```

如果中间 func_snd() 函数的功能相对独立,就把它放在 func_fst() 函数的外面进行定义,而在 func_fst() 函数中可以对它进行调用,例如:

```
int func_fst(int a,int b)   /* 第 1 个函数的定义 */
{
  ...
  func_snd(m,n);    /* 对第 2 个函数的调用 */
  ...
}
int func_snd(int c,int d)   /* 第 2 个函数的定义 */
{
  ...
}
```

如果 func_snd() 函数不具备独立性,与上下文联系密切,就不需要再设置一个函数,而直接将代码嵌入第 1 个函数的定义中,作为其中的一部分即可。

（7）在函数定义中,可以包含对其他函数的调用,后者又可以调用另外的函数,甚至自己调用自己,即递归调用。但子函数不能调用主函数,主函数可以调用任意子函数。

# ▶ 13.3　函数的返回值及类型

通常希望通过函数调用,不仅完成一定的操作,还要返回一个确定的值,这个值就是函数的返回值。前面提到过函数有两种,一种是带返回值的,另一种是不带返回值的。那么函数的返回值是如何得到的,又有什么要求?

### 13.3.1 函数的返回值

函数的返回值是通过函数中的 return 语句实现的。return 语句将被调用函数中的一个确定值返回给主调函数,如下面的范例。

📑 **范例 13-3**　　**编写cube()函数用于计算$x^3$。**

（1）在 Code::Blocks 中,新建名为 "13-3.c" 的文件。
（2）在代码编辑区域输入以下代码（代码 13-3.txt）。

```
01  #include<stdio.h>
02  long cube(long x)    /* 定义函数 cube(),返回类型为 long*/
03  {
04    long z;
05    z=x*x*x;
06    return z;   /* 通过 return 返回所求结果,结果类型也应为 long*/
07  }
08  int main()
```

```
09  {
10     long a,b;
11     printf(" 请输入一个整数 :");
12     scanf("%ld",&a);
13     b=cube(a);
14     printf("%ld 的立方为: %ld",a,b);
15  }
```

## 【运行结果】

编译、连接、运行程序，程序执行窗口中会出现提示信息，然后输入任意一个整数，即可输出这个数的立方值。

```
■ E:\范例源码\ch13\13-3.exe                    —    □    ×
请输入一个整数:34
34的立方为: 39304
Process returned 17 (0x11)    execution time : 8.365 s
Press any key to continue.
```

## 【范例分析】

本范例首先执行主函数 main()，当主函数执行到 c=cube(a); 时调用 cube() 子函数，把实际参数的值传递给被调用函数中的形参 x。在 cube() 函数的函数体中，定义变量 z 得到 x 的立方值，然后通过 return 将 z 的值（z 即函数的返回值）返回到调用它的主调函数中，将结果赋给 b，最后在主函数中输出 b。

return 语句后面的值也可以是表达式，如范例中的 cube() 函数可以改写为：

```
long cube(long x)
{
    return x*x*x;
}
```

该范例中只有一条 return 语句，后面的表达式已经实现了求 $x^3$ 的功能，先求解后面表达式 $x*x*x$ 的值，然后返回。

return 语句有两种格式：

return expression; 或 return (expression);

也就是说，return 后面的表达式可以加括号，也可以不加括号。return 语句的执行过程是首先计算表达式的值，然后将计算结果返回给主调函数。范例中的 return 语句还可以写成：

return (z);

### 13.3.2 函数返回值的类型

在定义函数时，必须指明函数的返回值类型，而且 return 语句中表达式的类型应该与函数定义时首部的函数类型是一致的，如果二者不一致，则以函数定义时函数首部的函数类型为准。

📝 **范例 13-4**    改写【范例13-3】。

（1）在 Code::Blocks 中，新建名为 "13-4.c" 的文件。
（2）在代码编辑区域输入以下代码（代码 13-4.txt）。

```
01  #include<stdio.h>
```

```
02    int cube(float x)        /* 定义 cube() 函数，返回类型为 int*/
03    {
04       float z;       /* 定义返回值为 z，类型为 float*/
05       z=x*x*x;
06       return z; /* 通过 return 返回所求结果 */
07    }
08    int main()
09    {
10       float a;
11       int b;
12       printf(" 请输入一个数 :");
13       scanf("%f",&a);
14       b=cube(a);
15       printf("%f 的立方为：%d\n",a,b);
16    }
```

### 【 运行结果 】

　　编译、连接、运行程序，根据提示输入一个浮点数，按【 Enter 】键，即可计算出该数的立方值，结果将省略小数部分。

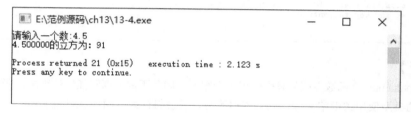

```
E:\范例源码\ch13\13-4.exe                    ─    □    ×
请输入一个数:4.5
4.500000的立方为: 91

Process returned 21 (0x15)    execution time : 2.123 s
Press any key to continue.
```

### 【 范例分析 】

　　cube() 函数定义为整型，而 return 语句中的 z 为浮点型，二者不一致。按上述规定，用户输入的数为 4.5，则先将 z 的值转换为整型 91（ 即去掉小数部分 ），然后 cube(x) 带回一个整型值 91 回到主调函数 main()。如果将 main() 函数中的 b 定义成浮点型，用 %f 格式控制符输出，则输出 91.000000。

📋 **提示**

　　初学者应该做到函数类型与 return 语句返回值的类型一致。

　　如果一个函数不需要返回值，则将该函数指定为 void 类型，此时函数体内不必使用 return 语句。在调用该函数时，执行到函数末尾就会自动返回主调函数。

📝 **范例 13-5**　　编写printdiamond()函数，用于输出如下图形。

```
***********
***********
***********
```

（ 1 ）在 Code::Blocks 中，新建名为 "13-5.c" 的文件。
（ 2 ）在代码编辑区域输入以下代码（ 代码 13-5.txt ）。

```
01  #include<stdio.h>
02  void  printdiamond ()          /* 定义一个无返回值的函数，返回类型应为 void*/
03  {
04    printf("***********\n");
05    printf(" **********\n");
06    printf("  **********\n");
07  }
08  int main()
09  {
10    printdiamond();          /* 调用 printdiamond() 函数 */
11  }
```

### 【运行结果】

编译、连接、运行程序，在程序执行窗口中即可出现图形。

```
E:\范例源码\ch13\13-5.exe                          —    □    ×

***********
 **********
  **********

Process returned 0 (0x0)    execution time : 0.347 s
Press any key to continue.
```

### 【范例分析】

本范例中 printdiamond() 函数完成的只是输出一个图形，因此不需要返回任何的结果，所以不需要写 return 语句。此时函数的类型使用关键字 void，如果省略不写，系统将认为返回值类型是 int 型。

> ✿技巧
>
> 无返回值的函数通常用于完成某项特定的处理任务，如【范例13-5】中的打印图形，或输入、输出、排序等。

一个函数中可以有一个以上的 return 语句，但只能有一个 return 语句被执行到，不论执行到哪个 return 语句，都将结束函数的调用返回主调函数，即带返回值的函数只能返回一个值。

### 范例 13-6    改写【范例13-2】。

（1）在 Code::Blocks 中，新建名为"13-6.c"的文件。
（2）在代码编辑区域输入以下代码（代码 13-6.txt）。

```
01  #include<stdio.h>
02  int max(int a,int b)   /* 定义函数 max()*/
03  {
04    if(a>b)       /* 如果 a>b，返回 a*/
05      return a;
06    return b;      /* 否则返回 b*/
07  }
08  int main()
09  {
```

```
10    int x,y;
11    printf(" 请输入两个整数：");
12    scanf("%d%d",&x,&y);
13    printf("%d 和 %d 的最大值为：%d\n",x,y,max(x,y));
14    }
```

### 【运行结果】

编译、连接、运行程序，当出现提示信息时输入两个整数，即可在程序执行窗口中计算出两个数的最大值。

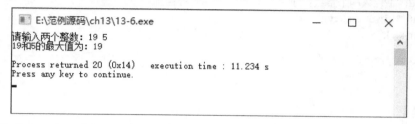

### 【范例分析】

本范例使用了两个 return 语句，同样可以求出最大值。在调用 max() 函数时，把主调函数中的实参分别传递给形参 *a* 和 *b* 后，就执行这个子函数。在子函数中执行 "if（a>b）return a;"，当条件满足时则返回 *a* 的值，条件不满足就执行下面的语句 "return b;"，就是返回 *b*。这里尽管有两个 return 语句，但不管执行到哪个 return 语句，都将返回一个值。

> 🖐**注意**
>
> 如果要将多个值返回主调函数中，使用 **return** 语句是无法实现的。

## ▶ 13.4　函数的参数及传递方式

当主调函数调用被调函数时，它们之间究竟是如何进行信息交换的呢？答案是通过传递函数的参数。可见，参数在函数中扮演着非常重要的角色。

### 13.4.1　函数的参数

函数的参数有两类：形式参数（简称形参）和实际参数（简称实参）。函数定义时的参数称为形参，形参在函数未被调用时是没有确定值的，只是形式上的参数。函数调用时使用的参数称为实参。

### 📋 范例 13-7　将两个数由小到大排序输出。

（1）在 Code::Blocks 中，新建名为 "13-7.c" 的文件。
（2）在代码编辑区域输入以下代码（代码 13-7.txt）。

```
01   #include<stdio.h>
02   void order(int a,int b)                    /*a,b 形式参数 */
03   {
04     int t;
05     if(a>b)                    /* 如果 a>b，就执行以下 3 条语句，交换 a,b 的值 */
```

```
06    {
07       t=a;
08       a=b;
09       b=t;
10    }
11    printf(" 从小到大的顺序为 :%d  %d\n",a,b);      /* 输出交换后的 a,b 的值 */
12 }
13 int main()
14 {
15    int x,y;
16    printf(" 请输入两个整数： ");                    /* 从键盘输入两个整数 */
17    scanf("%d%d",&x,&y);
18    order(x,y);                                    /*x,y 是实际参数 */
19 }
```

【 运行结果 】

编译、连接、运行程序，根据提示输入任意两个数，按【Enter】键，即可将两个数按照从小到大的顺序输出。

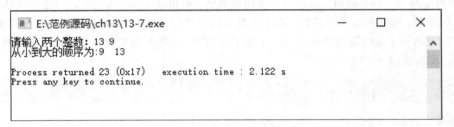

【 范例分析 】

该程序由两个函数 main() 和 order() 组成，order() 函数定义中的 *a* 和 *b* 是形参，在函数调用时接收实参传递过来的值；在 main() 函数中，通过 "order(x,y);" 调用子函数，其中的 *x* 和 *y* 是实参，在主函数中赋值，当函数调用时把值传递给形参 *a* 和 *b*。

（1）定义函数时，必须说明形参的类型，如本范例中，形参 *a* 和 *b* 的类型都是整型。

▶注意

形参只能是简单变量或数组，不能是常量或表达式。

（2）函数被调用前，形参不占用内存的存储单元。函数调用以后，形参才被分配内存单元。函数调用结束后，形参所占用的内存也将被回收，被释放。

（3）实参可以是常量、变量或表达式。如在调用时可写成：

```
order(2,3);           /* 实参是常量 */
order(x+y,x-y);       /* 实参是表达式 */
```

如果实参是表达式，先计算表达式的值，再将实参的值传递给形参。但要求它有确切的值，因为在调用时要将实参的值传递给形参。

（4）实参的个数、顺序和类型应该与函数定义中形参表中的形参个数、顺序和类型一一对应。如范例中的 order() 函数，定义时有两个整型的形参，调用时，实参也要与它对应，即两个整型的实参，而且多个实参之间要用逗号隔开。如果不一致，则会发生"类型不匹配"的错误。

> 📑 **提示**
>
> 对于特殊的字符型和整型，是可以互相匹配的，必要的时候还需要进行类型的转换。

### 13.4.2 函数参数的传递方式

前面已经讲过，形参只是一个形式，在调用之前并不分配内存。函数调用时，系统为形参分配内存单元，然后将主调函数中的实参传递给被调函数的形参。被调函数执行完毕，通过 return 语句返回结果，系统将形参的内存单元释放。

由此可见，实参和形参的功能主要是数据传递，按照传递的是"数据"还是"地址"，分为"值传递"和"地址传递"两种方式，"值传递"是"单向传递"，"地址传递"是"双向传递"。顾名思义，"单向传递"只能把实参的值传递给形参，形参的值不能回传给实参，而"双向传递"既可以把实参的值传递给形参，也可以把形参的值回传给实参。下面就来了解一下这两种参数的传递方式。

#### 01 "值传递"——单向传递

C 语言规定，实参对形参的数据传递是"值传递"，即单向传递，只能把实参的值传递给形参，而不能把形参的值再传回给实参。在内存当中，实参与形参占用不同的单元，不管名字是否相同，因此函数中对形参值的任何改变都不会影响实参的值。

📝 **范例 13-8** 　使用函数交换两个变量的值。

（1）在 Code::Blocks 中，新建名为"13-8.c"的文件。
（2）在代码编辑区域输入以下代码（代码 13-8.txt）。

```
01  #include<stdio.h>
02  void swap(int a,int b)              /* 定义 swap() 函数 */
03  {
04      int temp;
05      temp=a;a=b;b=temp;            /* 交换 a,b 值的 3 条语句 */
06      printf("a=%d,b=%d\n",a,b); /* 输出交换后的结果 */
07  }
08  int main()
09  {
10      int x,y;
11      printf(" 请输入两个整数：\n");
12      scanf("%d%d",&x,&y);          /* 输入两个整数 */
13      printf(" 调用函数之前：\n");
14      printf("x=%d,y=%d\n",x,y); /* 输出调用 swap() 函数之前 x,y 的值 */
15      printf(" 调用函数中 :\n");
16      swap(x,y);                       /* 调用 swap() 函数 */
17      printf(" 调用函数之后 :\n");
18      printf("x=%d,y=%d\n",x,y); /* 输出调用 swap() 函数之后 x,y 的值 */
19  }
```

**【运行结果】**

编译、连接、运行程序，根据提示依次输入任意两个数，按【Enter】键，即可观察这两个数在调用前、中、后的值是否发生变化。

```
■ E:\范例源码\ch13\13-8.exe                          —    □    ×

请输入两个整数：
6 8
调用函数之前：
x=6, y=8
调用函数中：
a=8, b=6
调用函数之后：
x=6, y=8

Process returned 8 (0x8)    execution time : 2.966 s
Press any key to continue.
```

**【范例分析】**

为什么在 swap() 函数内变量 *a* 和 *b* 的值互换了，而主调函数 main() 中实参 *x* 和 *y* 却没有交换呢？这是参数按值传递的缘故。main() 函数中定义的变量 *x* 和 *y* 在内存中各自占用了存储单元，在调用 swap() 函数时，为形参 *a* 和 *b* 另外分配了内存单元，形参与实参的存储单元是不同的，将 *x* 的值传给 *a*，*y* 的值传给 *b*，如下图中左图所示。

被调函数的形参是局部变量，只在被调函数内部起作用，且形参的值不能反过来传给主调函数。因此在 swap() 函数执行过程中，尽管把 *a* 和 *b* 的值交换了，但不能影响 main() 函数中的实参 *x* 和 *y* 的值，如下图中右图所示。函数调用完成，形参的内在单元将被释放。

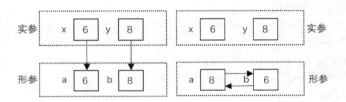

因此，在函数调用过程中，形参的值发生改变，并不会影响实参的值。

> 📋 **提示**
>
> 在"值传递"的过程中，按参数顺序传递数据，即第1个实参传给第1个形参，第2个实参传给第2个形参……与变量名无关，如范例中的两个形参写成 *x* 和 *y* 也仍然是不同的变量，实参和形参各有各的存储单元。形参 *a* 和 *b* 交换，并不会影响实参 *x* 和 *y* 的值。

> ⚙ **技巧**
>
> C 语言变量可分为局部变量和全局变量两种。局部变量一般定义在函数和复合语句的开始处，使用它可以避免各个函数之间变量的相互干扰，尤其是同名变量。全局变量一般定义在程序的最前面，在所有函数的外面，作用范围比较广，对作用域内所有的函数都起作用。变量的作用域详见第 14 章。

### 02 "地址传递"——双向传递

我们知道，数组名表示的是数组在内存中分配的存储空间的起始地址。如果把数组名作为参数进行传递就是"地址传递"，即把实参数组的起始地址传递给形参数组。这样形参数组和实参数组就占用了共同的存储空间，在子函数中对形参数组做的任何操作实际上就是对实参数组的操作。子函数结束时不需要用 return 返回任何数据，当子函数结束后形参数组仍然作为局部变量被释放掉存储空间，返回主函数中继续向下执行代码，这时实参数组的元素已经进行了更新。

例如，主函数中调用子函数的语句如下。

```
int array[5];
findMax(array);
```

在这里使用数组名作为参数传递给子函数 findMax()，实参数据类型需要和形参数据类型一致，所以可以这样定义 findMax() 函数的参数。例如：

```
void findMax(int a[5])
```

形参数组的长度"5"也可以省略，写成下面的形式。

```
void findMax(int a[ ])
```

下面通过一个范例，具体说明将数组名和简单变量作为参数传递时实参的值是否会被改变。

### 📝 范例 13-9　　输出数组的最大值。

（1）在 Code::Blocks 中，新建名为"13-9.c"的文件。
（2）在代码编辑区域输入以下代码（代码 13-9.txt）。

```
01  #include <stdio.h>
02  #define MAXELS 5
03  void findMax(int [ ],int);          /* 声明函数 */
04  int main()
05  {
06   int nums[MAXELS] = {0};          /* 数组初始化 */
07   int i,value=0;
08   printf(" 调用函数前输出结果：\n");
09   for (i = 0; i < MAXELS; i++)
10    printf("nums[%d] = %d\n", i,nums[i]);
11   printf("value = %d\n", value);
12   findMax(nums,value);              /* 调用函数，传递数组名和简单变量 */
13   printf(" 调用函数后输出结果：\n");
14   for (i = 0; i < MAXELS; i++)/* 循序输出数组元素 */
15    printf("nums[%d] = %d\n", i,nums[i]);
16   printf("value = %d\n", value);
17   return 0;
18  }
19  void findMax(int vals[ ],int m)          /* 查找最大值函数 */
20  {
21   int i;
22   m=1;
23   printf("findMax 输出结果：\n");
24   for (i = 0; i < MAXELS; i++)
25   {
26    vals[i] = i;
27    printf("vals[%d] = %d\n", i,vals[i]);
28   }
29   printf("max=%d\n m = %d\n", vals[--i],m);
30  }
```

### 【运行结果】

编译、连接、运行程序，即可在程序执行窗口中输出结果。

```
■ E:\范例源码\ch13\13-9.exe                    —    □    ×
nums[0] = 0
nums[1] = 0
nums[2] = 0
nums[3] = 0
nums[4] = 0
value = 0
findMax输出结果:
vals[0] = 0
vals[1] = 1
vals[2] = 2
vals[3] = 3
vals[4] = 4
max=4
 m = 1
调用函数后输出结果:
nums[0] = 0
nums[1] = 1
nums[2] = 2
nums[3] = 3
nums[4] = 4
value = 0

Process returned 0 (0x0)    execution time : 0.875 s
Press any key to continue.
```

**【范例分析】**

观察结果，可以看到结果就是我们预期的。

主函数在调用前，输出的数组元素值是 0，调用后输出的是 0~4。

主函数的变量 value 在调用前后没有改变，都是 0。

从结果分析，数组名是用地址传递方式进行的函数调用，形参和实参指向的是内存中的同一个存储区。

### 13.4.3 带参数的主函数

**从开始学 C 语言，我们就一直使用 main() 函数，都知道一个 C 程序必须有并且仅有一个主函数，C 程序的执行总是从 main() 函数开始的。**

归纳起来，main() 函数在使用过程中应该注意以下几点。

（1）main() 函数可以调用其他函数，包括本程序中定义的函数和标准库中的函数，但其他函数不能反过来调用 main() 函数。main() 函数也不能调用自己。

（2）前面章节用到的 main() 函数都没有在函数头中提供参数。其实，main() 函数可以带有两个参数，其一般形式如下。

```
int  main(int argc,char *argv[ ])
{
   函数体
}
```

其中，形参 argc 表示传给程序的参数个数，其值至少是 1；而 argv[ ] 则是指向字符串的指针数组（指针在第 Ⅲ 篇中介绍）。

📄 **提示**

如果读者熟悉 DOS 的行命令操作系统，就会知道使用计算机命令是在提示符后面输入相应的命令名；如果有参数，就在命令后面输入相应的参数（如文件名等），并且命令与各参数之间用空格隔开，最后按【Enter】键运行该命令。

用户编写的 C 程序经过编译、连接后形成的可执行文件，可以像命令一样使用，其后面当然也可以跟命令行的参数，这个参数就传递给了 main() 函数。

| 范例 13-10 | 输出包含几个字符串的一行文字。串之间用空格隔开，有几个字符串就相当于有几个参数。 |
|---|---|

（1）在 Code::Blocks 中，新建项目（projects）名称为"13-10"，在该项目中创建名为"main.c"的文件。

（2）在代码编辑区域输入以下代码（代码 main.txt）。

```
01  #include <stdio.h>
02  int main(int argc, char *argv[])
03  {
04    int count;
05    printf("The command line has %d arguments: \n",argc-1);
06    for(count=1;count<argc;count++)          /* 依次读取命令行输入的字符串 */
07      printf("%d: %s\n",count,argv[count]);
08  }
```

**【运行结果】**

main() 函数带输入参数的应用程序的调试步骤：选择【Project】→【Set program's arguments】菜单命令，在打开的【Select target】对话框中选择【Debug】，在【Program arguments】文本框中输入参数，如"I am happy！"，单击【OK】按钮。

编译、连接、运行程序，即可在程序执行窗口中显示程序运行结果。

```
E:\范例源码\ch13\13-10\bin\Debug\13-10.exe I am hap...    —    □    ×

The command line has 3 arguments:
1: I
2: am
3: happy!

Process returned 4 (0x4)    execution time : 0.328 s
Press any key to continue.
```

**【范例分析】**

从本范例可以看出，程序从命令行中接收 3 个字符串（相当于给 main() 函数传递了 3 个参数），并将它们存放在字符串数组中，其对应关系如下。

argv[0]——→ I

argv[1]——→ am

argv[2]——→ happy!

argc 的值即是参数的个数，程序在运行时会自动统计。

需要注意的是：

当前程序必须创建在一个项目（projects）当中，否则【Project】→【Set program's arguments】菜单命令不可用。

在命令行中的输入都将作为字符串的形式存储于内存中。也就是说，如果输入一个数字，那么要输出这个数字，就应该用 %s 格式，而非 %d 格式或者其他。

main() 函数也有类型。如果它不返回任何值，就应该指明其类型为 void；如果默认其类型为 int，那么在该函数末尾应由 return 语句返回一个值，例如 0。

# ▶13.5　函数的调用

　　C 程序总是从主函数 **main()** 开始执行，到 **main()** 函数结束为止。在函数体的执行过程中，不断地对函数进行调用来实现一些子功能，调用者称为主调函数，被调用者称为被调函数。

被调函数执行结束，从被调函数结束的位置再返回主调函数调用的位置，继续执行主调函数后面的语句。如下图所示，是一个函数调用的简单例子。

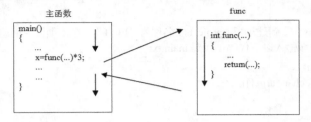

### 13.5.1 函数调用方式

函数调用的一般形式有以下两种。

**01 函数语句**

当 C 语言中的函数只进行了某些操作而不返回结果时，使用这种形式，该形式作为一条独立的语句，例如：

| 函数名 ( 实参列表 );    /* 调用有参函数，实参列表中有多个参数，中间用逗号隔开 */ |
| --- |

或者：

| 函数名 ();    /* 调用无参函数 */ |
| --- |

如【 范例 13-8 】中的 "swap(x,y);" 就是这种形式，要求函数仅完成一定的操作，比如输入、输出、排序等。

> 📋 **提示**
>
> 函数后面有一个分号 ";" 。还有像 printf()、scanf() 等函数的调用也属于这种形式，例如：
> printf（ "%d",p ）；

**02 函数表达式**

当所调用的函数有返回值时，函数的调用可以作为表达式中的运算分量，参与一定的运算。例如：

m=max(a,b);            /* 将 max() 函数的返回值赋给变量 m*/
m=3*max(a,b);              /* 将 max() 函数的返回值乘以 3 赋给变量 m*/
printf("Max is %d",max(a,b));        /* 输出也是一种运算，输出 max() 函数的返回值 */

> ✏️ **注意**
>
> 一般 void 类型的函数使用函数语句的形式，因为 void 类型没有返回值。对于其他类型的函数，在调用时一般采用函数表达式的形式。

---

📝 **范例 13-11**    编写一个函数，求任意两个整数的最小公倍数。

（1）在 Code::Blocks 中，新建名为 "13-11.c" 的文件。
（2）在代码编辑区域输入以下代码（代码 13-11.txt）。

```
01  #include<stdio.h>
02  int sct(int m,int n)    /* 定义 sct() 函数求最小公倍数 */
03  {
04      int temp,a,b;
05      if (m<n)    /* 如果 m<n，交换 m,n 的值，使 m 中存放较大的值 */
```

```
06  {
07    temp=m;
08    m=n;
09    n=temp;
10  }
11  a=m;
12  b=n;         /* 保存 m,n 原来的数值 */
13  while(b!=0)          /* 使用辗转相除法求两个数的最大公约数 */
14  {
15    temp=a%b;
16    a=b;
17    b=temp;
18  }
19  return(m*n/a);     /* 返回两个数的最小公倍数, 即两数相乘的积除以最大公约数 */
20  }
21  int main()
22  {
23    int x,y,g;
24    printf(" 请输入两个整数: ");
25    scanf("%d%d",&x,&y);
26    g=sct(x,y);                /* 调用 sct() 函数 */
27    printf(" 最小公倍数为: %d\n",g);   /* 输出最小公倍数 */
28  }
```

## 【运行结果】

编译、连接、运行程序, 根据提示信息输入两个整数, 即可计算出这两个数的最小公倍数。

```
 E:\范例源码\ch13\13-11.exe              —     □    ×
请输入两个整数: 24 16
最小公倍数为: 48

Process returned 17 (0x11)   execution time : 2.719 s
Press any key to continue.
```

## 【范例分析】

本范例调用了 sct() 函数, 该函数有两个参数, 因此在调用时实参列表也有两个参数, 且与这两个参数的个数、类型、位置是一一对应的。sct() 函数有返回值, 因此在主调函数中, 函数的调用参与一定的运算, 这里参与了赋值运算, 将函数的返回值赋给了变量 *g*。

### 13.5.2 函数的声明

📖 提示

　　我们在学习变量时, 要求遵循 "先定义后使用" 的原则, 同样, 在调用函数时也要遵循这个原则。也就是说, 被调函数必须存在, 而且在调用这个函数之前, 一定要给出这个函数的定义, 这样才能成功调用。

　　如果被调函数的定义出现在主调函数之后, 这时应给出函数的原型说明, 以满足 "先定义后使用" 的原则。

　　函数声明的目的是使编译系统在编译阶段对函数的调用进行合法性检查, 判断形参与实参的类型及个数是否匹配。

函数声明采用函数原型的方法。函数原型就是函数定义的首部。

有参函数的声明形式为：

函数类型 函数名 ( 形参列表 );

无参函数的声明形式为：

函数类型 函数名 ();

📋 **提示**

函数声明包含函数的首部和一个分号";"，函数体不用写。

有参函数声明时的形参列表只需要把一个个参数类型给出就可以了，可以省略变量名，例如：

int power(int,int);

函数声明可以放在所有函数的前面，如果放在主调函数内，需在调用被调函数之前声明。

📝 **范例 13-12**    编写一个函数，求半径为r的球的体积。球的半径r由用户输入。

（1）在 Code::Blocks 中，新建名为"13-12.c"的文件。
（2）在代码编辑区域输入以下代码（代码 13-12.txt）。

```
01  #include<stdio.h>
02  double volume(double);   /* 函数的声明 */
03  int main()
04  {
05      double r,v;
06      printf(" 请输入半径：");
07      scanf("%lf",&r);
08      v=volume(r);
09      printf(" 体积为：%lf\n\n",v);
10  }
11  double volume(double x)
12  {
13      double y;
14      y=4.0/3*3.14*x*x*x;
15      return y;
16  }
```

**【运行结果】**

编译、连接、运行程序，根据提示信息输入一个半径的值，即可计算出此半径的球的体积。

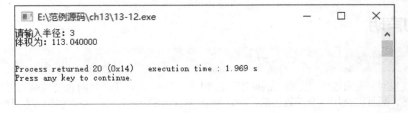

**【范例分析】**

本范例中被调函数 volume() 的定义在调用函数之后，需要在调用该函数之前给出函数的声明，声明的格式只需要在函数定义的首部加上分号，且声明中的形参列表只需要给出参数的类型即可，参数名字可写可不写，假如有多个参数则用逗号隔开。

函数的声明在下面 3 种情况下是可以省略的。

（1）被调函数定义在主调函数之前。

（2）被调函数的返回值是整型或字符型（整型是系统默认的类型）。

（3）在所有的函数定义之前，已在函数外部进行了函数声明。

> **提示**
>
> 如果被调函数是 C 语言提供的库函数，调用时不需要作函数声明，但必须把该库函数的头文件用 #include 命令包含在源程序的最前面。例如，getchar()、putchar()、gets()、puts() 等，这样的函数定义是放在 stdio.h 头文件中的，只要在程序的最前面加上 #include<stdio.h> 就可以了。

同样，如果使用数学库中的函数，则应该用 #include<math.h>。

### 13.5.3　函数的嵌套调用

在 C 语言中，函数之间的关系是平行的、独立的，也就是在函数定义时不能嵌套定义，即一个函数的定义函数体内不能包含另外一个函数的完整定义。但是 C 语言允许嵌套调用，也就是说，在调用一个函数的过程中可以调用另外一个函数。

**范例 13-13　函数嵌套调用示例。**

（1）在 Code::Blocks 中，新建名为 "13-13.c" 的文件。

（2）在代码编辑区域输入如下代码（代码 13-13.txt）。

```
01  #include<stdio.h>
02  fun2(int x,int y)
03  {
04    int z;
05    z=2*x-y;
06    return z;
07  }
08  fun1(int x,int y)
09  {
10    int z;
11    z=fun2(x,x+y);          /* 在 fun1() 函数内调用 fun2() 函数 */
12    return z;
13  }
14  main()
15  {
16    int a,b,c;
17    printf(" 请输入两个整数： ");
18    scanf("%d%d",&a,&b);
19    c=fun1(a,b);            /* 调用 fun1() 函数 */
20    printf("%d\n",c);
21  }
```

**【运行结果】**

编译、连接、运行程序，输入两个整数后按【Enter】键，即可在程序执行窗口中输出结果。

```
■ E:\范例源码\ch13\13-13.exe                    —    □    ×
请输入两个整数: 6 9
-3

Process returned 3 (0x3)    execution time : 7.046 s
Press any key to continue.
```

**【范例分析】**

本范例是两层的嵌套，其执行过程是：①执行 main() 函数的函数体部分；②遇到函数调用语句，程序转去执行 fun1() 函数；③执行 fun1() 函数的函数体部分；④遇到函数调用 fun2() 函数，转去执行 fun2() 函数的函数体；⑤执行 fun2() 函数体部分，直到结束；⑥返回 fun1() 函数调用 fun2() 处；⑦继续向下执行 fun1() 函数的尚未执行的部分，直到 fun1() 函数结束；⑧返回 main() 函数调用 fun1() 处；⑨继续向下执行 main() 函数的剩余部分，直到结束。

## 13.5.4 函数的递归调用

如果在调用一个函数的过程中，又直接或者间接地调用了该函数本身，这种形式称为函数的递归调用，这个函数就称为递归函数。递归函数分为直接递归和间接递归两种。C 语言的特点之一就在于允许函数的递归调用。

直接递归就是函数在处理过程中又直接调用了自己。例如：

```
int func(int a)
{
  int b,c;
  …
  c=func(b);
  …
}
```

其执行过程如图所示。

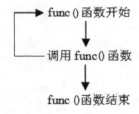

如果 func1() 函数调用 func2() 函数，而 func2() 函数反过来又调用 func1() 函数，就称为间接递归。例如：

```
int func1(int a)                          int func2(int x)
{                                         {
    int b,c;                                  int y,z;
    …                                         …
    c=func2(b);                               z=func1(y);
    …                                         …
}                                         }
```

其执行过程如图所示。

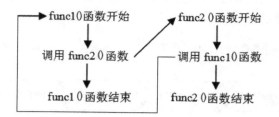

**注意**

这两种递归都无法终止自身的调用。因此在递归调用中，应该含有某种控制递归调用结束的条件，使递归调用是有限的，可终止的。例如可以用 if 语句来控制只有在某一条件成立时才继续执行递归调用，否则不再继续。

**范例 13-14** 用递归方法求 *n*!(*n* 为 ≥ 1 的正整数)。

（1）在 Code::Blocks 中，新建名为 "13-14.c" 的文件。
（2）在代码编辑区域输入以下代码（代码 13-14.txt）。

```
01  #include<stdio.h>
02  long fac(int n)                /* 定义求阶乘的函数 fac()*/
03  {
04    long m;
05    if(n==1)
06      m=1;
07    else
08      m=fac(n-1)* n;             /* 在函数的定义中又调用了自己 */
09    return m;
10  }
11  main()
12  { int n; float y;
13    printf("input the value of n.\n");
14    scanf("%d",&n);
15    printf("%d!=%ld\n",n,fac(n));          /* 输出 n!*/
16  }
```

**【运行结果】**

编译、连接、运行程序，从键盘上输入任意一个整数，按【Enter】键即可计算出它的阶乘。

```
E:\范例源码\ch13\13-14.exe                          —    □    ×
input the value of n.
6
6!=720

Process returned 7 (0x7)   execution time : 9.265 s
Press any key to continue.
```

**【范例分析】**

本范例采用递归法求解阶乘，就是 5!=4!*5，4!=3!*4，…，1!=1。可以用下面的递归公式表示。

可以看出，当 *n*>1 时，求 *n* 的阶乘公式是一样的，因此可以用一个函数来表示上述关系，即 fac() 函数。

main() 函数中只调用了一次 fac() 函数，整个问题的求解全靠一个 fac(n) 函数调用来解决。如果 *n* 值为 5，整个函数的调用过程如下图所示。

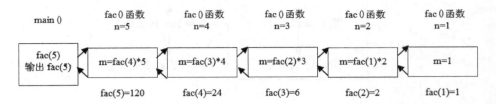

从图中可以看出，fac() 函数共被调用了 5 次，即 fac(5)、fac(4)、fac(3)、fac(2)、fac(1)。其中，fac(5) 是 main() 函数调用的，其余 4 次是在 fac() 函数中进行的递归调用。在某一次的 fac() 函数的调用中，并不会立刻得到 fac(n) 的值，而是一次次地进行递归调用，直到 fac(1) 时才得到一个确定的值，然后再递推出 fac(2)、fac(3)、fac(4)、fac(5)。

在许多情况下，采用递归调用形式可以使程序变得简洁，增加可读性。但很多问题既可以用递归算法解决，也可以用迭代算法或其他算法解决，而后者计算的效率往往更高，更容易理解。如【范例 13-14】也可以用循环来实现。

```c
#include<stdio.h>
long fac(int n)
{   int i;long m=1;
    for(i=1;i<=n;i++)
    {
        m=m*i;
    }
    return m;
}
main()
{   int n;
    float y;
    printf("input the value of n.\n");
    scanf("%d",&n);
    printf("%d!=%ld",n,fac(n));
}
```

### 📝 范例 13-15　用递归法求Fibonacci数列（斐波那契数列）。

（1）在 Code::Blocks 中，新建名为 "13-15.c" 的文件。
（2）在代码编辑区域输入以下代码（代码 13-15.txt）。

```c
01  #include<stdio.h>
02  long fibonacci(int n)        /* 求 Fibonacci 数列中第 n 个数的值 */
03  {
04      if(n==1||n==2)           /*Fibonacci 数列中前两项均为 1，终止递归的语句 */
05          return 1;
06      else
07          return(fibonacci(n-1)+fibonacci(n-2));        /* 从第 3 项开始，下一项是前两项的和 */
08  }
09  main()
10  {
11      int n,i;
12      long y;
```

```
13      printf("Input n:");
14      scanf("%d",&n);
15      for(i=1;i<=n;i++)              /* 列出 Fibonacci 数列的前 n 项 */
16      {
17          y=fibonacci(i);
18          printf("%ld ",y);
19      }
20      printf("\n");
21  }
```

## 【运行结果】

编译、连接、运行程序，根据提示从键盘上输入一个整数 $n$，按【Enter】键，即可在程序执行窗口中输出前 $n$ 项的 Fibonacci 数列。

```
E:\范例源码\ch13\13-15.exe                          —    □    ×

Input n:8
1 1 2 3 5 8 13 21

Process returned 10 (0xA)    execution time : 6.812 s
Press any key to continue.
```

## 【范例分析】

本范例仍采用递归方法输出前 $n$ 项的 Fibonacci 数列。Fibonacci 数列的前两项都为 1，从第 3 项开始，每一项都是前两项的和，例如 1，1，2，3，5，8，13，21，34……可以由下面的公式表示。

$$\text{fibonacci}(n) = \begin{cases} 1, & \text{当} n = 1,2 \\ \text{fibonacci}(n-1) + \text{fibonacci}(n-2), & \text{当} n > 2 \end{cases}$$

其中，$n$ 表示第几项，函数值 fibonacci $(n)$ 表示第 $n$ 项的值。当 $n$ 的值大于 2 时，每一项的计算方法都一样，因此可以定义一个 f(n) 函数来计算第 $n$ 项的值，递归的终止条件是当 $n=1$ 或 $n=2$ 时。

### 📝 范例 13-16　Hanoi(汉诺)塔问题。

这是一个典型的只能用递归方法解决的问题。

有 3 根针 A、B、C，如果 A 针上有 5 个盘子，盘子大小不等，大的在下，小的在上（如图所示）。要求把这 5 个盘子从 A 针移到 C 针，仍然按照大在下、小在上的原则摆放，在移动过程中可以借助 B 针，每次只允许移动一个盘子，且在移动过程中，在 3 根针上都保持大盘在下、小盘在上。要求编程序打印出移动的步骤。

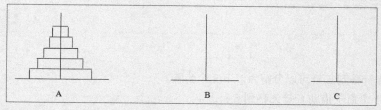

（1）在 Code::Blocks 中，新建名为 "13-16.c" 的文件。

（2）在代码编辑区域输入以下代码（代码 13-16.txt）。

```
01  #include<stdio.h>
02  void printdisk(char x,char y)        /* 定义打印函数 */
03  {
04    printf("%c----->%c\n",x,y);
05  }
06  void hanoi(int n,char a,char b,char c)       /* 定义递归函数 hanoi() 完成移动 */
07  {
08    if(n==1)                  /* 如果 A 针上的盘子数只剩下最后一个，移到 C 针上 */
09      printdisk(a,c);
10    else                    /* 如果 A 针上的盘子数多于一个，执行以下语句 */
11    {
12      hanoi(n-1,a,c,b);    /* 将 A 针上的 n-1 个盘子借助 C 针先移到 B 针上 */
13      printdisk(a,c);         /* 将 A 针上剩下的一个盘子移到 C 针上，即打印移动方式 */
14      hanoi(n-1,b,a,c);    /* 将 n-1 个盘从 B 针借助 A 针移到 C 针上 */
15    }
16  }
17  int main()
18  {
19    int n;
20    printf("Input n:");
21    scanf("%d",&n);          /* 由键盘输入盘子数 */
22    hanoi(n,'A','B','C');         /* 调用 hanoi() 函数 */
23  }
```

**【运行结果】**

编译、连接、运行程序，根据提示从键盘上输入一个整数 n，如果输入盘子数为 4，按【Enter】键，即可在程序执行窗口中输出盘子的移动过程。

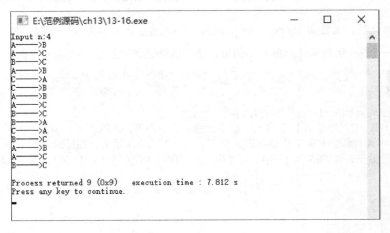

**【范例分析】**

将 n 个盘子从 A 针移到 C 针可以分解为以下 3 个步骤。

（1）将 A 上 n-1 个盘子借助 C 针先移到 B 针上。

（2）把 A 针上剩下的一个盘子移到 C 针上。

（3）将 n-1 个盘子从 B 针借助 A 针移到 C 针上。

这 3 个步骤分成两类操作。

（1）当 *n*>1 时，将 *n*-1 个盘子从一个针移到另一个针上，这是一个递归的过程。

（2）将最后一个盘子从一个针上移到另一个针上。

本程序分别用两个函数实现上面的两类操作，用 hanoi() 函数实现 *n*>1 时的操作，用 printf() 函数实现 *n*=1 时将一个盘子从一个针上移到另一个针上。

递归作为一种算法，在程序设计语言中被广泛应用，它通常把一个大型的复杂问题层层转化为一个与原问题相似的规模较小的问题来求解，递归策略只需少量的程序代码就可以描述出解题过程所需要的多次重复计算，大大减少了程序的代码量。用递归思想写出来的程序往往十分简洁。

递归的缺点：递归算法的运行效率较低。在递归调用的过程中，系统为每一层的返回点、局部量等开辟了栈来存储，系统开销较大。递归次数过多，容易造成栈溢出等问题。

# ▶13.6 内部函数和外部函数

**函数一旦定义，就可以被其他函数调用。但是当一个源程序由多个源文件组成时，在一个源文件中定义的函数能否被其他源文件中的函数调用呢？因此，C 语言又把函数分为两类——内部函数和外部函数。**

## 13.6.1 内部函数

如果在一个源文件中定义的函数只能被本文件中的函数调用，而不能被同一源程序其他文件中的函数调用，这种函数称为内部函数。

定义内部函数的一般形式是：

static 类型说明符 函数名 (< 形参表 >)

其中，“< >”中的部分是可选项，即该函数可以是有参函数，也可以是无参函数。如果为无参函数，形参表为空，但括号必须要有。例如：

static int f(int a,int b); /* 内部函数前面加 static 关键字 */
{
…
}

说明：f() 函数只能被本文件中的函数调用，在其他文件中不能调用此函数。

内部函数也称为静态函数。但此处 static 的含义并不是指存储方式，而是指对函数的调用范围只局限于本文件，因此在不同的源文件中定义同名的内部函数不会引起混淆。通常把只由同一个文件使用的函数和外部变量放在一个文件中，前面加上 static 将之局部化，使其他文件不能引用。

## 13.6.2 外部函数

外部函数在整个源程序中都有效，只要定义函数时，在前面加上 extern 关键字即可。其定义的一般形式为：

extern 类型说明符 函数名 (< 形参表 >)

例如：

extern int f(int a,int b)
{
…
}

> **提示**
>
> 因为函数与函数之间都是并列的，函数不能嵌套定义，所以函数在本质上都具有外部性质。因此在定义函数省去 extern 说明符时，则隐含为外部函数。所以说，前面范例中使用的函数都是外部函数。

如果定义为外部函数，则它不仅可被定义它的源文件调用，而且可以被其他文件中的函数调用，即其作用范围不只局限于其源文件，而是整个程序的所有文件。在一个源文件的函数中调用其他源文件中定义的外部函数时，通常使用 extern 说明被调函数为外部函数。

### 📝 范例 13-17　　调用外部函数。

（1）在 Code::Blocks 中，新建名称为"Extern Function"的项目，在项目中创建下面的 3 个文件。

（2）新建名为"file1.c"的文件，并在代码编辑区域输入以下代码（代码 13-17.txt）。

```
01  #include<stdio.h>
02  main()
03  {
04      int a,b;
05      printf("a= ");
06      scanf("%d",&a);
07      printf("b= ");
08      scanf("%d",&b);
09      printf("\n");
10      add(a,b);
11      printf("\n");
12      sub(a,b);
13  }
```

（3）新建名为"file2.c"的文件，并在代码编辑区域输入以下代码。

```
01  #include<stdio.h>
02  extern add(int c,int d)     /* 定义外部函数 add()，extern 可省略不写 */
03  {
04      printf("%d+%d=%d\n",c,d,c+d);
05  }
```

（4）新建名为"file3.c"的文件，并在代码编辑区域输入以下代码。

```
01  #include<stdio.h>
02  extern sub(int c,int d)     /* 定义外部函数 sub()，extern 可省略不写 */
03  {
04      printf("%d-%d=%d\n",c,d,c-d);
05  }
```

### 【运行结果】

编译、连接、运行程序，根据提示从键盘上输入 $a$、$b$ 的值，按【Enter】键，即在程序执行窗口中显示程序结果。

```
"E:\范例源码\ch13\Extern Function\bin\Debug\Extern Fu...   —   □   ×

a= 5
b= 7

5+7=12

5-7=-2

Process returned 7 (0x7)   execution time : 3.993 s
Press any key to continue.
```

### 【范例分析】

本范例的整个程序是由 3 个文件组成的，每个文件包含一个函数。主函数是主控函数，使用了 4 个函数的调用语句。其中，printf()、scanf() 是库函数，另外两个是用户自定义的函数，它们都被定义为外部函数。在 main() 函数中，使用 extern 说明在 main() 函数中用到的 add() 和 sub() 都是外部函数。

# ▶13.7 综合应用——用截弦法求方程的根

本节通过一个综合应用的例子，把前面学习的函数的定义、函数的调用和参数传递等知识再熟悉一下。

**📝 范例 13-18**　　编写一个程序，实现用截弦法求方程 $x^3-5x^2+16x-80=0$ 在区间[-3,6]内的根。

（1）在 Code::Blocks 中，新建名为 "13-18.c" 的文件。
（2）在代码编辑区域输入以下代码（代码 13-18.txt）。

```
01  #include<stdio.h>
02  #include<math.h>           /* 下面程序中使用了 pow() 等函数，需要包含头文件 math.h*/
03  float func(float x)        /* 定义 func() 函数，用来求函数 func(x)=x*x*x-5*x*x+16x-80 的值 */
04  {
05    float y;
06    y=pow(x,3)-5*x*x+16*x-80.0f;    /* 计算指定 x 值的 func(x) 的值，赋给 y*/
07    return y;                /* 返回 y 的值 */
08  }
09  float point_x(float x1,float x2)  /* 定义 point_x() 函数，用来求出弦在 [x1,x2] 区间内与 X 轴的交点 */
10  {
11    float y;
12    y=(x1*func(x2)-x2*func(x1))/(func(x2)-func(x1));
13    return y;
14  }
15  float root(float x1,float x2)     /* 定义 root() 函数，计算方程的近似根 */
16  {
17    float x,y,y1;
18    y1=func(x1);             /* 计算 x 值为 x1 时的 func(x1) 函数值 */
19    do                       /* 循环执行下面的语句 */
20    { x=point_x(x1,x2);      /* 计算连接 func(x1) 和 func(x2) 两点弦与 X 轴的交点 */
21      y=func(x);             /* 计算 x 点对应的函数值 */
22      if(y*y1>0)             /*func(x) 与 func(x1) 同号，说明根在区间 [x,x2] 之间 */
23      {
24        y1=y;                /* 将此时的 y 作为新的 y1*/
25        x1=x;                /* 将此时的 x 作为新的 x1*/
26      }
27      else                   /* 否则将此时的 x 作为新的 x2*/
28      {
29        x2=x;
30      }
31    }while(fabs(y)>=0.0001);
32    return x;                /* 返回根 x 的值 */
33  }
34  int main()
35  {
36    float x1=-3,x2=6;
37    float t=root(x1,x2);
38    printf(" 方程的根为：%f\n",t);
39  }
```

## 【运行结果】

编译、连接、运行程序，即可在命令程序执行窗口中显示出方程的根。

```
■ E:\范例源码\ch13\13-18.exe                              —    □    ×
方程的根为: 5.000000

Process returned 21 (0x15)    execution time : 0.344 s
Press any key to continue.
```

【范例分析】

本范例用弦截法求方程的根，方法如下。

（1）取两个不同的点 $x1$ 和 $x2$，如果 f($x1$)、f($x2$) 符号相反，则 ($x1$, $x2$) 区间内必有一个根；但如果 f($x1$)、f($x2$) 符号相同，就应该改变 $x1$ 和 $x2$ 直到上述条件成立为止。

（2）连接 f($x1$)、f($x2$) 两点，这个弦就交 $x$ 轴于 $x$ 处，那么求 $x$ 点的坐标就可以用公式 x=(x1*func(x2)-x2*func(x1))/(func(x2)-func(x1)) 求解，由此可以进一步求 $x$ 点对应的 f($x$)。

（3）如果 f($x$)、f($x1$) 同号，则根必定在 ($x$, $x2$) 区间内，此时将 $x$ 作为新的 $x1$。如果 f($x$)、f($x1$) 异号，表示根在 ($x1$, $x$) 区间内，此时可将 $x$ 作为新的 $x2$。

（4）重复步骤（2）、步骤（3），直到 |f($x$)| < ε 为止，ε 为一个很小的数，程序中设为 0.0001，此时可认为 f($x$) ≈ 0。

# ▶13.8  高手点拨

**01** **C 语言中规定以下几种情况可以省去主调函数中对被调函数的函数说明**

（1）如果被调函数的返回值是整型或字符型时，系统自动将被调函数返回值按整型处理。

（2）当被调函数的函数定义出现在主调函数之前时。

（3）如在所有函数定义之前，在函数外预先说明了各个函数的类型。

**02** **带参函数的调用可以通过实参与形参传递数据**

函数可定义带参和不带参两种形式，带参函数在调用时通过实参和形参传递数据。形参出现在函数定义中，在整个函数体内都可以使用，离开该函数则不能使用。实参出现在主调函数中，进入被调函数后，实参变量也不能使用。根据实参和形参传递的是数据值还是地址，又分为"值传递"和"地址传递"两种方式。

（1）"值传递"——单向传递。函数调用中发生的数据传送是单向的。即只能把实参的值传送给形参，而不能把形参的值反向地传送给实参。因此在函数调用过程中，形参的值发生改变，而实参中的值不会变化。例如：

```c
#include"stdio.h"
void s(int m);
main()
{
  int n;
 printf("input number\n");
  scanf("%d",&n);
  s(n);
  printf("n=%d\n",n);
}
void s(int m)
{
  int i;
  for(i=m-1;i>=1;i--)
```

```
        m=m+i;
    printf("m=%d\n",m);
    }
```

本程序中定义了一个 s() 函数，该函数的功能是求累加的和。在主函数中输入 *n* 值，并作为实参，在调用时传送给 s() 函数的形参 *m*。在主函数中用 printf 语句输出一次 *n* 值，这个 *n* 值是实参 *n* 的值。在 s() 函数中用 printf 语句输出了一次 *m* 值，这个 *m* 值是形参最后取得的 *m* 值。从运行情况看，输入 *n* 值为 100，即实参 *n* 的值为 100。把此值传给 s() 函数时，形参 *n* 的初值也为 100，在执行函数过程中，形参 *m* 的值变为 5050。返回主函数之后，输出实参 *n* 的值仍为 100。可见实参的值不随形参的变化而变化。

（2）"地址传递"——双向传递。函数调用中发生的数据传送是双向的，即实参的地址值传送给形参，则形参与实参共同占用了同一块存储空间。因此在函数调用过程中，形参的值发生改变，相当于对实参中的值进行了改变。按照目前学习的知识，实参和形参都是数组名时即实现的是双向传递。

**03 被调函数可有返回值也可没有返回值**

（1）函数如果有返回值只能有一个，并且通过 return 语句返回主调函数，在函数中允许有多个 return 语句，但每次调用只能有一个 return 语句被执行，因此只能返回一个函数值。

（2）函数值的类型和函数定义中函数的类型应保持一致。如果两者不一致，则以函数类型为准，系统自动进行类型转换。

（3）如果函数值为整型，在函数定义时可以省去类型说明。

（4）不返回函数值的函数，可以明确定义为"空类型"，类型说明符为"void"。例如，s() 函数并不向主函数返函数值，因此可定义为：

```
void s(int n)
{
    /* ... */
}
```

一旦函数被定义为空类型，就不能在主调函数中使用被调函数的函数值了。例如，在定义 s() 为空类型后，在主函数中写语句 sum=s(n); 就是错误的。

# ▶ 13.9 实战练习

（1）编写 prime() 函数，判断给定的整数 *x* 是否为素数。在主函数输入一个整数，输出是否为素数。

（2）编写函数，根据整型参数 *m* 的值，计算下列公式的值。

$$t = 1 - \frac{1}{2} + \frac{1}{3} - \frac{1}{4} + \cdots + \frac{1}{m}$$

（3）用递归法反序输出一个正整数的各位数值，如输入 4532，应输出 2354。

（4）编写 fun() 函数，它的功能是计算并输出下列级数和。

$$s = \frac{1}{1 \times 2} + \frac{1}{2 \times 3} + \cdots + \frac{1}{n(n+1)}$$

例如，当 *n* = 10 时，函数值为 0.909091。请勿改动主函数 main() 和其他函数中的任何内容，仅在 fun() 函数的花括号中填入编写的若干语句。

```
#include <stdio.h>
double  fun( int  n)
{
}
main()  /* 主函数 */
{
```

```
        printf("%f\n", fun(10));
    }
```

（5）编写 fun() 函数，其功能是根据以下公式求 P 的值，结果由函数值带回。m 与 n 为两个正整数，且要求 m > n。

$$P = \frac{m!}{n!(m-n)!}$$

例如，m = 12，n = 8 时，运行结果为 495.000000。请勿改动主函数 main() 和其他函数中的任何内容，仅在 fun() 函数的花括号中填入编写的若干语句。

```
#include <stdio.h>
float  fun(int m, int n)
{
}
main()  /* 主函数 */
{
    printf("P=%f\n", fun (12,8));
}
```

# 第 **14** 章

# 变量的作用范围和存储类型

变量根据声明的位置不同在程序执行过程中的作用范围也不同，另外变量根据存储形式不同它在程序执行中的生命周期也不同。本章重点介绍函数的局部变量、全局变量，以及变量的 4 种存储类型，分别是自动类型、寄存器类型、静态类型和外部类型。通过学习，希望读者能够了解 C 语言中变量的有效性，熟悉变量的 4 种不同存储类型。

## 本章要点（已掌握的在方框中打钩）

☐ 局部变量
☐ 全局变量
☐ 自动类型
☐ 寄存器类型
☐ 静态类型
☐ 外部类型

# ▶ 14.1 变量的作用范围

前面曾经提到，函数被调用前，该函数内的形参是不占用内存的存储单元的；调用以后，形参才被分配内存单元；函数调用结束，形参所占用的内存也将被回收，被释放。这一点说明形参只有在定义它的函数内才是有效的，离开该函数就不能再使用了。这个变量有效性的范围或者说该变量可以引用的范围，称为变量的作用域。不仅仅是形参变量，C 语言中所有的变量都有自己的作用域。变量按照作用域范围可分为两种，即局部变量和全局变量。

## 14.1.1 局部变量

局部变量就是在函数内部或者块内定义的变量。局部变量只在定义它的函数内部或块内部有效，在这个范围之外是不能使用这些变量的。例如：

```
int func(int a,int b)          /* 函数 func()*/
{
  double x,y;
  …
}
main()
{
  int m,n;
  …
}
```

在函数 func() 内定义了 4 个变量，a、b 为形参，x、y 为一般的变量。在 func() 的范围中，a、b、x、y 都有效，或者说 a、b、x、y 这 4 个变量在 func() 函数内是可见的。同理，m、n 的作用域仅限于 main() 函数内。

关于局部变量的作用域，还要说明以下几点。

（1）主函数 main() 中定义的变量 m、n 只在主函数中有效，并没有因为在主函数中定义而在整个文件或程序中有效。因为主函数也是一个函数，它与其他函数是平行的关系。

（2）不同的函数中可以使用相同的变量名，它们代表不同的变量，这些变量之间互不干扰。

（3）在一个函数内部，还可以在复合语句（块）中定义变量，这些变量只在该复合语句中有效。

（4）如果局部变量的有效范围有重叠，则有效范围小的优先。例如：

```
void main()
{
  int a,b,c;
  …
  {
    int c;
    c=a+b;
    …
  }
}
```

整个 main() 函数内 a、b、c 均有效，但函数内的复合语句中又定义了一个变量 c，此时的变量与复合语句外部的变量 c 重名，那么在复合语句范围内定义的变量 c 优先使用。

📝 范例 14-1　　局部变量的应用。

（1）在 Code::Blocks 中，新建名为 "14-1.c" 的文件。
（2）在代码编辑区域输入以下代码（代码 14-1.txt）。

```
01  #include<stdio.h>
```

```
02   int main()
03   {
04     int i=2,j=3,k;        /* 变量 i,j,k 在 main() 函数内部均有效 */
05     k=i+j;
06     {
07       int h=8;              /* 变量 h 只在包含它的复合语句中有效 */
08       printf("%d\n",h);
09     }
10     printf("%d\n",k);
11   }
```

**【运行结果】**

编译、连接、运行程序，即可在程序执行窗口中输出运行结果。

```
■ E:\范例源码\ch14\14-1.exe                    —    □    ×

8
5
Process returned 2 (0x2)    execution time : 0.350 s
Press any key to continue.
```

**【范例分析】**

本范例中，变量 *h* 只在复合语句的语句块内有效，离开该复合语句，该变量则无效。

### 14.1.2 全局变量

与局部变量相反，在函数之外定义的变量称为全局变量。由于一个源文件可以包含一个或若干个函数，全局变量可以为本文件中的其他函数所共有，它的有效范围从定义点开始，到源文件结束时结束，全局变量又称为外部变量。例如：

```
int a=2,b=5;    /* 全局变量 */
int f1()            /* 定义函数 f1()*/
{
  …
}
double c,d;      /* 全局变量 */
void f2()          /* 定义函数 f2()*/
{
  …
}
main()            /* 主函数 */
{
  …
}
int e,f;          /* 全局变量 */
```

其中，*a*、*b*、*c*、*d*、*e*、*f* 都是全局变量，但它们的作用范围不同。在 main() 函数、f1() 函数和 f2() 函数中，可以使用 *a*、*b*；在 f2() 函数和 main() 函数中可以使用 *a*、*b*、*c*、*d*。变量 *e*、*f* 不能被任何函数使用。

**📝 范例 14-2**　　**编写一个函数，实现同时返回10个数的最大值和最小值。**

（1）在 Code::Blocks 中，新建名为 "14-2.c" 的文件。
（2）在代码编辑区域输入以下代码（代码 14-2.txt）。

```
01  #include <stdio.h>
02  #include <math.h>
03  #include <stdlib.h>
04  int min;              /* 全局变量 min*/
05  int find( )
06  {
07    int max,x,i;
08    x=rand()%101+100;              /* 产生一个 [100, 200] 之间的随机数 x*/
09    printf("  %d",x);
10    max=x; min=x;        /* 设定最大数和最小数 */
11    for(i=1;i<10;i++)
12    {
13      x=rand()%101+100;            /* 再产生一个 [100, 200] 之间的随机数 x*/
14      printf("  %d",x);
15      if(x>max)
16        max = x;         /* 若新产生的随机数大于最大数，则进行替换 */
17      if(x<min)
18        min = x;         /* 若新产生的随机数小于最小数，则进行替换 */
19    }
20    return max;
21  }
22  int main( )
23  {
24    int m=find( );
25    printf("\n 最大数 :%d, 最小数 :%d\n",m,min);
26  }
```

### 【运行结果】

编译、连接、运行程序，即可在程序执行窗口中输出 10 个随机数，并显示这 10 个数中的最大值和最小值。

```
E:\范例源码\ch14\14-2.exe                              —    □    ×

 141  185  172  138  180  169  165  168  196  122
最大数:196, 最小数:122

Process returned 23 (0x17)    execution time : 0.363 s
Press any key to continue.
```

### 【范例分析】

本范例中，变量 min 是全局变量，它的作用范围是整个源文件。程序通过 find() 函数返回最大值，最小值则由全局变量 min 进行传递。由此可见，如果需要传递多个数据，除了使用函数值外，还可以借助全局变量，因为函数的调用只能通过 return 语句带回一个返回值，因此有时可以利用全局变量增加与函数联系的渠道，从函数得到一个以上的返回值。

因此，全局变量的使用增加了函数之间传送数据的途径。在全局变量的作用域内，任何一个函数都可以引用该全局变量。但如果在一个函数中改变了全局变量的值，就会影响其他函数，相当于各个函数间有直接的传递通道。

### 📝 范例 14-3　　全局变量和局部变量同名的示例。

（1）在 Code::Blocks 中，新建名为 "14-3.c" 的文件。
（2）在代码编辑区域输入以下代码（代码 14-3.txt）。

```
01  #include <stdio.h>
02  int a=3,b=5;              /* 全局变量 a,b*/
03  int max(int a,int b)   /* 局部变量 a,b*/
04  {
05    int c;
06    c=a>b?a:b;
07    return c;
08  }
09  main()
10  {
11    int a=8;      /* 局部变量 a*/
12    printf("%d\n",max(a,b));
13  }
```

**【运行结果】**

编译、连接、运行程序，即可在程序执行窗口中显示运行结果。

```
■ E:\范例源码\ch14\14-3.exe                          —    □    ×
8
Process returned 2 (0x2)   execution time : 0.272 s
Press any key to continue.
```

**【范例分析】**

程序中定义了两个全局变量 *a* 和 *b*，在 main() 函数中定义了局部变量 *a*，根据局部变量优先的原则，main() 函数中调用的实参 *a* 是 8，*b* 的值是全局变量 5，因此程序的运行结果比较的是 8 和 5 的最大值。

在实际使用过程中，建议不在必要时不要使用全局变量，原因如下。

（1）全局变量在程序的全部执行过程中都占用存储单元，而不是仅在需要时才开辟单元。

（2）全局变量使得函数的通用性降低了，因为函数在执行时要依赖于其所在的外部变量。如果将一个函数移到另一个文件中，还要将有关的外部变量及其值一起移过去。但若该外部变量与其他文件的变量同名，就会出现问题，会降低程序的可靠性和通用性。在程序设计中，划分模块时要求模块的"内聚性"强，与其他模块的"耦合性"弱。即模块的功能要单一（不要把许多互不相干的功能放到一个模块中），与其他模块的相互影响要尽量少，而使用全局变量是不符合这个原则的。一般要求把 C 程序中的函数做成一个封闭体，除了可以通过"实参—形参"的渠道与外界发生联系外，没有其他渠道进行数据传递。这样的程序移植性好，可读性强。

（3）使用全局变量过多，会降低程序的清晰性，人们往往难以清楚地判断出每个瞬时各个全局变量的值。在执行各个函数时，都可能改变全局变量的值，程序容易出错。因此，要限制使用全局变量，而多使用局部变量。

# ▶14.2 变量的存储类型

**14.1** 节是从变量的作用域角度，将变量划分为全局变量和局部变量。本节从另外一个角度，就是变量值存在的时间（即生存期）来划分，可以分为动态存储变量和静态存储变量。

（1）动态存储变量，当程序运行定义它的函数或复合语句时才被分配存储空间，程序运行结束离开此函数或复合语句时，所占用的内存空间被释放。这是一种节省内存空间的存储方式。

（2）静态存储变量，在程序运行的整个过程中，始终占用固定的内存空间，直到程序运行结束，才释放占用的内存空间。静态存储类别的变量被存放于内存空间的静态存储区。

在 C 程序运行时，占用的内存空间分为 3 部分，如下图所示。

| 程序代码区 |
| 静态存储区 |
| 动态存储区 |

程序运行时的数据分别存储在静态存储区和动态存储区。静态存储区用来存放程序运行期间所占用固定存储单元的变量，如全局变量等。动态存储区用来存放不需要长期占用内存的变量，如函数的形参、局部变量等。

变量的存储类型具体来说可分为 4 种，即自动类型 (auto)、寄存器类型 (register)、静态类型 (static) 和外部类型 (extern)。其中，自动类型、寄存器类型的变量属于动态变量，静态类型、外部类型的变量属于静态变量。

### 14.2.1 自动类型

用自动类型关键字 auto 说明的变量称为自动变量。其一般形式如下。

auto 类型 变量名；

自动变量属于动态局部变量，该变量存储在动态存储区。定义时可以加 auto 说明符，也可以省略。由此可知，我们之前所用到的局部变量都是自动类型的变量。自动变量的分配和释放存储空间的工作是由编译系统自动处理的。例如：

```
int func1(int a)
{
    auto int b,c=3;
    …
}
```

形参 a，变量 b、c 都是自动变量。在调用该函数时，系统给它们分配存储空间，函数调用结束时自动释放存储空间。

### 14.2.2 寄存器类型

寄存器类型变量的存储单元被分配在寄存器当中，用关键字 register 说明。其一般形式如下。

register 类型 变量名；

例如：

register int a;

寄存器变量是动态局部变量，存放在 CPU 的寄存器或动态存储区中，这样可以提高存取的速度，因为寄存器的存取速度比内存快得多。该类变量的作用域、生存期与自动变量相同。如果没有存放在通用寄存器中，便按自动变量处理。

但是由于计算机中寄存器的个数是有限的，寄存器的位数也是有限的，所以使用 register 说明变量时要注意以下几点。

（1）寄存器类型的变量不宜过多，一般可将频繁使用的变量放在寄存器中（如循环中涉及的内部变量），以提高程序的执行速度。

（2）变量的长度应该与通用寄存器的长度相当，一般为 int 型或 char 型。

（3）寄存器变量的定义通常是不必要的，现在优化的编译系统能够识别频繁使用的变量，并能够在不需要编程人员做出寄存器存储类型定义的情况下，就把这些变量放在寄存器当中。

### 范例 14-4　寄存器变量示例。

（1）在 Code::Blocks 中，新建名为 "14-4.c" 的文件。
（2）在代码编辑区域输入如下代码（代码 14-4.txt）。

```
01   #include <stdio.h>
02   int main()
```

```
03   {
04     int x=5,y=10,k;          /* 自动变量 x、y、k*/
05     for (k=1;k<=2;k++)
06     {  register int m=0,n=0;      /* 寄存器变量 m、n*/
07       m=m+1;
08       n=n+x+y;
09       printf("m=%d\tn=%d\n",m,n);
10     }
11   }
```

### 【运行结果】

编译、连接、运行程序，即可在程序执行窗口中输出结果。

```
■ E:\范例源码\ch14\14-4.exe              —    □    ×
m=1      n=15
m=1      n=15

Process returned 9 (0x9)   execution time : 0.311 s
Press any key to continue.
```

### 【范例分析】

本范例中定义了两类变量，一类是自动变量 *x*、*y* 和 *k*，另一类是寄存器变量 *m* 和 *n*。

## 14.2.3 静态类型

静态类型的变量占用静态存储区，用 static 关键字来说明。其一般形式如下。

static 类型 变量名 ;

例如 :

static int a;

静态类型又分为静态局部变量和静态全局变量。C 语言规定静态局部变量有默认值，int 型等于 0，float 型等于 0.0，char 型为 '\0'，静态全局变量也如此。而自动变量和寄存器变量没有默认值，值为随机数。

### 01 静态局部变量

定义在函数内的静态变量称为静态局部变量。关于静态局部变量的几点说明如下。

（1）静态局部变量是存储在静态存储区的，所以在整个程序开始时就被分配固定的存储单元，整个程序运行期间不再被重新分配，故其生存期是整个程序的运行期间。

（2）静态局部变量本身也是局部变量，具有局部变量的性质，即其作用域是局限在定义它的本函数体内的。如果离开了定义它的函数，该变量就不再起作用，但其值仍然存在，因为存储空间并未释放。

（3）静态局部变量赋初值的时间是在编译阶段，并且只被赋初值一次，即使它所有的函数调用结束，也不释放存储单元。因此不管调用多少次该静态局部变量的函数，它仍保留上一次调用函数时的值。

### 📝 范例 14-5    静态局部变量示例：打印1~5的阶乘。

（1）在 Code::Blocks 中，新建名为 "14-5.c" 的文件。
（2）在代码编辑区域输入以下代码（代码 14-5.txt）。

```
01   #include <stdio.h>
02   long fac(int n)
03   {
04     static long f=1;    /* 定义静态局部变量 f, 仅初始化一次, 在静态存储区分配空间 */
```

```
05      f=f*n;
06      return f;
07  }
08  main()
09  {
10      int k;
11      for(k=1;k<=5;k++)
12        printf("%d!=%ld\n",k,fac(k));
13      printf("\n");
14  }
```

## 【运行结果】

编译、连接、运行程序，在程序执行窗口中即可显示 1~5 的阶乘。

## 【范例分析】

程序从 main() 函数开始运行，此时 fac() 函数内的静态局部变量 f 已在静态存储区初始化为 1。当第 1 次调用 fac() 函数时，f=1*1=1，第 1 次调用结束并不会释放 f，仍保留 1。第 2 次调用 fac() 函数时，f=1*2=2（其中 1 仍是上次保留的结果），第 2 次调用结束 f 的值仍保留为 2。第 3 次调用，f=2*3=6，f 内这次保留的是 6。第 4 次调用的结果为 24，第 5 次调用的结果为 120(24*5)。

### 02 静态全局变量

在定义全局变量时前面加上关键字 static，就是静态全局变量。

如果编写的程序是在一个源文件中实现的，那么一个全局变量和一个静态全局变量是没有区别的。但是，有时一个 C 源程序是由多个文件组成的，那么全局变量和静态全局变量在使用上是完全不同的，一个文件可以通过外部变量声明使用另一个文件中的全局变量，但无法使用静态全局变量，静态全局变量只能被定义它的文件所独享。

静态全局变量的特点如下。

（1）静态全局变量与全局变量基本相同，只是其作用范围（即作用域）是定义它的程序文件，而不是整个工程项目。

（2）静态全局变量属于静态存储类别的变量，它在程序开始运行时就被分配固定的存储单元，所以其生存期是整个程序运行期间。

（3）使用静态全局变量的好处是，同一项目的两个不同的源文件中可以使用相同名称的变量名，而且互不干扰。

### 📝 范例 14-6　　静态全局变量示例。

（1）在 Code::Blocks 中，新建名为 "Static Global" 的项目。
（2）新建名称为 "14-6-1.c" 的文件，并在代码编辑区域输入以下代码（代码 14-6-1.txt）。

```
01  #include<stdio.h>
```

```
02   static int n;              /* 定义静态全局变量 n*/
03   void f(int x)
04   {
05     n=n*x;
06     printf("%d\n",n);
07   }
```

（3）新建名称为"14-6-2.c"的文件，并在代码编辑区域输入以下代码（代码 14-6-2.txt）。

```
01   #include<stdio.h>
02   int n;                     /* 定义全局变量 */
03   void f(int);
04   int main()
05   {
06     n=100;
07     printf("%d\n",n);
08     f(5);
09   }
```

【运行结果】

编译、连接、运行程序，即可在程序执行窗口中显示结果。

```
"E:\范例源码\ch14\Static Global\bin\Debug\Static Globa...   —   □   ×
100
0
Process returned 2 (0x2)   execution time : 0.171 s
Press any key to continue.
```

【范例分析】

本范例由两个文件构成——14-6-1.c 和 14-6-2.c。14-6-2.c 中定义了主函数，14-6-1.c 中定义了子函数 f()。程序仍是从包含主函数的文件开始执行。在 14-6-2.c 中定义了一个全局变量 $n$，对子函数作了一个声明。执行主函数，$n=100$，作用域范围小的优先，先输出局部变量 100。调用子函数，在 14-6-1.c 中定义了静态全局变量 $n$，此时这里的 $n$ 被赋的初值为 0，因为是静态的，所以会自动赋值。这个子函数输出的是 $0*5 = 0$。所以这两个 $n$ 是互不干涉的，静态全局变量 $n$ 对其他源文件无效，只在定义它的程序文件中有效。

### 14.2.4 外部类型

在任何函数之外定义的变量都叫作外部变量。外部变量通常用关键字 extern 声明。其一般形式如下。

extern 类型 变量名；

例如：

extern int a;
extern double k;

在一个文件中定义的全局变量默认为外部的，即 extern 关键字可以省略。但是如果其他文件要使用这个文件中定义的全局变量，则必须在使用前用"extern"作外部声明，外部声明通常放在文件的开头。

### 范例 14-7　外部变量示例。

（1）在 Code::Blocks 中，新建名为"Extern Variable"的项目。
（2）新建名为"14-7-1.c"的文件，并在代码编辑区域输入以下代码（代码 14-7-1.txt）。

```
01   #include <stdio.h>
```

```
02  extern int a;              /* 外部变量 a*/
03  extern int sum(int x);
04  int main( )
05  { int c;
06    c=sum(a);
07    printf("1+2+…+%d=%d\n",a,c);
08  }
```

（3）新建名为"14-7-2.c"的文件，并在代码编辑区域输入以下代码（代码 14-7-2.txt）。

```
01  int a=20;              /* 全局变量 a*/
02  int sum(int x)
03  {
04    int i,y=0;
05    for(i=1;i<=x;i++)
06      y=y+i;
07    return y;
08  }
```

## 【运行结果】

编译、连接、运行程序，即可在程序执行窗口中显示结果。

```
 "E:\范例源码\ch14\Extern Variable\bin\Debug\Extern Va...   —   □   ×

1+2+…+20=210

Process returned 14 (0xE)   execution time : 0.246 s
Press any key to continue.
```

## 【范例分析】

本范例 14-7-2.c 文件中定义了 1 个全局变量，其作用域可以延伸到程序的其他文件中，即其他文件也可以使用这个变量，但是在使用前要用"extern"作外部声明。14-7-1.c 文件使用了 14-7-2.c 文件中的变量 *a*，就要在前面加上 extern 声明，一般放在文件的开头。另外引用的 sum() 函数也是在另一个文件中定义的，也作了一个外部声明。

# ▶14.3 综合应用——根据日期判断是该年第几天

本节通过一个综合应用的例子，把本章学习的内容再熟悉一下。

**范例 14-8**　　编写程序，给出年、月、日，计算该日是该年的第几天。

（1）在 Code::Blocks 中，新建名为"Days"的项目。
（2）新建名为"14-8-1.c"的文件，并在代码编辑区域输入以下代码（代码 14-8-1.txt）。

```
01  #include <stdio.h>
02  extern int days();        /* 定义外部函数 */
03  extern int year,month,day;     /* 定义外部变量 */
04  int main()
05  {
06    printf(" 输入年、月、日：\n");
07    scanf("%d%d%d",&year,&month,&day);
08    printf("%d 月 %d 日是 %d 年的第 %d 天 \n",month,day,yea,days());
```

```
09  }
```

（3）新建名为"14-8-2.c"的文件，并在代码编辑区域输入以下代码（代码 14-8-2.txt）。

```
01  int year,month,day;        /* 定义全局变量 */
02  int days()
03  {
04    int i,count=0;            /*count 记录天数 */
05    int a[13]={0,31,28,31,30,31,30,31,31,30,31,30,31};      /* 用一维数组记录每个月的天数 */
06    if((year%100)&&!(year%4))||!(year%400))        /* 如果此年为闰年，将二月份的天数改为 29 天 */
07       a[2]=29;
08    for(i=1;i<month;i++)         /* 累加该日期前面几个月份的天数 */
09       count+=a[i];
10    count=count+day; /* 再加上该日期在本月份中的天数 */
11    return count;
12  }
```

**【运行结果】**

编译、连接、运行程序，根据提示输入年、月、日，按【Enter】键，即可输出该日是该年的第几天。

```
E:\范例源码\ch14\Days\bin\Debug\Days.exe                      —    □    ×
输入年、月、日：
2016 12 26
12月26日是2016年的第361天

Process returned 26 (0x1A)   execution time : 11.858 s
Press any key to continue.
```

**【范例分析】**

本范例中，要想计算天数，首先必须知道每个月有多少天，这里使用一维数组记录一年当中每个月的天数，数组下标与月份吻合。另外，还要知道要计算的日期所在的年份是否是闰年，所以用 if((x%100)&&!(x%4)||!(x%400)) 判断是否是闰年，如果是闰年，将下标为 2 的元素改为 29，否则不发生变化。这样就可以进行天数相加，先加前面几个月份的天数和，再与该日期中的 day 相加即可。

本范例在 14-8-2.c 源文件中采用了全局变量存放年、月、日，并在 14-8-1.c 文件中使用了这 3 个外部变量和外部函数 days()。此方法只用于举例，建议初学者尽量避免使用全局变量。

# ▶**14.4 高手点拨**

**在本章的学习中，要重点注意以下问题。**

（1）变量的作用域。

作用域描述了程序中可以访问某个变量的一个或多个区域，即变量的可见性。一个 C 语言变量的作用域可以是文件作用域、代码块作用域和函数原型作用域。函数作用域，变量在整个函数中都有效。语句标号属于函数作用域。标号在函数中不需要先声明后使用，在前面用一个 goto 语句也可以跳转到后面的某个标号，但仅限于同一个函数之中。

① 文件作用域，一个在所有函数之外定义的变量具有文件作用域。具有文件作用域的变量从它的定义处到包含该定义的文件结尾都是可见的。例如范例 14-7 中 main() 函数外面的 sum() 函数，还有 main() 函数中的 printf() 函数其实是在 stdio.h 中声明的，被包含到这个程序文件中了，所以也属于文件作用域。

② 代码块作用域，代码块是指一对花括号之间的代码，在 C99 中把代码块的概念扩大到包括由 for 循环、while 循环、do while 循环、if 语句所控制的代码。变量从它声明的位置开始到右 "}" 括号之间有效。此外，函数定义中的形参也属于代码块作用域，从声明的位置开始到函数末尾有效。

③ 函数原型作用域，标识符出现在函数原型中，这个函数原型只是一个声明而不是定义（没有函数体），

那么标识符从声明的位置开始到这个原型末尾有效，例如 void add(int num); 中的 num。

（2）链接一个 C 语言变量具有下列链接之———空链接、内部链接或外部链接。

① 空链接。具有代码块作用域或者函数原型作用域的变量就具有空链接，这意味着它们是由其定义所在的代码块或函数原型所私有。

② 内部链接。具有文件作用域的变量可能有内部链接或外部链接，一个具有文件作用域的变量前使用了 static 标识符标识时，即具有内部链接的变量。一个具有内部链接的变量可以在一个文件的任何地方使用。

③ 外部链接。一个具有文件作用域的变量默认是具有外部链接的。但当其前面用 static 标识后即转变为内部链接。一个具有外部链接的链接变量可以在一个多文件程序的任何地方使用。例如：

```
static int a;   // （在所有函数外定义）内部链接变量
int b;   // （在所有函数外定义）外部链接变量
main()
{
int b;   // 空链接，仅为 main() 函数私有。
}
```

（3）变量的存储周期。

一个 C 语言变量有以下两种存储周期之一（不包括动态内存分配 malloc 和 free 等），即静态存储周期和自动存储周期。

① 静态存储周期：如果一个变量具有静态存储周期，它在程序执行期间将一直存在。具有文件作用域的变量具有静态存储周期。这里注意一点，对于具有文件作用域的变量，关键词 static 表明链接类型，而不是存储周期。一个使用了 static 声明的文件作用域的变量具有内部链接，而所有的文件作用域变量，无论它具有内部链接，还是具有外部链接，都具有静态存储周期。

② 自动存储周期：具有代码块作用域的变量一般情况下具有自动存储周期。在程序进入定义这些变量的代码块时，将为这些变量分配内存，当退出这个代码块时，分配的内存将被释放。

（4）对头文件写法给出以下几点建议。

① 按相同功能或相关性组织 .c 和 .h 文件，同一文件内的聚合度要高，不同文件中的耦合度要低。接口通过 .h 文件给出。

② 对应的 .c 文件中写变量、函数的定义，并指定链接范围。对于变量和函数的定义时，仅本文件使用的变量和函数，要用 static 限定为内部链接，防止外部调用。

③ 对应的 .h 文件中写变量、函数的声明。有时可以通过使用设定和修改变量函数声明，来减少变量外部声明。

④ 如果有数据类型的声明和宏定义，将其写在头文件 .h 中，这时也要注意模块化问题，如果数据类型仅本文件使用则不必写在头文件中，而写在源文件 .c 中。这样会提高聚合度，减少不必要的格式外漏。

⑤ 头文件中不要包含其他的头文件，头文件的互相包含会使程序组织结构和文件组织变得混乱，同时会造成潜在的错误，给错误查找造成麻烦。如果出现头文件中类型定义需要其他头文件时，将其提出来，单独形成全局的一个源文件和头文件。

⑥ 模块的 .c 文件中别忘包含自己的 .h 文件。

# ▶14.5 实战练习

（1）写一个 days() 函数，实现下面的计算。由主函数将年、月、日传递给 days() 函数，计算后将日数传回主函数输出。

（2）编写一个 print() 函数，打印一个学生的成绩数，该数组中有 5 个学生的数据记录，每个记录包括 num、name、sore[3]，用主函数输入这些记录，用 print() 函数输出这些记录。

（3）在第（2）题的基础上，编写一个 input() 函数，用来输入 5 个学生的数据记录。

（4）有 10 个学生，每个学生的数据包括学号、姓名、3 门课成绩，从键盘输入 10 个学生的数据，要求打印出 3 门课的总平均成绩，以及取得最高分学生的数据（包括学号、姓名、3 门课成绩）。

第

# 15

章

## 库函数

美国国家标准协会在 C89 中制定了 C 语言的标准，同时也制定了一定数量的库，称之为 ANSI C 语言标准函数库（后简称 C 标准函数库）。提供给开发人员的 15 个常用的标准函数库，其中包含了丰富的常用函数，借助它们，开发程序可以做到事半功倍。本章将揭开库函数神秘的面纱。

## 本章要点（已掌握的在方框中打钩）

- □ C 标准函数库
- □ 数学函数
- □ 字符串处理函数
- □ 字符处理函数
- □ 数据类型转换和存储管理函数
- □ 随机函数
- □ 日期和时间处理函数
- □ 诊断函数
- □ 其他函数

# ▶ 15.1 C 标准函数库

**1995 年 Normative Addendum1 (NA1) 批准了 3 个头文件 iso646.h、wchar.h 和 wctype.h 增加到 C 标准函数库中，C99 标准增加了 6 个头文件 complex.h、fenv.h、inttypes.h、stdbool.h、stdint.h 和 tgmath.h，C11 标准中又新增了 5 个头文件 stdalign.h、stdatomic.h、stdnoreturn.h、threads.h 和 uchar.h。至此，C 标准函数库共有 29 个头文件。**

函数库是由系统建立的具有一定功能的函数的集合。库中存放函数的名称和对应的目标代码，以及连接过程中所需的重定位信息。

库函数是存放在函数库中的函数。库函数具有明确的功能、入口调用参数和返回值。C 标准函数库提供有功能强大而且丰富的库函数，使用这些库函数可以在很大程度上减少代码的开发量，降低代码开发的难度。

头文件有时也称为包含文件。C 语言库函数与用户程序之间进行信息通信时要使用的数据和变量，在使用某一库函数时，都要在程序中用 #include 预处理命令嵌入该函数对应的头文件，用户使用时应查阅有关版本的 C 语言的库函数参考手册。比如我们经常使用的 printf() 函数和 scanf() 函数，就是由标准输入 / 输出库提供的，可通过加载输入 / 输出库"#include <stdio.h>"，继而调用相关的函数。否则，如果需要用户交互功能，就需要自己开发底层代码完成输入输出功能，相当复杂。

常用标准函数库由 15 个头文件组成，下表列举了这 15 个文件和它们的类型。

| 名称 | 函数类型 |
| --- | --- |
| <assert.h> | 诊断 |
| <ctype.h> | 字符测试 |
| <errno.h> | 错误检测 |
| <float.h> | 系统定义的浮点型界限 |
| <limits.h> | 系统定义的整数界限 |
| <locale.h> | 区域定义 |
| <math.h> | 数学 |
| <stjump.h> | 非局部的函数调用 |
| <signal.h> | 异常处理和终端信号 |
| <stdarg.h> | 可变长度参数处理 |
| <stddef.h> | 系统常量 |
| <stdio.h> | 输入 / 输出 |
| <stdlib.h> | 多种公用 |
| <string.h> | 字符串处理 |
| <time.h> | 时间和日期 |

📋 **提示**

在调用库函数时要注意函数参数值的类型和函数返回值的类型。

# ▶ 15.2 数学函数

尽管加、减、乘、除等运算符可以完成很多算术运算，但是对于求幂、计算平方根、求绝对值等运算，C 语言中并不存在这样的运算符。为了方便计算，C 语言提供了标准数学函数供程序使用。与所有的 C 语言函数一样，传递给数学函数的参数不一定必须是数字，任何一个表达式，包括嵌套调用其他的函数，都可以作为数学函数的参数。

要使用数学函数，需要包含数学函数库头文件，例如：

#include <math.h>

### 15.2.1　绝对值函数

绝对值函数用于将表达式的结果转换为非负数，形式如下表所示。

| 原型 | 功能 |
| --- | --- |
| int abs(int n) | 计算整数 $n$ 的绝对值 |
| long labs(long n) | 计算长整数 $n$ 的绝对值 |
| double fabs(double x) | 计算双精度实数 $x$ 的绝对值 |

**范例 15-1　求整数的绝对值。**

（1）在 Code::Blocks 中，新建名为"15-1.c"的文件。
（2）在代码编辑区中输入以下代码（代码 15-1.txt）。

```
01  #include <stdio.h>   /* 包含标准输入输出头文件 */
02  #include <math.h>    /* 包含数学头文件 */
03  int main()
04  {
05    int x;
06    x=-5;
07    printf("|%d|=%d\n",x,abs(x));        /* 调用绝对值函数 */
08    x=0;
09    printf("|%d|=%d\n",x,abs(x));        /* 调用绝对值函数 */
10    x=+5;
11    printf("|%d|=%d\n",x,abs(x));        /* 调用绝对值函数 */
12    return 0;
13  }
```

【运行结果】

编译、连接、运行程序，即可在程序执行窗口中输出结果。

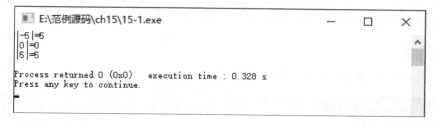

```
E:\范例源码\ch15\15-1.exe                   —    □    ×
|-5|=5
|0|=0
|5|=5

Process returned 0 (0x0)   execution time : 0.328 s
Press any key to continue.
```

【范例分析】

计算整数 $x$ 的绝对值，当 $x$ 不为负时返回 $x$，否则返回 $-x$。

### 15.2.2　幂函数和开平方函数

幂函数和开平方函数分别用于求 $n$ 次幂和开平方，形式如下表所示。

| 原型 | 功能 |
| --- | --- |
| double pow(double x,double y) | 计算双精度实数 $x$ 的 $y$ 次幂 |
| double sqrt(double x) | 计算双精度实数 $x$ 的平方根 |

### 范例 15-2　幂函数的应用。

（1）在 Code::Blocks 中，新建名为 "15-2.c" 的文件。

（2）在代码编辑区中输入以下代码（代码 15-2.txt）。

```
01  #include <stdio.h>              /* 包含标准输入输出头文件 */
02  #include <math.h>               /* 包含数学头文件 */
03  int main()
04  {
05    printf("4^3=%f",pow(4.0,3.0));        /* 调用幂函数 */
06    return 0;
07  }
```

### 【运行结果】

编译、连接、运行程序，即可在程序执行窗口中输出结果。

```
■ E:\范例源码\ch15\15-2.exe                    —    □    ×
4^3=64.000000
Process returned 0 (0x0)   execution time : 0.359 s
Press any key to continue.
```

### 【范例分析】

计算 $x$ 的幂，$x$ 应大于零，返回结果。

## 15.2.3 指数函数和对数函数

指数函数和对数函数互为逆函数，形式如下表所示。

| 原型 | 功能 |
| --- | --- |
| double exp(double x) | 计算 e 的双精度实数 $x$ 次幂 |
| double log(double x) | 计算以 e 为底的双精度实数 $x$ 的对数 $\ln(x)$ |
| double log10(double x) | 计算以 10 为底的双精度实数 $x$ 的对数 $\log_{10}x$ |

使用指数函数和对数函数时，e 是自然对数的底，值是无理数 2.718281828……。

## 15.2.4 三角函数

三角函数常用的正弦、余弦和正切函数形式如下表所示。

| 原型 | 功能 |
| --- | --- |
| double sin(double x) | 计算双精度实数 $x$ 的正弦值 |
| double cos(double x) | 计算双精度实数 $x$ 的余弦值 |
| double tan(double x) | 计算双精度实数 $x$ 的正切值 |
| double asin(double x) | 计算双精度实数 $x$ 的反正弦值 |
| double acos(double x) | 计算双精度实数 $x$ 的反余弦值 |
| double atan(double x) | 计算双精度实数 $x$ 的反正切值 |
| double sinh(double x) | 计算双精度实数 $x$ 的双曲正弦值 |
| double cosh(double x) | 计算双精度实数 $x$ 的双曲余弦值 |
| double tanh(double x) | 计算双精度实数 $x$ 的双曲正切值 |

要正确使用三角函数，需要注意参数范围。

（1）对于 sin 和 cos 函数，x 的定义域为 [0,2π]，值域为 [-1.0,1.0]。

（2）对于 asin 函数，x 的定义域为 [-1.0,1.0]，值域为 [-π/2,+π/2]。

（3）对于 acosx 函数，x 的定义域为 [-1.0,1.0]，值域为 [0,π]。

（4）对于 atan 函数，值域为 (-π/2,+π/2)。

### 15.2.5 取整函数和取余函数

取整函数用于获取实数的整数部分，取余函数用于获取实数的余数部分，形式如下表所示。

| 原型 | 功能 |
| --- | --- |
| double ceil(double x) | 计算不小于双精度实数 *x* 的最小整数 |
| double floor(doulbe x) | 计算不大于双精度实数 *x* 的最大整数 |
| double fmod(double x,double y) | 计算双精度实数 *x/y* 的余数，余数使用 *x* 的符号 |
| double modf(double x,double *ip) | 把 *x* 分解成整数部分和小数部分，*x* 是双精度浮点数，ip 是整数部分指针，返回结果是小数部分 |

（1）假设 x 的值是 74.12，则 ceil(x) 的值是 75，如果 x 的值是 -74.12，则 ceil(x) 的值是 -74。

（2）假设 x 的值是 74.12，则 floor(x) 的值是 74，如果 x 的值是 -74.12，则 floor(x) 的值是 -75。

**范例 15-3　取整和取余函数的应用。**

（1）在 Code::Blocks 中，新建名为 "15-3.c" 的文件。

（2）在代码编辑区中输入以下代码 ( 代码 15-3.txt)。

```
01   #include <stdio.h>           /* 包含标准输入输出头文件 */
02   #include <math.h>            /* 包含数学头文件 */
03   int main()
04   {
05     double x,y,i;
06     x=74.12;
07     y=6.4;
08     printf("74.12/6.4 = %f\n",fmod(x,y));   /* 调用取余函数 */
09     y=-6.4;
10     printf("74.12/(-6.4) = %f\n",fmod(x,y));        /* 调用取余函数 */
11     x=modf(-74.12,&i);           /*& 是取地址运算符，指针知识见第 18 章 */
12     printf("-74.12=%.0f+(%.2f)",i,x);
13     return 0;
14   }
```

**【运行结果】**

编译、连接、运行程序，即可在程序执行窗口中输出结果。

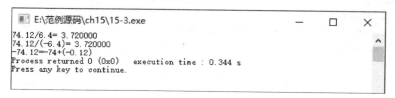

**【范例分析】**

本范例使用 fmod() 函数计算 *x/y* 的余数，modf() 函数将浮点数 –74.12 分解成整数部分和小数部分。

# ▶15.3 字符串处理函数

C语言没有为以数组为整体的对象提供内置操作，例如数组赋值或者数组比较。因为字符串只是一个以 '\0' 字符终止的字符数组，不是一个有它自己权限的数据类型，这就意味着不能为字符串提供赋值运算和关系运算。

但是，在 C 标准函数库中，包含有大量的字符串处理函数和字符处理函数，能起到辅助完成对字符串进行处理的功能。

字符串库函数的调用方式与所有的 C 语言函数的调用方式一样，要使用这些字符串函数，需要包含头文件 <string.h>。

## 15.3.1 字符串长度函数

求字符串长度函数在处理字符串问题时非常有用，形式如下表所示。

| 原型 | 功能 |
|------|------|
| int strlen(char *d) | 返回字符串 d 的长度，不包括终止符 NULL |

如果有下面的代码：

```
char *s="Hello World";
n=strlen(s);
```

经过调用 strlen() 函数，n 的值为 11。

## 15.3.2 字符串连接函数

字符串连接函数用于把两个字符串连接在一起，形式如下表所示。

| 原型 | 功能 |
|------|------|
| char *strcat(char *d,char *s) | 连接字符串 s 到字符串 d 后，返回字符串 d |
| char *strncat(char *d,char *s,int n) | 连接字符串 s 中至多 n 个字符到字符串 d 后，返回字符串 d |

### 📝 范例 15-4    字符串连接函数的应用。

（1）在 Code::Blocks 中，新建名为 "15-4.c" 的文件。
（2）在代码编辑区中输入以下代码（代码 15-4.txt）。

```
01  #include <stdio.h>          /* 包含标准输入输出头文件 */
02  #include <string.h>         /* 包含字符串处理头文件 */
03  int main()
04  {
05    char d1[20]="Hello";
06    char d2[20]="Hello";
07    char s1[]="World";
08    char s2[]="Worldabc";
09    strcat(d1,s1);            /* 调用字符串连接函数 */
10    printf("%s\n",d1);
11    strncat(d2,s2,6);         /* 调用字符串连接函数 */
12    printf("%s\n",d2);
13    return 0;
14  }
```

【运行结果】

编译、连接、运行程序，即可在程序执行窗口中输出结果。

```
■ E:\范例源码\ch15\15-4.exe                              —    □    ×
Hello World
Hello World

Process returned 0 (0x0)    execution time : 0.422 s
Press any key to continue.
```

【范例分析】

在范例中，strncat() 函数把 s2 所指字符串的前 6 个字符添加到 d2 结尾处（覆盖 d2 结尾处的 '\0'），并在字符串结尾处添加 '\0'，s2 和 d2 所指内存区域不可以重叠，且 d2 必须有足够的空间来容纳 s2 的字符串，最后返回指向 d2 的指针。

### 15.3.3　字符串复制函数

字符串复制函数用于把一个字符串复制到另一个字符串中，形式如下表所示。

| 原型 | 功能 |
| --- | --- |
| char *strcpy(char *d,char *s) | 复制字符串 s 到字符串 d，返回字符串 d |
| char *strncpy(char *d,char *s,int n) | 复制字符串 s 中至多 *n* 个字符到字符串 d；如果 s 小于 *n* 个字符，用 '\0' 补上，返回字符串 d |
| void *memcpy(void *d,void *s,int n) | 从 s 复制 *n* 个字符到 d，返回字符串 d |
| void *memmove (void *d,void *s,int n) | 和 memcpy() 函数相同，即使 d 和 s 部分相同也运行 |

### 📝 范例 15-5　　字符串复制函数的应用。

（1）在 Code::Blocks 中，新建名为 "15-5.c" 的文件。

（2）在代码编辑区中输入以下代码 ( 代码 15-5.txt)。

```
01  #include <stdio.h>        /* 包含标准输入输出头文件 */
02  #include <string.h>       /* 包含字符串处理头文件 */
03  int main()
04  {
05    char s1[]="Hello World";
06    char s2[]="Hello World";
07    char d1[20]="***************";
08    char d2[20]="***************";
09    strcpy(d1,s1);           /* 调用字符串复制函数 */
10    printf("%s\n",d1);
11    strncpy(d2,s2,strlen(s2));   /* 调用字符串复制函数 */
12    printf("%s\n",d2);
13    return 0;
14  }
```

【运行结果】

编译、连接、运行程序，即可在程序执行窗口中输出结果。

```
■ E:\范例源码\ch15\15-5.exe                           —    □    ×
Hello World
Hello World****

Process returned 0 (0x0)   execution time : 0.391 s
Press any key to continue.
```

**【范例分析】**

strcpy() 函数中的 s1 和 d1 所指内存区域不可以重叠，且 d1 必须有足够的空间来容纳 s1 的字符串，最后返回指向 d1 的指针。

如果 strncpy() 函数中 s2 的前 $n$ 个字节不含 NULL 字符，则结果不会以 NULL 字符结束。如果 s2 的长度小于 $n$ 个字节，则以 NULL 填充 d2，直到复制完 $n$ 个字节。s2 和 d2 所指内存区域不可以重叠，且 d2 必须有足够的空间来容纳 s2 的字符串，最后返回指向 d2 的指针。

### 15.3.4　字符串比较函数

字符串比较函数用于比较两个字符串的大小，以 ASCII 码为基准，形式如下表所示。

| 原型 | 功能 |
| --- | --- |
| int strcmp(char *d,char *s) | 比较字符串 d 与字符串 s。如果 d<s，返回 –1；如果 d==s，返回 0；如果 d>s，返回 1 |
| int strncmp(char *d,char *s,int n) | 比较字符串 d 中至多 n 个字符与字符串 s。如果 d<s，返回 –1；如果 d==s，返回 0；如果 d>s，返回 1 |
| int memcmp(void *d,void *s,int n) | 比较 d 的前 n 个字符与 s，和 strcmp 返回值相同 |

📝 **范例 15-6　字符串比较函数的应用。**

（1）在 Code::Blocks 中，新建名为 "15-6.c" 的文件。
（2）在代码编辑区中输入以下代码（代码 15-6.txt）。

```
01  #include <stdio.h>        /* 包含标准输入输出头文件 */
02  #include <string.h>       /* 包含字符串处理头文件 */
03  int main()
04  {
05    char s1[]="Hello, Programmers!";
06    char s2[]="Hello, programmers!";
07    int r;
08    r=strcmp(s1,s2);         /* 调用字符串比较函数 */
09    if(!r)
10      printf("s1 and s2 are identical");
11    else
12      if(r<0)
13        printf("s1 less than s2");
14      else
15        printf("s1 greater than s2");
16    return 0;
17  }
```

## 【运行结果】

编译、连接、运行程序，即可在程序执行窗口中输出结果。

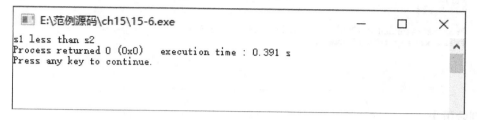

## 【范例分析】

当 s1<s2 时，返回值 =-1；当 s1=s2 时，返回值 =0；当 s1>s2 时，返回值 =1。

## 15.3.5 字符串查找函数

字符串查找函数用于在一个字符串中查找字符或字符串出现的位置，形式如下表所示。

| 原型 | 功能 |
| --- | --- |
| char *strchr (char *d,char c) | 返回一个指向字符串 d 中字符 c 第 1 次出现的指针；或者如果没有找到 c，则返回指向 NULL 的指针 |
| char *strstr(char *d,char *s) | 返回一个指向字符串 d 中字符串 s 第 1 次出现的指针；或者如果没有找到 s，则返回指向 NULL 的指针 |
| void *memchr(void *d,char c,int n) | 返回一个指向被 d 所指向的 n 个字符中 c 第 1 次出现的指针；或者如果没有找到 c，则返回指向 NULL 的指针 |

### 范例 15-7    字符串查找函数的应用。

（1）在 Code::Blocks 中，新建名为 "15-7.c" 的文件。
（2）在代码编辑区中输入以下代码 ( 代码 15-7.txt)。

```
01  #include <stdio.h>        /* 包含标准输入输出头文件 */
02  #include <math.h>         /* 包含字符串处理头文件 */
03  int main()
04  {
05    char s[]="Hello World";
06    char ps[]="llo";
07    if(strchr(s,'W'))       /* 调用字符串查找函数 */
08      printf("%s\n", strchr(s,'W'));
09    else
10      printf("Not Found!\n");
11    if(strstr(s,ps))        /* 调用字符串查找函数 */
12      printf("%s\n", strstr(s,ps));
13    else
14      printf("Not Found!\n");
15    return 0;
16  }
```

## 【运行结果】

编译、连接、运行程序，即可在程序执行窗口中输出结果。

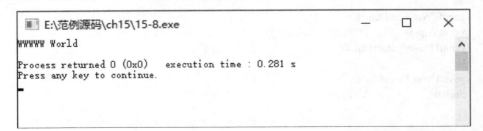

**【范例分析】**

strchr() 函数查找字符 'W' 首次出现的位置，然后返回了"World"字符串；strstr() 函数查找字符串 "llo" 首次出现的位置，然后返回了"llo World"字符串。

### 15.3.6 字符串填充函数

字符串填充函数用于快速赋值一个字符到一个字符串中，形式如下表所示。

| 原型 | 功能 |
| --- | --- |
| void *memset(void *d;char c,int n) | 使用 *n* 个字符 c 填充 void* 类型变量 d |

**📝 范例 15-8　字符串填充函数的应用。**

（1）在 Code::Blocks 中，新建名为"15-8.c"的文件。
（2）在代码编辑区中输入以下代码 ( 代码 15-8.txt)。

```
01  #include <stdio.h>      /* 包含标准输入输出头文件 */
02  #include <string.h>     /* 包含字符串处理头文件 */
03  int main()
04  {
05    char array[]="Hello World";
06    memset(array,'W',5);           /* 调用字符串填充函数 */
07    printf("%s", array);
08    return 0;
09  }
```

**【运行结果】**

编译、连接、运行程序，即可在程序执行窗口中输出结果。

**【范例分析】**

把指针所指内存存储空间的前 5 个字符，使用字符 'W' 填充。

## ▶15.4 字符处理函数

除了字符串处理函数外，还有 C 标准字符处理函数，这些函数包含在头文件 <ctype.h>

中，要使用这些字符处理函数，需要包含该头文件。

### 15.4.1　字符类型判断函数

字符类型判断函数用于判断字符的类型，例如是整数、字母还是标点符号等，形式如下表所示。

| 原型 | 功能 |
| --- | --- |
| int isalnum(int c) | 如果整数 c 是文字或数字返回非零，否则返回零 |
| int isalpha(int c) | 如果整数 c 是一个字母返回非零，否则返回零 |
| int iscntrl(int c) | 如果整数 c 是一个控制符返回非零，否则返回零 |
| int isdigit(int c) | 如果整数 c 是一个数字返回非零，否则返回零 |
| int isgraph(int c) | 如果整数 c 是可打印的（排除空格）返回非零，否则返回零 |
| int islower(int c) | 如果整数 c 是小写字母返回非零，否则返回零 |
| int isprint(int c) | 如果整数 c 是可打印的（包括空格）返回非零，否则返回零 |
| int ispunct(int c) | 如果整数 c 是可打印的（除了空格、字母或数字之外）返回非零，否则返回零 |
| int isspace(int c) | 如果整数 c 是一个空格返回非零，否则返回零 |
| int isupper(int c) | 如果整数 c 是大小字母返回非零，否则返回零 |
| int isxdigit(int c) | 如果整数 c 是十六进制数字返回非零，否则返回零 |

关于字符类型判断函数，我们以 isalpha(int c) 函数为例，如果判断字符 'c' 是英文字母，返回值则为非零，否则返回值为零。其他类型的判断函数也都一样，找到返回值就是非零，否则返回值为零。

**范例 15-9　字符类型判断函数的应用。**

（1）在 Code::Blocks 中，新建名为 "15-9.c" 的文件。

（2）在代码编辑区中输入以下代码 ( 代码 15-9.txt)。

```
01  #include <stdio.h>      /* 包含标准输入输出头文件 */
02  #include <ctype.h>      /* 包含测试字符或字符处理头文件 */
03  #include <string.h>     /* 包含字符串处理头文件 */
04  int main()
05  {
06   char s1[]="Test Line 1\tend\nTest Line 2\r";
07   char s2[]="Hello, Rain!";
08   int i;
09   printf("1. 空格判断，空格用 "." 代替输出，其他字符原样输出 \n");
10   printf(" 原串：");
11   puts(s1);
12   printf(" 变换后串：");
13   for(i=0;i<strlen(s1);i++)
14   {
15    if(isspace(s1[i]))      /* 调用字符类型判断函数 */
16     putchar('.');
17    else
18     putchar(s1[i]);
19   }
20   printf("\n\n\n");
21   printf("2. 标点符号判断，标点符号原样输出，其他字符用 "." 代替输出 \n");
22   printf(" 原串：");
23   puts(s2);
24   printf(" 变换后串：");
25   for(i=0;i<strlen(s2);i++)
```

```
26    {
27      if(ispunct(s2[i]))        /* 调用字符类型判断函数 */
28        putchar(s2[i]);
29      else
30        printf(".");
31    }
32    return 0;
33    }
```

**【运行结果】**

编译、连接、运行程序，即可在程序执行窗口中输出结果。

```
■ E:\范例源码\ch15\15-9.exe                        —    □    ×
1.空格判断，空格用"."代替输出，其他字符原样输出
原串: Test Line 1        end
Test Line 2
变换后串: Test.Line.1.end.Test.Line.2.

2.标点符号判断，标点符号原样输出，其他字符用"."代替输出
原串: Hello, Rain!
变换后串: .....,.....!

Process returned 0 (0x0)    execution time : 0.348 s
Press any key to continue.
```

**【范例分析】**

isspace(int c) 函数的功能是判断字符 c 是否为空白符，当 c 为空白符时，返回非零值，否则返回零。空白符指空格、水平制表、垂直制表、换页、回车和换行符等。

ispunct(int c) 函数的功能是判断字符 c 是否为标点符号，当 c 为标点符号时，返回非零值，否则返回零。标点符号指那些既不是字母数字，也不是空格的可打印字符。

### 15.4.2 字符大小写转换函数

字符大小写转换函数用于字母大小写互换，形式如下表所示。

| 原型 | 功能 |
| --- | --- |
| int tolower(int c) | 转换整数 c 为小写字母。当 c 为大写英文字母时，则返回对应的小写字母，否则返回原来的值 |
| int toupper(int c) | 转换整数 c 为大写字母。当 c 为小写英文字母时，则返回对应的大写字母，否则返回原来的值 |

# ▶ 15.5 数据类型转换和存储管理函数

本节分为两部分——**数据类型转换函数和存储管理函数**。这些函数的原型都包含在 **<stdlib.h>** 头文件中，使用这些函数时需要包含这个头文件。

### 15.5.1 数据类型转换函数

下表列出的库函数用于把字符串转换为整型或者浮点型数据类型，或者把整型、浮点型数据类型转换为字符串。

| 原型 | 功能 |
|------|------|
| int atoi(string) | 转换一个 ASCII 字符串为一个整数，在第一个非整型字符处停止 |
| double atof(string) | 转换一个 ASCII 字符串为一个双精度数，在第一个不能被解释为一个双精度数的字符处停止 |
| string itoa(int,char *,int) | 转换一个整数为一个 ASCII 字符串，为返回的字符串分配的空间必须大于被转换的数值 |

📝 **范例 15-10**　**转换函数的应用。**

（1）在 Code::Blocks 中，新建名为 "15-10.c" 的文件。
（2）在代码编辑区中输入以下代码（代码 15-10.txt）。

```
01  #include <stdio.h>          /* 包含标准输入输出头文件 */
02  #include <stdlib.h>         /* 包含转换和存储头文件 */
03  int main()
04  {
05   int num=12345;
06   char str[]="12345.67";
07   char array[10];
08   itoa(num,array,sizeof(array));          /* 调用转换函数 */
09   printf("num=%d,array=%s\n",num,array);
10   printf("%d",atoi(str));
11   return 0;
12  }
```

**【运行结果】**

编译、连接、运行程序，即可在程序执行窗口中输出结果。

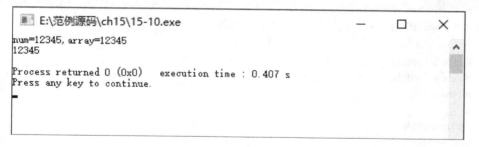

```
num=12345,array=12345
12345

Process returned 0 (0x0)    execution time : 0.407 s
Press any key to continue.
```

**【范例分析】**

itoa() 函数用于把整数转换为字符串，需要指定字符数组的大小。

### 15.5.2 **存储管理函数**

下表列出的 4 个函数用来控制动态地分配和释放存储空间。

| 原型 | 功能 |
|------|------|
| void *malloc(size_n) | 在内存的动态存储区中分配一个长度为 size_n 的连续空间 |
| void *calloc(size_n,size_n) | 在内存的动态存储区中分配 num 个长度为 size_n 的连续空间 |
| void *realloc(void *p,size_n) | 对指针 p 所指内存重新分配大小为 size_n 的空间，新空间的容量可以比过去大也可以比过去小 |
| void free(void *p) | 释放指针 p 指向的内存空间 |

尽管在实际中，malloc() 函数和 calloc() 函数能够经常互换使用，但还是更推荐使用 malloc() 函数，因为这个函数的用途更普遍。在使用 malloc() 函数请求一个新的存储空间分配时，必须给函数提供一个所需的存储数量的指示。这可以通过请求一个指定的字节数或者通过为一个特殊数据类型请求足够的空间来完成。

例如，函数调用 malloc(10*sizeof(char)) 请求足够存储 10 个字符的存储空间，函数 malloc(sizeof(int)) 请求足够存储一个整型数据的存储空间。

被 malloc() 函数分配的空间来自计算机空闲存储区，这个存储区形成在堆上。堆是由未分配的存储区组成的，这个存储区能够在这个程序执行时根据请求分配给一个程序。程序中如果使用了 free() 函数，可以把使用 malloc() 函数分配的存储区返回给这个堆。

为了提供访问这些位置的能力，malloc() 函数返回已经被保存的第 1 个位置。当然，这个位置的地址必须赋值给一个指针变量。目前还没有学习指针的知识，可以简单理解指针即是地址，存储地址的变量必须定义为指针变量，详细内容见第 18 章，学习过指针后可以回过头来再看本节内容，会理解得更深刻。通过 malloc() 函数返回一个指针，对创建数组或者是一组数据的结果是很有帮助的。我们需要注意到，返回的指针类型是 void 类型，这样不管请求的数据是什么类型，返回的地址必须使用强制类型转换成希望得到的类型，这就需要使用强制类型转换。

例如有个变量 *pt*，是一个指向整型的指针，已经使用 malloc() 函数创建了，如下所示。

```
Int *pt;  /* 定义整型指针变量 pt*/
pt = (int *)malloc(sizeof(int))  /* 把请示分配的存储空间起始地址保存在指针变量 pt 中 */
```

下面看一段代码，功能是创建一个整型数组，数组大小由用户在运行时输入决定。

```
int *pt;
printf(" 输入数值 \n");
scanf("%d",&number);
pt = (int *) malloc(number * sizeof(int));
```

经过这样的处理，我们就可以使用 *pt[i]* 或者 *(pt+i)* 访问数组中的第 *i* 个元素。

---

📋 **范例 15-11**　　**存储管理函数的应用。**

（1）在 Code::Blocks 中，新建名为 "15-11.c" 的文件。
（2）在代码编辑区中输入以下代码 ( 代码 15-11.txt)。

```
01  #include <stdio.h>          /* 包含标准输入输出头文件 */
02  #include <stdlib.h>         /* 包含转换和存储头文件 */
03  int main()
04  {
05    int numgrades, i;
06    int *grades;
07    printf(" 输入数值 : \n");
08    scanf("%d", &numgrades);
09    /* 请求存储空间 */
10    grades = (int *) malloc(numgrades * sizeof(int));  /* 调用分配内存函数 */
11    if (grades == (int *) NULL)      /* 检查空间是否正常分配 */
12    {
13      printf(" 分配空间失败 \n");
14      exit(1);
15    }
16    for(i = 0; i < numgrades; i++)
17    {
18      printf(" 输入数据 :");
19      scanf("%d", &grades[i]);
20    }
```

```
21    printf(" 数组已创建, 有 %d 个整数 \n", numgrades);
22    printf(" 存储的数组值是 :\n");
23    for (i = 0; i < numgrades; i++)
24      printf("%d\n", grades[i]);
25    free(grades);                  /* 调用释放内存函数 */
26    return 0;
27  }
```

**【运行结果】**

编译、连接、运行程序, 根据提示输入数组值, 并按【Enter】键, 即可输出结果。

```
E:\范例源码\ch15\15-11.exe                    —   □   ×
输入数值:
5
输入数据:1
输入数据:2
输入数据:3
输入数据:4
输入数据:5
数组已创建, 有5个整数
存储的数组值是:
1
2
3
4
5

Process returned 0 (0x0)    execution time : 9.081 s
Press any key to continue.
```

**【范例分析】**

需要注意到, 程序是在使用 malloc() 函数分配存储空间后, 检查空间是否被正常分配, 确保正确执行了分配指令。如果此时分配失败了, malloc() 函数将返回 NULL 指针, 程序中断执行。所以, 动态分配存储空间时, 大家一定要检查返回值, 这是非常重要的。

程序结尾使用了 free() 函数, 它的作用是释放空间, 把分配的存储空间归还给系统。

# ▶15.6　随机函数

在解决关于商业和科学问题的过程中, 通常会使用概率统计学的取样技术。例如, 在模拟流通流量和电信流量的模型中, 要求有统计模型。另外, 类似的简单计算机游戏中, 这样的应用只能由统计学来描述。所有的这些统计学模型都要求产生随机数, 也就是次序不能预测的一系列数字。

## 15.6.1　初识随机函数

在实践中, 找到真正的随机数字是困难的。数字计算机只能在一个限定的范围内和有限的精度下去处理数字。一般情况下, 计算机都会生成同样的一组数列, 但这并不是真正意义的随机数, 而是伪随机数。

C 标准函数库提供了一个随机数函数, 即 rand() 函数。它返回 [0, MAX] 之间均匀分布的伪随机整数。rand() 函数不接受参数, 默认以 1 为种子 (即起始值), 它总是以相同的种子开始, 所以形成的伪随机数列也相同, 不是真正的随机。这是有意设计的, 目的是便于程序的调试。

另一个是 srand() 函数, 我们可以使用该函数指定不同的数 (无符号整数) 为种子。但是如果种子相同, 那么伪随机数列也相同。我们有两种方法可以采用: 一种是让用户输入种子, 但是效果不是很理想; 另外一种比较理想的方法是采用变化的数, 我们常用时间来作为随机数生成器的种子。这样种子不同, 产生的随机数也就不同。

## 15.6.2 使用随机函数

rand() 函数没有参数，它返回一个从 0 到最大值之间的随机整数。例如要产生 0~10 的随机整数，可以表达为：

int n= rand() % 11;

如果要产生 1~10，则是这样的：

int n= 1 + rand() % 10;

总的来说，要生成 [a,b] 范围内的一个随机整数，可以用下式来表示：

int n=a + rand() % (b-a+1)

### 📝 范例 15-12    随机函数的应用。

（1）在 Code::Blocks 中，新建名为 "15-12.c" 的文件。
（2）在代码编辑区中输入以下代码 ( 代码 15-12.txt)。

```
01  #include <stdio.h>          /* 包含标准输入输出头文件 */
02  #include <stdlib.h>         /* 包含转换和存储头文件 */
03  #include <time.h>           /* 包含日期和时间处理头文件 */
04  #define MAX 100
05  int main()
06  {
07    int i;
08    srand( (unsigned)time( NULL ) );        /* 随机数播种函数 */
09    for (i=0;i<10;i++)          /* 产生 10 个随机数 */
10      printf("%d\n",rand()%MAX);              /* 设定随机数范围并输出 */
11    return 0;
12  }
```

### 【运行结果】

编译、连接、运行程序，即可在程序执行窗口中输出结果。

```
E:\范例源码\ch15\15-12.exe                    —   □   ×
6
88
89
13
86
66
77
34
94
6

Process returned 0 (0x0)    execution time : 0.353 s
Press any key to continue.
```

### 【范例分析】

srand() 函数的参数是一个带 NULL 参数的 time() 函数。NULL 参数使 time() 函数以秒为单位读取计算机内部时钟的时间，然后 srand() 函数使用这个时间初始化，rand() 函数设定随机函数范围，也就是我们常说的产生一个以当前时间开始的随机种子。

MAX 为生成随机数范围的上限值，rand()%MAX 产生的随机数范围是 [0，MAX-1]。

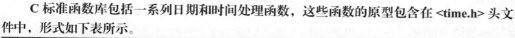

> **提示**
>
> 生成 [a,b] 范围内的随机整数公式为 n = a + rand() % (b-a+1)。

在实践中，我们需要对 rand() 函数生成的随机数进行修改，比如需要生成的随机数的范围在 0~1 之间，那该怎么办呢？

可以这样做，首先产生范围 0~10 的随机正整数，然后除以 10.0，根据需要再明确精度，其他情况依此类推。

## ▶ 15.7 日期和时间处理函数

　　**C 标准函数库包括一系列日期和时间处理函数，这些函数的原型包含在 <time.h> 头文件中，形式如下表所示。**

| 原型 | 功能 |
|---|---|
| char *asctime(const struct tm *timeptr) | 将参数 timeptr 所指的 tm 结构中的信息转换成真实世界所使用的时间日期表示方法，然后将结果以字符串形态返回 |
| char *ctime(const time_t *timep) | 将参数 timep 所指的 time_t 结构中的信息转换成真实世界所使用的时间日期表示方法，然后将结果以字符串形态返回 |
| struct tm *gmtime(const time_t *timep) | 将参数 timep 所指的 time_t 结构中的信息转换成真实世界所使用的时间日期表示方法，然后将结果由结构 tm 返回 |
| struct tm *localtime(const time_t *timep) | 将参数 timep 所指的 time_t 结构中的信息转换成真实世界所使用的时间日期表示方法，然后将结果由结构 tm 返回 |

　　tm 是结构体类型（结构体知识将在第 16 章介绍），其成员结构为：

```
struct tm
{
    int tm_sec;      /* 目前秒数，正常范围为 0~59，但允许至 61 秒 */
    int tm_min;      /* 目前分数，范围为 0~59*/
    int tm_hour;     /* 从午夜算起的时数，范围为 0~23*/
    int tm_mday;     /* 目前月份的日数，范围为 01~31*/
    int tm_mon;      /* 目前月份，从一月算起，范围为 0~11*/
    int tm_year;     /* 从 1900 年算起至今的年数 */
    int tm_wday;     /* 一星期的日数，从星期日算起，范围为 0~6*/
    int tm_yday;     /* 从今年 1 月 1 日算起至今的天数，范围为 0~365*/
};
```

　　gmtime() 函数返回的时间日期未经时区转换，而是 UTC 时间（UTC 是协调世界时 Universal Time Coordinated 的英文缩写），是由国际无线电咨询委员会规定和推荐，并由国际时间局负责保持的以秒为基础的时间标度。UTC 相当于本初子午线（即经度 0°）上的平均太阳时，过去曾用格林尼治平均时（GMT）来表示。

　　上表中的 4 个函数均返回字符串数据，字符串数据除了用前面第 15 章学习的字符数组存储外，更加方便的存储、操作方式是指针，内容见第 21 章，可以在学习字符串指针后再消化下面的范例。

> **范例 15-13** 日期和时间处理函数的应用。

　　（1）在 Code::Blocks 中，新建名为 "15-13.c" 的文件。
　　（2）在代码编辑区中输入以下代码 ( 代码 15-13.txt)。

```
01    #include <stdio.h>                    /* 包含标准输入输出头文件 */
02    #include <time.h>                      /* 包含日期和时间处理头文件 */
03    int main()
04    {
05        char wday[][4]={"Sun","Mon","Tue","Wed","Thu","Fri","Sat"};
06        time_t timep;
07        struct tm *p;
08        time(&timep);
09        printf(" 当地时间：%s",ctime(&timep));              /* 调用日期和时间处理函数 */
10        p=gmtime(&timep);                            /* 调用日期和时间处理函数 */
11        printf("UTC 时间：%s\n",asctime(p)); /* 调用日期和时间处理函数 */
12        printf("UTC 时间：%d-%d-%d ",(1900+p->tm_year), (1+p->tm_mon),p->tm_mday);
13        printf("%s %d:%d:%d\n", wday[p->tm_wday], p->tm_hour, p->tm_min, p->tm_sec);
14        p=localtime(&timep);                         /* 调用日期和时间处理函数 */
15        printf (" 当地时间：%d-%d-%d ", (1900+p->tm_year),( 1+p->tm_mon), p->tm_mday);
16        printf("%s %d:%d:%d\n", wday[p->tm_wday],p->tm_hour, p->tm_min, p->tm_sec);
17        return 0;
18    }
```

**【运行结果】**

编译、连接、运行程序，即可在程序执行窗口中输出结果。

```
■ E:\范例源码\ch15\15-13.exe              —    □    ×
当地时间: Tue May 07 10:59:44 2019
UTC时间: Tue May 07 02:59:44 2019

UTC时间: 2019-5-7 Tue 2:59:44
当地时间: 2019-5-7 Tue 10:59:44

Process returned 0 (0x0)    execution time : 0.547 s
Press any key to continue.
```

# ▶15.8 诊断函数

**assert() 函数是诊断函数，它的作用是测试一个表达式的值是否为 false，并且在条件为 false 时终止程序，参数表达式的结果是一个整型数据。assert() 函数是在标准函数库 <assert. h> 头文件中定义的。**比如：

assert(a==b);

当 *a* 和 *b* 相等时，表达式的结果是 1，也就等同于 true；如果 *a* 和 *b* 不等，结果就是 0，也就是 false，然后可根据结果决定是否终止程序。当程序出现异常时，可以使用abort() 函数以非正常方式立即结束应用程序。

📝 **范例 15-14    诊断函数的应用。**

（1）在 Code::Blocks 中，新建名为 "15-14.c" 的文件。
（2）在代码编辑区中输入以下代码 ( 代码 15-14.txt)。

```
01    #include <stdio.h>        /* 包含标准输入输出头文件 */
02    #include <assert.h>       /* 包含诊断处理头文件 */
```

```
03   struct ITEM
04   {
05     int key;
06     int value;
07   };
08   /* 诊断 ITEM 结构对象是否为 false*/
09   void additem(struct ITEM *itemptr)
10   {
11     assert(itemptr != NULL);     /* 调用诊断函数 */
12   }
13   int main()
14   {
15     additem(NULL);
16     return 0;
17   }
```

**【运行结果】**

编译、连接、运行程序，即可在程序执行窗口中输出结果。

```
■ E:\范例源码\ch15\15-14.exe                       —      □      ×
Assertion failed: itemptr != NULL, file E:\范例源码\ch15\15-14.c, line 12

Process returned 3 (0x3)    execution time : 2.885 s
Press any key to continue.
```

**【范例分析】**

诊断函数程序出现了错误对话框和运行结果，因为诊断结果为 false，运行结果很明确地标示出程序出错的原因、出错的文件及出错代码所在行，这样有利于我们及时修正代码。

# ▶15.9  其他函数

本节介绍两个比较重要的库函数——结束函数 **exit()** 和快速排序函数 **qsort()**。

### 15.9.1  exit() 函数

exit() 函数表示结束程序，它的返回值将被忽略。如果使用 exit() 函数，需要包含 <stdlib.h> 头文件。函数原型如下：

```
void exit(int retval);
```

**📝 范例 15-15    exit()函数的应用。**

（1）在 Code::Blocks 中，新建名为 "15-15.c" 的文件。
（2）在代码编辑区中输入以下代码（代码 15-15.txt）。

```
01   #include <stdio.h>      /* 包含标准输入输出头文件 */
02   #include <stdlib.h>     /* 包含转换和存储头文件 */
03   int main()
```

```
04  {
05    int i;
06    for(i=0;i<10;i++)
07    {
08    if(i==5)
09      exit(0);
10    else
11      printf("%d",i);
12    }
13    return 0;
14  }
```

## 【运行结果】

编译、连接、运行程序，输出结果如图所示。

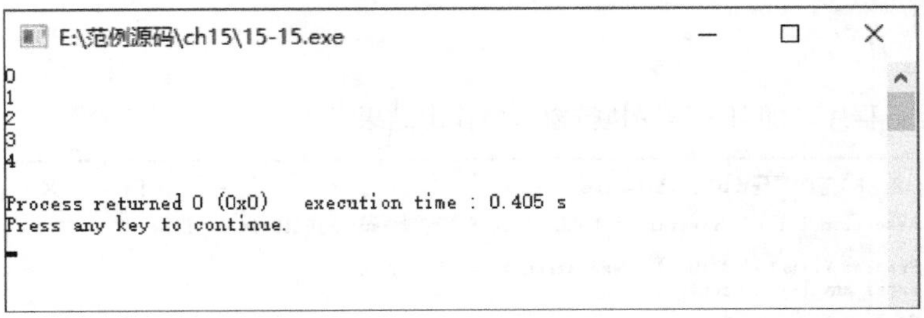

```
■ E:\范例源码\ch15\15-15.exe              —    □    ×
0
1
2
3
4

Process returned 0 (0x0)    execution time : 0.405 s
Press any key to continue.
```

## 【范例分析】

当 *i* 值为 5 时，执行 exit() 函数，终止程序，exit() 函数的返回值将被忽略。

### 15.9.2 qsort() 函数

qsort() 函数包含在 <stdlib.h> 头文件中，此函数根据给出的比较条件进行快速排序，通过指针移动实现排序。排序之后的结果仍然放在原数组中。使用 qsort() 函数必须自己写一个比较函数。

函数原型为：

```
void qsort ( void * base,int n, int size, int ( * fcmp ) ( const void *, const void * ) );
```

### 📋 范例 15-16    qsort()函数的应用。

（1）在 Code::Blocks 中，新建名为 "15-16.c" 的文件。
（2）在代码编辑区中输入以下代码（代码 15-16.txt）。

```
01  #include <stdio.h>              /* 包含标准输入输出头文件 */
02  #include <stdlib.h>             /* 包含转换和存储头文件 */
03  #include <string.h>             /* 包含字符串处理头文件 */
04  char stringlist[5][6] = { "girl", "man", "woman", "human", "boy"};
05  int sort_stringfun( char a[], char b[]);
06  int main(void)
07  {
08    int x;
09    printf(" 字符串排序: \n");
```

```
10    qsort(stringlist, 5, sizeof(stringlist[0]), sort_stringfun);      /* 调用快速排序函数 */
11    for (x = 0; x < 5; x++)
12      printf("%s\n", stringlist[x]);
13    return 0;
14   }
15   int sort_stringfun( char a[], char b[])
16   {
17     return( strcmp(a,b) );
18   }
```

## 【运行结果】

编译、连接、运行程序，即可在程序执行窗口中输出结果。

```
■ E:\范例源码\ch15\15-16.exe                          —    □    ×
字符串排序:
boy
girl
human
man
woman

Process returned 0 (0x0)    execution time : 0.450 s
Press any key to continue.
```

## 【范例分析】

需要注意的是 void 数据类型，需要针对不同的数据类型进行必要的转换。

# ▶15.10 综合应用——猜数字游戏

本节通过一个猜数字的游戏来学习库函数的综合应用。

随机生成一个 1~9 之间的任意整数作为被猜数字，循环输入你猜的数字，告诉你猜大了还是猜小了，直到猜中为止，同时统计猜的次数。

### 范例 15-17　　猜数字游戏。

（1）在 Code::Blocks 中，新建名为 "15-17.c" 的文件。
（2）在代码编辑区中输入以下代码 ( 代码 15-17.txt)。

```
01   #include <stdio.h>              /* 包含标准输入输出头文件 */
02   #include <stdlib.h>
03   #include <string.h>
04   #include <ctype.h>
05   #include <time.h>
06   #define MAX 9
07   int main()
08   {
09     int b=0;
10     int n;                 /* 所猜的数字 */
11     int sum=0;                  /* 猜数的次数 */
12     char array[10];
13     int num;
14     srand( (unsigned)time( NULL ) ); /* 随机数播种函数 */
```

```
15    num=1+rand()%MAX;                /* 设定随机数 */
16    printf(" 随机数已经准备好，范围 1～9.\n");
17    while(!b)               /* 猜不对就一直循环 */
18    {
19     sum+=1;
20     printf(" 请输入你猜的数字 \n");
21     scanf("%s",array);
22     if(strlen(array)==1)
23     {
24      if(isalpha(*array)!=0)
25        printf(" 请输入数字，不是字母 \n");
26      else if(ispunct(*array)!=0)
27          printf(" 请输入数字，不是标点符号 \n");
28        else
29        {
30          n=atoi(array);
31          if(n==num)
32          {
33            b=1;
34            printf(" 你太聪明了！你共猜了 %d 次 \n",sum);
35          }
36          else if(n<num && n>=0)
37              printf(" 你猜小了！继续努力！ \n");
38            else if(n>num && n<=9)
39                printf(" 你猜大了！继续努力！ \n");
40        }
41     }
42     else
43       printf(" 数字范围是 1～9，你输入的数据不对！ \n");
44    }
45    return 0;
46    }
```

## 【运行结果】

编译、连接、运行程序，输入你猜的数字并按【Enter】键，输出结果如下图所示。

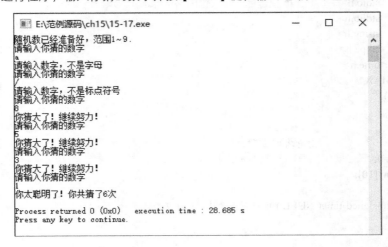

【范例分析】

标准输入输出函数、随机函数和循环选择组合，可以完成很多有趣的题目。本范例中通过字符类型判断，对用户错误的输入提示得更准确。

# ▶ 15.11 高手点拨

C 语言中的随机函数 rand() 可以产生从 0~rand_max 的随机数。例如：

```
main()
{
  int k;
  k=rand();
  printf("%d\n", k);
}
```

上述程序运行几次后会发现每次产生的随机数相同。

rand() 函数和 srand() 函数使用的方法如下。

这两个函数都在头文件 stdlib.h 中，rand() 函数和 srand() 函数必须配套使用。

其中，rand() 函数是产生随机数的发生器，而 srand() 函数用来给 rand() 函数提供变量（或者称种子）。如果不通过 srand() 函数来提供不同的种子，那么 rand() 函数产生的随机数列就只能是固定的（其实，如果程序中没有使用 srand() 函数，rand() 函数在产生随机数时，会默认调用 srand(1)，即种子永远是 1），达不到预期的要求。所以 rand() 函数总是和 srand() 函数一起使用。

下面看一下这两个函数的用法。

**01 srand() 函数**

void srand(unsigned seed) 是一个无返回值、单无符型形参的函数。

在程序每次运行中，让种子都不一样，即是一个可变常数。通常情况下，我们会使用时间来作为种子，即令 srand((unsigned)time(NULL))。其中，time() 函数在头文件 time.h 中。它返回的是一个以秒为单位的当地时间。

**02 rand() 函数**

Int rand(void)，它返回一个 [seed, RAND_MAX] 间的随机整数，其中，RAND_MAX 是个定值。在 Code::Blocks16.01 中 RAND_MAX 的值是 32767。

例如，产生 10 个 3~7 的实数。

```
#include<stdio.h>
#include<stdlib.h>
#include<time.h>
void main()
{
  int i;
  srand((unsigned)time(NULL));
  for(i=0;i<10;i++)
    printf("%lf\n",rand()/(float)(RAND_MAX)*4+3);   // 这是关键的一步
}
```

# ▶ 15.12 实战练习

**（1）写出下列程序的运行结果。**

```
#include <stdio.h>
#include <stdlib.h>
int  fun(int  n)
{
  int  *p;
```

```
    p=(int*)malloc(sizeof(int));
    *p=n;
    return *p;
}
main()
{
    Int  a;
    a = fun(10);
    printf("%d\n", a+fun(10));
}
```

程序的运行结果是（　）。

A. 0                        B. 10

C. 20                       D. 出错

**（2）编写 C 程序，实现以下功能。有一个字符串 "abcdefg123abc12345abcdefg"。**

① 统计源字符串中字符的个数。

② 查找子串 "abc" 出现的次数和每次出现的位置。

**（3）编写 C 程序，实现以下功能。**

① 使用随机函数生成一个字符数组，大小写混合出现。

② 然后调用字符处理函数转换为大写。

③ 再使用快速排序函数重组数组。

第

# 16

章

## 结构体和联合体

案例：编写一个学生成绩管理程序，相关信息有学号、姓名、语文成绩、数学成绩、英语成绩。要求从键盘输入数据，计算每个学生的平均分和总分，按总分降序排列所有学生信息并输出。

事物往往具有多方面的属性，例如本案例中描述的学生信息，学号、姓名、3 门课程成绩是相互关联的，这些信息共同说明一个学生的总体情况。我们可以定义 5 个变量来存储和管理它们，但是这样很难反映出 5 个属性的关联性。本章介绍 C 语言中提供的能够更好描述和管理此类数据的构造数据类型，即结构体和联合体，这两种数据类型均需要用户根据实际处理的数据对象自定义数据类型的结构和名称。

## 本章要点（已掌握的在方框中打钩）

☐ 结构体
☐ 结构体数组
☐ 结构体与函数
☐ 联合体
☐ **结构体和联合体的区别与联系**

# ▶ 16.1 结构体

前面学习的字符型、整型、实型等基本数据类型都是由 C 语言系统事先定义好的，可以直接用来声明变量的类型。而结构体类型则是一种由用户根据实际需要自己构造的数据类型，所以必须要"先定义，后使用"。也就是说，用户必须首先构造一个结构体类型，然后才能使用这个结构体类型来定义变量。

## 16.1.1 结构体类型的定义

结构体类型是一种构造数据类型，它由若干个互相有关系的"成员"组成，每一个成员的数据类型可以相同，也可以不同。对每个特定的结构体都需要根据实际处理的对象进行数据项的定义，也就是构造，以明确该结构体的成员及其所属的数据类型。

C 语言中提供的定义结构体类型的语句格式为：

```
struct 结构体类型名
{
    数据类型 1 成员名 1;
    数据类型 2 成员名 2;
        …
    数据类型 n 成员名 n;
};
```

其中，struct 是 C 语言中的关键字，表明是在进行一个结构体类型的定义。结构体类型名是一个合法的 C 语言标识符，对它的命名要尽量做到"见名知意"。比如，描述一个学生的信息可以用"student"，描述一本图书的信息可以使用"bookcard"等。由定义格式可以看出，结构体数据类型由若干个数据成员组成，每个数据成员可以是任意一个数据类型，最后的分号表示结构体类型定义的结束。例如，定义一个学生成绩的结构体数据类型如下：

```
struct student
{
    char no[8];        /* 学号 */
    char name[8];           /* 姓名 */
    float eng;          /* 英语成绩 */
    float math;         /* 数学成绩 */
    float ave ;         /* 平均成绩 */
};
```

在这个结构体中有 5 个数据成员，分别是 no、name、eng、math 和 ave，前 2 个是字符数组，分别存放学生的学号和姓名信息；eng、math、ave 是单精度实型，分别存放英语、数学以及平均成绩。

另外，结构体可以嵌套定义，即一个结构体内部成员的数据类型可以是另一个已经定义过的结构体类型。例如：

```
struct date
{
    int year;
    int month;
    int day;
};
struct student
{
    char name[10];
    char sex                    /* 定义性别，m 代表男，f 代表女 */;
    struct date birthday;
    int age;
    float score;
};
```

在这个代码段中，先定义了一个结构体类型 date，然后在定义第 2 个结构体类型时，其成员 birthday 被声明为 date 结构体类型。这就是结构体的嵌套定义。

> 📄 **提示**
>
> 在定义嵌套的结构类型时，必须先定义成员的结构类型，再定义主结构类型。

关于结构体的说明如下。

（1）结构体的成员名可以与程序中其他定义为基本类型的变量名同名，同一个程序中不同结构体的成员名也可以相同，它们代表的是不同结构中的对象，不会出现冲突。

（2）如果结构体类型的定义在函数内部，则这个结构体类型的作用域仅为该函数；如果是定义在所有函数的外部，则可在整个程序中使用。

## 16.1.2 结构体变量的定义

结构体类型的定义只是由用户构造了一个数据类型，定义结构体类型时系统并不为其分配存储空间。结构体类型定义好后，可以像 C 中提供的基本数据类型一样被使用，即可以用它来定义变量，称为结构体变量，系统会为该变量分配相应的存储空间。

在 C 语言中，定义结构体类型变量的方法有以下 3 种。

### 01 先定义结构体类型，后定义变量

例如，先定义一个结构体类型。

```
struct student
{
  char no[8] ;      /* 学号 */
  char name[8];       /* 姓名 */
  float eng;        /* 英语成绩 */
  float math;     /* 数学成绩 */
  float ave ;       /* 平均成绩 */
};
```

我们可以用定义好的结构体类型 student 来定义变量，该变量就可以用来存储学生的信息了。定义如下。

```
struct student stu[30];     /* 定义结构体类型的数组 */
```

这里定义了一个包含 30 个元素的数组 stu，每个数组元素都是一个结构体类型的数据，可以保存 30 个学生的信息。例如：

```
struct student stu1;      /* 定义一个结构体类型的
变量 */
```

说明：当一个程序中多个函数内部需要定义同一结构体类型的变量时，应将结构体类型定义为全局类型。

### 02 定义结构体类型的同时定义变量

语法形式如下。

```
struct 结构体标识符
{
  数据类型 1 成员名 1;
  数据类型 2 成员名 2;
  …
  数据类型 n 成员名 n;
} 变量 1, 变量 2, …, 变量 n;
```

其中，"变量 1，变量 2，…，变量 n"为变量列表，遵循变量的定义规则，彼此之间通过逗号分隔。

说明：在实际应用中，定义结构体的同时定义结构体变量适合于定义局部使用的结构体类型或结构体类型变量，例如在一个文件内部或函数内部。

### 03 直接定义结构体类型变量

这种定义方式是不指出具体的结构体类型名，而直接定义结构体成员和结构体类型的变量。此方法的语法形式如下。

```
struct
{
  数据类型 1 成员名 1;
  数据类型 2 成员名 2;
  …
  数据类型 n 成员名 n;
} 变量 1, 变量 2, …, 变量 n;
```

这种定义的实质是先定义一个匿名结构体，之后再定义相应的变量。由于此结构体没有标识符，所以无法采用定义结构体变量的第 1 种方法来定义变量。

## 16.1.3 结构体变量的初始化

定义结构体变量的同时就对其成员赋初值的操作，就是对结构体变量的初始化。结构体变量的初始化方式与数组的初始化类似，在定义结构体变量的同时，把赋给各个成员的初始值用 "{}" 括起来，称为初始值表，其中各个数据以逗号分隔。具体形式如下。

```
struct 结构体标识符
{
  数据类型 1 成员名 1;
  数据类型 2 成员名 2;
  …
  数据类型 n 成员名 n;
} 变量名 ={初始化值 1, 初始化值 2, …, 初始化值 n };
```

例如：

```
struct student
{
  char name[10];      /* 学生姓名 */
  char sex;       /* 定义性别，m 代表男，f 代
表女 */
  int age;              /* 学生年龄 */
  float score;    /* 分数 */
} stu[30], stu1 = {"zhangsan", 'm', 20, 88.8}, stu2;
```

此代码在定义结构体类型 student 的同时定义了结构体数组和两个结构体变量，并对变量 stu1 进行了初始化，变量 stu1 的 4 个成员分别得到了一个对应的值，即 name 为 "zhangsan"，sex 为 "m"，age 为 "20"，score 为 "88.8"，这样，变量 stu1 中就存放了一个学生的信息。

### 16.1.4 结构体变量的引用

结构体变量的引用分为结构体变量成员的引用和结构体变量本身的引用两种。

#### 01 结构体变量成员的引用

结构体变量包括一个或多个结构体成员，引用其成员的语法格式如下。

结构体变量名.成员名

其中，"."是专门的结构成员运算符，用于连接结构体变量名和成员名，属于高级运算符，结构成员的引用表达式在任何地方出现都是一个整体，如stu1.age、stu1.score等。嵌套的结构体定义中成员的引用也一样。例如，有以下代码。

```
struct date
{
  int year;          /* 年 */
  int month;   /* 月 */
  int day;           /* 日 */
};
struct student
{
  char name[10];
  char sex;
  struct date birthday;
  int age;
  float score;
}stu1;
```

其中，结构体变量stu1的成员birthday也是一个结构体类型，这是嵌套的结构体定义。对该成员的引用，要用结构体成员运算符进行分级运算。也就是说，对成员birthday的引用是这样的：stu1.birthday.year，stu1.birthday.month，stu1.birthday.day。

结构体成员和普通变量的使用一样，比如，可以对结构体成员进行赋值操作，下列代码都是合法的。

```
scanf("%s",stu1.name);
stu1.sex='m';
stu1.age=20;
stu1.birthday.year=1999;
```

#### 02 结构体变量本身的引用

结构体变量本身的引用是否遵循基本数据类型变量的引用规则呢？我们先来看一下对结构体变量的赋值运算。

struct student

```
{
  char name[10];
  char sex;
  int age;
  float score;
};
struct student stu1={"zhangsan",'m',20,88.8},stu2;
```

C语言规定，同类型的结构体变量之间可以进行赋值运算，因此这样的赋值是允许的。例如：

stu2=stu1;

此时，系统将按成员一一对应赋值。也就是说，上述赋值语句执行完后，stu2中的4个成员变量分别得到zhangsan、m、20和88.8。

但是，在C语言中规定，不允许将一个结构体变量作为整体进行输入或输出操作。因此以下语句是错误的。

```
scanf("%s,%d,%d,%f",&stu1);
printf("%s,%d,%d,%f",stu1);
```

将结构体变量作为操作对象时，还可以进行以下两种运算。

（1）用sizeof运算符计算结构体变量所占内存空间。

定义结构体变量时，编译系统会为该变量分配内存空间，结构体变量所占内存空间的大小等于其各成员所占内存空间之和。C中提供了sizeof运算符来计算结构体变量所占内存空间的大小，其一般使用形式如下。

sizeof( 结构体变量名 )

或者：

sizeof( 结构体类型名 )

（2）用&运算符对结构体变量进行取址运算。

前面介绍过对普通变量的取址，例如，&a可以得到变量a的首地址。对结构体变量的取址运算也是一样的，例如，上面定义了一个结构体变量stu1，那么利用&stu1就可以得到stu1的首地址。后面介绍用结构体指针作函数的参数以及使用结构体指针操作结构体变量的成员时，就需要用到对结构体变量的取址运算。

## ▶16.2 结构体数组

数组是一组具有相同数据类型变量的有序集合，可以通过下标获得其中的任意一个元素。结构体类型数组与基本类型数组的定义与引用规则是相同的，区别在于结构体数组中的所有元素均为结构体变量。

### 16.2.1 结构体数组的定义

结构体数组的定义和结构体变量的定义一样，有以下 3 种方式。

先定义结构体类型，再定义结构体数组。

```
struct 结构体标识符
{
  数据类型 1 成员名 1;
  数据类型 2 成员名 2;
        …
  数据类型 n 成员名 n;
};
struct 结构体标识符 数组名 [ 数组长度 ];
```

定义结构体类型的同时，定义结构体数组。

```
struct 结构体标识符
{
  数据类型 1 成员名 1;
  数据类型 2 成员名 2;
        …
  数据类型 n 成员名 n;
} 数组名 [ 数组长度 ];
```

不给出结构体类型名，直接定义结构体数组。

```
struct
{
  数据类型 1 成员名 1;
  数据类型 2 成员名 2;
        …
  数据类型 n 成员名 n;
} 数组名 [ 数组长度 ];
```

其中，"数组名"为数组名称，遵循变量的命名规则；"数组长度"为数组的长度，要求为大于零的整型常量。例如，定义长度为 10 的 struct student 类型数组 stu[10] 的方法有如下 3 种方式。

方式 1：

```
struct student
{
  char name[10];
  char sex;
  int age;
```

```
  float score;
};
struct student stu[10];
```

方式 2：

```
struct student
{
  char name[10];
  char sex;
  int age;
  float score;
}stu[10];
```

方式 3：

```
struct
{
  char name[10];
  char sex;
  int age;
  float score;
}stu[10];
```

结构体数组定义好后，系统即为其分配相应的内存空间，数组中的各元素在内存中连续存放，每个数组元素都是结构体类型，分配相应大小的存储空间。例子中的结构体数组 stu[ ] 在内存中的存放顺序如图所示。

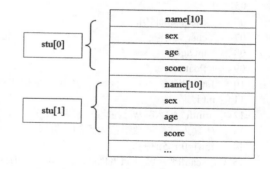

### 16.2.2 结构体数组的初始化

结构体类型数组的初始化遵循基本数据类型数组的初始化规律，在定义数组的同时，对其中的每一个元素进行初始化。例如：

```
struct student       /* 定义结构体 struct student*/
{
  char Name[20];          /* 姓名 */
  float Math;        /* 数学 */
  float English;          /* 英语 */
  float Physical;         /* 物理 */
}stu[2]={{"zhang",78,89,95},{"wang",87,79,92}};
```

在定义结构体类型的同时，定义长度为 2 的结构体数组 stu[2]，并分别对每个元素进行初始化。

说明：在定义数组并同时进行初始化的情况下，可以省略数组的长度，系统会根据初始化数据的多少来确定数组的长度。例如：

```
struct key
{
  char name[20];
  int count;
}key1[ ]={{"break",0},{"case",0},{"void",0}};
```

系统会自动确认结构体数组 key1 的长度为 3。

### 16.2.3 结构体数组元素的引用

对于数组元素的引用，其实质为简单变量的引用。对结构体类型的数组元素的引用也是一样，其语法形式如下。

数组名 [ 数组下标 ];

"[ ]"为下标运算符，数组下标的取值范围为 0,1,2,…,n-1，n 为数组长度。对于结构体数组来说，每一个数组元素都是一个结构体类型的变量，对结构体数组元素的引用遵循对结构体变量的引用规则。

📝 **范例 16-1** 结构体数据元素的输入输出。要求从键盘输入5名学生的姓名、性别、年龄和分数，输出其中所有女同学的信息。

（1）在 Code::Blocks 中，新建名为"16-1.c"的文件。
（2）在代码编辑区域输入以下代码（代码 16-1.txt）。

```
01  #include "stdio.h"
02  int main()
03  {
04    struct student              /* 定义结构体类型 */
05    {
06      char name[10];
07      char sex;                 /* 定义性别，m 代表男，f 代表女 */
08      int age;
09      float score;
10    }stu[5];                    /* 定义结构体数组 */
11    int i;
12    printf(" 输入数据 : 姓名 性别 年龄 分数 \n");    /* 提示信息 */
13    /* 输入结构体数组各元素的成员值 */
14    for(i=0;i<5;i++)
15      scanf("%s %c %d %f",stu[i].name,&stu[i].sex,&stu[i].age,&stu[i].score);
16    printf("\n 输出数据——女同学信息 :\n");           /* 提示信息 */
17    printf("-------------------------------------\n");
18    printf(" 姓名 年龄 分数 \n");
19    /* 输出结构体数组元素的成员值 */
20    for(i=0;i<5;i++)
21      if(stu[i].sex=='f')
22        printf("%s %d %4.1f\n",stu[i].name,stu[i].age,stu[i].score);
23  }
```

【运行结果】

编译、连接、运行程序，根据提示输入 5 组数据，按【Enter】键后，即可输出所有女同学的信息。

```
E:\范例源码\ch16\16-1.exe                    ─    □    ×
输入数据:姓名 性别 年龄 分数
wang m 21 90
zhao f 22 78
li m 21 67
zhou m 23 82
qian f 22 100

输出数据－－女同学信息:

姓名  年龄  分数
zhao  22    78.0
qian  22    100.0

Process returned 17 (0x11)    execution time : 61.652 s
Press any key to continue.
```

**【范例分析】**

本程序定义了包含 5 个元素的结构体类型的数组，对其中数组元素的成员进行了输入输出操作，程序很简单，但要特别注意其中格式的书写。例如，在 scanf 语句中，成员 stu[i].name 是不加取地址运算符 & 的，因为 stu[i].name 是一个字符数组名，本身代表的是一个地址值；而其他如整型、字符型等结构体成员，则必须和普通变量一样，在标准输入语句中要加上取地址符号 &。

# ▶16.3　结构体与函数

本节介绍结构体变量作为函数参数的应用。

## 16.3.1　结构体变量作为函数的参数——传值调用方式

由于结构体变量之间可以进行赋值，所以可以把结构体变量作为函数的参数使用。具体应用中，把函数的形参定义为结构体变量，函数调用时，将主调函数的实参传递给被调函数的形参。

**📝 范例 16-2　利用结构体变量作为函数的参数的传值调用方式计算三角形的面积。**

（1）在 Code::Blocks 中，新建名为 "16-2.c" 的文件。
（2）在代码编辑区域输入以下代码（代码 16-2.txt）。

```
01   #include "math.h"
02   #include "stdio.h"
03   struct triangle                        /* 定义结构体类型 */
04   {
05     float a,b,c;
06   };
07   /* 自定义函数，功能是利用海伦公式计算三角形的面积 */
08   float area(struct triangle side1)
09   {
10     float l,s;
11     l=(side1.a+side1.b+side1.c)/2;         /* 计算三角形的半周长 */
12     s=sqrt(l*(l-side1.a)*(l-side1.b)*(l-side1.c));   /* 计算三角形的面积公式 */
13     return s;                      /* 返回三角形的面积 s 的值到主调函数中 */
14   }
15   int main()
16   {
17     float s;
18     struct triangle side;
19     printf(" 输入三角形的 3 条边长: \n");              /* 提示信息 */
20     while(1)
21     { scanf("%f %f %f",&side.a,&side.b,&side.c);   /* 从键盘输入三角形的 3 条边长 */
22       if(side.a+side.b>side.c&&side.a+side.c>side.b&&side.b+side.c>side.a)
```

```
23      { s=area(side);                    /* 调用自定义函数 area() 求三角形的面积 */
24        break;
25      }
26    else
27      { printf(" 输入的 3 条边长不能组成三角形，请重新输入 !\n");
28        continue;
29      }
30    }
31    printf(" 面积是：%f\n",s);
32    }
```

**【运行结果】**

编译、连接、运行程序，根据提示从键盘输入三角形的 3 条边长（如 2、7、6），按【Enter】键，即可输出三角形的面积。

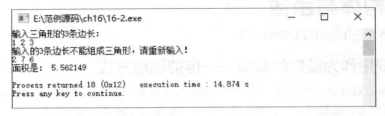

**【范例分析】**

本程序中首先定义 triangle 为一个全局结构体类型，以便程序中所有的函数都可以使用该结构体类型来定义变量。这是一个利用结构体变量作函数参数的范例，调用时，主调函数中的实参 side 把它的成员值一一对应传递给自定义函数中的形参 side1，在自定义函数中求出三角形的面积，并把值带回到主调函数中输出。

本范例中，在发生参数传递时，实质上是传递作实参的结构体变量到作形参的结构体变量，这是一种传值的参数传递方式。

### 16.3.2 结构体作为函数的返回值

通常情况下，一个函数只能有一个返回值。但是如果函数确实需要带回多个返回值，根据我们前面的学习，可以利用全局变量来解决。而学习了结构体以后，就可以在被调函数中利用 return 语句将一个结构体类型的数据结果返回到主调函数中，从而得到多个返回值，这样更有利于对这个问题的解决。

**范例 16-3**  编写一个程序，给出三角形的 3 条边长，计算三角形的半周长和面积，要求在自定义函数中用结构体变量返回多个值。

（1）在 Code::Blocks 中，新建名为 "16-3.c" 的文件。
（2）在代码编辑区域输入以下代码（代码 16-3.txt）。

```
01  #include "math.h"
02  #include "stdio.h"
03  struct cir_area
04  {
05    float l,s;
06  };
07  /* 自定义函数，功能是根据 3 条边长求三角形的半周长和面积 */
```

```
08   struct cir_area c_area(float a,float b,float c)
09   {
10     struct cir_area result;
11     result.l=(a+b+c)/2;
12     result.s=sqrt(result.l*(result.l-a)*(result.l-b)*(result.l-c));13     return result;
14   }
15   int main()16   {
17     float a,b,c;
18     struct cir_area triangle;                    /* 定义结构体类型的变量 */
19     printf(" 输入三角形的 3 条边长：\n");           /* 提示信息 */
20     while(1)21     {
22       scanf("%f %f %f",&a,&b,&c);               /* 从键盘输入三角形的 3 条边长 */
23       if(a+b>c&&a+c>b&&b+c>a)
24       { triangle=c_area(a,b,c);                  /* 调用自定义函数，把返回值赋给结构体变量 triangle*/
25         break;
26       }
27       else
28       { printf(" 输入的 3 条边长不能组成三角形，请重新输入 !\n");
29         continue;
30       }
31     }
32     printf(" 半周长是：%f \n 面积是：%f\n",triangle.l,triangle.s);
33   }
```

**【运行结果】**

　　编译、连接、运行程序，根据提示从键盘输入三角形的 3 条边长，如 7、8、9，按【Enter】键，即可输出三角形的半周长和面积。

```
■ E:\范例源码\ch16\16-3.exe                    —    □    ×

输入三角形的3条边长：
2 6 9
输入的3条边长不能组成三角形，请重新输入！
7 8 9
半周长是：12.000000
面积是：26.832815

Process returned 41 (0x29)   execution time : 13.437 s
Press any key to continue.
```

**【范例分析】**

　　本程序在第 08 行定义了一个名为 "c_area" 的自定义函数，用于计算并返回三角形的半周长和面积值，注意这里必须将自定义函数 c_area() 定义为 struct cir_area 结构体类型，用于返回结构体变量的两个成员值，即半周长和面积。函数调用时，作参数的是普通变量，参数传递方式是值传递方式。

# ▶16.4　联合体

　　**在 C 语言中，可以定义不同数据类型的数据共占同一段内存空间，以满足某些特殊的数据处理要求，这种数据构造类型就是联合体。**

### 16.4.1　联合体类型的定义

　　联合体也是一种构造数据类型，和结构体类型一样，它也是由各种不同类型的数据组成，这些数据叫作联合体的成员。不同的是，在联合体中，C 语言编译系统使用了覆盖技术。联合体的所有成员在内存中具有相同的首地址，共占同一段内存空间，这些成员可以相互覆盖，因此联合体也常常被称作共用体，在不同的时间保存不同的数据类型和不同长度的成员的值。也就是说，在某一时刻，只有最新存储的成员是有效的。运用此种类型数据的优点是节省存储空间。

联合体类型定义的一般形式为：

```
union 联合体名
{
  数据类型 1 成员名 1;
  数据类型 2 成员名 2;
      …
  数据类型 n 成员名 n;
};
```

其中，union 是 C 语言中的关键字，表明进行一个联合体类型的定义。联合体类型名是一个合法的 C 语言标识符，联合体类型成员的数据类型可以是 C

语言中的任何一个基本数据类型，最后的分号表示联合体定义的结束。例如：

```
union ucode
{
  char u1;
  int u2;
  long u3;
};
```

这里定义了一个名为 "ucode" 的联合体类型，它包括 3 个成员，分别是字符型、整型和长整型。

说明：联合体类型的定义只是由用户构造了一个联合体，定义好后可以像 C 中提供的基本数据类型一样被使用，即可以用它来定义变量。但定义联合体类型时，系统并不为其分配存储空间，而是为由该联合体类型定义的变量分配存储空间。

### ▌16.4.2 联合体变量的定义

在一个程序中，一旦定义了一个联合体类型，也就可以用这种数据类型定义联合体变量。和定义结构体变量一样，定义联合体类型变量的方法有以下 3 种。

#### 01 定义联合体类型后定义变量

一般形式如下。

```
union 联合体名
{
  数据类型 1 成员名 1;
  数据类型 2 成员名 2;
      …
  数据类型 n 成员名 n;
};
union 联合体名 变量名 1, 变量名 2, … , 变量名 n;
```

#### 02 定义联合体类型的同时定义变量

一般形式如下。

```
union 联合体名
{
  数据类型 1 成员名 1;
  数据类型 2 成员名 2;
      …
  数据类型 n 成员名 n;
} 变量名 1, 变量名 2, … , 变量名 n;
```

说明：在实际应用中，定义联合体的同时定义联合体变量适合于定义局部使用的联合体类型或联合体类型变量，例如在一个文件内部或函数内部。

#### 03 直接定义联合体类型变量

这种定义方式是不指出具体的联合体类型名，而直接定义联合体成员和联合体类型的变量。一般形式如下。

```
union
{
  数据类型 1 成员名 1;
  数据类型 2 成员名 2;
      …
  数据类型 n 成员名 n;
} 变量名 1, 变量名 2, … , 变量名 n;
```

由于此联合体没有标识符，所以无法采用定义联合体变量的第 1 种方法来定义变量。在实际应用中，此方法适合于临时定义局部使用的联合体类型变量。说明如下。

（1）当一个联合体变量被定义后，编译程序会自动给变量分配存储空间，其长度为联合体的数据成员中所占内存空间最大的成员的长度。

（2）联合体可以嵌套定义，即一个联合体的成员可以是另一个联合体类型的变量；另外，联合体和结构体也可以相互嵌套。

### ▌16.4.3 联合体变量的初始化

定义联合体变量的同时对其成员赋初值，就是对联合体变量的初始化。那么，对联合体变量初始化可以和结构体变量一样，在定义时直接对其各个成员赋初值吗？看看下面的这段程序代码。

```
union ucode
{
  char u1;
  int u2;
};                                    /* 定义联合体类型 */
union ucode a={'a',45};      /* 定义联合体类型的变量 a 并初始化 */
```

编译时却提示错误信息 "too many initializers" ，这是为什么？

这是因为和结构体变量的存储结构不同，联合体变量中的成员是共用一个首地址，共占同一段内存空间，所以在任意时刻只能存放其中一个成员的值。也就是说，每一瞬时只能有一个成员起作用，所以，在对联合体类型的变量定义并初始化时，只能是对第 1 个成员赋初值，初值需要用 "{}" 括起来。

### 📝 范例 16-4    联合体类型的应用举例。

（1）在 Code::Blocks 中，新建名为 "16-4.c" 的文件。
（2）在代码编辑区域输入以下代码（代码 16-4.txt）。

```
01  #include "stdio.h"
02  int main()
03  {
04    union
05    {
06      long u1;
07      char u2;
08    } a={0x974161};            /* 定义联合体类型的变量 a*/
09    printf("%ld %c\n",a.u1,a.u2);
10  }
```

**【运行结果】**

编译、连接、运行程序，即可在程序执行窗口中输出结果。

```
 E:\范例源码\ch16\16-4.exe                    —    □    ×
9912673 a

Process returned 10 (0xA)    execution time : 0.406 s
Press any key to continue.
```

**【范例分析】**

程序中定义的联合体类型包含两个成员 u1 和 u2，分别是 4 个字节的长整型和 1 个字节的字符型，编译系统会按其中占用空间较多的长整型变量给联合体类型的变量 a 分配 4 个字节的存储空间。赋初值十六进制的 974161 进行初始化后的存储情况如图所示。

| 0110 0001 |
| 0100 0001 |
| 1001 0111 |
| |

输出时，a.u1 输出它得到的初始值 0x974161，以十进制长整型输出 9912673；a.u2 并没有得到初值，但由于它和 a.u1 共用首地址，共用内存，所以在输出时，它取其中低位的一个字节 01100001，并把它以字符 "a" 的形式输出。

再把上面的程序稍作改动，即把联合体中的第 1 个成员 u1 定义为字符型，把 u2 定义为长整型。

### 📝 范例 16-5    联合体类型的应用举例。

（1）在 Code::Blocks 中，新建名为 "16-5.c" 的文件。
（2）在代码编辑区域输入以下代码（代码 16-5.txt）。

```
01  #include "stdio.h"
02  int main()
03  {
04    union ucode
05    {
```

```
06      char u1;
07       long u2;
08      }a={0x974161};
09      printf("%c %ld\n",a.u1,a.u2);
10    }
```

**【运行结果】**

编译、连接、运行程序，即可在程序执行窗口中输出结果。

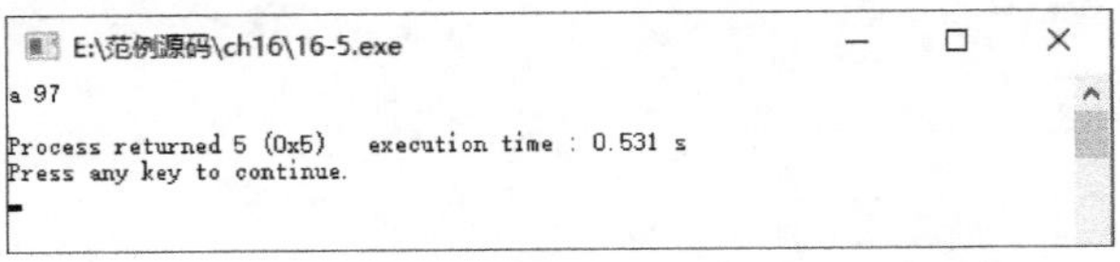

```
■ E:\范例源码\ch16\16-5.exe                    —    □    ×
a 97
Process returned 5 (0x5)   execution time : 0.531 s
Press any key to continue.
```

**【范例分析】**

程序中定义的联合体类型包含两个成员 u1 和 u2，分别是 1 个字节的字符型和 4 个字节的长整型，编译系统会按其中占用空间较多的长整型变量给联合体类型的变量 a 分配 4 个字节的存储空间。赋初值

进行初始化后，由于第 1 个成员是字符型，仅用 1 个字节，所以初值十六进制的 974161 只能接受 0x61，其他高位部分被舍去。存储情况如下图所示。

| 0110 0001 |
| --- |
|  |
|  |
|  |

输出时，*a.u1* 输出它得到的初始值 0x61，以字符的形式输出"a"；*a.u2* 并没有得到初值，但由于它和 *a.u1* 共用首地址，共用内存，所以在输出时，以十进制长整型输出 97。

请认真比较以上两个范例。

### 16.4.4 联合体变量的引用

联合体变量不能整体引用，对联合体变量的赋值、使用都只能对变量的成员进行，联合体变量引用其成员的方法与访问结构体变量成员的方法相同。例如：

```
union ucode
{
  char u1;
  int  u2;
  long u3;
};
uion ucode a;
```

对其中的联合体中成员的引用使用运算符"."，方法如下：

```
a.u1, a.u2
```

---

**📋 范例 16-6　联合体变量引用的应用举例。**

（1）在 Code::Blocks 中，新建名为"16-6.c"的文件。
（2）在代码编辑区域输入以下代码（代码 16-6.txt）。

```
01  #include "stdio.h"
02  int main()
03  {
04    union ucode              /* 定义联合体类型 */
05    {
06      char u1;
07      int u2;
08    };
09    union ucode a;           /* 定义联合体类型的变量 */
10    a.u2=5;
11    printf(" 输入 a.u1 的值：\n");        /* 提示信息 */
12    scanf("%d",&a.u1);
```

```
13    printf(" 输出数据 :\n");
14    printf("%c\n",a.u1);           /* 提示信息 */
15    printf("%d\n",a.u2);
16  }
```

**【运行结果】**

编译、连接、运行程序，根据提示输入数据后按【Enter】键，即可输出结果。

```
 E:\范例源码\ch16\16-6.exe
输入 a.u1的值：
65
输出数据：
A
65

Process returned 3 (0x3)   execution time : 5.062 s
Press any key to continue.
```

**【范例分析】**

本范例旨在巩固联合体变量成员的两种引用方法，并且进一步熟悉联合体类型数据的特点。第 09 行定义联合体类型变量 *a*；第 10 行对 *a* 中的 u2 成员即 *a.u2* 赋值 5；接着又通过 scanf 语句对 *a.u1* 赋值，从键盘输入 1 个字符的 ASCII 码值，这里运行时输入了 65；那么第 12 行的输出结果即是此时 *a* 中有效的成员 *a.u1* 的值，输出字母 A；第 13 行 *a.u2* 尽管没有实际意义，但由于它和 *a.u1* 共用一个首地址，且占用相同的存储空间，所以输出的结果是整数 65。

# 16.5 结构体和联合体的区别与联系

结构体和联合体都是根据实际需要，由用户自己定义的数据类型，可以包含多个不同类型的成员，属于构造数据类型。定义好后，可以和 C 提供的标准数据类型一样使用。结构体和联合体主要有以下区别。

（1）结构体和联合体都是由多个不同的数据类型成员组成的。结构体用来描述同一事物的不同属性，所以任意时候结构体的所有成员都存在，对结构体的不同成员赋值是互不影响的。而联合体中虽然也有多个成员，但在任一时刻，对联合体的不同成员赋值，将会对其他成员重写，原来成员的值就不存在了，也就是说在联合体中任一时刻只存放一个被赋值的成员。

（2）实际应用中，结构体类型用得比较多，而联合体的诞生主要是为了节约内存，这一点在如今计算机硬件技术高度发达的时代已经显得不太重要，所以，联合体目前实际上使用得并不多。

# 16.6 综合应用——计算学生平均成绩

本节通过一个范例来回顾结构体和联合体的应用。

**范例 16-7**　定义一个结构体数组，存放 N 个学生的信息，每位学生的信息是一个结构体类型的数据，其成员分别为学号、姓名、3 门成绩及平均分。编写程序，实现如下功能：从键盘输入每位学生的学号、姓名及 3 门功课的成绩，计算平均分，在屏幕上输出每位学生的学号、姓名和平均分。要求使用自定义函数，并且用结构体指针作为函数的形参来实现。

（1）在 Code::Blocks 中，新建名为"16-7.c"的文件。
（2）在代码编辑区域输入以下代码（代码 16-7.txt）。

```
01  #include "stdio.h"
02  #define N 6           /* 定义符号常量N*/
03  struct student        /* 定义结构体类型 */
04  {
05    char num[8];        /* 学号 */
```

```
06    char name[10];      /* 姓名 */
07    float chinese;      /* 语文成绩 */08    float english;      /* 英语成绩 */
09    float math;              /* 数学成绩 */
10    float average;      /* 平均分 */
11  }stu[N];          /* 定义结构体的同时声明一个包含 N 个元素的结构体数组 */
12  /* 定义输入学生信息的函数 */
13  void input()
14  {
15    int i;
16    printf(" 输入 %d 名学生的 : \n",N-1);
17    printf("-----------------------\n");
18    printf(" 学号　姓名 语文 英语 数学 \n");
19    for(i=1;i<N;i++)
20    {
21      printf("%d:",i);
22      scanf("%s    %s %f %f %f", stu[i].num, stu[i].name, &stu[i].chinese, &stu[i].english, &stu[i].math);
23    }
24  }
25  /* 定义计算平均分的函数 */
26  float aver_out(struct student p[ ],int i)
27  {
28    stu[i]. average =(p->chinese+p->english+p->math)/3;      /* 计算平均分 */
29    return stu[i]. average;
30  }
31  int main()
32  {
33    int i;
34    float aver;
35    input();
36    printf("\n 输出数据 :\n");          /* 提示输出信息 */
37    printf("-------------\n");
38    printf(" 学号　　姓名　 平均分 \n");
39    for(i=1;i<N;i++)                /* 循环调用自定义函数，每次输出一个学生的信息 */
40    {
41      aver=aver_out(&stu[i],i);
42      printf("%s %s      %5.1f\n",stu[i].num,stu[i].name,aver);
43    }
44  }
```

**【运行结果】**

　　编译、连接、运行程序，根据提示从键盘上输入 5 名学生的相关信息及成绩，按【Enter】键，即可输出学号、姓名和平均分。

```
■ E:\范例源码\ch16\16-7.exe

输入 5 名学生的:

  学号      姓名 语文 英语 数学
1:2019001 张华 90 78 100
2:2019002 刘阳红 72 56 86
3:2019003 王立 98 92 78
4:2019004 李明 67 75 79
5:2019005 赵平 94 98 91

输出数据:
学号   姓名      平均分
2019001 张华       89.3
2019002 刘阳红     71.3
2019003 王立       89.3
2019004 李明       73.7
2019005 赵平       94.3

Process returned 25 (0x19)   execution time : 258.122 s
Press any key to continue.
```

【范例分析】

本程序是对结构体知识的一个综合应用，包含了结构体类型、结构体类型数组的定义、结构体变量元素的引用，以及使用结构体类型的指针作函数的参数等方面的内容。程序中使用符号常量 N，主要是考虑到可以灵活更改本程序所处理的学生人数，只要改变定义 N 时所代表的常量数值即可。

## ▶ 16.7 高手点拨

学习了这一章的内容，读者应该已经对结构体和联合体的区别与联系有了简单的认识，下面将由浅入深地讲解这些内容。

首先，要知道联合体的各个成员共用内存，同时只能有一个成员得到这块内存的使用权（即对内存的读写），而结构体各个成员各自拥有内存，各自使用互不干涉。因此，某种意义上来说，联合体比结构体节约内存。例如：

```
typedef struct
{
  int i;
 double j;
}b;
typedef union
{
  int i;
  double j;
}u;
```

可以通过 sizeof() 函数来查看结构体和联合体所占内存大小。sizeof(b) 的值是 12，sizeof(u) 的值是 8 而不是 12。为什么 sizeof(u) 不是 12 呢？因为 union 中各成员共用内存，$i$ 和 $j$ 的内存是同一块。而且整体内存大小以最大内存的成员划分，即 $u$ 的内存大小是 double 的大小。sizeof(b) 大小为 12，因为 struct 中 $i$ 和 $j$ 各自得到了一块内存，变量 $i$ 在内存中占 4 个字节，变量 $j$ 在内存中占 8 个字节，加起来就是 12 个字节。了解了联合体共用内存的概念，也就明白了为何每次只能对其一个成员赋值了，因为如果对另一个赋值，会覆盖上一个成员的值。总之，二者区别可归纳为以下两点。

（1）结构体和联合体都是由多个不同的数据类型成员组成的，但在任何同一时刻，联合体中只存放了一个最新的成员值，而结构体的所有成员都存在。

（2）对联合体内的不同成员赋值，将会对其他成员重写，原来成员的值就不存在了，而对结构体的不同成员赋值是互不影响的。

下面举一个例子来加深对联合体的理解。

```
main()
{
 union            /* 定义一个联合体 */
 { int i;
   struct          /* 在联合中定义一个结构体 */
   { char first;
     char second;
   }half;
 }number;
 number.i=0x4241;      /* 给联合体成员赋值 */
  printf("%c%c\n", number.half.first, mumber.half.second);
 number.half.first='a';   /* 给联合体中的结构体成员赋值 */

 number.half.second='b';
 printf("%x\n", number.i);
 getch();
}
```

输出结果为：

```
AB
6261
```

从上例结果可以看出，当给 $i$ 赋值后，其低 8 位就是 first 和 second 的值；当给 first 和 second 赋字符后，这两个字符的 ASCII 码也将作为 $i$ 的低 8 位和高 8 位。

## ▶ 16.8 实战练习

**（1）定义一个结构体变量，成员包括职工号、姓名、性别、身份证号、工资、地址。要求如下。**

① 从键盘输入一个数据，放到一个结构体变量中，并在屏幕上显示出来。

② 定义一个结构体数组，存放 N 个职工的信息，计算所有职工工资的合计值，并在屏幕上显示出来。

**（2）程序通过定义学生结构体数组，存储了若干名学生的学号、姓名和 3 门课的成绩。fun() 函数的功能是将存放学生数据的结构体数组按照姓名的字典序（从小到大）排序。请在程序的下划线处填入正确的内容并把下划线删除，使程序得出正确的结果。**

```
#include <stdio.h>
#include <string.h>
struct student
{
 long  sno;
 char  name[10];
 float  score[3];
};
void fun(struct student a[], int n)
{
 /***********found**********/
 __1__ t;
 int  i, j;
 /***********found**********/
 for (i=0; i<__2__ ; i++)
   for (j=i+1; j<n; j++)
     /**********found**********/
     if (strcmp(__3__) > 0)
     {  t = a[i];   a[i] = a[j];  a[j] = t;  }
}
main()
{ struct student s[4]={{10001,"ZhangSan", 95, 80, 88},{10002,"LiSi", 85, 70, 78},{10003,"CaoKai", 75, 60, 88},
{10004,"FangFang", 90, 82, 87}};
 int  i, j;
 printf("\n\nThe original data :\n\n");
 for (j=0; j<4; j++)
 {
   printf("\nNo: %ld ,Name: %-8s ,Scores: ",s[j].sno, s[j].name);
   for (i=0; i<3; i++)
     printf("%6.2f ", s[j].score[i]);
   printf("\n");
 }
 fun(s, 4);
 printf("\n\nThe data after sorting :\n\n");
 for (j=0; j<4; j++)
 {
   printf("\nNo: %ld ,Name: %-8s,Scores: ",s[j].sno, s[j].name);
   for (i=0; i<3; i++)
     printf("%6.2f ", s[j].score[i]);
   printf("\n");
 }
}
```

（3）定义一个结构体变量（包括年、月、日）。输入一个日期计算该日在本年中是第几天，注意闰年问题。

# 第 **17** 章

## 枚举

在实际问题中，有些变量的取值往往限定在若干固定的几个数据中。例如，性别的取值只有两个：男、女。一个星期的取值只有 7 个：星期一到星期日。一年有 12 个月：1 月到 12 月。本章将介绍 C 语言提供的能够描述此类数据的枚举数据类型。

**本章要点（已掌握的在方框中打钩）**

□ 枚举类型的定义
□ 枚举类型的应用

# ▶ 17.1 枚举类型

　　C 语言中，如果一个变量只有几种可能存在的值，并且每个值都可以用一个名字表示出来，那么就能够定义成枚举类型。之所以叫枚举就是因为可以将变量可能存在的情况一一列举出来。

## 17.1.1 枚举类型的定义

### 01 枚举类型定义的一般形式

　　C 语言中提供的定义枚举类型的语句格式如下。

enum 枚举名 { 枚举值表 };

　　在枚举值表中罗列出所有可用的值，这些值也称为枚举元素，元素之间用逗号分隔开。例如，定义一个性别的枚举类型：

enum sex { male, female};

　　其中 sex 为枚举类型名，其元素有两个。凡被说明为 sex 类型的变量的值只能是 male 和 female 两个值中的一个。

　　再例如，定义一个星期的枚举类型：

enum weekday{sun, mon, tue, wed, thu, fri, sat};

　　其中 weekday 为枚举类型名，其元素有 7 个。凡被说明为 weekday 类型的变量的值只能是 sun、mon、tue、wed、thu、fri、sat 这 7 个值中的一个。

### 02 枚举变量的说明

　　如同结构体和共用体，枚举变量也可以用不同的方式说明，即先定义后说明，或者定义的同时直接说明。例如，设变量 *a*、*b* 和 *c* 都是 weekday 类型的变量，可用下面任意一种方式。

enum weekday{sun, mon, tue, wed, thu, fri, sat};
enum weekday a,b,c;

　　或者：

enum weekday{sun, mon, tue, wed, thu, fri, sat} a,b,c;

　　或者：

enum {sun, mon, tue, wed, thu, fri, sat} a,b,c;

### 03 枚举变量的赋值和使用

　　枚举类型的数据在应用中有以下规定。

　　（1）枚举元素值是常量、不是变量，一旦定义，不能在程序中对枚举元素重新赋值。

　　例如，对上例中的 weekday 的元素做以下操作是错误的。

sun=9;
sun=mon;

　　（2）枚举元素本身由系统定义了一个表示序号的数值，从 0 开始，顺序定义为 0，1，2……例如，对上例中的 weekday 中的元素，sun 值为 0，mon 值为 1，tue 值为 2……sat 值为 6。

　　（3）只能把枚举元素值赋给枚举变量，不能把元素的序号值直接赋给枚举变量。

　　例如，上例中已经说明了 "enum weekday{sun, mon, tue, wed, thu, fri, sat} a,b,c;"，则下面操作是正确的。

a=sun; // 给 a 赋值为星期日
b=sat; // 给 b 赋值为星期六

而下面操作是错误的。

a=0;

b=6;

可以用强制类型转换把元素的序号值赋给枚举变量。

a=( enum weekday)0;

其作用是将序号为 0 的枚举元素赋给变量 a，相当于 a=sun。

---

**☰ 提示**

枚举元素不是字符常量也不是字符串常量，使用时不能加单引号或者双引号定界符。

---

**17.1.2** **枚举类型的应用**

**📝 范例 17-1**　　**根据枚举类型中颜色元素的序号值输出对应的颜色是什么。**

（1）在 Code::Blocks 中，新建名为 "17-1.c" 的文件。
（2）在编辑窗口中输入以下代码（代码 17-1.txt）。

```
01  #include<stdio.h>
02  int main()
03  {
04     enum color{red,yellow,green,blue,black} user_color;      /* 定义枚举类型 color，声明变量 user_color*/
05     int i=1;                                 /* 定义循环条件变量 i */
06     while(i)
07     { printf("\n 有五种颜色：red, yellow, green, blue, black \n ");
08       printf(" 请输入你选择颜色的序号（0~4，其他数值退出）: ");
09       scanf("%d",&user_color);
10       switch(user_color)
11       {
12         case red: printf("\n 你选择的是：红色 \n"); break;
13         case yellow: printf("\n 你选择的是：黄色 \n"); break;
14         case green: printf("\n 你选择的是：绿色 \n"); break;
15         case blue: printf("\n 你选择的是：蓝色 \n"); break;
16         case black: printf("\n 你选择的是：黑色 \n"); break;
17         default: i=0;
18       }
19       printf("\n");
20     }
21     return 0;
22  }
```

**【运行结果】**

编译、连接、运行程序，即可在程序执行窗口中输出以下结果。

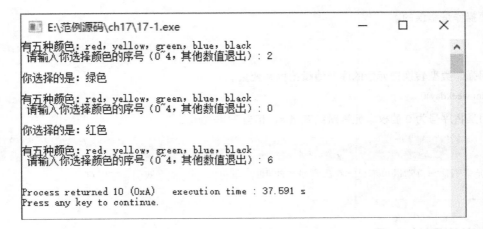

**【范例分析】**

按照在选择结构一章中学习的知识可知：在 switch-case 多分支结构中 case 关键字后面必须是一个整数常量或字符常量，或者是结果为整数的表达式，但不能包含任何变量，正是由于 red、yellow、green、blue、black 这些名字最终会被替换成一个它们所在位置序号所对应的整数，所以它们才能放在 case 后面。

# ▶17.2 高手点拨

在定义枚举类型时，枚举元素列表中每个元素的序号只能是整型，如果我们不指定某个元素的序号是多少，系统默认是从 0 开始排列。如范例 17-1 中的 color 枚举列表中 red = 0、yellow = 1……black = 4，而在 case 后面的代码我们看到是红色、黄色，而不再用序号表示，通过这个例子我们可以得出枚举元素本质就是一个有序的数值。

如果我们想把第一个元素的序号指定为从 1 开始计数可以吗？通过下面的定义就可以实现：

```
enum weekday{sun=1, mon, tue, wed, thu, fri, sat};
```

如果指定了部分枚举常量的序号值，那么未指定值的枚举常量的序号值将依着最后一个指定值向后递增，步长为 1。

在应用枚举类型时需要注意以下几点：

（1）不能对枚举常量进行赋值操作（定义枚举类型时除外）；

（2）枚举常量和枚举变量可以用于判断语句，实际用于判断的是其中实际包含的元素序号值；

（3）一个整数不能直接赋值给一个枚举变量，必须用该枚举变量所属的枚举类型进行类型强制转换；

（4）使用常规的手段无法输出枚举常量所对应的字符串，因为枚举常量为整型值；

（5）在使用枚举变量的时候，我们不关心其值的大小，只是关心其表示的状态，即其值的含义是什么。

# ▶17.3 实战练习

（1）打印 2019 年日历。2019 年 1 月 1 日是星期二。

（2）如果口袋中有红、黄、蓝、白、黑 5 种颜色的球若干。每次从袋子中先取出 3 个球，求得到 3 种不同颜色的球的可能取法。

第 **III** 篇

# 高级应用——指针及文件

第
# 18
## 指针

指针就是内存地址，使用指针访问变量，就是直接对内存地址中的数据进行操作。合理地使用指针，可以提高程序运行的速度，实现实参与形参数据的双向传递，增强操作的灵活性。本章将介绍 C 语言中特有的功能强大的数据类型——指针。

## 本章要点（已掌握的在方框中打钩）

☐ 指针概述
☐ 指针的算术运算
☐ & 和 * 运算符
☐ 指针表达式
☐ 综合应用——使用指针进行排序

# ▶18.1 指针概述

访问内存中的数据有两种方式——直接访问和间接访问。直接访问通过变量来实现，因为变量是内存中某一块存储区域的名称；间接访问通过指针来实现。**指针变量并不是用来存储数据的，而是用来存储另一个数据在内存中的地址，我们可以通过访问指针变量达到访问内存中另一个数据的目的。**

指针是 C 语言的精髓，要想掌握 C 语言就需要深入地了解指针。

## 18.1.1 指针类型的变量和定义

从语法的角度看，只要把指针变量声明语句里的指针变量名去掉，剩下的部分就是这个指针变量的类型。下面是一些指针类型变量的定义：

```
int *ptr; // 变量 ptr 的类型是 int *
float *ptr;// 变量 ptr 的类型是 float *
char *ptr; // 变量 ptr 的类型是 char *
struct stu
{ char no[8];
char name[10];
  float eng;
}*ptr;  // 变量 ptr 的类型是 struct stu *
```

以上 4 个变量 *ptr* 被定义成不同类型的指针变量，指针变量 *ptr* 的类型实际上就是它所指向的另一个数据的类型，而这个数据往往存储在一个变量中，一旦 *ptr* 指向了这个变量，以后就可以通过 *ptr* 间接访问这个变量了。

## 18.1.2 指针所指向变量的类型

通过指针来访问指针所指向的内存区时，指针所指向的类型决定了编译器将把那片内存区里的内容当作什么来看待。

在指针的算术运算中，指针所指向的类型有很大的作用。

指针的类型（即指针本身的类型）和指针所指向的类型是两个概念。对 C 语言越来越熟悉时会发现，把指针"类型"这个概念分成"指针的类型"和"指针所指向的类型"两个概念，是精通指针的关键点之一。

## 18.1.3 指针的值

指针的值是指针本身存储的数值，这个值将被编译器当作一个地址，而不是一个一般的数值。在 32 位程序里，所有类型指针的值都是一个 32 位整数，因为 32 位程序里内存地址全都是 32 位的。

指针所指向的内存区是从指针的值所代表的那个内存地址开始的，长度为 sizeof（指针所指向的类型）的一片内存区。以后，我们说一个指针的值是 XX，就相当于说该指针指向了以 XX 为首地址的一片内存区域；我们说一个指针指向了某块内存区域，就相当于说该指针的值是这块内存区域的首地址。

指针所指向的内存区和指针所指向的类型是两个完全不同的概念。如果指针所指向的类型已经有了，但由于指针还未初始化，那么它所指向的内存区是不存在的，或者说是无意义的。

以后，每遇到一个指针，都应该问问：这个指针的类型是什么？指针指向的类型是什么？该指针指向了哪里？

## 18.1.4 指针所占内存

在不同的操作系统及编译环境中，指针类型占用的字节数是不同的。

指针本身占了多大的内存？对于某一个具体的环境，可以用下面的语句精确地知道指针类型占用的字节数：printf("%d\n", sizeof(int *))。在 32 位平台里，指针本身占据了 4 个字节的长度。指针所占内存这个概念在判断一个指针表达式是否是左值时很有用。

# ▶18.2 指针的算术运算

指针的算术运算包括指针与整数的运算和指针与指针的运算。指针与整数的运算的意义与通常的数值加减运算的意义是不一样的，下面我们就先来看看这两种运算。

### 18.2.1 指针与整数的运算

C 语言指针算术运算的第 1 种形式是：

指针 ± 整数

标准定义这种形式只能用于指向数组中某个元素的指针，如下图所示。

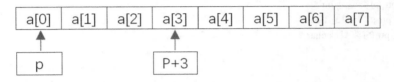

并且这类表达式的结果类型也是指针。这种形式也适用于使用 malloc() 函数动态分配获得的内存。

数组中的元素存储于连续的内存空间中，后面元素的地址大于前面元素的地址。因此，我们很容易看出，对一个指针加 1 使它指向数组的下一个元素，加 5 使它向右（即向后）移动 5 个元素的位置，依此类推。将一个指针减去 3 使它向左（即向前）移动 3 个元素的位置。对整数进行扩展保证对指针执行加法运算能产生这种结果，而不管数组元素的长度如何。

对指针执行加法或减法运算之后如果指针所指的位置在数组第 1 个元素的前面或在数组最后一个元素的后面，那么其效果就是未定义的。让指针指向数组最后一个元素后面的那个位置是合法的，但对这个指针执行间接访问可能会失败。

例如：p+n、p-n。

将指针 p 加上或者减去一个整数 n，表示 p 向地址增加或减小的方向移动 n 个元素单元，从而得到一个新的地址，使其能访问新地址中的数据。每个数据所占单元的字节数取决于指针的数据类型。

如下图所示，变量 a、b、c、d 和 e 都是整型数据 int 类型，它们在内存中占据一块连续的存储区域，地址从 1234 到 1250，每个变量占用 4 个字节。指针变量 p 指向变量 a，也就是 p 的值是 1234，那么按照前面的介绍，p+1 表示 p 向地址增加的方向移动了 4 个字节，从而指向一个新的地址，这个值就是 1238，指向了变量 b（变量从 a 到 e 占用一块连续的存储区域）；同理，p+2 地址就是 1242，再次增加了 4 个字节，指向了变量 c，依此类推。

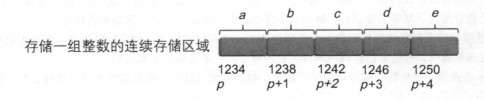

存储一组整数的连续存储区域

并且这类表达式的结果类型也是指针。

> **📋 提示**
>
> 　　指针 p+1 并不意味着地址 +1，而是表示指针 p 指向数组中的下一个数据。比如，int *p，p+1 表示当前地址 +4，指向下一个整型数据。

### 范例 18-1    指针变量自身的运算。

（1）在 Code::Blocks 中，新建名为 "18-1.c" 的文件。
（2）在代码编辑窗口输入以下代码（代码 18-1.txt）。

```
01  #include <stdio.h>
02  int main(void)
03  {
04    int a=1,b=10;
05    int *p1,*p2;
06    p1=&a;                         /* 指针赋值 */
07    p2=&b;
08    printf("p1 地址是 %d,p1 存储的值是 %d\n",p1,*p1);        /* 输出 */
09    printf("p2 地址是 %d,p2 存储的值是 %d\n",p2,*p2);        /* 输出 */
10    printf("p1-1 地址存储的值是 %d\n",*(p1-1));       /* 地址 -1 后单元存储的值 */
11    printf("p1 地址中的值 -1 后的值是 %d\n",*p1-1);            /* 值 -1 后的值 */
12    printf("*(p1-1) 的值和 *p1-1 的值不同 \n");
13    return 0;
14  }
```

### 【运行结果】

编译、连接、运行程序，即可在程序执行窗口中输出结果。

```
E:\范例源码\ch18\18-1.exe                        —    □    ×

p1地址是6356740,p1存储的值是1
p2地址是6356736,p2存储的值是10
p1-1地址存储的值是10
p1地址中的值-1后的值是0
*(p1-1)的值和*p1-1的值不同

Process returned 0 (0x0)   execution time : 1.109 s
Press any key to continue.
```

### 【范例分析】

从本范例的运行结果可以很清晰地看到，*(p1-1) 的值和 *p1-1 的值是不同的。*(p1-1) 表示将 p1 指向的地址减 1 个存储单元，也就是后移 4 个字节；而 *p1-1 表示的是 p1 所指向的存储单元的值减 1。如果不是巧合，二者是不会相同的。分析到这里，指针变量自身的运算已经介绍完了，但是从输出结果上，可以看到一个很奇怪的现象，是什么呢？那就是 *(p1-1) 的值跟变量 b 的值相等，这是巧合吗？

不是！大家可以自行验证。原因是 a 和 b 依次被赋值为 1 和 10，它们在内存中占用连续的存储单元，这里需要注意的是连续区域。因为变量 a 和 b 内配的存储空间是在栈中（原因不再解释），而栈是向低地址扩展的存储空间（如果是堆又不同了），又因为 int 类型在内存中占用 4 个字节，所以 a 的地址比 b 的地址大 4 个字节，p1-1 表示 a 的地址减少 4 个字节后的地址，也就是 p2 所指向的变量 b，所以是 10。

对于单个的变量，它们分配到的空间并不一定是连续的，所以范例中的情况实用价值并不大。但对于数组就不同了，因为数组在内存中占用一块连续的存储区域，而且随着下标的递增，地址也在递增。

## 18.2.2 指针与指针的运算

C 语言指针算术运算的第 2 种形式是：

指针 – 指针

大家要注意，指针与指针之间的算术运算没有加运算，只有减运算。并且，只有当两个指针都指向同一个数组中的元素时，才允许用一个指针减去另一个指针，如下图所示。

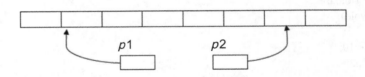

两个指针相减的结果的类型是一种有符号整数类型。减法运算的值是两个指针在内存中的距离（以数组元素的长度为单位，而不是以字节为单位），因为减法运算的结果将除以数组元素类型的长度。例如，如果 $p1$ 指向 array[i] 而 $p2$ 指向 array[j]，那么 $p2-p1$ 的值就是 $j-i$ 的值。

让我们看一下它是如何作用于某个特定类型的。例如上图中数组元素的类型为 float，每个元素占用 4 个字节的内存空间。如果数组的起始位置为 1000，$p1$ 的值是 1004，$p2$ 的值是 1024，那么表达式 $p2-p1$ 的结果将是 5，因为两个指针的差值（20）将除以每个元素的长度（4）。

同样，这种对差值的调整使指针的运算结果与数据的类型无关。不论数组包含的元素类型如何，这个指针减法运算的值总是 5。

那么，表达式 $p1-p2$ 是否合法呢？如果两个指针都指向同一个数组的元素，这个表达式就是合法的。在前一个例子中，这个值将是 –5。

如果两个指针所指向的不是同一个数组中的元素，那么它们之间相减的结果是未定义的。就像如果把两个位于不同街道的房子的门牌号码相减不可能获得这两所房子之间的房子数一样。程序员无法知道两个数组在内存中的相对位置，如果不知道这一点，两个指针之间的距离就毫无意义。

# ▶ 18.3 & 和 * 运算符

如果指针的值是某个变量的地址，通过指针就能间接访问那个变量，这些操作由取址运算符 "&" 和间接访问运算符 "*" 完成。

单目运算符 "&" 用于取出变量的地址。例如：

```
int *p, a=3;
p=&a;     /* 对指针变量 p 进行初始化 */
```

将整型变量 $a$ 的地址赋给指针 $p$，使指针 $p$ 指向变量 $a$。也就是说，用运算符 "&" 去取变量 $a$ 的地址，并将这个地址值作为指针 $p$ 的值，使指针 $p$ 指向变量 $a$。

指针的类型和它所指向变量的类型必须相同。

在程序中（不是指针变量被定义的时候），单目运算符 * 用于访问指针所指向的变量，即取指针所指向的变量的值。它也被称为间接访问运算符。例如，当 $p$ 指向 $a$ 时，*$p$ 和 $a$ 访问同一个存储单元，*$p$ 的值就是 $a$ 的值（如下图所示）。

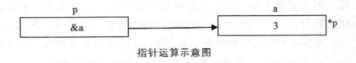

指针运算示意图

**范例 18-2**    取地址运算和间接访问示例。

（1）在 Code::Blocks 中，新建名为 "18-2.c" 的文件。
（2）在代码编辑窗口输入以下代码（代码 18-2.txt）。

```
01  #include <stdio.h>
02  int main(void)
03  {
04      int a=3,*p;                /* 定义整型变量 a 和整型指针 p*/
05      p=&a;                      /* 把变量 a 的地址赋给指针 p，即 p 指向 a*/
06      printf("a=%d,*p=%d\n",a,*p);    /* 输出变量 a 的值和指针 p 所指向变量的值 */
07      *p=10;                     /* 对指针 p 所指向的变量赋值，相当于对变量 a 赋值 */
08      printf("a=%d,*p=%d\n",a,*p);
09      printf("Enter a:");
10      scanf("%d",&a);            /* 输入 a*/
11      printf("a=%d,*p=%d\n",a,*p);
12      (*p)++;                    /* 将指针所指向的变量加 1*/
13      printf("a=%d,*p=%d\n",a,*p);
14      return 0;
15  }
```

**【运行结果】**

编译、连接、运行程序，当输入 a 的值为 5 时，输出结果如下图所示。

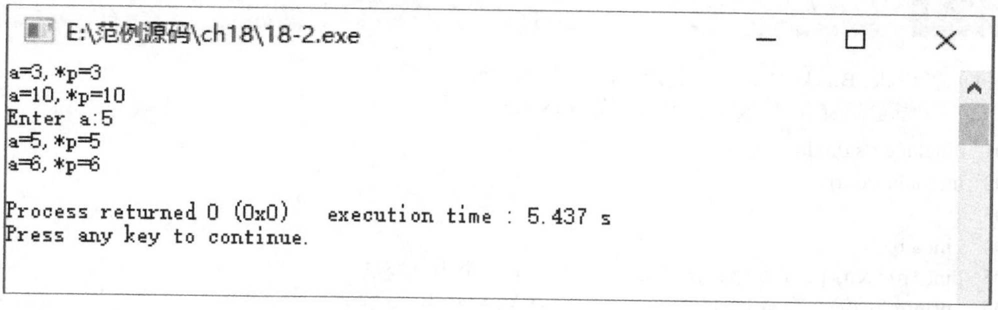

```
E:\范例源码\ch18\18-2.exe                    —    □    ×

a=3,*p=3
a=10,*p=10
Enter a:5
a=5,*p=5
a=6,*p=6

Process returned 0 (0x0)    execution time : 5.437 s
Press any key to continue.
```

**【范例分析】**

第 04 行的 "int *a*=3,*p" 和其后出现的 *p，尽管形式是相同的，但两者的含义完全不同。第 04 行定义了指针变量，*p* 是变量名，* 表示其后的变量是指针；而第 07 行出现的 *p 代表指针 *p* 所指向的变量 *a*。本例中，由于 *p* 指向变量 *a*，因此，*p 和 *a* 的值一样。

再如表达式 *p=*p+1、++*p 和 (*p)++，分别将指针 *p* 所指向变量的值加 1。而表达式 *p++ 等价于 *(p++)，先取 *p 的值作为表达式的值，再将指针 *p* 的值加 1，运算后，*p* 不再指向变量 *a*。同样，在下面这几条语句中：

```
int a=1,x,*p;
p=&a;
x=*p++;
```

指针 *p* 先指向 *a*，其后的语句 x=*p++，将 *p* 指向的变量 *a* 的值赋给变量 *x*，然后修改指针的值，使得指针 *p* 不再指向变量 *a*。

从以上例子可以看到，要正确理解指针操作的意义，带有间接地址访问符 * 的变量的操作在不同的情况下会有完全不同的含义，这既是 C 语言的灵活之处，也是初学者十分容易出错的地方。

# ▶ 18.4　指针表达式

一个表达式的最后结果如果是一个指针，那么这个表达式就叫指针表达式。下面是一些指针表达式的例子：

```
int a;
int array[10];
int *pa;
pa=&a;      //&a 是一个指针表达式
pa=array;
pa++;       // 是指针表达式

char *arr[20];
char *str;
str=arr;
str++;      // 是指针表达式
```

由于指针表达式的结果是一个指针，因此指针表达式也具有指针所具有的 4 个要素，即指针的类型、指针所指向的类型、指针指向的内存区、指针自身占据的内存。

# ▶ 18.5　综合应用——使用指针进行排序

本节通过一个使用指针进行排序的范例，复习一下本章所讲的指针内容。

**📋 范例 18-3**　输入3个不同的整数，存储在变量 a、b 和 c 中，使用指针交换，按照从大到小的顺序排序，并输出。

（1）在 Code::Blocks 中，新建名为 "18-3.c" 的文件。
（2）在代码编辑窗口输入以下代码（代码 18-3.txt）。

```
01  #include <stdio.h>
02  int main(void)
03  {
04    int a,b,c;
05    int *p1=&a,*p2=&b,*p3=&c,*p;      /* 声明 3 个指针变量 */
06    printf(" 请输入变量 a,b,c\n");            /* 输入 a、b、c 的值 */
07    scanf("%d %d %d",&a,&b,&c);
08    if(*p1<*p2)                        /* 当 *p1 小于 *p2 时交换 */
09    {
10      p=p1;
11      p1=p2;
12      p2=p;
13    }
14    if(*p1<*p3)                        /* 当 *p1 小于 *p3 时交换 */
15    {
16      p=p1;
17      p1=p3;
18      p3=p;
19    }
20    if(*p2<*p3)                        /* 当 *p2 小于 *p3 时交换 */
21    {
22      p=p2;
```

```
23       p2=p3;
24       p3=p;
25     }
26     printf(" 变量 a 的值是 %d,b 的值是 %d,c 的值 %d\n",a,b,c);              /* 输出 */
27     printf(" 变量 *p1 的值是 %d,*p2 的值是 %d,*p3 的值是 %d,\n",*p1,*p2,*p3);       /* 输出 */
28     return 0;
29   }
```

【运行结果】

编译、连接、运行程序，当输入 *a*、*b* 和 *c* 的值分别为 5、-1 和 9 时，即可输出结果。

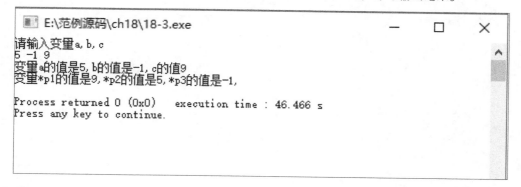

【范例分析】

p1 指向变量 *a*，p2 指向变量 *b*，p3 指向变量 *c*，当输入 *a*=5、*b*=-1、*c*=9 时，根据题意，3 次交换后，*p1、*p2 和 *p3 将按照从大到小的顺序依次存储 *a*、*b* 和 *c* 的值。

# ▶18.6　高手点拨

　　计算机内存中的每个内存都有一个地址标识。通常，邻近的内存空间合成一组，这就允许存储更大范围的值。指针的值表示内存地址。

　　指针变量的值并非它所指向变量的存储空间中的数据。我们必须使用间接访问运算符 * 来获得它所指向空间存储的数据值。对一个"指向整型的指针"施加间接访问的结果将是一个整型值。

　　声明一个指针变量并不会自动分配任何内存。在对指针执行间接访问前，指针必须进行初始化，或者使它指向现有的内存，或者给它分配动态内存。对未初始化的指针变量执行间接访问操作是非法的，而且这种错误常常难以检测。其结果常常是一个不相关的值被修改。这种错误是很难被调试发现的。

　　在指针值上可以执行一些有限的算术运算。可以把一个整型值加到一个指针上，也可以从一个指针减去一个整型值。在这两种情况下，这个整型值会进行调整，原址将乘以指针目标类型的长度。这样，对一个指针加 1 将使它指向下一个变量，至于该变量在内存中占几个字节的大小则与此无关。

　　下面强调几种比较容易混淆的指针运算。

　　（1）int a=3, *p; p=&a; 则 &*p 与 &a 是等价的，均表示地址；*&a 与 a 是等价的，均表示变量 a 的值。

　　（2）y = *px++ 相当于 y = *（px++）（* 和 ++ 优先级相同，自右向左运算）。

# ▶18.7　实战练习

　　（1）输入两个整数，存储在变量 *a* 和 *b* 中，通过指针输出它们在内存中的地址。

（2）输入 3 个整数，存储在变量 *a*、*b* 和 *c* 中，用这 3 个变量对 3 个指针进行赋值。

（3）输入两个整数，存储在变量 *a* 和 *b* 中，通过指针改变变量 *a* 和 *b* 的值并输出改变后它们的值。

（4）输入两个整数，存储在变量 *a* 和 *b* 中，当 *a* 小于 *b* 时，使用指针交换 *a* 和 *b* 并输出。

第

# 19 章

## 指针与数组

在程序实际开发中，数组的使用非常普遍。根据数组占据内存中连续的存储区域这样一个性质，建立起指针和数组的关系，使用指针将使我们操作数组元素的手段更加丰富。本章将详细介绍利用指针变量对数组进行操作。

## 本章要点（已掌握的在方框中打钩）

□ 数组指针
□ 数组指针作为函数参数
□ 指针与字符数组
□ 指针数组与指针的指针
□ 综合应用——报数游戏（约瑟夫环）

# ▶19.1 数组指针

当指针变量里存放一个数组的首地址时，此指针变量称为指向数组的指针变量，简称数组指针。

可以定义指针变量指向任意一个数组元素。例如：

```
int a[5],*p;
p = &a[0]; 或 p = a;
```

则 p+1 指向 a[1]，p+2 指向 a[2]。

通过指针引用数组元素：*p 就是 a[0]，*（p+1）就是 a[1]……*（p+i）就是 a[i]。

当一个指针变量指向了一个数组后，就可以利用指针变量对数组元素进行输入、输出和各种数据处理了。例如：

```
#include<stdio.h>
int main( void)
 {
    int i, a[ ] = { 1, 3, 5, 7, 9 }
    int *p = a;
    for ( i = 0; i < 5; i++ )
       printf( "%d\t", *( p + i ) );
     printf( "\n" );
}
```

| 1 | *p |
|---|---|
| 3 | *(p+1) |
| 5 | *(p+2) |
| 7 | *(p+3) |
| 9 | *(p+4) |

# ▶19.2 数组指针作为函数参数

指向数组的指针可以作为函数形参，对应实参为数组名或已初始化的指针变量，此时可以通过"地址传递"实现数据的双向传递。

| 形参 | 实参 |
|---|---|
| 数组名 | 数组名 |
| 数组名 | 指针变量 |
| 指针变量 | 数组名 |
| 指针变量 | 指针变量 |

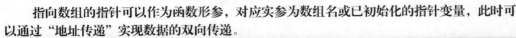

**范例 19-1**　编写一个函数，将数组中10个整数倒序输出。

（1）在 Code::Blocks 中，新建名为"19-1.c"的文件。
（2）在代码编辑窗口输入以下代码（代码 19-1.txt）。

```
01   #include <stdio.h>
02   void inv( int *x, int n );
03   int main()
04   {
05   int i,a[ ] = { 3, 7, 9, 11, 0, 6, 7, 5, 4, 2 };
06   printf( "The original array:\n" );
07   for( i = 0; i < 10; i++)
08     printf( "%3d", a[i] );
09   printf( "\n" );
```

```
10    inv( a,10 );
11    printf(  "The array has been inverted:\n" );
12    for( i = 0; i < 10; i++ )
13      printf( "%3d", a[i] );
14    printf(  "\n" );
15    }
16    void inv( int *x, int n )
17    {
18      int t,*i,*j;
19      for(i = x, j = x + n - 1; i <= j; i++, j-- )
20      {
21        t = *i;
22        *i = *j;
23        *j = t;
24      }
25    }
```

**【 运行结果 】**

编译、连接、运行程序，即可在程序执行窗口中输出结果。

**【 范例分析 】**

本例程序的颠倒顺序采取从首尾开始、数组前后相对元素互换数值的方法。定义两个指针变量 $i$ 和 $j$，分别指向数组开头和结尾，对向扫描交换数值。当 $i > j$ 时扫描结束。

# ▶19.3 指针与字符数组

指针变量可以直接用来处理字符串，用指针变量处理字符串有其独特之处。

字符数组法：

```
char string[ ] = "name";
printf(  "%s\n", string );
或： for ( i = 0; i < 5; i++ )
printf(  "%c", string[ i ] );
```

# ▶19.4 指针数组与指针的指针

所有元素都是指针类型的数组称为指针数组。指针数组提供了多个可以存放地址的空间，常用于多维数组的处理。

例如 int *p[10]，数组 p 是由 10 个指向整型元素的指针组成的，p[0] 是一个指针变量，它的使用与一般的指针用法一样，但这些指针有同一个名字，需要使用下标来区分。例如有下面的定义：

```
char *p[2];
char array[2][20];
p[0]=array[0];
p[1]=array[1];
```

如下图所示。

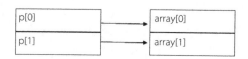

📖 **提示**

对指针数组元素的操作和对同类型指针变量的操作相同。

📝 **范例 19-2**    利用指针数组输出单位矩阵。

（1）在 Code::Blocks 中，新建名为 "19-2.c" 的文件。
（2）在编辑窗口中输入以下代码（代码 19-2.txt）。

```
01  #include <stdio.h>
02  int main()
03  {
04    int line1[ ]={1,0,0};        /* 声明数组，矩阵的第一行 */
05    int line2[ ]={0,1,0};        /* 声明数组，矩阵的第二行 */
06    int line3[ ]={0,0,1};        /* 声明数组，矩阵的第三行 */
07    int i,j,*p_line[ 3 ];        /* 声明整型指针数组 */
08    p_line[0]=line1;        /* 初始化指针数组元素 */
09    p_line[1]=line2;
10    p_line[2]=line3;
11    printf( "Matrix test:\n");
12    for( i = 0; i < 3; i++ )        /* 对指针数组元素循环 */
13    {
14      for( j = 0; j < 3; j++ )    /* 对矩阵每一列循环 */
15        printf("%2d ", p_line[i][j] );
16      printf( "\n");
17    }
18  }
```

【运行结果】

编译、连接、运行程序，即可在程序执行窗口中输出结果。

【范例分析】

程序首先声明了数组，为单位矩阵赋值。然后定义指针数组并初始化指针数组元素，之后用 for 循环对数组元素进行循环，for 循环内部还有一个 for 循环，内部的循环对矩阵每一列进行循环并且输出。

学习了指针数组以后，让我们再来学习指针的指针。指向指针变量的指针变量被称为指针的指针。

📝 **范例 19-3**    使用指针的指针访问字符串数组。

（1）在 Code::Blocks 中，新建名为 "19-3.c" 的文件。
（2）在代码编辑窗口输入以下代码（代码 19-3.txt）。

```
01  #include <stdio.h>
02  int main(void)
03  {
04    char *seasons[]={"Winter","Spring","Summer","Fall"};
05    char **p;                /* 指针的指针 */
06    int i;
07    for(i=0;i<4;i++)
```

```
08    {
09     p= seasons +i;        /* 指针的指针 p 指向 array+i 所指向的字符串的首地址 */
10     printf("%s\n",*p);          /* 输出数组中的每一个字符串 */
11    }
12    return 0;
13    }
```

**【运行结果】**

编译、连接、运行程序，即可在程序执行窗口中输出结果。

```
E:\范例源码\ch19\19-3.exe                    —   □   ×

Winter
Spring
Summer
Fall

Process returned 0 (0x0)    execution time : 0.422 s
Press any key to continue.
```

**【范例分析】**

seasons 是指针数组，也就是说，seasons 的每个元素都是指针。例如，seasons[0] 是一个指向字符串 "Winter" 的指针，seasons+i 等价于 &seasons[i]，也就是每个字符串首字符的地址。这里的 seasons[i] 已经是指针类型，那么 seasons+i 就是指针的指针，和变量 p 的类型一致，所以写成 p=seasons+i，*p 等价于 *(seasons+i)，也就等价于 seasons[i]，表示的含义是第 i 个字符串的首地址，对应输出每一个字符串。

## ▶19.5 综合应用——报数游戏（约瑟夫环）

本节通过一个报数游戏，来综合回顾一下本章所学的内容。

**范例 19-4** 有 n 个人围成一圈，顺序排号。从第1个人开始报数（如从1到3报数），凡报到3的人退出圈子，问最后留下的那位是原来的第几号。

（1）在 Code::Blocks 中，新建名为 "19-4.c" 的文件。
（2）在代码编辑窗口输入以下代码（代码 19-4.txt）。

```
01  #include <stdio.h>
02  #define NMAX 50
03  int main(void)
04  {
05    int i,k,m,n,num[NMAX],*p;
06    printf(" 请输入总人数 :");
07    scanf("%d",&n);
08    p=num;
09    for(i=0;i<n;i++)
10      *(p+i)=i+1;
11    i=0;
12    k=0;
13    m=0;
14    while(m<n-1)
15    {
16      if(*(p+i)!=0)
17        k++;
18      if(k==3)
19      {
20        *(p+i)=0;
21        k=0;
```

```
22      m++;
23      }
24      i++;
25      if(i==n)
26        i=0;
27      }
28      while(*p==0)
29        p++;
30      printf("%d 号留下了 \n",*p);
31      return 0;
32    }
```

**【运行结果】**

编译、连接、运行程序，输入总人数后按【Enter】键，即可在程序执行窗口中输出结果。

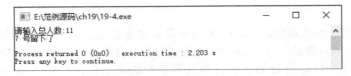

**【范例分析】**

首先使用指针循环赋值，用变量 m 表示退出的人数，变量 k 表示报的数，报到 3 就把当前元素值修改为 0，变量 i 表示地址偏移，到了数组结束就重置到数组首地址。一直这样不停地报数，不停地退出，直至只剩下一个元素。

其实 "猴子选大王" 与本例是同一类数学问题，本例的算法采用简单的数组（即队列，见第 25 章）在循环结构中处理即可实现，也可用链表（见第 25 章）存储数据，用回溯算法（见第 26 章）实现。

# ▶19.6 高手点拨

在绝大多数表达式中，数组名的值是指向数组第一个元素的指针。这个规则只有两个例外：sizeof 返回整个数组所占用的字节而不是一个指针所占用的字节；单目运算符 & 返回一个指向数组的指针，而不是一个指向数组第一个元素的指针的指针。

指针和数组并不相等。数组的属性和指针的属性大相径庭。当我们声明一个数组时，它同时也分配了一些内存空间，用于容纳数组元素。但是，当我们声明一个指针时，它只分配了用于容纳指针本身的空间。

当数组名作为函数参数传递时，实际传递给函数的是一个指向数组第一个元素的指针。对指针参数执行间接访问操作允许函数修改原先的数组元素。数组形参既可以声明为数组，也可以声明为指针。这两种声明形式只有当它们作为函数的形参时才是相等的。

# ▶19.7 实战练习

（1）有 n 个整数，使前面各数顺序循环移动 m 个位置（m<n）。编写一个函数实现以上功能，在主函数中输入 n 个整数并输出调整后的 n 个整数。

（2）在数组中查找指定元素。输入一个正整数 n（1<n<10），然后输入 n 个整数存入数组中，再输入一个整数 x，在数组 a 中查找 x，如果找到则输出相应的最小下标，否则输出 "Not found"。

要求定义并调用函数 search(list,n,x), 它的功能是在数组 list 中查找元素 x，若找到则返回相应的最小下标，否则返回 1。

（3）定义函数 void sort(int a[ ],int n)，用选择法对数组 a 中的元素升序排列。自定义 main() 函数，并在其中调用 sort() 函数。

（4）输入 10 个整数作为数组元素，计算并输出它们的和。

第**20**章

# 指针与函数

一个函数总是占用一段连续的内存区域，函数名在表达式中有时也会被转换为该函数所在内存区域的首地址，这和数组名非常类似。我们可以给函数的这个首地址（或称入口地址）赋予一个指针变量，使指针变量指向函数所在的内存区域，然后通过指针变量就可以找到并调用该函数。这种指针就是函数指针。本章将详细介绍指针和函数的关系，学习利用指针处理函数。

## 本章要点（已掌握的在方框中打钩）

☐ 函数指针
☐ 指针函数
☐ 指向函数的指针作为函数参数
☐ 综合应用——根据当年第几天输出该天的日期

# ▶20.1 函数指针

　　函数指针是指向函数的指针变量。因而"函数指针"本身首先应是指针变量，只不过该指针变量指向函数。这正如用指针变量可指向整型变量、字符型变量、实型变量一样，这里是指向函数。如前所述，C 程序在编译时，每一个函数都有一个入口地址，该入口地址就是函数指针所指向的地址。

### 20.1.1 函数指针的定义

　　用指针变量可以指向一个函数。函数在程序编译时被分配了一个入口地址，这个函数的入口地址就称为函数的指针。

　　函数指针的定义如下。

数据类型 (* 函数指针名)( 形参类型表);

**✎注意**

　　"数据类型"说明函数的返回类型。"(* 函数指针名)"中的括号不能省，若省略则整体成为一个函数说明。"形参类型表"表示指针变量指向的函数所带的参数列表。

　　例如:

int ( *p )( int, float);

　　上面的代码定义指针变量 p 可以指向一个整型函数，这个函数有两个形参，即 int 和 float。

　　函数指针变量常见的用途之一是把指针作为参数传递到其他函数。指向函数的指针也可以作为参数，以实现函数地址的传递，这样就能够在被调用的函数中使用实参函数。

### 20.1.2 函数指针的赋值

　　函数指针的赋值形式:

指针变量名 = 函数名;

　　例如: p = fun，设 fun 函数原型为 int fun ( int s, float t )。

　　用指针变量引用函数: 用 (* 指针变量名) 代替函数名。例如: x = (*p)( a, b ) 与 x = fun ( a, b ) 等价。

　　函数指针一般用于在函数中灵活调用不同函数。

### 20.1.3 通过函数指针调用函数

　　可以用一个指针变量指向函数，然后通过该指针变量调用此函数。下面用简单的数值比较为例。

**✍ 范例 20-1　　指向函数的指针。**

　　（1）在 Code::Blocks 中，新建名为"20-1.c"的文件。
　　（2）在代码编辑窗口输入以下代码（代码 20-1.txt）。

```
01  #include <stdio.h>
02  #include <stdlib.h>
03  int main(void)
04  {
05    int max(int,int);
06    int (*p)(int,int);      // 定义指向函数的指针
07    int a,b,c;
```

```
08    p = max;          // 指向 max() 函数
09    printf(" 输入 a 和 b 的值 \n");
10    scanf("%d%d",&a,&b);
11    c = (*p)(a,b);     //max() 函数返回值
12    printf("%d 和 %d 中较大的值是 %d\n",a,b,c);
13    return 0;
14  }
15  int max(int x,int y)
16  {
17    int z;
18    if(x>y)  z = x;
19    else    z = y;
20    return z;
21  }
```

## 【运行结果】

编译、连接、运行程序，输入 $a$、$b$ 的值后按【Enter】键，即可输出结果。

```
E:\范例源码\ch20\20-1.exe                        —    □    ×

输入a和b的值
3 6
3 和 6 中较大的值是 6

Process returned 0 (0x0)   execution time : 3.843 s
Press any key to continue.
```

## 【范例分析】

　　第 06 行：int (*p)(int,int); 用来定义 $p$ 是一个指向函数的整型指针变量，该函数有两个整型参数，函数值为整型。注意，*p 两侧的括号不可省略，表示 $p$ 先与 * 结合，是指针变量，然后再与后面的 ( ) 结合，表示此指针变量指向函数，这个函数值 ( 即函数的返回值 ) 是整型的。如果写成 int*p(int,int)，由于 ( ) 的优先级高于 *，它就成了声明一个函数 P( 这个函数的返回值是指向整型变量的指针 )。

　　第 08 行：p=max; 的作用是将 max() 函数的入口地址赋给指针变量 $p$。与数组名代表数组首元素地址类似，函数名代表该函数的入口地址。这时 $p$ 就是指向 max() 函数的指针变量，此时 $p$ 和 max() 函数都指向函数开头，调用 *p 就是调用 max() 函数。但是 $p$ 作为指向函数的指针变量，它只能指向函数入口处而不可能指向函数中间的某一处指令处，因此不能用 *($p$ + 1) 来表示指向下一条指令。

　　第 11 行：c=(*p)(a,b); 说明利用 $p$ 调用 max() 函数，相当于调用了 c=max(a,b)。

# ▶20.2 指针函数

　　如果函数可以返回数值型、字符型等数据，也可以带回指针型的数据，这种函数称为返回指针值的函数，又称指针型函数。定义形式为：

类型名 * 函数名 ( 参数表列 );

例如，下式表示的含义是 max() 函数调用后返回值的数据类型是整型指针：

int *max(int *x, int *y);

范例 20-2　找出两个数组中的最大值（返回指针的函数的应用）。

　　（1）在 Code::Blocks 中，新建名为 "20-2.c" 的文件。
　　（2）在代码编辑窗口输入以下代码（代码 20-2.txt）。

```
01  #include <stdio.h>
02  #include <string.h>
03  /* 返回指针的函数 */
04  int *max(int x[],int y[],int *p, int *c)
05  {
06    int i;
07    int *m=&x[0];
08    for(i=1;i<=9;i++)
09    {
10     if(*m<x[i])
11     {
12      *m=x[i];
13      *p=i;
14      *c=1;
15     }
16    }
17    for(i=0;i<=9;i++)
18    {
19     if(*m<y[i])
20     {
21      *m=y[i];
22      *p=i;
23      *c=2;
24     }
25    }
26    return m;
27  }
28  int main(void)
29  {
30    int c1[10]={1,2,3,4,5,6,7,8,9,0};
31    int c2[10]={11,12,13,14,15,16,17,18,19,10};
32    int n;
33    int c;
34    int *p;
35    p=max(c1,c2,&n,&c);
36    printf(" 两个数组中最大的是 %d, 在第 %d 个数组中位置是 %d\n",*p,c,n);      /*max() 函数返回最大
值 */
37    return 0;
38  }
```

## 【运行结果】

编译、连接、运行程序，即可在程序执行窗口中输出结果。

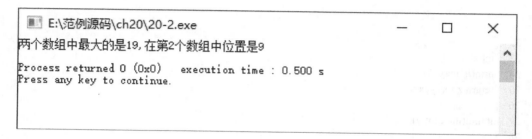

**【范例分析】**

max() 函数接收两个数组，求这两个数组中的最大值，并使用指针作为 max() 函数的返回值。函数只能有一个返回值，然而我们却偏偏希望返回给主函数 3 个值，还有两个值用来表示哪个数组哪个值最大，使用的方法称为引用。例如：

```
int n,c;
p=max(c1,c2,&n,&c);      /* 参数 &n 就是引用，用来接收形参 *p*/
```

在 max() 函数中，"*p=i;" 就是把 *i* 的值存放在指针变量 *p* 所指向的存储单元中，也就是存放在实参 *n* 中。

本范例提出的引用方法可以给我们开发程序带来很大的便利，特别是需要调用函数返回多个返回值时，大家可以根据需要灵活使用。

## ▶20.3 指向函数的指针作为函数参数

**C** 语言中的函数参数包括实参和形参，两者的类型要一致。函数的参数可以是简单变量、指向变量的指针变量、数组名、指向数组的指针变量，当然也可以是指向函数的指针变量。指向函数的指针变量可以作为参数，以实现函数地址的传递，这样就能够在被调用的函数中使用实参函数。

**📝 范例 20-3**　使用函数实现对输入的两个整数找出大数和小数。

（1）在 Code::Blocks 中，新建名为 "20-3.c" 的文件。
（2）在代码编辑窗口输入以下代码（代码 20-3.txt）。

```
01  #include <stdio.h>
02  int max(int a,int b);
03  int min(int a,int b);
04  void f(int a,int b,int (*p)(int,int));
05  int main(void)
06  {
07    int a,b;
08    int n=0;
09    printf(" 输入两个整数：\n");
10    scanf("%d %d",&a,&b);
11    f(a,b,max);
12    f(a,b,min);
13    return 0;
14  }
15  void f(int x,int y,int (*p)(int ,int))
16  {
17    int c;
18    c=(*p)(x,y);
19    printf("%d\n",c);
20  }
21  int max(int x,int y)
```

```
22  {
23    int z;
24    printf("max=");
25    return z= x>y?x:y;
26  }
27  int min(int x,int y)
28  {
29    int z;
30    printf("min=");
31    return z= x<y?x:y;
32  }
```

**【运行结果】**

编译、连接、运行程序，输入变量 a 和 b 的值，按【Enter】键，即可输出结果。

```
■ E:\范例源码\ch20\20-3.exe                    —    □    ×

输入两个整数：
5 6
max=6
min=5

Process returned 0 (0x0)   execution time : 3.125 s
Press any key to continue.
```

**【范例分析】**

在定义 f() 函数时，在函数首部使用"int (*p)(int,int)"声明形参 p 是指向函数的指针，该函数是整型函数，有两个整型实参。调用 max() 函数、min() 函数时，f() 函数改变的只是实参函数名而已，这就增加了函数使用的灵活性。

# ▶20.4 综合应用——根据当年第几天输出该天的日期

本节通过一个日期的输出范例，复习一下本章所讲内容。

**范例 20-4**　输入年份和天数，输出对应的年、月、日。要求定义和调用函数 month_day(year,yearday,*pmonth,*pday)，其中，year是年，yearday是天数，*pmonth和*pday是计算得出的月和日。例如，输入2000和61，输出2000年-3月-1日，即2000年的第61天是3月1日。

（1）在 Code::Blocks 中，新建名为"20-4.c"的文件。
（2）在代码编辑窗口输入以下代码（代码 20-4.txt）。

```
01  #include<stdio.h>
02  int main(void)
03  {
04    int day,month,year,yearday;                    /* 定义代表日、月、年和天数的变量 */
05    void month_day(int year,int yearday,int *pmonth,int *pday); /* 声明计算月、日的函数 */
```

```
06    printf(" 请输入年份和天数 :");
07    scanf("%d %d",&year,&yearday);
08    month_day(year,yearday,&month,&day);              /* 调用计算月、日的函数 */
09    printf("%d 年 -%d 月 -%d 日 \n",year,month,day);
10    return 0;
11  }
12  void month_day(int year,int yearday,int *pmonth,int *pday)
13  {
14    int k,leap;
15    /* 定义数组存放非闰年和闰年每个月的天数 */
16    int tab[2][13]={ {0,31,28,31,30,31,30,31,31,30,31,30,31}, {0,31,29,31,30,31,30,31,31,30,31,30,31}};
17    leap=(year%4==0&&year%100!=0)||year%400==0;        /* 建立闰年判别条件 leap*/
18    for(k=1;yearday>tab[leap][k];k++)
19      yearday-=tab[leap][k];
20    *pmonth=k;
21    *pday=yearday;
22  }
```

**【运行结果】**

编译、连接、运行程序，输入年份和月数即可在程序执行窗口中输出结果。

```
E:\范例源码\ch20\20-4.exe                            —    □    ×
请输入年份和天数:2017 183
2017年-7月-2日

Process returned 0 (0x0)    execution time : 5.656 s
Press any key to continue.
```

**【范例分析】**

在 main() 函数中调用 month_day() 函数时，将变量 month 和 day 的地址作为实参，在被调函数中，用形参指针 pmonth 和 pday 分别接收地址，并改变了形参所指向变量的值。因此，main() 函数中 month 和 day 的值也随之改变。

# ▶20.5 高手点拨

在学习 C 语言的过程中，很多人对指针和函数的关系不甚清楚。事实上，C 语言中的指针变量可以指向一个函数；函数指针可以作为参数传递给其他函数；函数的返回值可以是一个指针值。我们在学习函数指针时要注意以下几个方面。

（1）指向函数的指针变量的一般定义形式为：数据类型（ * 指针变量名）（函数参数列表）。这里，数据类型就是函数返回值的类型。

（2）int ( * p ) ( int,int ); 只是定义一个指向函数的指针变量 p，不是固定指向哪一个函数的，而只是表示定义这样一个类型的变量，它专门用来存放函数的入口地址。在程序中把哪一个函数（该函数的值应该是整型的，且有两个整型参数）的地址赋给它，它就指向哪一个函数。在一个函数中，一个函数指针变量可以先后指向同类型的不同函数。

（3）p = max; 在给函数指针变量初始化时，只需把函数名赋值给它，因为是将函数的入口地址赋给 p，而不涉及实参和形参的结合问题，不能写成 $p = \max(a,b)$。

（4）$c = (*p)(a,b)$ 在函数调用时，只需用（$*p$）代替函数名即可，后面实参依旧。

（5）对于指向函数的指针变量，执行 $p++$，$p+n$……操作是无意义的。

## ▶ 20.6 实战练习

（1）用字符指针实现 str_cat($s,t$) 函数，将字符串 $t$ 复制到字符串 $s$ 的末端，并且返回字符串 $s$ 的首地址，并编写主函数。

（2）编写一个程序，输入一个字符串后再输入 2 个字符，输出此字符串中从第 1 个字符匹配的位置开始到与第 2 个字符匹配的位置之间的所有字符。用返回字符指针实现。

（3）有 $n$ 个整数，使其前面各数顺序向后移 $m$ 个位置，最后 $m$ 个数变成最前面 $m$ 个数。

第

# 21

章

# 指针与字符串

前面已经介绍了字符串是用字符数组存储的，也介绍了如何利用指针处理数组，本章将详细介绍如何利用定义字符指针方便地处理字符串。

**本章要点（已掌握的在方框中打钩）**

☐ 字符串指针
☐ 字符串指针作为函数参数
☐ 字符串指针与字符数组的区别
☐ 综合应用——"回文"问题

# ▶ 21.1 字符串指针

C语言中许多字符串的操作都由指向字符数组的指针及指针的运算来实现。对字符串来说一般都是按顺序存取，使用指针可以打破这种存取方式，使字符串的处理更加灵活。

## 21.1.1 字符串指针的定义

按照第 12 章学习的知识，可以用一个一维字符数组存储一个字符串，例如：

char message1[100] = "how are you?";

为 100 个字符声明存储空间，并创建一个包含指针的常量 message1，存储的是 message1[0] 元素的地址。与一般的常量一样，指针常量（即数组名）的指向是明确的，指向数组的起始地址，不能被修改。

对于字符串，我们可以不按照声明一般数组的方式定义数组的维数和每一维的长度，可以使用新的方法，即用指针指向一个字符串。例如：

char *message2="how are you?";

message2 和 message1 是不同的。message1 是按照字符数组定义的，这种形式要求 message1 有固定的存储该数组的空间，而且，因为 message1 本身是数组名，一旦被初始化后，再执行下面的语句就是错误的：

message1= "fine,and you?";

message2 是一个指针变量，对 message2 执行了初始化后，再执行下面的代码也是正确的：

message2= "fine,and you?";

从分配空间的角度来分析，二者也是不同的。message1 指定了一个存储 100 个字符的空间。而对于 message2，它只是存储了一个地址，并且是指定字符串的第 1 个字符的地址，即串的起始地址。

### 📋 范例 21-1　八进制数转换为十进制数。

（1）在 Code::Blocks 中，新建名为"21-1.c"的文件。
（2）在代码编辑窗口输入以下代码（代码 21-1.txt）。

```
01   #include <stdio.h>
02   int main(void)
03   {
04     char *p,s[6];
05     int n;
06     n=0;
07     p=s;              /* 字符指针 p 指向字符数组 s*/
08     printf(" 输入你要转换的八进制数：\n");
09     gets(p);          /* 输入字符串 */
10     while(*(p)!='\0')  /* 检查指针是否都以字符数组结尾 */
11     {
12       n=n*8+*p-'0';    /* 八进制转十进制计算公式 */
13       p++;            /* 指针后移 */
14     }
15     printf(" 转换的十进制是：\n%d\n",n);
16     return 0;
17   }
```

## 【运行结果】

编译、连接、运行程序，输入 1 个八进制数后按【Enter】键，即可输出结果。

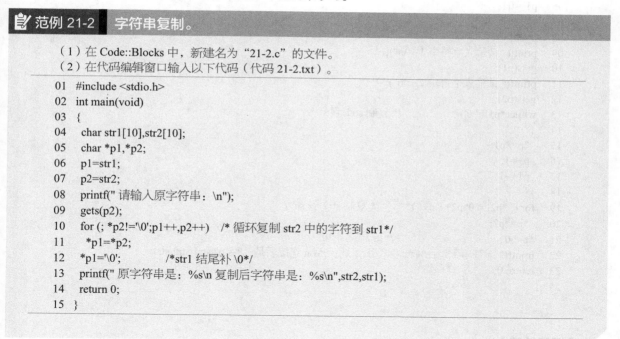

### 【范例分析】

实现八进制数到十进制数的转换很简单，但是本范例需要注意的地方是 p=s;——字符指针 p 指向字符串 s，为什么呢？

我们之前介绍过，字符指针 p 只是一个指针变量，它存储的仅是一个地址，所以执行了 p=s，再用 p 接收输入的字符串时，该字符串存储到 s 所代表的存储区域，之后的代码才能正常运行。

### 21.1.2　字符串指针的应用

本节介绍指针访问字符串的方法，通过 3 个范例来学习。

### 📋 范例 21-2　字符串复制。

（1）在 Code::Blocks 中，新建名为 "21-2.c" 的文件。
（2）在代码编辑窗口输入以下代码（代码 21-2.txt）。

```
01  #include <stdio.h>
02  int main(void)
03  {
04    char str1[10],str2[10];
05    char *p1,*p2;
06    p1=str1;
07    p2=str2;
08    printf(" 请输入原字符串：\n");
09    gets(p2);
10    for (; *p2!='\0';p1++,p2++)   /* 循环复制 str2 中的字符到 str1*/
11      *p1=*p2;
12    *p1='\0';          /*str1 结尾补 \0*/
13    printf(" 原字符串是：%s\n 复制后字符串是：%s\n",str2,str1);
14    return 0;
15  }
```

### 【运行结果】

编译、连接、运行程序，输入 1 个字符串后按【Enter】键，即可在程序执行窗口中输出结果。

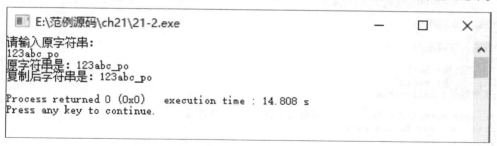

### 【范例分析】

本范例声明了两个字符串的指针，通过指针移动，复制字符串 *str*2 中的字符到 *str*1，并且在 *str*1 结尾添加了字符串结束标志。在这里需要说明以下两点。

（1）如果题目中没有使用指针变量，而是直接在 for 循环中使用了 "str1++" 这样的表达式，程序就会出错，因为 *str*1 是字符串的名字，是常量。

（2）如果没有写 "*p1='\0';" 这行代码，输出的目标字符串长度是 9 位，而且很可能后面的字符是乱码，因为 *str*1 没有结束标志，直至遇见了声明该字符串时设置好的结束标志 '\0'。

### 范例 21-3  字符串连接。

（1）在 Code::Blocks 中，新建名为 "21-3.c" 的文件。
（2）在代码编辑窗口输入以下代码（代码 21-3.txt）。

```
01  #include <stdio.h>
02  int main(void)
03  {
04    char str1[10],str2[10],str[20];
05    char *p1,*p2,*p;
06    p1=str1;
07    p2=str2;
08    p=str;
09    printf(" 请输入字符串 1：\n");
10    gets(p1);
11    printf(" 请输入字符串 2：\n");
12    gets(p2);
13    while(*p1!='\0')            /* 复制 str1 到 str*/
14    {
15      *p=*p1;
16      p+=1;
17      p1+=1;
18    }
19    for (; *p2!='\0';p2++,p++)          /* 复制 str2 到 str*/
20      *p=*p2;
21    *p='\0';                    /*str 结尾补 \0*/
22    printf(" 字符串 1 是：%s\n 字符串 2 是：%s\n 连接后是：%s\n",str1,str2,str);
23    return 0;
24  }
```

### 【运行结果】

编译、连接、运行程序，依次输入两个字符串，按【Enter】键，即可输出结果。

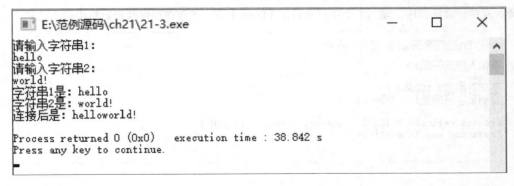

## 【范例分析】

本范例声明了 3 个字符串指针，通过指针的移动，先把 *str*1 复制到 *str* 中，然后把 *str*2 复制到 *str* 中。

需要注意的是，复制完 *str*1 后，指针变量 *p* 的指针已经移到了下标为 5 的地方，然后再复制时指针继续向后移动，实现字符串连接。

| | |
|---|---|
| 范例 21-4 | 已知一个字符串，使用返回指针的函数，把该字符串中的 "#" 号删除，同时把后面连接的字符串前移。例如原字符串为 "abc#def##ghi#jklmn#"，转换后的字符串为 "abcdefghijklmn"。 |

（1）在 Code::Blocks 中，新建名为 "21-4.c" 的文件。

（2）在代码编辑窗口输入以下代码（代码 21-4.txt）。

```
01  #include <stdio.h>
02  #include <string.h>
03  char *strarrange(char *arr)
04  {
05      char *t=arr,*p=t;      /*t 指向数组 arr，p 指向数组 t*/
06      while(*arr!='\0')      /* 数组 arr 没有到结束就循环 */
07      {
08          if(*arr=='#')          /* 数组 arr 当前元素的值是 #*/
09          {
10              arr++;
11              continue;
12          }
13          *t=*arr;          /* 把 arr 数组当前元素值送给数组 t 当前元素 */
14          t++;          /* 指针后移 */
15          arr++;          /* 指针后移 */
16      }
17      *t='\0';          /* 在 t 数组最后加结束标记 */
18      return p;          /* 返回 p 数组首地址，即返回 t 数组首地址 */
19  }
20  int main(void)
21  {
22      char s[]="abc#def##ghi#jklmn#";
23      char *p;
24      p=s;
25      printf("%s\n",p);
26      printf("%s\n",strarrange(p));
27      return 0;
28  }
```

## 【运行结果】

编译、连接、运行程序，即可在程序执行窗口中输出结果。

```
E:\范例源码\ch21\21-4.exe                    —    □    ×

abc#def##ghi#jklmn#
abcdefghijklmn

Process returned 0 (0x0)    execution time : 3.204 s
Press any key to continue.
```

**【范例分析】**

本范例中需要考虑的有以下几点。

（1）保留当前地址，如代码中的 *t=arr 和 *p=t，都是这样的含义，用于恢复到当前位置。

（2）当原字符串 arr 中出现字符 "#" 时，我们继续向后移动一个字符，检查该位置上的字符是否为 "#"，直到不是 "#" 为止，把当前字符保存到目标串 t 当前位置上。

范例中的 strarrange() 函数返回了字符指针 p，指针 p 始终指向目标字符串 t 的首地址。

# ▶21.2　字符串指针作为函数参数

将一个字符串从一个函数传递到另外一个函数，可以用地址传递的方法，即用字符数组名作参数或用指向字符串的指针变量作参数。在被调用的函数中可以改变字符串内容，在主调函数中可以得到改变了的字符串。

字符指针作函数参数与一维数组名作函数参数一致，但指针变量作形参时实参可以直接传递字符串常量。

实参和形参的用法十分灵活，我们可以慢慢去熟悉，这里列出一个表格便于大家记忆。

| 实参 | 形参 |
| --- | --- |
| 数组名 | 数组名 |
| 数组名 | 字符指针变量 |
| 字符指针变量 | 字符指针变量 |
| 字符指针变量 | 数组名 |

## 📝 范例 21-5　字符串比较。

（1）在 Code::Blocks 中，新建名为 "21-5.c" 的文件。

（2）在代码编辑窗口输入以下代码（代码 21-5.txt）。

```
01  #include<stdio.h>
02  #include<string.h>
03  int comp_string (char *s1,char *s2)   /* 字符串指针 *s1 和 *s2 作为函数参数 */
04  {
05    while(*s1==*s2)
06    {
07      if(*s1=='\0'|| *s2=='\0')      /* 遇到 '0'，则停止比较，返回 0*/
08        break;
09      s1++;
10      s2++;
11    }
12    return *s1-*s2;
13  }
14  int main(void)
15  {
16    char *a="I am a boy.";
17    char *b="I am a girl.";          /* 定义两个字符串指针 *a 和 *b*/
18    printf("%s\n%s\n",a,b);
19    if(comp_string(a,b)>0)
20      printf(" 比较结果 : %s 大于 %s\n",a,b);
21    else
```

```
22      if(comp_string(a,b)==0)
23        printf(" 比较结果 : %s 等于 %s\n",a,b);
24      else
25        printf(" 比较结果 : %s 小于 %s\n",a,b);
26      return 0;
27    }
```

**【运行结果】**

编译、连接、运行程序，即可在程序执行窗口中输出结果。

```
■ E:\范例源码\ch21\21-5.exe                    —    □    ×

I am a boy.
I am a girl.
比较结果: I am a boy.小于I am a girl.

Process returned 0 (0x0)    execution time : 0.271 s
Press any key to continue.
```

**【范例分析】**

本例主要定义了一个字符串比较函数，当 s1>s2 时，返回为正数；当 s1<s2 时，返回为负数；当 s1=s2 时，返回值 = 0。

当 s1>s2 时，返回正数，即两个字符串自左向右逐个字符相比（按 ASCII 值大小相比较），直到出现不同的字符或遇到 '\0' 为止。本例中，两个字符串比较到 'b' 和 'g' 的时候，跳出 while 循环，执行 'b'-'g' 的操作，返回负数。

# ▶21.3 字符串指针与字符数组的区别

用字符数组和字符串指针都可实现字符串的存储和运算。但是两者是有区别的，在使用时应注意以下几个问题。

（1）字符串指针本身是一个变量，用于存放字符串的首地址。字符数组是由若干个数组元素组成的静态的连续存储空间，它可用来存放整个字符串。

> **注意**
>
> 字符串指针存放的地址可以改变，而字符数组名存放的地址不能改变。

例如：

```
char  *p ="hello",*q;
char  a[ ]="aaaaaaaaa";
char  b[ ]="bbbbbbbb";
```

合法的语句：

```
q=p;
p=a;
```

不合法的语句：

```
a=p;
```

（2）赋值操作不同。

对于字符串指针来说，随时可以把一个字符串的开始地址赋值给该变量。而对于字符数组来说，只能在声明字符数组时，把字符串的开始地址初始化给数组名，在后面字符串的起始地址不能改变。

合法的语句：

```
char *s1="C Language";
char  *s2;
s2="Hello!" ;
char a[]="good" ;
```

不合法的语句：

```
char a[100];
a="good" ;
```

分析下面的代码：

```
int  s[ ],x,y;
for(i=0;i<10;++i)
s[i]=i;
```

这段代码的错误在于声明 s 数组时没有给出长度，因此系统无法为 s 开辟一定长度的空间。

（3）输出操作不同。

如果定义：

```
char string[100]= "C Language";
char *p="C Language";
```

下面我们来看一下它们分别是怎么输出的。

字符数组的输出：

整体输出：printf( "%s\n", string );
单字符输出：for ( i = 0; string[i]!='\0'; i++ )  printf( "%c", string[ i ]);
字符串函数输出：puts(string);

字符串指针的输出：

整体输出：printf( "%s\n",p );
单字符输出：while (*p != '\0' )  printf( "%c",*p++ );
字符串函数输出：puts(p);

# ▶21.4 综合应用——"回文"问题

本节通过一个关于"回文"问题的范例，复习一下本章所讲的指针与字符串的内容。

**📝 范例 21-6**　编程判断输入的一串字符是否为"回文"。所谓"回文"，是指顺读和倒读都一样的字符串。如"XYZYX"和"xyzzyx"都是"回文"。

（1）在 Code::Blocks 中，新建名为"21-6.c"的文件。
（2）在代码编辑窗口输入以下代码（代码 21-6.txt）。

```
01   #include<stdio.h>
02   #include<string.h>
03   int is_sym(char *s)
04   {
05     int i=0,j=strlen(s)-1;
06     while(i<j)
```

```
07   {
08     if(s[i]!=s[j])
09       return 0;
10     i++;
11     j--;
12   }
13   return 1;
14 }
15 int main(void)
16 {
17   char s[80];
18   printf("Input a string: ");
19   gets(s);
20   if(is_sym(s))
21     printf("YES\n");
22   else
23     printf("NO\n");
24   return 0;
25 }
```

【运行结果】

编译、连接、运行程序，输入字符串，按【Enter】键，即可在程序执行窗口中输出结果。

```
■ E:\范例源码\ch21\21-6.exe                          —    □    ×
Input a string: 1234ksk4321
YES

Process returned 0 (0x0)    execution time : 9.528 s
Press any key to continue.
```

```
■ E:\范例源码\ch21\21-6.exe                          —    □    ×
Input a string: abcdef1234
NO

Process returned 0 (0x0)    execution time : 13.197 s
Press any key to continue.
```

【范例分析】

本例首先定义了函数，用 while 循环对字符串的首尾进行比较。main() 函数里，定义了一个数组，用于存放输入的字符串，然后调用函数，返回值为 0，则输出 "NO"，否则输出 "YES"。

# ▶21.5 实战练习

（1）输入 5 个字符串，输出其中最大的字符串。

（2）输入 5 个字符串，输出其中最长的字符串。

（3）有一字符串，包含 $n$ 个字符。编写一个函数，将此字符串中从第 $m$ 个字符开始的全部字符复制成为另一个字符串。

（4）编写一个解密藏尾诗的程序。输入一首藏尾诗（假设只有 4 句），输出其藏尾的真实含义。用返回字符指针的函数实现。

第 **22** 章

# 指针与结构体

指针变量非常灵活方便，可以指向任一类型的变量。前面已介绍过基本数据类型的指针，如整型指针指向一个整型变量，字符指针指向一个字符型的变量。同样，也可以定义一个结构体类型的指针，让它指向结构体类型的变量。相应地，该结构体变量的指针就是该变量所占内存空间的首地址。本章将介绍利用结构体指针处理结构体数据的方法。

## 本章要点（已掌握的在方框中打钩）

□ 结构体指针
□ 指向结构体数组的指针
□ 结构体指针作为函数参数
□ 综合应用——利用结构体创建单链表

# ▶ 22.1 结构体指针

当用一个指针变量指向一个结构体变量时，该指针被称为结构体指针。通过结构体指针可访问该结构体变量、初始化结构体成员变量。下面详细介绍结构体指针的使用方法。

## 22.1.1 结构体指针的定义

和其他的指针变量一样，结构体指针在使用前必须先定义，并且要初始化后才能指向一个具体的结构体数据。

定义结构体指针变量的一般形式如下。

struct 结构体名 * 指针变量名；

例如：struct student *p,stu;。

其中，struct student 是一个已经定义过的结构体类型，这里定义的指针变量 *p* 是 struct student 结构体类型的指针变量，它可以指向一个 struct student 结构体类型的变量，例如 p=&stu。

定义结构体类型的指针也有 3 种方法，和定义结构体类型的变量和数组基本一致，这里不再赘述。

## 22.1.2 结构体指针的初始化

结构体指针变量在使用前必须进行初始化，其初始化的方式与基本数据类型指针变量的初始化相同，在定义的同时赋予其一个结构体变量的首地址，即让结构体指针指向一个确定的地址值。例如：

```
struct student
{
    char name[10];
    char sex;
    struct date birthday;
    int age;
    float score;
}stu,*p=&stu;
```

这里定义了一个结构体类型的变量 *stu* 和一个结构体类型的指针变量 *p*，定义的时候编译系统会为 *stu* 分配该结构体类型所占字节数大小的存储空间，通过 "*p=&stu" 使指针变量 *p* 指向结构体变量 *stu* 存储区域的首地址。这样，指针变量 *p* 就有了确定的值，即结构体变量 *stu* 的首地址，以后就可以通过 *p* 对 *stu* 进行操作。

## 22.1.3 使用指针访问结构体成员

定义并初始化结构体指针变量后，通过指针变量可以访问它所指向的结构体变量的任何一个成员。例如下面的代码。

```
struct
{
    int a;
    char b;
}m, *p;
p=&m;
```

在这里，*p* 是指向结构体变量 *m* 的结构体指针，使用指针 *p* 访问变量 *m* 中的成员有以下 3 种方法。

（1）使用运算符 "."，如 m.a、m.b。

（2）使用运算符 "*"，通过指针变量访问目标变量，如 (*p).a、(*p).b。

> ✎注意
>
> 由于运算符 "." 的优先级高于 "*"，因此必须使用圆括号把 *p 括起来，即把 (*p) 作为一个整体。

（3）使用运算符"->"，通过指针变量访问目标变量，如 p->a、p->b。

说明：结构体指针在程序中使用得很频繁，为了简化引用形式，C 语言提供了结构成员运算符"->"，利用它可以简化用指针引用结构成员的形式。并且，结构成员运算符"->"和"."的优先级相同，在 C 语言中属于高级运算符。

**范例 22-1　利用结构体指针访问结构体变量的成员。**

（1）在 Code::Blocks 中，新建名为"22-1.c"的文件。
（2）在代码编辑区域输入以下代码（代码 22-1.txt）。

```
01  #include "stdio.h"
02  int main ()
03  {
04    struct ucode            /* 声明结构体类型 */
05    {
06      char u1;
07      int u2;
08    }a={'c',89},*p=&a;              /* 声明结构体类型指针变量 p 并初始化 */
09    printf("%c %d\n",(*p).u1,(*p).u2);    /* 输出结构体成员变量 a 的值 */
10  }
```

【运行结果】

编译、连接、运行程序，即可在程序执行窗口中输出结果：

```
E:\范例源码\ch22\22-1.exe                      —  □  ×
c 89

Process returned 5 (0x5)   execution time : 0.354 s
Press any key to continue.
```

【范例分析】

本范例中，在声明结构体指针变量 *p* 时对它进行了初始化，使其指向结构体类型的变量 *a*，初始化后，就可以通过结构体指针 *p* 来对变量 *a* 中的成员进行引用。其中，(*p).u1 等价于 p->u1，也等价于 a.u1；(*p).u2 等价于 p->u2，也等价于 a.u2。因此，对第 09 行代码也可以修改如下。

printf("%c %d\n",p->u1,p->u2);　　或　　printf("%c %d\n",a.u1,a.u2);

虽书写形式不同，但功能是完全一样的。

### 22.1.4　给结构体指针赋值

我们借助下面的一段代码来了解结构体指针的赋值方式：

```
struct ucode
{
  char u1;
  int u2;
};
void main ()
{
  struct ucode a,*p;
  p=&a;
  p->u1='c';
  p->u2=89;
  printf("%c %d\n",a.u1,a.u2);
}
```

上面代码的输出结果和【范例 22-1】的结果一样。

📝 范例 22-2 　　指针变量自身的运算。

（1）在 Code::Blocks 中，新建名为 "22-2.c" 的文件。
（2）在代码编辑窗口输入以下代码（代码 22-2.txt）。

```
01 #include <stdio.h>
02 #include <string.h>
03 int main()
04 {
05   struct student
06   {
07     long num;
08     char name[20];
09     float score;
10   };
11   struct student stu_1;
12   struct student *p;
13   p=&stu_1;
14   stu_1.num=89101;
15   strcpy(stu_1.name,"LiLin");
16   stu_1.score=89.5;
17   printf("No.:%ld\nname:%s\nscore:%.2f\n",stu_1.num,stu_1.name,stu_1.score);
18   printf("No.:%ld\nname:%s\nscore:%.2f\n",( *p).num,( *p).name,( *p).score);
19 }
```

【运行结果】

编译、连接、运行程序，即可在程序执行窗口中输出结果。

```
E:\范例源码\ch22\22-2.exe                       —    □    ×
No.:89101
name:LiLin
score:89.50

No.:89101
name:LiLin
score:89.50

Process returned 33 (0x21)    execution time : 0.471 s
Press any key to continue.
```

【范例分析】

在主函数中声明了 struct student 类型，然后定义一个 struct student 类型的变量 stu_1。同时又定义了一个指针变量 p，它指向一个 struct student 类型的数据。在函数的执行部分将结构体变量 stu_1 的起始地址赋给指针变量 p，也就是使 p 指向 stu_1，然后对 stu_1 的各成员赋值。第 1 个 printf() 函数的功能是输出 stu_1 各成员的值。用 stu_1.num 表示 stu_1 中的成员 num，依此类推。第 2 个 printf() 函数也用来输出 stu_1 各成员的值，但使用的是 ( * p).num 这样的形式。(* p) 表示 p 指向的结构体变量，(*p).num 是 p 指向的结构体变量中的成员 num。注意，* p 两侧的括号不可省略，因为成员运算符 "." 优先于 "*" 运算符，* p.num 就等价于 *(p.num)。

# ▶ 22.2　指向结构体数组的指针

**结构体变量指针还可以用来指向一个结构体数组**。此时，指向结构体数组的结构体指针变量加 1 的结果是指向结构体数组的下一个元素，那么结构体指针变量地址值的增量大小就是 "sizeof( 结构体类型 )" 的字节数。

例如，有以下代码：

```
struct ucode
{
    char u1;
    int u2;
} tt[4],*p=tt;
```

这里定义了一个结构体类型的指针 *p*，指向结构体数组 tt 的首地址，即初始时指向数组的第 1 个元素，那么 (*p).u1 等价于 tt[0].u1，(*p).u2 等价于 tt[0].u2。如果对 *p* 进行加 1 运算，则指针变量 *p* 指向数组的第 2 个元素，即 tt[1]，此时 (*p).u1 等价于 tt[1].u1，(*p).u2 等价于 tt[1].u2。总之，指向结构体类型数组的结构体指针变量使用起来并不复杂，但要注意区分以下情况：

```
p->u1++        /* 等价于 (p->u1)++，先取成员 u1 的值，再使 u1 自增 1*/
++p->u1        /* 等价于 ++(p->u1)，先对成员 u1 进行自增 1，再取 u1 的值 */
(p++)->u1      /* 等价于先取成员 u1 的值，用完后再使指针 p 加 1*/
(++p)->u1      /* 等价于先使指针 p 加 1，然后再取成员 u1 的值 */
```

### 📝 范例 22-3　指向结构体数组的指针的应用。

（1）在 Code::Blocks 中，新建名为 "22-3.c" 的文件。
（2）在代码编辑区域输入以下代码（代码 22-3.txt）。

```
01  #include "stdio.h"
02  int main()
03  {
04      struct ucode
05      {
06          char u1;
07          int u2;
08      }tt[4]={{'a',97},{'b',98},{'c',99},{'d',100}};        /* 声明结构体类型的数组并初始化 */
09      struct ucode *p=tt;
10      printf("%c %d\n",p->u1,p->u2);             /* 输出语句 */
11      printf("%c\n",(p++)->u1);          /* 输出语句 */
12      printf("%c %d\n",p->u1, p->u2++);          /* 输出语句 */
13      printf("%d\n",p->u2);                /* 输出语句 */
14      printf("%c %d\n",(++p)->u1,p->u2);   /* 输出语句 */
15      p++;                       /* 结构体指针变量增 1*/
16      printf("%c %d\n",++p->u1,p->u2);          /* 输出语句 */
17  }
```

### 【运行结果】

编译、连接、运行程序，即可在程序执行窗口中输出结果。

```
E:\范例源码\ch22\22-3.exe                    —    □    ×

a 97
a
b 98
99
c 99
e 100

Process returned 6 (0x6)   execution time : 0.290 s
Press any key to continue.
```

### 【范例分析】

首先，*p* 指向 tt[0]，第 10 行的输出结果为 *a* 97。第 11 行的输出项 (*p*++)->*u*1 是先取成员 *u*1 的值，再使

指针 *p* 增 1，因此输出 *a*，*p* 指向 tt[1]。第 12 行 p->u2++ 与 (p->u2)++ 等价，输出 tt[1] 的成员 *u2* 的值，再使 *u2* 增 1，因此输出结果是 *b* 98，*u2* 的值增 1 后变为 99。第 13 行即输出结果 99。第 14 行 (++p)->u1 先使 *p* 自 增 1，此时指向 tt[2]，输出结果为 *c* 99。第 15 行 *p* 自增 1，指向 tt[3]。第 16 行的 ++p->u1 等价于 ++(p->u1)，成员 *u1* 的值增加 1，因此输出结果为 *e* 100。

# ▶ 22.3  结构体指针作为函数参数

　　运用指向结构体类型的指针变量作为函数的参数，将主调函数的结构体变量的指针（实参）传递给被调函数的结构体指针（形参），利用作为形参的结构体指针来操作主调函数中的结构体变量及其成员，达到数据传递的目的。

📝 **范例 22-4**　　利用结构体指针变量作函数的参数的传址调用方式计算三角形的面积。

　　（1）在 Code::Blocks 中，新建名为"22-4.c"的文件。
　　（2）在代码编辑区域输入以下代码（代码 22-4.txt）。

```
01  #include "math.h"
02  #include "stdio.h"
03  struct triangle
04  {
05    float a;
06    float b;
07    float c;
08  };
09  /* 自定义函数，利用结构体指针作参数求三角形的面积 */
10  float area(struct triangle *p)
11  {
12    float l,s;
13    l=(p->a+p->b+p->c)/2;                /* 计算三角形的半周长 */
14    s=sqrt(l*(l-p->a)*(l-p->b)*(l-p->c));    /* 计算三角形的面积 */
15    return s;
16  }
17  /* 程序入口 */
18  int main()
19  {
20    float s;
21    struct triangle side;
22    printf(" 输入三角形的 3 条边长：\n");              /* 提示信息 */
23    scanf("%f %f %f",&side.a,&side.b,&side.c);        /* 从键盘输入三角形的 3 条边长 */
24    s=area(&side);                  /* 调用自定义 area() 函数求三角形的面积 */
25    printf(" 面积是：%f\n",s);
26  }
```

【运行结果】

　　编译、连接、运行程序，根据提示从键盘输入三角形的 3 条边长（如 7、8、9），按【Enter】键，即可输出三角形的面积。

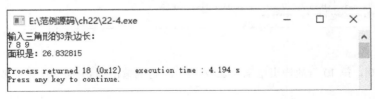

【范例分析】

本程序中，自定义函数的形参用的是结构体类型的指针变量。函数调用时，在主调函数中，通过语句 "s=area(&side)" 把结构体变量 *side* 的地址值传递给形参 *p*，由指针变量 *p* 操作结构体变量 *side* 中的成员，在自定义函数中计算出三角形的面积，返回主调函数中输出。

本范例中由结构体指针变量作为函数的形参来进行参数传递，实质是把实参的地址值传递给形参，这是一种传址的参数传递方式。

C 语言用结构体指针作函数参数，这种方式比用结构体变量作函数参数的效率高，因为无须传递各个成员的值，只需传递一个地址，且函数中的结构体成员并不占据新的内存单元，与主调函数中的成员共享存储单元。这种方式还可通过修改形参所指的成员影响实参所对应的成员值。

## ▶ 22.4　综合应用——利用结构体创建单链表

本节通过一个创建单链表的范例，复习一下本章所讲的指针内容。

### 📝 范例 22-5　创建简单链表。

单链表是一种简单的链表表示，也叫作线性链表。在线性表中存储数据时，用指针表示节点间的逻辑关系。因此单链表的一个存储节点包含两部分内容"本节点的数据"和"下节点的地址"，如下图所示。单链表内容在第 25 章介绍。

| data | link |
|------|------|

data 部分称为数据域，用于存储线性表的一个数据元素。link 部分称为指针域，用于存放一个指针，该指针指示下一个节点的开始存储地址，单链表中元素存储结构如下图所示。

| a1 | | → | a2 | | → | a3 | | → | a4 | ^ |

单链表的第 1 个节点也可称为首节点，它的地址可以通过链表的头指针找到，其他节点的地址通过前驱节点的 link 域找到，链表的最后一个节点没有后继，则在 link 域放一个空指针 NULL，图中用 ^ 表示。

（1）在 Code::Blocks 中，新建名为 "22-5.c" 的文件。

（2）在代码编辑窗口输入以下代码（代码 22-5.txt）。

```
01  #include "stdlib.h"
02  #include "stdio.h"
03  struct list
04  {
05   int data;
06   struct list *next;
07  };
08  typedef struct list node;
09  typedef node *link;
10  int main()
11  {
12   link ptr,head;                    /* 创建对象指针对象 */
13   int num,i;
14   ptr=(link)malloc(sizeof(node));            /* 分配空间 */
15   head=ptr;                       /* 分配空间 */
16   printf("please input 5 numbers==>\n");  /* 提示输入数据 */
17   for(i=0;i<=4;i++)                /* 循环创建对象指针对象 */
18   {
19    scanf("%d",&num);
20    ptr->data=num;                   /* 对象赋值 */
```

```
21    ptr->next=(link)malloc(sizeof(node));   /* 分配空间 */
22    if(i==4)
23      ptr->next=NULL;                        /* 最后一个指针指向空 */
24    else
25      ptr=ptr->next;                  /* 指针指向下一个对象 */
26    }
27    ptr=head;
28    i=1;
29    while(ptr!=NULL)              /* 对象不为空就输入值 */
30    {
31    printf(" 第 %d 个值是 : %d\n",i++,ptr->data);
32    ptr=ptr->next;
33    }
34  }
```

**【运行结果】**

编译、连接、运行程序，输入 5 个数据，按【Enter】键，即可在程序执行窗口中输出结果。

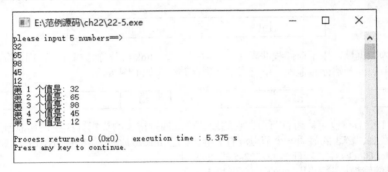

**【范例分析】**

使用指针，我们创建了一个简单链表，前一个指针指向后一个数据，这样构成一个链状的数据，运行时键入的 5 个数据就会自动地构成这样一个结构，故输出时自然会一个接一个输出。

# ▶22.5 高手点拨

**指向结构体变量的指针是指向结构体变量的，即结构体变量的首地址。**

结构体类型的指针在初始化时只能指向一个结构体类型的变量。

结构类型的数据往往由许多成员组成，结构体指针实际指向结构体变量中的第一个成员。

当指向成员时，用 (*p).name 或 p->name，不能用 p.name 表示，此方式是变量的成员表示。

# ▶22.6 实战练习

（1）输入若干个学生的信息（包括学号、姓名和成绩），输入学号为 0 时输入结束。建立一个单向链表，再输入一个成绩值，将成绩大于等于该值的学生信息输出。

（2）输入若干个正整数（输入 -1 为结束标志），要求按输入数据的逆序建立一个链表并输出。

（3）输入若干个正整数（输入 -1 为结束标志），建立一个单向链表，将其中的偶数值节点删除后输出。

# 第 23 章

## 指针的高级应用与技巧

利用指针变量可以表示各种数据结构，能很方便地使用数组和字符串，并能像汇编语言一样处理内存地址，从而编出精练且高效的程序。指针是 C 语言的精华，是 C 语言的灵魂，极大地丰富了 C 语言的功能。学习指针是学习 C 语言中十分重要的一环，能否正确理解和使用指针是用户是否掌握 C 语言的一个标志。本章将在前面章节的基础上对指针的使用再进行深入探讨，使读者更好地体会指针更广泛的应用。

## 本章要点（已掌握的在方框中打钩）

□ 指向指针的指针
□ void 指针
□ 内存操作
□ 指针的传递
□ 综合应用——数值的降序排列

# ▶ 23.1 指向指针的指针

由于指针是一个变量，在内存中占据一定的空间，并且具有一个地址，所以这个地址也可以利用指针来保存。我们可以声明一个指针来指向它，这个指针称为指向指针的指针，也称为二级指针。一般来说，声明指向指针的指针的形式如下。

*存储类型 数据类型* ** 指针变量名

其中，参数说明如下。

数据类型是指通过两次间接寻址后所访问的变量类型。

两个星号"**"表示二级指针。

例如，下面语句声明了一个指向指针的指针 pp，其指向指针 p：

```
int i,*p=&i;
int **pp=&p;
```

可以看出，指向指针的指针中存储的是指针变量的地址。

### 📝 范例 23-1　定义一个指向指针的指针pp。

（1）在 Code::Blocks 中，新建名为 "23-1.c" 的文件。
（2）在代码编辑窗口输入以下代码（代码 23-1.txt）。

```
01  #include <stdio.h>
02  int main()
03  {
04      int a;
05      int *p=&a;          /* 定义整型指针 p 并初始化 */
06      int **pp=&p;             /* 定义指向指针的指针 pp，并初始化 */
07      a=10;
08      printf ("a= %d\n",a);      /* 输出 a、p、pp 等值 */
09      printf ("p= %d\n",p);
10      printf ("*p= %d\n",*p);
11      printf ("*pp= %d\n",*pp);
12      printf ("**pp= %d\n",**pp);
13  }
```

### 【运行结果】

编译、连接、运行程序，即可在程序执行窗口中输出结果。

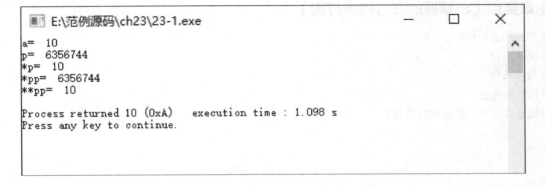

```
a=  10
p=  6356744
*p=  10
*pp=  6356744
**pp=  10

Process returned 10 (0xA)    execution time : 1.098 s
Press any key to continue.
```

**【范例分析】**

该示例定义了指针 *p* 和指向指针的指针 *pp*，其中，*p* 指向整型变量 *a*。*pp* 指向 *p*，该程序输出了 *p* 和 *pp* 的各种值。

上述程序中 *p* 指向的是变量 *a*，因此 *\*p* 的值为 10，*p* 的值为变量 *a* 的存储地址。而 *pp* 指向指针 *p*，因此 *\*pp* 的地址为指针 *p* 的值，即变量 *a* 的存储地址，而 *\*\*pp* 才是变量 *a* 的值，也即 10。这就符合了上述输出结果。

## ▶ 23.2  void 指针

在 C 语言中，可以声明指向 void 类型的指针，指向 void 类型的指针称为 void 指针。void 在 C 语言中表示"无类型"，void 指针则为无类型指针，void 指针可以指向任何类型的数据。C 语言中引入 void 指针的目的在于两个方面，一是对函数返回的限定，二是对函数参数的限定。

此外，一般来说，只能用指向相同类型的指针给另一个指针赋值，而在不同类型的指针之间进行赋值是错误的。比如：

```
int a,b;
int *p1=&a,*p2=p1;      /* 正确 */

int a;
int *p1=&a;
double *p2=p1;          /* 错误 */
```

上述语句中的两个指针 *p1*、*p2* 指向的类型不同，因此，除非进行强制类型转换，否则它们之间不能相互赋值。

如果在 C 语言中编译如上类型不同的指针赋值，编译器将给出"Suspicious pointer conversion"的错误，void 指针对于上述出现的错误而言是一个特例，C 语言允许使用 void 指针，任何类型的指针都可以赋值给它，即不指定指针指向一个固定的类型。C 语言中 void 指针的定义格式为：

```
void *p;
```

上述定义表示指针变量 *p* 不指向一个确定的类型数据，其作用仅仅是用来存放一个地址。void 指针可以指向任何类型的数据。也就是说，可以用任何类型的指针直接给 void 指针赋值。例如，下面语句在 C 语言中是合法的：

```
int *p1;
void *p2;
p2=p1;
```

需要注意的是，void 类型指针可以接受其他数据类型指针的赋值，但如果需要将 void 指针的值赋给其他类型的指针，则还是需要进行强制类型转换。例如，下面语句也是合法的：

```
int *p1,p3;
void *p2;
p2=p1;
p3=(int *)p2;
```

上述语句将 void 类型的指针 *p2* 赋值给 int 指针 *p3* 时就用了强制类型转换，如果不加"(int\*)"进行类型转换，上述语句就是错误的。这就是说，任何类型的指针都可以直接给 void 指针赋值，但 void 指针并不能直接给任何类型的指针赋值。

### 范例 23-2　定义 void 指针，实现指针强制类型转换。

（1）在 Code::Blocks 中，新建名为 "23-2.c" 的文件。
（2）在代码编辑窗口输入以下代码（代码 23-2.txt）。

```
01  #include <stdio.h>
02  int main()
03  {
04    int a=10;
05    int *p1=&a;              /* 定义整型指针 p1 并初始化 */
06    void *p2=p1;            /* 定义 void 指针 p2 并赋初值 */
07    int *p3;
08    p3=(int *)p2;            /* 强制类型转换 */
09    printf ("*p1= %d\n",*p1);  /* 输出这些指针各自指向的值 */
10    printf ("p2= %d\n",p2);
11    printf ("*p3= %d\n",*p3);
12  }
```

### 【运行结果】

编译、连接、运行程序，即可在程序执行窗口中输出结果。

```
E:\范例源码\ch23\23-2.exe                          —    □    ×

*p1= 10
p2=  6356736
*p3=  10

Process returned 9 (0x9)    execution time : 0.306 s
Press any key to continue.
```

### 【范例分析】

上述代码中定义了整型指针 *p1* 和 *p3*，此外还定义了 void 指针 *p2*，将 *p1* 和 *p3* 指向的值输出，将 *p2* 的地址输出。在用 void 指针 *p2* 对整型指针 *p3* 进行初始化时，使用了强制类型转换来实现。

一般来说，void 关键字在 C 语言程序中使用较多，功能比较丰富，除了可以声明 void 指针外，还可以作为函数返回值等。在 C 语言中使用 void 关键字，需要注意如下事项。

（1）如果函数没有返回值，应声明为 void 类型。在 C 语言中，凡不加返回值类型限定的函数就会被编译器作为返回整型值处理。例如，本书前面章节许多示例的主函数没有限定返回值，而直接写 main()，这样就相当于 int main()，而不是 void main()。

（2）如果函数不接受参数，应指明参数为 void。在 C 语言中，可以给无参数的函数传送任意类型的参数，如果该函数不接受参数，指明其参数为 void 后，该函数将不能接受参数。例如，声明函数 fun(void) 后，其不能再接受参数及其传递。

（3）不能对 void 指针进行算术运算。ANSI C 标准规定不能对 void 指针进行算术运算，因此声明 void 指针 *p* 后，*p++*，*p--* 等都是不合法的。

（4）如果函数的参数可以是任意类型指针，那么应声明其参数为 void *，即 void 指针型。void 不能代表一个真实的变量。在 C 语言中定义 void 变量是不合法的，例如，语句 void a; 就是错误的。

> **注意**
>
> 　　void 指针不等同于空指针，void 指针是指没有指向任何数据的指针，即其指向的是一块空的内存区域，而空指针是指向 NULL 的指针，其指向的是具体的区域。

# ▶ 23.3 内存操作

　　**C 语言之所以被称为高级语言，主要原因之一是其能够对内存进行操作。本节将就 C 语言内存操作的函数及其应用进行简要介绍。**

### 01 内存分配方式

　　事实上，在 C 语言中有 3 种内存的分配方式，在具体应用中，程序员可以根据不同的需要选择不同的分配方式。

　　（1）从静态存储区域分配。该方式是指内存在程序编译时已经分配好的，这块内存在程序的整个运行期间都存在。如全局变量、static 变量等就属于该方式。

　　（2）在栈上创建。在执行函数时，函数内部、局部变量的存储单元都可以在栈上创建，函数执行结束时这些存储单元自动被释放。栈内存分配运算内置于处理器的指令集中，效率很高，但是分配的内存容量有限。

　　（3）从堆上分配。该方式也称动态内存分配。程序在运行的时候用 malloc() 函数申请任意的内存，程序员自己负责在何时用 free() 函数释放内存。动态内存的生存期由用户自己决定，使用非常灵活。

　　第 1 种方式和第 2 种方式都是通过定义变量的存储类型和变量的作用域编译系统自动决定采用哪一种内存分配方式，此处将具体介绍第 3 种方式，即动态内存分配的相关知识。

### 02 内存操作函数

　　C 语言中进行内存管理比较灵活的是动态内存分配部分，其提供了几个常用函数来实现用户对内存的操作。

　　（1）malloc() 函数和 calloc() 函数。

　　在 C 语言中，malloc() 函数和 calloc() 函数都是用于进行动态内存分配的函数，其函数原型分别如下所示：

```
void *malloc(size_t size);
void *calloc(size_t num,size_t size);
```

　　其中，参数 size 表示分配内存块的大小，参数 num 表示分配内存块的个数。这两个函数的返回类型都是 void 指针型，其返回后的结果可赋值给任意类型的指针。这两个函数执行成功则返回分配内存块的首地址，失败则返回 NULL。

---

**📝 范例 23-3**　　分配一个整型变量的内存空间给一个变量，分配成功后在该内存块中赋一个值。

　　（1）在 Code::Blocks 中，新建名为 "23-3.c" 的文件。

　　（2）在代码编辑窗口输入以下代码（代码 23-3.txt）。

```
01  #include <stdio.h>
02  #include <stdlib.h>
03  int main()
04  {
05      int *p=NULL;                /* 定义整型指针并初始化为空 */
06      p=(int *)malloc(sizeof(int));   /* 为指针 p 分配内存空间 */
07      if(p==NULL)                 /* 分配失败 */
```

```
08    {
09       printf("malloc error\n");        /* 输出错误提示 */
10       exit(1);                /* 异常退出 */
11    }
12    *p=10;                /* 指针赋值 */
13    printf("malloc Successful\n");
14    printf("*p= %d\n",*p);        /* 输出 p 指向的值 */
15    }
```

## 【运行结果】

编译、连接、运行程序，即可在程序执行窗口中输出结果。

```
E:\范例源码\ch23\23-3.exe                      —    □    ×

malloc Successful
*p= 10

Process returned 7 (0x7)    execution time : 3.653 s
Press any key to continue.
```

## 【范例分析】

上述程序分配一个整型变量的空间给指针 $p$，其空间大小为 sizeof(int)，即该计算机中整型数据类型 int 的长度。为使返回值为 int 类型指针，在前面使用强制类型转换 (int)，使用 malloc() 函数进行动态内存分配。如果分配不成功，则输出错误提示信息并退出程序，否则将一个常量 10 赋给该变量并输出。

此外，malloc() 函数和 calloc() 函数都可以分配内存区，但 malloc() 函数一次只能申请一个内存区，calloc() 函数一次可以申请多个内存区。另外，calloc() 函数会把分配来的内存区初始化为 0，malloc() 函数不会进行初始化，读者可自行验证 calloc() 函数的功能。

> **注意**
>
> 上述程序为指针 $p$ 动态分配了一个整型内存空间，使用完成后并没有将其释放，这是不允许的，否则将导致内存空间一直被占用。

（2）free() 函数。

通过 malloc() 函数和 calloc() 函数动态分配的内存空间使用完成后，需要将这些空间释放，否则这些空间将一直被占用，导致内存空间越来越小。为解决该问题，C 语言中引入了 free() 函数，用来释放动态分配的内存空间。free() 的函数原型如下所示：

```
void free(void *ptr);
```

其中，参数 ptr 为使用 malloc() 或 calloc() 等内存分配函数所返回的内存指针。此外，free() 函数没有返回值。

📝 **范例 23-4** 　　在上述分配内存的示例中加上free()函数。

（1）在 Code::Blocks 中，新建名为"23-4.c"的文件。
（2）在代码编辑窗口输入以下代码（代码 23-4.txt）。

```
01  #include <stdio.h>
02  #include <stdlib.h>
03  int main()
04  {
05   int *p=NULL;
06   p=(int *)malloc(sizeof(int));      /* 分配内存空间 */
07   if(p==NULL)              /* 分配失败 */
08   {
09     printf("malloc error\n");
10     exit(1);
11   }
12   *p=10;
13   printf("malloc Successful\n");
14   printf("*p= %d\n",*p);
15   free(p);               /* 释放内存空间 p */
16   printf ("free Successful\n");
17   }
```

【运行结果】

编译、连接、运行程序，即可在程序执行窗口中输出结果。

```
■ E:\范例源码\ch23\23-4.exe                          —    □    ×

malloc Successful
*p= 10
free Successful

Process returned 0 (0x0)    execution time : 0.330 s
Press any key to continue.
```

【范例分析】

free() 函数可以释放由 malloc() 或 calloc() 等内存分配函数分配的内存。当程序很大时，期间可能要多次动态分配内存，如果不及时释放，程序将要占用很大内存。因此，free() 函数一般都是和 malloc() 函数或 calloc() 函数等成对出现的。

🐾 **注意**

如果指针 ptr 所指内存已被释放或是未知的内存地址，则可能有无法预期的情况发生。如果参数为 NULL，则 free() 函数不会有任何作用。

## ▶ 23.4  指针的传递

指针的传递本质上是值传递，它所传递的是一个地址值。值传递过程中，被调函数的形式参数作为被调函数的局部变量处理，即在栈中开辟了内存空间以存放由主调函数放进来的实参的值，从而成为实参的一个副本。值传递的特点是被调函数对形式参数的任何操作都是作为局部变量进行的，不会影响主调函数的实参变量的值。实参指针本身的地址值不会变。

## ▶ 23.5  综合应用——数值的降序排列

指针的应用非常广泛，也非常灵活，熟练地应用指针是掌握好 C 语言的标志之一。下面的示例使用了动态内存分配、指针作为函数的参数及函数的调用，通过这个范例复习一下本章的知识。

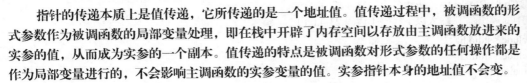

**范例 23-5**　　实现将3个数值降序排列。

（1）在 Code::Blocks 中，新建名为 "23-5.c" 的文件。
（2）在代码编辑窗口输入以下代码（代码 23-5.txt）。

```
01  #include <stdio.h>
02  #include <stdlib.h>
03  void fun(int *a,int *b)              /* 定义参数为指针的 fun() 函数 */
04  {
05    int temp;
06    temp=*a;                          /* 交换参数的值 */
07    *a=*b;
08    *b=temp;
09  }
10  void exchange(int *a,int *b,int *c)    /* 定义参数为指针的 exchange() 函数 */
11  {
12    if (*a<*b)                        /* 指针 a 指向的参数小于 b 指向的参数 */
13      fun(a,b);                       /* 调用 fun() 函数进行交换 */
14    if (*a<*c)
15      fun(a,c);                       /* 交换 a，c 的值 */
16    if (*b<*c)
17      fun(b,c);                       /* 交换 b，c 的值 */
18  }
19  int main()
20  {
21    int *p1=(int *)malloc(sizeof(int));    /* 定义指针并分配空间 */
22    int *p2=(int *)malloc(sizeof(int));
23    int *p3=(int *)malloc(sizeof(int));
24    printf ("Please input 3 numbers:\n");
25    scanf ("%d %d %d",p1,p2,p3);           /* 输入 3 个指针指向的整型值 */
26    exchange(p1,p2,p3);                    /* 以指针为实参调用 exchange() 函数 */
27    printf ("Output:\n");
28    printf ("*p1= %\d\t*p2= %d\t*p3= %d\n",*p1,*p2,*p3);   /* 输出交换后的值 */
29    free(p1);                        /* 释放内存空间 */
30    free(p2);
31    free(p3);
32  }
```

**【运行结果】**

编译、连接、运行程序，输入 3 个整数即可在程序执行窗口中输出结果。

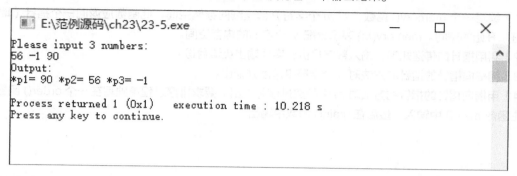

```
E:\范例源码\ch23\23-5.exe                        —    □    ×

Please input 3 numbers:
56 -1 90
Output:
*p1= 90 *p2= 56 *p3= -1

Process returned 1 (0x1)    execution time : 10.218 s
Press any key to continue.
```

**【范例分析】**

上述代码中，首先定义了包含两个指针作为参数的 fun() 函数，用于交换两个变量的值；然后定义了包含 3 个指针作为参数的 exchange() 函数，在该函数中又调用了 fun() 函数，实现 3 个变量值的交换。执行该函数时，其结果是 3 个变量中最大的值存储在 p1 所指向的地址中，次大的值存储在 p2 所指向的地址中，而最小的值存储在 p3 所指向的地址中。程序一开始就分配了 3 个内存空间，并为其赋值，交换后输出，最后释放这 3 个空间。

# ▶23.6　高手点拨

对于初学者来说，使用 **C 语言进行内存操作经常会出现错误。一般来说，进行动态内存分配需要注意很多问题，其常见的错误及解决办法有以下几种。**

（1）内存分配未成功却被使用了。这种问题是新手非常容易犯的，因为其没有意识到内存分配会不成功。一般来说，该问题常用的解决办法是，在使用内存之前检查指针是否为 NULL。即在使用该分配的内存空间前，添加类似如下的判断语句：

```
if(p==NULL)
{
printf("malloc error\n");
exit(1);
}
```

（2）内存分配成功，但是尚未初始化就引用。犯这种错误有两个原因：一是没有初始化的观念；二是以为内存的默认初值全为零，导致引用初值错误。内存的默认初值并没有统一的标准，尽管有些时候为零，但其不是一定为零，所以使用前一定不能忘了赋初值。

（3）内存分配成功并且已经初始化，但越过了内存的边界。例如，定义一个数组长度为 10，但是在循环的时候不小心循环了 11 次，就导致了数组越界。

（4）忘记释放内存，造成内存泄漏。如果犯了这种错误，则函数每被调用一次就丢失一块内存。最终导致系统内存耗尽。因此，动态的申请与释放必须配对。

（5）释放了内存却继续使用，一般而言有 3 种情况。程序中的对象调用关系过于复杂，实在难以搞清楚某个对象究竟是否已经释放了内存，此时应该重新设计数据结构，从根本上解决对象管理的混乱局面。函数的 return() 语句写错了，注意不要返回指向栈内存的指针或者引用，因为该内存在函数体结束时被自动销毁。使用 free() 函数释放内存后，没有将指针设置为 NULL。

学习指针也是学习 C 语言中十分困难的一部分，在学习中除了要正确理解基本概念，还必须要多编程，多上机调试。只要做到这些，指针是不难掌握的。

# ▶ 23.7　实战练习

（1）编写一个 memory() 函数，对 m 个字符开辟连续的存储空间，此函数应返回一个指针（地址），指向字符串开始的空间。memory(m) 表示分配 m 个字节的内存空间。

（2）利用指针的传递知识，输入数字月份，实现输出英语月份。

（3）用指向指针的指针的方法对 3 个字符串排序并输出。

（4）用指向指针的指针的方法对 m 个整数排序并输出。要求排序过程单独写在一个 order() 函数中。m 个数在主函数 main() 中输入，最后在 main() 函数中输出。

第 **24** 章

# 文件

在计算机内存中运行的程序和数据在程序执行结束后或者关机后会自动释放，所以数据必须保存在可以永久性地存储数据的硬盘等外存上，以后需要访问其中数据的时候能随时调入内存使用。操作系统提供了对数据进行统一组织和管理的功能，就是以"文件"的形式把数据存储在计算机的存储介质上。这个"文件"是系统按照文本格式或者二进制格式专门存储数据的文件，不同于 C 语言源文件，源文件扩展名一般为".c"，而数据文件的扩展名一般为".txt"或者".dat"。本章将介绍 C 语言如何建立、打开、关闭、读写数据文件。

## 本章要点（已掌握的在方框中打钩）

□ 文件概述
□ 文件的打开和关闭
□ 文件的顺序读写
□ 文件的随机读写
□ 综合应用——文件操作

# ▶ 24.1 文件概述

一个 C 语言的数据文件由一系列彼此有一定联系的数据集合构成。为了区分不同内容的数据构成的不同文件，我们给每个文件取个名字，就是文件名。操作系统对文件的管理采用树形目录结构，一般把一些相关的文件集中在一个文件夹中，一些彼此相关的文件夹还可以集中在更上一级的文件夹中，这样就构成了"目录"。访问文件的时候，只要指明文件存放的路径和名字，利用 C 语言函数库中提供的输入 / 输出标准函数，就可以完成对指定文件中数据的读写等基本操作了。

## 24.1.1 ▶ 文件类型

C 语言中数据文件按储存数据的格式可分为文本文件和二进制文件。那么文本文件和二进制文件有哪些不同呢？

从概念上讲，文本文件中的数据都是以单个字符的形式进行存放的，每个字节存储的是一个字符的 ASCII 码值，把一批彼此相关的数据以字符的形式存放在一起构成的文件就是文本文件（也叫 ASCII 码文件）。而二进制文件中的数据是按其在内存中的存储格式原样输出到二进制文件中进行存储的，也就是说，数据原本在内存中是什么样子，在二进制文件中就还是什么样子。

例如，对于整数 12345，在文本文件中存放时，数字 "1" "2" "3" "4" "5" 都是以字符的形式各占一个字节，每个字节中存放的是这些字符的 ASCII 值，所以要占用 5 个字节的存储空间。而在二进制文件中存放时，因为是整型数据，所以系统分配 4 个字节的存储空间，也就是说，整数 12345 在二进制文件中占用 4 个字节。其存放形式如图所示。

在文本文件中的存储形式。

| 00110001 | 00110010 | 00110011 | 00110100 | 00110101 |
|----------|----------|----------|----------|----------|

在二进制文件中的存储形式。

| 00000000 | 00000000 | 00110000 | 00111001 |
|----------|----------|----------|----------|

综上所述，文本文件和二进制文件的主要区别有以下两点。

（1）由于存储数据的格式不同，所以在进行读写操作时，文本文件以字节为单位进行写入或读出；而二进制文件则以变量、结构体等所占内存数据块为单位进行读写。

（2）一般来讲，文本文件用于存储文字信息，一般由可显示字符构成，如说明性的文档、C 语言的源文件等都是文本文件；二进制文件用于存储非文本数据，如某门功课的考试成绩或者图像、声音等信息。

具体应用时，应根据实际需要选用不同的文件格式。

## 24.1.2 ▶ C 如何操作文件——文件指针

在 C 语言中，所有对文件的操作都是通过文件指针来完成的。

前面已经学习过变量的指针，变量的指针指向该变量的存储空间；但文件的指针不是指向一段内存空间，而是指向描述有关该文件相关信息的一个文件信息结构体，该结构体定义在 stdio.h 头文件中。当然，用户也无须了解有关此结构体的细节，只要知道如何使用文件指针就可以了。和普通指针一样，文件指针在使用之前也必须先进行声明。

声明一个文件指针的语法格式如下。

FILE * 文件指针名；    /* 功能是声明一个文件指针 */

例如：

FILE *fp;

声明文件指针时，"FILE"必须全是大写字母！另外一定要记得使用文件指针进行文件的相关操作时，在程序开头处包含 stdio.h 头文件。

文件指针（如 FILE *fp）不像以前普通指针那样可以进行 fp++ 或 *fp 等操作，fp++ 意味着指向下一个 FILE 结构（如果存在）。

声明一个文件指针后，就可以使用它进行文件的打开、读写和关闭等基本操作了。

### 24.1.3　文件缓冲区

由于文件存储在外存储器上，外存的数据读写速度相对较慢，因此在对文件进行读写操作时，系统会在内存中为文件的输入或输出开辟缓冲区。

当对文件进行输出时，系统首先把输出的数据填入为该文件开辟的缓冲区内，每当缓冲区被填满时，就把缓冲区中的内容一次性地输出到对应的文件中。当从某个文件输入数据时，首先将从输入文件中输入一批数据放入该文件的内存缓冲区，输入语句将从该缓冲区中依次读取数据。当该缓冲区中的数据被读完时，将再从输入文件中输入一批数据放入缓冲区。

## ▶24.2　文件的打开和关闭

**在进行文件读写之前，必须先打开文件；在对文件的读写结束之后，应关闭文件。**

### 24.2.1　文件的打开函数——fopen()

在 C 语言程序中，打开文件就是把程序中要读、写的文件与磁盘上实际的数据文件联系起来，并使文件指针指向该文件，以便进行其他的操作。C 语言输入 / 输出函数库中定义的打开文件的函数是 fopen() 函数，其一般的使用格式如下。

```
FILE *fp;                /* 声明 fp 是一个文件类型的指针 */
fp=fopen(" 文件名 "," 打开方式 ");        /* 以某种打开方式打开文件，并使文件指针 fp 指向该文件 */
```

功能：以某种指定的打开方式打开一个指定的文件，并使文件指针 fp 指向该文件，文件成功打开之后，对文件的操作就可以直接通过文件指针 fp 进行了。若文件打开成功，fopen() 函数返回一个指向 FILE 类型的指针值（非 0 值）；若指定的文件不能打开，该函数则返回一个空指针值 NULL。

说明：fopen() 函数包含两个参数，调用时都必须用双引号括起来。其中，第 1 个参数"文件名"表示的是要打开的文件的文件名，必须用双引号括起来；如果该参数包含文件的路径，则按该路径找到并打开文件；如果省略文件路径，则在当前目录下打开文件。第 2 个参数"打开方式"表示文件的打开方式，有关文件的各种打开方式见下表。

| 打开方式 | 含义 | 指定文件不存在时 | 指定文件存在时 |
|---|---|---|---|
| r | 以只读方式打开一个文本文件 | 出错 | 正常打开 |
| w | 以只写方式打开一个文本文件 | 建立新文件 | 文件原有内容丢失 |
| a | 以追加方式打开一个文本文件 | 建立新文件 | 在文件原有内容末尾追加 |
| r+ | 以读写方式打开一个文本文件 | 出错 | 正常打开 |
| w+ | 以读写方式建立一个新的文本文件 | 建立新文件 | 文件原有内容丢失 |
| a+ | 以读取 / 追加方式建立一个新的文本文件 | 建立新文件 | 在文件原有内容末尾追加 |
| rb | 以只读方式打开一个二进制文件 | 出错 | 正常打开 |

| 打开方式 | 含义 | 指定文件不存在时 | 指定文件存在时 |
|---|---|---|---|
| wb | 以只写方式打开一个二进制文件 | 建立新文件 | 文件原有内容丢失 |
| ab | 以追加方式打开一个二进制文件 | 建立新文件 | 在文件原有内容末尾添加 |
| rb+ | 以读写方式打开一个二进制文件 | 出错 | 正常打开 |
| wb+ | 以读写方式建立一个新的二进制文件 | 建立新文件 | 文件原有内容丢失 |
| ab+ | 以读取/追加方式建立一个新的二进制文件 | 建立新文件 | 在文件原有内容末尾追加 |

**📝 提示**

只读方式表示对目标文件只能读取数据，不可改变内容；只写方式是只能进行写操作，用于输出数据；追加方式表示的是在文件的末尾添加数据；读写方式既可以读取数据，又可以改写文件；而建立新文件就是指如果文件已存在，则覆盖原文件。

无论是对文件进行读取还是写入操作，都要考虑在文件打开过程中会因为某些原因而不能正常打开文件的可能性。所以在进行打开文件操作时，一般都要检查操作是否成功。通常在程序中打开文件的语句如下。

```
01  FILE *fp;
02  if((fp=fopen("abc.txt","r+"))==0)        /* 以读写方式打开文件，并判断其返回值 */
03  {
04    printf ("Can't open this file\n");
05    exit(0);
06  }
```

第 02 行的语句执行过程是，先调用 fopen() 函数并以读写方式打开文件 "abc.txt"。若该函数的返回值为 0，则说明文件打开失败，显示文件无法打开的信息；若文件打开成功，则文件指针 fp 得到函数返回的一个非 0 值。这里是通过判断语句 if 来选择执行不同的程序分支。

另外，"NULL" 是 stdio.h 中定义的一个符号常量，代表数值 0，表示空指针。因而有时在程序语句中也用 NULL 代替 0。即第 02 行语句也可以是：

```
if((fp=fopen("abc.txt","r+"))==NULL)
```

**🔖 注意**

fopen() 函数是 C 语言中定义的标准库函数，调用时，必须在程序开始处用 include 命令包含 stdio.h 文件，即语句 #include "stdio.h"，进行编译预处理。

## 24.2.2 文件的关闭函数——fclose()

所谓关闭文件，就是使文件指针与它所指向的文件脱离联系，一般当文件的读或写操作完成之后，应及时关闭不再使用的文件。这样一方面可以重新分配文件指针去指向其他文件，另外，特别是当文件的使用模式为 "写" 方式时，在关闭文件的时候，系统会首先把文件缓冲区中的剩余数据全部输出到文件中，然后再使两者脱离联系。此时，如果没有进行正常的关闭文件的操作，而直接结束程序的运行，就会造成缓冲区中剩余数据的丢失。

C 语言输入/输出函数库中定义的关闭文件的函数是 fclose() 函数，其一般使用格式如下。

```
fclose( 文件指针 );
```

fclose() 函数只有一个参数 "文件指针"，它必须是由打开文件函数 fopen() 得到的，并指向一个已经打开的文件。

功能：关闭文件指针所指向的文件。执行 fclose() 函数时，若文件关闭成功，返回 0，否则返回 –1。
在程序中对文件的读写操作结束后，对文件进行关闭时，调用 fclose() 函数的语句是：

　　fclose(fp);　　　　/*fp 是指向要关闭的文件的文件指针 */

> **☼技巧**
>
> 　　因为保持一个文件的打开状态需要占用内存空间，所以对文件的操作一般应该遵循"晚打开，早关闭"的原则，以避免无谓的内存资源浪费。

### 24.2.3 文件结束检测函数——feof()

feof() 函数用于检测文件是否结束，既适用于二进制文件，也适用于文本文件。其一般使用格式如下。

　　feof( 文件指针 );

其中，"文件指针"指向一个已经打开并正在操作的文件。

功能：测试文件指针 fp 所指向的文件是否已读到文件尾部。若已读到文件末尾，返回值为 1；否则，返回值为 0。

说明：在进行读文件操作时，需要检测是否读到文件的结尾处，常用"while(!feof(fp))"循环语句来控制文件中内容的读取。如当前读取的内容不是文件尾部，则 feof(fp) 的值为 0，取非运算后值为 1，那么循环继续执行；若已读到文件结尾，则 feof(fp) 的值为 1，取非运算后值为 0，循环结束，也即是读文件操作结束。

例如，顺序读取文本文件中的字符，代码如下。

```
while(!feof(fp))
{
  c=fgetc(fp); /* 从文件中读一个字符赋值给变量 c */
  …             /* 其他操作 */
}
```

# ▶ 24.3 文件的顺序读写

　　拿到一本书，可以从头到尾顺序阅读，也可以跳过一部分内容而直接翻到某页阅读。对文件的读写操作也是这样的，可以分为顺序读写和随机读写两种方式。顺序读写方式指的是从文件首部开始顺序读写，不允许跳跃；随机读写方式也叫定位读写，是通过定位函数定位到具体的读写位置，在该位置处直接进行读写操作。一般来讲，顺序读写方式是默认的文件读写方式。

文件的顺序读写常用的函数如下。

字符输入 / 输出函数：fgetc(), fputc()

字符串输入 / 输出函数：fgets(), fputs()

格式化输入 / 输出函数：fscanf(), fprintf()

数据块输入 / 输出函数：fread(), fwrite()

这里需要特别指出：有关以上这些函数原型的定义都在 stdio.h 文件中，因此在程序中调用这些函数时，必须在程序开始处加入预处理命令。例如：

　　#include "stdio.h"

### 24.3.1 文本文件中字符的输入 / 输出

　　对于文本文件中数据的输入 / 输出，可以是以字符为单位，也可以是以字符串为单位。本节介绍文本文件中以字符为单位的输入 / 输出函数——fgetc() 函数和 fputc() 函数。

### 01 文件字符的输入函数——fgetc()

fgetc() 函数的一般使用格式如下。

```
char ch;        /* 定义字符变量 ch*/
ch=fgetc( 文件指针 );
```

功能：该函数从文件指针所指定的文件中读取一个字符，并把该字符的 ASCII 值赋给变量 *ch*。执行本函数时，如果读到文件末尾，则函数返回文件结束标志 EOF。

说明：文件输入是指从一个已经打开的文件中读出数据，并将其保存到内存变量中，这里的"输入"是相对内存变量而言的。

例如，要从一个文本文件中读取字符并将其输出到屏幕上，代码如下。

```
01  ch=fgetc(fp);
02  while(ch!=EOF)
03  {
04      putchar(ch);
05      ch=fgetc(fp));
06  }
```

第 02 行代码中的 EOF 字符常量是文本文件的结束标志，它不是可输出字符，不能在屏幕上显示。该字符常量在 stdio.h 中定义为 –1，因此当从文件中读入的字符值等于 –1 时，表示读入的已不是正常的字符，而是文本文件结束符。上面例子中的第 02 行等价于：

```
while(ch!=-1)
```

当然，判断一个文件是否读取结束，还可以使用文件结束检测函数 feof()。

### 02 文件字符的输出函数——fputc()

fputc() 函数的一般使用格式如下。

```
fputc( 字符 , 文件指针 );
```

其中，第 1 个参数"字符"可以是一个普通字符常量，也可以是一个字符变量名；第 2 个参数"文件指针"指向一个已经打开的文件。

功能：把"字符"的 ASCII 值写入文件指针所指向的文件。若写入成功，则返回字符的 ASCII；否则返回文本文件结束标志 EOF。

说明：文件输出是指将内存变量中的数据写到文件中，这里的"输出"也是相对内存变量而言的。例如：

```
fputc("a",fp);   /* 把字符 "a" 的 ASCII 值写入 fp 所指向的文件中 */
char ch='a';
fputc(ch,fp)     /* 把变量 ch 中存放的字符的 ASCII 值写入 fp 所指向的文件中 */
```

---

📝 **范例 24-1** 利用 fgetc() 函数和 fputc() 函数建立一个名为"file1.txt"的文本文件，并在屏幕上显示文件中的内容。

（1）在 Code::Blocks 中，新建名为"24-1.c"的文件。
（2）在代码编辑区域输入以下代码（代码 24-1.txt）。

```
01  #include "stdio.h"
02  #include "stdlib.h"              /* 程序中用到的异常退出函数 exit(0) 定义在 "stdlib.h" 头文件中 */
03  int main()              /* 程序的入口 */
04  {
05      FILE *fp1,*fp2;              /* 定义两个文件指针变量 fp1,fp2*/
06      char c;
07      if((fp1=fopen("file1.txt","w"))==0)     /* 以只写方式新建文件 file1.txt，并测试是否成功 */
08      {
```

```
09        printf(" 不能打开文件 \n");
10        exit(0);                    /* 强制退出程序 */
11    }
12    printf(" 输入字符 :\n");
13    while((c=getchar())!='\n')      /* 接收一个从键盘输入的字符并赋给变量 c，输入回车符则循环结束 */
14        fputc(c,fp1);               /* 把变量 c 写到 fp1 指向的文件 file1.txt 中 */
15    fclose(fp1);                    /* 写文件结束，关闭文件，使指针 fp1 和文件脱离关系 */
16    if((fp2=fopen("file1.txt","r"))==0)    /* 以只读方式新建并打开文件 file1.txt，测试是否成功 */
17    {
18        printf(" 不能打开文件 \n");
19        exit(0);
20    }
21    printf(" 输出字符 :\n");
22    while((c=fgetc(fp2))!=EOF)       /* 从文件 file1.txt 的开头处读字符并存放到变量 c 中 */
23        putchar(c);                  /* 把变量 c 的值输出到屏幕上 */
24    printf("\n");                    /* 换行 */
25    fclose(fp2);                     /* 关闭文件 */
26 }
```

### 【运行结果】

　　编译、连接、运行程序，输入 "Hello World! 123-098!" 并按【Enter】键，运行结果如图所示。此时，程序文件夹中已创建了 "file1.txt"，文件内容即为所输入的字符。

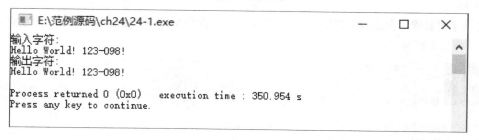

```
E:\范例源码\ch24\24-1.exe                    —    □    ×
输入字符:
Hello World! 123-098!
输出字符:
Hello World! 123-098!

Process returned 0 (0x0)    execution time : 350.954 s
Press any key to continue.
```

### 【范例分析】

　　程序中定义了两个文件指针 fp1 和 fp2，分别用于写文件和读文件操作。先以只写方式新建并打开文本文件 file1.txt，并使 fp1 指向该文件。第 13 行是一个循环控制语句，每次从键盘读入一个字符，当读入的字符不是回车符时，把该字符写入文件中；当输入回车符时，写文件结束，关闭文件。然后重新以只读方式打开文件，使指针 fp2 指向文件，利用循环语句进行读文件操作，并输出到屏幕上，直到检测到文件结束标志 EOF，对文件的输出结束，关闭文件。

## 24.3.2 文本文件中字符串的输入 / 输出

　　实际应用中，当需要处理大批数据时，以单个字符为单位对文件进行输入 / 输出操作的效率不高。而以字符串为单位进行文件输入 / 输出操作，则可以一次输入或输出包含任意多个字符的字符串。本节介绍对文本文件中的数据以字符串为单位进行输入 / 输出的函数——fgets() 函数和 fputs() 函数。

### 01 字符串的输入函数——fgets()

　　fgets() 函数从文本文件中读取一个字符串，并将其保存到内存变量中。使用格式如下。

fgets( 字符串指针 , 字符个数 n, 文件指针 );

其中，第 1 个参数 "字符串指针" 可以是一个字符数组名，也可以是字符指针，用于存放读出的字符串；第 2 个参数是一个整型数，用来指明读出字符的个数；第 3 个参数 "文件指针" 不再赘述。

功能：从文件指针所指向的文本文件中读取长度不超过 n-1 的字符串，并在结尾处加上 "\0" 组成一个字符串，存入 "字符串指针" 中。若函数调用成功，则返回存放字符串的首地址；若读到文件结尾处或调用失败时，则返回字符常量 NULL。

例如，语句 fgets(char *s, int n, FILE *fp); 的含义是从 fp 指向的文件中读入 n-1 个字符，存入字符指针 s 指向的存储单元。

当满足下列条件之一时，读取过程结束。

（1）已读取了 n-1 个字符。

（2）当前读取的字符是回车符。

（3）已读取到文件末尾。

### 02 字符串的输出函数——fputs()

fputs() 函数将一个存放在内存变量中的字符串写到文本文件中，使用格式如下。

```
fputs( 字符串 , 文件指针 );
```

其中，"字符串" 可以是一个字符串常量，也可以是一个字符数组名或指向字符串的指针。

功能：将 "字符串" 写到文件指针所指向的文件中，若写入成功，函数的返回值为 0；否则，返回一个非零值。

说明：向文件中写入的字符串中并不包含字符串结束标志符 "\0"。

例如有以下语句。

```
char str[10]={"abc"};
fputs(str,fp);
```

含义是将字符数组中存放的字符串 "abc" 写入 fp 所指向的文件中，这里写入的是 3 个字符 a、b 和 c，并不包含字符串结束标志 "\0"。

---

📝 **范例 24-2** 　应用fgets()函数和fputs()函数建立一个名为 "file2.txt" 的文本文件，读取文件中的内容并在屏幕上显示。

（1）在 Code::Blocks 中，新建名为 "24-2.c" 的文件。

（2）在编辑窗口中输入以下代码（代码 24-2.txt）。

```
01  #include "stdio.h"
02  #include "string.h"
03  #include "stdlib.h"
04  int main()
05  {
06      FILE *fp1,*fp2;              /* 定义两个文件指针变量 fp1,fp2*/
07      char str[10];
08      if((fp1=fopen("file2.txt","w"))==0)      /* 以只写方式新建文件 file2.txt，并测试是否成功 */
09      {
10          printf(" 不能创建文件 \n");
11          exit(0);                /* 强制退出程序 */
12      }
13      printf(" 输入字符串 ( 以空串作为结束输入 ):\n");
14      gets(str);                  /* 接收从键盘输入的字符串 */
15      while(strlen(str)>0)
16      {
17          fputs(str,fp1);
```

```
18    fputs("\n",fp1);              /* 在文件中加入换行符作为字符串分隔符 */
19    gets(str);
20  }
21  fclose(fp1);                    /* 写文件结束，关闭文件 */
22  if((fp2=fopen("file2.txt","r"))==0)   /* 以只读方式新建并打开文件 file2.txt，测试是否成功 */
23  {
24    printf(" 不能打开文件 \n");
25    exit(0);
26  }
27  printf(" 输出字符串 :\n");
28  while(fgets(str,10,fp2)!=0)      /* 从文件中读取字符串并存放到字符数组 str 中，测试是否已读完 */
29    printf("%s",str);             /* 把数组 str 中的字符串输出到屏幕上 */
30  printf("\n");                    /* 换行 */
31  fclose(fp2);                     /* 关闭文件 */
32  }
```

### 【运行结果】

编译、连接、运行程序，输入字符串，全部字符串输入结束，按两次【Enter】键，即可显示所输入的字符串内容。此时，程序文件夹中已创建了 "file2.txt" ，文件内容即为所输入的字符串。

```
E:\范例源码\ch24\24-2.exe                        —   □   ×
输入字符串(以空串作为结束输入)：
hello
world
12345!

输出字符串:
hello
world
12345!


Process returned 0 (0x0)   execution time : 28.451 s
Press any key to continue.
```

### 【范例分析】

本程序中定义了两个文件指针 fp1 和 fp2，分别用于写文件和读文件的操作。读者要熟悉 fgets() 函数和 fputs() 函数的使用。第 15 行的 "strlen(str)>0" 语句用于测试从键盘输入的字符串是否为空串（即只输入回车符）。

### 24.3.3 文本文件中数据的格式化输入 / 输出

有的时候我们对要输入 / 输出的数据有一定的格式要求，如整型、字符型或按指定的宽度输出数据等。这里要介绍的格式化输入 / 输出指的是不仅输入 / 输出数据，还要指定输入 / 输出数据的格式，它比前面介绍的字符 / 字符串输入 / 输出函数的功能更加强大。

#### 01 格式化输出函数——fprintf()

fprintf() 函数与前面介绍的 printf() 函数相似，只是将输出的内容存放在一个指定的文件中而不是输出到屏幕上。使用格式如下。

fprintf( 文件指针 , 格式串 , 输出项表 );

其中，"文件指针"仍是一个指向已经打开的文件的指针，其余的参数和返回值与 printf() 函数相同。

功能：按"格式串"所描述的格式把输出项写入"文件指针"所指向的文件中。执行这个函数时，若成功，则返回所写的字节数；否则，返回一个负数。

### 02 **格式化输入函数——fscanf()**

fscanf() 函数与前面介绍的 scanf() 函数相似，只是输入的数据是来自文本文件而不是键盘。其一般使用格式如下。

fscanf( 文件指针 , 格式串 , 输入项表 );

功能：从"文件指针"所指向的文本文件中读取数据，按"格式串"所描述的格式输出到指定的内存单元中。

**📝 范例 24-3** 应用fprintf()函数和fscanf()函数建立文本文件file3.txt，读取其中的信息并输出到计算机屏幕上。

（1）在 Code::Blocks 中，新建名为"24-3.c"的文件。
（2）在编辑窗口中输入以下代码（代码 24-3.txt）。

```
01  #include "stdio.h"
02  #include "string.h"
03  #include "stdlib.h"
04  int main()
05  {
06     FILE *fp;
07     char name1[4][8],name2[8];
08     int i, score1[4],score2;
09     if((fp=fopen("file3.txt","w"))==0)      /* 以只写方式打开文件 file3.txt，测试是否成功 */
10     {
11        printf(" 不能打开文件 \n");
12        exit(0);
13     }
14     printf(" 输入数据 : 姓名 成绩 \n");
15     for(i=1;i<4;i++)
16     {
17        scanf("%s %d",name1[i],&score1[i]);
18        fprintf(fp,"%s %d\n",name1[i],score1[i]);
19     }                       /* 向文本文件写入一行信息 */
20     fclose(fp);
21     if((fp=fopen("file3.txt","r"))==0)        /* 以只读方式打开文件，测试是否成功 */
22     {
23        printf(" 不能打开文件 \n");
24        exit(0);
25     }
26     printf(" 输出数据 :\n");
27     while(!feof(fp))
28     {
29        fscanf(fp,"%s %d\n",name2,&score2);         /* 从文件中按格式读取数据并存放到 name2 数组和
变量 score2 中 */
30        printf("%s %d\n",name2,score2);
31     }
32     fclose(fp);
33  }
```

## 【运行结果】

编译、连接、运行程序，根据提示输入 3 个学生的姓名和成绩，按【Enter】键，即可输出结果。此时，程序文件夹中已创建了"file3.txt"，文件内容即为所输入的内容。

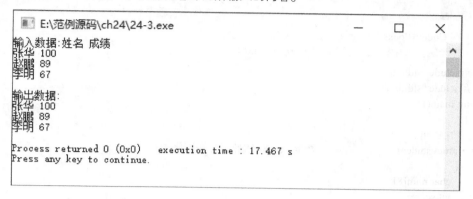

## 【范例分析】

本程序中首先定义了一个文件指针，分别以只写方式和只读方式打开同一个文件，写入和读出格式化数据。

📄 **提示**

格式化读写文件时，用什么格式写入文件，就一定用什么格式从文件读取。若读出的数据与格式控制符不一致，就会造成数据出错。

### 24.3.4 二进制文件的输入 / 输出——数据块读写

二进制文件以"二进制数据块"为单位进行数据的读写操作。所谓"二进制数据块"就是指在内存中连续存放的具有若干字节长度的二进制数据，如整型数据、实型数据或结构体类型数据等，数据块输入 / 输出函数对于存取结构体类型的数据尤为方便。

相应地，C 语言中提供了用来完成对二进制文件进行输入 / 输出操作的函数，这里把它称作数据块输入 / 输出函数——fwrite() 函数和 fread() 函数。

#### 01 数据块输出函数——fwrite()

这里的"输出"仍是相对于内存而言的。fwrite() 函数从内存输出数据到指定的二进制文件中，一般使用格式如下。

fwrite(buf,size,count, 文件指针 );

其中，buf 是输出数据在内存中存放的起始地址，也就是数据块指针；size 是每个数据块的字节数；count 用来指定每次写入的数据块的个数；文件指针是指向一个已经打开等待写入的文件。这个函数的参数较多，要注意理解每个参数的含义。

功能：从以 buf 为首地址的内存中取出 count 个数据块（每个数据块为 size 个字节），写入"文件指针"指定的文件中。调用成功，该函数返回实际写入的数据块的个数；出错时返回 0 值。

#### 02 数据块输入函数——fread()

这里的"输入"仍是相对于内存而言的。fread() 函数从指定的二进制文件中读入数据到内存单元中，一般使用格式如下。

fread(buf,size,count, 文件指针 );

其中，buf 是输入数据在内存中存放的起始地址。其他各参数的含义同 fwrite() 函数。

功能：在文件指针指定的文件中读取 count 个数据块（每个数据块为 size 个字节），存放到 buf 指定的内存单元地址中。调用成功，函数返回实际读出的数据块个数；出错或到文件末尾时返回 0 值。

**范例 24-4** 使用fwrite()函数和fread()函数对stud.bin文件进行写入和读取操作。

（1）在 Code::Blocks 中，新建名为 "24-4.c" 的文件。
（2）在编辑窗口中输入以下代码（代码 24-4.txt）。

```c
01  #include "stdio.h"
02  #include "stdlib.h"
03  int main()
04  {
05    FILE *fp;
06    struct student                    /* 定义结构体数组并初始化 */
07    {
08      char num[8];
09      int score;
10    }
11    stud[]={{"2019101",86},{"2019102",60},{"2019103",94},{"2019104",76},{"2019105",50}},stud1[5];
12    int i;
13    if((fp=fopen("stud.bin","wb+"))==0)   /* 以读写方式新建并打开文件 stud.bin，测试是否成功 */
14    {
15      printf(" 不能打开文件 \n");
16      exit(0);
17    }
18    for(i=0;i<5;i++)
19      fwrite(&stud[i],sizeof(struct student),1,fp);   /* 向 fp 指向的文件中写入数据 */
20    rewind(fp);                        /* 重置文件位置指针于文件开始处，以便读取文件 */
21    printf(" 学号 成绩 \n");             /* 在屏幕上输出提示信息 */
22    while(!feof(fp))                    /* 循环读取文件中的数据，直到检测到文件结束标志 */
23    {
24      fread(&stud1[i],sizeof(struct student),1,fp);   /* 读取 fp 指向的文件中的数据并写入结构体数组 stud1 中 */
25      printf("%s %d\n",stud1[i].num,stud1[i].score);
26    }                                  /* 向屏幕上输出结构体数组 stud1 中的数据 */
27    fclose(fp);                        /* 关闭文件 */
28  }
```

**【运行结果】**

编译、连接、运行程序，即可在程序执行窗口中输出如图所示的内容。此时，程序文件夹中已创建了二进制文件 "stud.bin"。

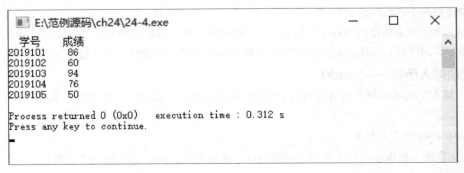

【范例分析】

　　程序中定义了两个结构体数组 stud 和 stud1，并对 stud 进行了初始化。以读写方式新建并打开二进制文件 stud.bin。利用 for 循环语句把初始化过的结构体数组 stud 中的数据写入文件 stud.bin 中，写数据结束后文件指针指向文件的结尾处。由于后面还要从文件中读取数据，所以需要重置文件指针于文件开头处，这里使用了 rewind() 函数重置文件指针读写位置，这个函数在 24.4 节中介绍，最后利用 while 循环语句把文件 stud.bin 中的数据写入结构体数组 stud1 中，并在屏幕上输出。

　　二进制数据文件不能用一般的软件打开查看其中的内容，只能通过程序读出内容进行查看。

# ▶ 24.4　文件的随机读写

　　**相对于前面介绍的顺序访问文件方式，文件的随机访问是给定文件当前读写位置的一种读写文件方式，也就是允许对文件进行跳跃式的读写操作。一般只对二进制文件进行随机读写操作。**

　　要定位文件的当前读写位置，这里要提到一个文件位置指针的概念。所谓文件位置指针，就是指当前读或写的数据在文件中的位置，在实际使用中，是由文件指针充当的。当进行文件读操作时，总是从文件位置指针开始读其后的数据，然后位置指针移到尚未读的数据之前；当进行写操作时，总是从文件位置指针开始写，然后移到刚写入的数据之后。本节介绍文件位置指针的定位函数。

**01　取文件位置指针的当前值函数——ftell()**

　　ftell() 函数用于获取文件位置指针的当前值，使用格式如下。

ftell(fp);

　　其中，文件指针 fp 指向一个打开过的正在操作的文件。

　　功能：返回当前文件位置指针 fp 相对于文件开头的位移量，单位是字节。执行本函数，调用成功则返回文件位置指针当前值，否则返回值为 –1。

　　说明：该函数适用于二进制文件和文本文件。

**02　移动文件位置指针函数——fseek()**

　　fseek() 函数用来移动文件位置指针到指定的位置上，然后从该位置进行读或写操作，从而实现对文件的随机读写功能。使用格式如下。

fseek(fp,offset,from);

　　其中，fp 指向已经打开正被操作的文件；offset 是文件位置指针的位移量，是一个 long 型的数据，ANSI C 标准规定在数字的末尾加一个字母 L 来表示是 Long 型的。若位移量为正值，表示位置指针的移动朝着文件末尾的方向（从前向后）；若位移量为负值，表示位置指针的移动朝着文件开头的方向（从后向前）。from 是起始点，用于指定位移量是以哪个位置为基准的。

　　功能：将文件位置指针从 from 表示的位置移动 offset 个字节。若函数调用成功，返回值为 0，否则返回非 0 值。

　　下表给出了代表起始点的符号常量和数字及其含义，在 fseek() 函数中使用时两者是等价的。

| 数字 | 符号常量 | 起始点 |
|------|----------|--------|
| 0 | SEEK_SET | 文件开头 |
| 1 | SEEK_CUR | 文件当前指针位置 |
| 2 | SEEK_END | 文件末尾 |

　　例如：

fseek(fp,100L,0);　　/* 文件位置指针从文件开头处向后移动 100 个字节 */
fseek(fp,50L,1);　　　/* 文件位置指针从当前位置向后移动 50 个字节 */

```
    fseek(fp,-30,2);              /* 文件位置指针从文件末尾处向前移动 30 个字节 */
```

**03 置文件位置指针于文件开头函数——rewind()**

rewind() 函数用于将文件位置指针置于文件的开头，其一般使用格式如下。

```
rewind(fp);
```

功能：将文件位置指针移到文件开始位置。该函数只是起到移动文件位置指针的作用，并不带回返回值。

# ▶ 24.5 综合应用——文件操作

**📝 范例 24-5** 编写程序，建立两个文本文件file5-1.txt和file5-2.txt，要求从键盘上输入字符写入这两个文本文件中，然后对file5-1.txt和file5-2.txt中的字符排序，并合并到一个文件file5-3.txt中。

（1）在 Code::Blocks 中，新建名为 "24-5.c" 的文件。
（2）在编辑窗口中输入以下代码（代码 24-5.txt）。

```
01   #include "stdio.h"
02   #include "stdlib.h"
03   int main()
04   {
05     FILE *fp;
06     char ch[200],c;
07     int i=0,j,n;
08     if((fp=fopen("file5-1.txt","w+"))==NULL)        /* 以读写方式新建一个文本文件 file5-1.txt*/
09     {
10       printf("\n 不能打开文件 file5-1\n");
11       exit(0);
12     }
13     printf(" 写入数据到 file5-1.txt( 输入回车符结束 ):\n");
14     while((c=getchar())!='\n')
15       fputc(c,fp);                       /* 往文件 file5-1.txt 中写入字符，输入回车符结束 */
16     rewind(fp);                          /* 重置文件指针于文件开头处 */
17     while((c=fgetc(fp))!=EOF)            /* 循环读取文件 file5-1.txt 中的所有字符并写入字符数组 ch 中 */
18       ch[i++]=c;
19     fclose(fp);                          /* 关闭文件 file5-1.txt*/
20     if((fp=fopen("file5-2.txt","w+"))==NULL)        /* 以读写方式新建一个文本文件 file5-2.txt*/
21     {
22     printf("\ 不能打开文件 file5-2\n");
23     exit(0);
24     }
25     printf(" 写入数据到 file5-2.txt( 输入字符 '0' 结束 ):\n");
26     while((c=getchar())!='\n')                  /* 往文件 file5-2.txt 中写入字符，输入字符 '0' 结束 */
27       fputc(c,fp);
28     rewind(fp);                          /* 重置文件指针于文件开头处 */
29     while((c=fgetc(fp))!=EOF)            /* 循环读取文件 file5-2.txt 中的所有字符并写入字符数组 ch 中 */
30       ch[i++]=c;
31     fclose(fp);                          /* 关闭文件 file5-2.txt*/
32     n=i;
33     for(i=1;i<n;i++)                     /* 对字符数组 ch 中的字符进行排序 */
34     for(j=0;j<n-i;j++)
35       if(ch[j]>ch[j+1])
```

```
36        {
37          c=ch[j];
38          ch[j]=ch[j+1];
39          ch[j+1]=c;
40        }
41    if((fp=fopen("file5-3.txt","w+"))==NULL)         /* 以读写方式新建一个文本文件 file5-3.txt*/
42    {
43      printf("\n 不能打开文件 file5-3\n");
44      exit(0);
45    }
46    for(i=0;i<n;i++)                                /* 把字符数组 ch 中排过序的字符写入文件 file5-3.txt 中 */
47      fputc(ch[i],fp);
48    printf(" 排序并输出 :\n");
49    rewind(fp);
50    while((c=fgetc(fp))!=EOF)                       /* 把 file5-3.txt 中排过序的字符在屏幕上显示 */
51      putchar(c);
52    printf("\n");
53    fclose(fp);                                     /* 关闭文件 file5-3.txt*/
54  }
```

## 【运行结果】

编译、连接、运行程序，根据提示，依次输入 2 组字符串，按【Enter】键，即可将 2 次输入的内容排序后输出。此时，程序文件夹中已创建了 file5-1、file5-2、file5-3 这 3 个文本文件。

```
E:\范例源码\ch24\24-5.exe                                    —    □    ×
写入数据到file5-1.txt(输入回车符结束):
hello,1234!
写入数据到file5-2.txt(输入字符'0'结束):
world-happy,90!

排序并输出:
!,,-12349adehhlllooprwy

Process returned 0 (0x0)    execution time : 58.340 s
Press any key to continue.
```

## 【范例分析】

这是一个文件的综合应用题目，用到了文件的新建、读写、打开、关闭、移动文件位置指针等文件操作函数，功能是实现把两个文件中的内容合并成一个文件。

# ▶24.6 高手点拨

　　从用户的角度看，文件分为特殊文件 ( 标准输入输出文件或标准设备文件 ) 和普通文件 ( 磁盘文件 )；从操作系统的角度看，每一个与主机相连的输入输出设备看作一个文件。例如，输入文件可以看作终端键盘，输出文件可以看作显示屏和打印机。按数据的组织形式，文件分为 ASCII 文件 ( 文本文件 ) 和二进制文件。ASCII 文件中每一个字节放一个 ASCII 代码。二进制文件把内存中的数据按其在内存中的存储形式原样输出到磁盘上存放。

　　C 语言对文件的处理方法分为两种。一种是缓冲文件系统，即系统自动地在内存区为每一个正在使用的文件开辟一个缓冲区。用缓冲文件系统进行的输入输出又称为高级磁盘输入输出。另一种是非缓冲文件系统，系统不自动开辟确定大小的缓冲区，由程序为每个文件设定缓冲区。用非缓冲文件系统进行的输入输出又称为低级输入输出系统。

注意，在 UNIX 操作系统下，用缓冲文件系统来处理文本文件，用非缓冲文件系统来处理二进制文件。ANSI C 标准只采用缓冲文件系统来处理文本文件和二进制文件。C 语言中对文件的读写都是用库函数来实现的。

在打开文件之前，常用下面的方法打开一个文件：

```
if((fp=fopen("filel","r")) = = NULL)
{
printf("cannot open this file\n");
  exit(0);
}
```

即先检查打开的操作是否出错，如果有错就在终端上输出"cannot open this file"。exit() 函数的作用是关闭所有文件，终止正在执行的程序，待用户检查出错误并修改后再运行。

在使用完一个文件后应该关闭它，以防止它再被误用。"关闭"就是使文件指针变量不指向该文件，也就是文件指针变量与文件"脱钩"，此后不能再通过该指针对原来与其相联系的文件进行读写操作，除非再次打开，使该指针变量重新指向该文件。在向文件写数据时，先将数据输出到缓冲区，待缓冲区充满后才正式输出给文件，如果数据未充满缓冲区而程序结束运行，缓冲区中的数据将会丢失。用 fclose() 函数关闭文件，可以避免这个问题，fclose() 函数关闭成功时返回值为 0，否则返回 EOF(-1)。

# ▶ 24.7  实战练习

（1）编写一个简单的留言程序，每次打开 message.txt 文件显示所有的内容，然后允许用户写新留言，并保存到 message.txt 文件中。注意保存新留言应该使用追加方式写入，否则原先的留言会被清除。

（2）从键盘输入一个字符串，将其中的小写字母全部转换成大写字母，然后输出到一个磁盘文件"test"中保存。输入的字符串以"！"结束。

（3）有两个磁盘文件"A"和"B"，各存放一行字母，要求把这两个文件中的信息合并，输出到一个新文件"C"中。

第 **IV** 篇

# 数据结构及C语言中的常用算法

# 第 25 章

第 **25** 章

## 数据管理者——数据结构

还记得第 8 章介绍的一个关于程序设计的著名公式吗？程序 = 数据结构 + 算法。算法，我们已经在很多章节中介绍过了，那么什么是数据结构呢？数据结构是计算机存储、管理数据的方式，设计合理的数据结构可以给程序带来更高的运行和存储效率。在许多类型的程序设计中，数据结构的选择是一个基本的设计考虑因素。许多大型系统的构造经验表明，系统实现的困难程度和系统构造的质量都严重依赖于是否选择了最优的数据结构。许多时候，确定了数据结构后，算法就容易得到了，算法得到了，问题才能够顺利解决。本章概要介绍数据结构的基本知识，了解线性表、链表、堆、队列、树、图等数据存储的基本形式和基本操作。

## 本章要点（已掌握的在方框中打钩）

☐ 数据结构概述
☐ 线性表
☐ 栈
☐ 队列
☐ 树和二叉树
☐ 图

# ▶25.1 数据结构概述

数据必须依据某种逻辑联系组织在一起并存储在计算机内，数据结构研究的问题就是数据之间有哪些结构关系、如何组织在一起、如何管理和操作。**数据结构包含 3 个方面的要素。**

（1）数据集：要处理的数据元素的集合。

（2）关系：数据元素之间的相互关系。

（3）操作：对数据施加的操作。

数据结构就是数据的逻辑结构、存储结构和数据运算。如下图所示。

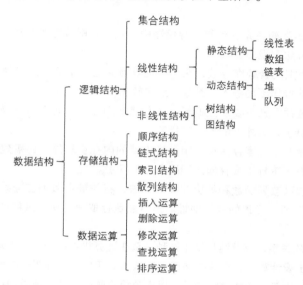

## 25.1.1 逻辑结构

数据元素是组成数据的基本单位，是一个数据整体中相对独立的单位。数据元素的逻辑关系是从具体问题抽象出来的有相互关系的数学模型。可以归纳为以下 4 类。

（1）集合结构：该结构的数据元素间的关系属于同一个集合，是由一组无序且唯一（即不能重复）的项组成的。

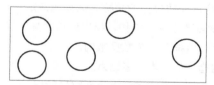

（2）线性结构：该结构的数据元素之间存在着一对一的关系。

（3）树形结构：该结构的数据元素之间存在着一对多的关系。

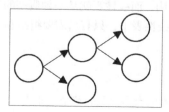

（4）图形结构：该结构的数据元素之间存在着多对多的关系，也称网状结构。

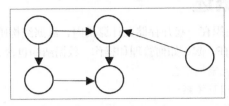

本章介绍数据存储的线性结构、树形结构和图形结构。

### 25.1.2 存储结构

存储结构是数据元素及其逻辑关系在计算机存储器中的表示，即数据的存放方式，又称为数据的物理结构。通常由 4 种基本的存储方法实现。

（1）顺序存储方式：数据元素顺序存放，每个存储结点只含一个元素。存储位置反映数据元素间的逻辑关系。存储密度大，但有些操作（如插入、删除）效率较差。

（2）链式存储方式：这种方式不要求数据元素的存储空间连续，便于动态操作（如插入、删除等），但存储空间开销大（用于指针），另外不能折半查找等。

（3）索引存储方式：除数据元素存储在一组地址连续的内存空间外，还需建立一个索引表，索引表中索引指示存储结点的存储位置（下标）或存储区间端点（下标）。

（4）散列存储方式：通过散列函数和解决冲突的方法，将关键字散列在连续的有限的地址空间内，并将散列函数的值解释成关键字所在元素的存储地址。其特点是存取速度快，只能按关键字随机存取，不能顺序存取，也不能折半存取。

逻辑结构指的是数据间的关系，存储结构是指这种关系在计算机中的表现、逻辑结构的存储映像，这两者并不冲突，往往逻辑结构用于设计算法，存储结构用于算法编码实现。一种逻辑结构在计算机里可以用不同的存储结构实现。比如逻辑结构中简单的线性结构，可以用数组（顺序存储）或单向链表（链接存储）来实现。

> **提示**
>
> 某种存储结构与某种逻辑结构没有必然的联系，算法的实现效率越高，解决问题越方便，该算法越好。

### 25.1.3 数据的运算

数据的运算是指施加于数据集合的一组操作的总称。运算包括定义和实现，运算的定义直接依赖于逻辑结构，指出运算的功能；运算的实现依赖于存储结构，指出运算的具体操作步骤。基本操作有以下几种。

（1）插入：把新元素按照指定位置插入一个数据集内。

（2）删除：删去一个数据集内指定的元素或者结点。

（3）修改：把一个数据集中的指定元素或者结点重新定义新值。

（4）查找：按照给定值搜索一个数据集中是否有满足要求的元素或者结点。

（5）排序：把线性结构内所有元素按照指定域的值从小到大或者从大到小重新排列。

# ▶ 25.2 线性表

**线性结构是简单而且常用的数据结构，而线性表就是一种典型的线性结构。存储数据简单且有效的方法就是把它们存储在一个线性表中，只有当需要组织和搜索大量数据时，才考虑使用更复杂的数据结构。**

### 25.2.1 线性表的定义

一个线性表是 $n$（$n \geq 0$）个数据元素的有限序列，每个元素在不同的情况下有不同的含义，可以是数字，也可以是字符，或者是其他信息。n 也称为表的长度，当 n=0 时为空表。下面是几个线性表的例子。

```
color = （red,orange,yellow,green,blue,black,white）        /*color 线性表的组成 /
score = （90,86,56,98,28,60）                    /* score 线性表的组成 */
```

从例子中可以看出，线性表中的数据元素类型可以是多样的，但是同一线性表中的元素必须是相同类型。线性表的第一个元素称为表头，最后一个元素称为表尾。

线性表的特点如下。

（1）线性表是一个有限序列，即表中元素个数有限，且各个表元素是相继排列的，每两个相邻元素之间都有直接前趋和直接后继的逻辑关系。

（2）线性表中的每一个元素都具有相同的数据类型，且不能是子表。

（3）线性表中的每一个元素都有"位置"和"值"。"位置"又称下标，决定了该数据元素在表中的位置和前趋、后继的逻辑关系，"值"是该元素的具体内容。

（4）线性表中元素的值与它的位置之间可以有特定关系，也可以没有。

线性表的存储有两种，即顺序存储方式和链表存储方式。

## 25.2.2 线性表的主要操作

（1）线性表的初始化。

（2）取线性表中第 i 个元素的值。

（3）计算线性表的长度。

（4）线性表的元素定位。

（5）线性表的查找。

（6）线性表的插入。

（7）线性表的删除。

（8）线性表的遍历。

（9）线性表的排序。

以上操作是逻辑结构上定义的操作，只有确定了存储结构后才能考虑"如何做"等实现的细节。

## 25.2.3 顺序表

顺序表是把线性表中的所有元素按照其逻辑顺序依次存储到指定存储位置的一块连续的存储区域。这样，线性表的第 1 个元素的存储位置就是指定的存储位置，第 i 个元素的存储位置紧接在第 i-1 个元素的存储位置的后面，每个元素所占用的存储空间大小相同。

顺序表的特点如下。

（1）在顺序表中，各个元素的逻辑顺序跟物理顺序一致，第 i 项就存在第 i 个位置，被存储在数组下标为 i-1 的位置上。

（2）对顺序表中的所有元素，既可以顺序访问，也可以随机访问。

（3）顺序表可以用 C 语言的一维数组来实现。

（4）线性表存储数组的数据类型就是顺序表中元素的数据类型，数组的大小要大于等于顺序表的长度。

### 📝 范例 25-1　创建顺序表，并追加、插入、删除元素。

（1）在 Code::Blocks 中，新建名为 "25-1.c" 的文件。

（2）在代码编辑区域输入对应代码（代码 25-1.txt）。

由于此代码过长，读者可扫描右侧方二维码查看。

## 【运行结果】

编译、连接、运行程序，程序执行窗口中会显示程序功能主菜单和当前的状态。

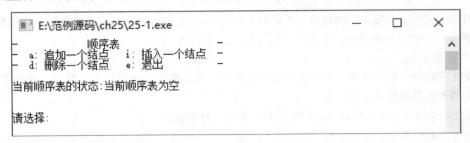

输入"a"，选择"追加一个结点"。然后输入追加的数据"1"，按【Enter】键，即可在表中追加1个数据。按此方法追加2~5，此时线性表中存在5个元素结点，分别是1~5，对应的位置为0~4，如图所示。

输入"i"，选择"插入一个结点"。再输入插入的位置"2"，然后输入插入的数据"0"，按【Enter】键，即可在位置2处（原结点3处）插入1个结点0，如图所示。

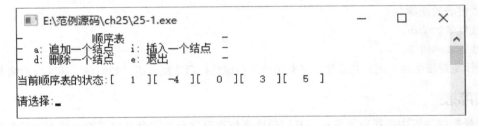

输入"d"，选择"删除一个结点"。再输入要删除的数据的位置"1"，按【Enter】键，即可将位置1处（原结点2）的元素删除，后面的结点顺次左移1位，如图所示。

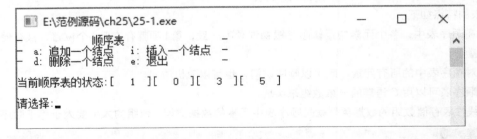

输入"e"，选择"退出"，即可结束当前程序。

## 【范例分析】

本范例综合设计了顺序表的各种操作，对大家学习掌握顺序表的常用功能会有很大的帮助。分析如下。

首先调用 CreateList() 函数，创建了线性顺序表。创建顺序表指针，为指针分配存储空间，为下标为 0 的元素初始化值 0，下标加 1，移向数组下一位。

追加结点用 AppendNode() 函数，以当前顺序表的长度为下标，为相应的元素赋值，下标加 1，移向数组的下一位。

　　插入结点用 InsertNode() 函数，接收用户输入的下标值，使用逆向循环遍历数组，以用户键入值为起点，整体后移数组元素，然后把用户键入的数据赋值到对象元素位置，实现插入元素功能。当用户插入的位置小于 0 或者大于数组长度时，提示无法输入。

　　删除结点用 DeleteNode() 函数，接收用户输入的下标值，正向循环遍历数组，以用户键入值为起点，整体前移数组元素，覆盖用户指定元素。当用户删除的位置小于 0 或者大于数组长度时，提示无法输入。

　　程序使用循环方式配合功能菜单的组合，循环接收用户输入数据，更新屏幕时，使用了刷新指令，当输入的选项是"e"时，结束整个程序的执行。

### 25.2.4 单链表

　　单链表是一种简单的链表表示，也叫作线性链表或者单向链表。它是线性表的链接存储表示，用它来存储线性表时，各数据元素可以相继存储，也可以不相继存储，它为每个数据元素附加了一个链接指针，用指针表示结点间的逻辑关系。因此单链表的一个存储结点包含两部分内容：data 和 link。如下图所示。

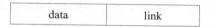

　　data 部分称为数据域，用于存储线性表的一个数据元素；link 部分称为指针域或者链域，用于存放一个指针，该指针指示该链表下一个结点的开始存储地址。

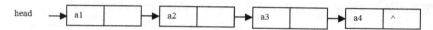

　　单链表的第 1 个结点也称为首结点或者头指针，它的地址可以通过链表的头指针 head 找到，其他结点的地址通过前驱结点的 link 域找到，链表的最后一个结点没有后继，则在 link 域放一个空指针 NULL，图中用"^"表示。首结点为空的单链表为空表，否则为非空表。

　　单链表适用于插入或者删除频繁、存储空间需求不定的情形。

> 📖 **提示**
>
> 　　链表由头指针唯一确定，单链表可以用头指针的名字来命名。

　　单链表的特点如下。

　　（1）线性表中数据元素的顺序与其链表表示中的物理顺序可能不一致，一般是通过单链表的指针将各个数据元素按照线性表的逻辑顺序链接起来。

　　（2）单链表的长度可以扩充。

　　（3）对单链表的遍历或者查找只能从头指针指示的首结点开始，跟随链接指针逐个结点进行访问，不能如同顺序表那样直接访问某个指定结点。

　　（4）当进行插入或者删除运算时，只需要修改相关结点的指针域即可，既方便又省时。

　　（5）因为链表的每个结点带有指针域，所以比顺序表需要的存储空间更多。

　　以下是对链表的常见操作。

#### 01 链表结点的创建

　　链表是一种动态的数据结构，在程序中需要使用 malloc() 函数和 free() 函数创建链表。为了有效地存储结点数据，并且实现链表的链式功能，可建立 linknode 结构体。代码如下：

```
struct linknode
{
    int data;              /* 结点数据 */
    linknode *next;        /* 结点指针，指向下一个结点 */
};
```

运行上面的结构的声明后，linknode 就成为一个动态指针结构。建立了结点的结构后，接下来定义一个结构体指针变量，该指针变量在使用前必须分配存储空间，然后以用户输入值初始化结点数据，同时初始化该结点指向的下一个结点为空。如下所示：

```
linknode *ptr;
ptr =(linknode *)malloc(sizeof(linknode));
```

现在就可以输入数据到结构中了，如下所示：

```
scanf("%d", &ptr->data);
ptr->next = NULL;
```

按照上面的方法，可以循环依次建立多个结点，每个结点的 next 指针指向下一个结点，从而构成链式表结构。

### 02 链表结点的遍历

链表的遍历和数组的遍历相似，数组使用下标，而链表则是通过结构指针处理每一个结点的遍历。不同的是，数组可以随机地访问元素，可是链表结构一定要用遍历的方式访问其结点，所以如果要访问第 $n$ 个结点的内容，就一定要遍历 $n-1$ 个结点才能够知道第 $n$ 个结点在哪里。

### 03 链表结点的删除

在链表内删除结点时，有以下 3 种不同的情况。

（1）删除链表的第 1 个结点，只需要将链表结构指针指向下一个结点即可。

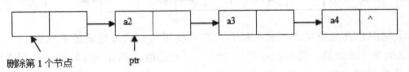

（2）删除链表的最后一个结点，只要将指向最后一个结点的结构指针指向 NULL 即可。

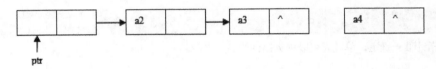

（3）删除链表中间结点，只要将删除结点的结构指针指向要删除结点的下一个结点即可。

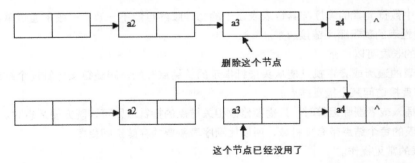

从动态内存的操作理论来说，应该在删除第 1 个结点后，立即将删除的结点内存释放给系统，如果 ptr 是指向删除结点的指针，那么释放命令如下。

```
free(ptr);
```

如果是整个链表结构，除了使用上述命令，还需要借助于链表的遍历方法。

### 04 链表结点的插入

在链表中插入结点，因为结点位置不同，也有以下 3 种情况。

（1）将结点插在链表第 1 个结点之前，只要将新创建结点的指针指向链表的第 1 个结点，也就是 ptr。接着新结点指针便成为此链表的开始，如图所示。

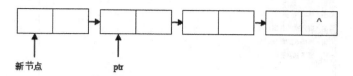

（2）将结点插在链表最后一个结点的后面，只需将原来链表最后一个结点指针指向新创建的结点，然后将新结点的指针指向 NULL 即可，如图所示。

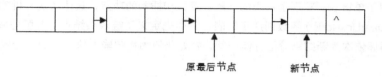

（3）将结点插在链表的中间位置，如果结点插在 p 和 q 结点之间，而且 p 是 q 的前一个结点，此时的插入情况如图所示。

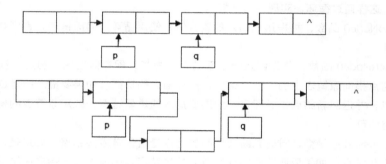

**05 单链表的应用**

**✍ 范例 25-2　创建单链表，实现插入、删除和查找元素的功能。**

（1）在 Code::Blocks 中，新建名为 "25-2.c" 的文件。
（2）在代码编辑区域输入对应代码（代码 25-2.txt）。

由于此代码过长，读者可扫描下侧方二维码查看。

**【运行结果】**

编译、连接、运行程序，输入 5 个数据作为结点数据。根据提示输入查找的结点数值 "-5"，按【Enter】键，提示 "找到啦！"。然后输入要插入的数据 "7"，数据 "7" 就会插入数值 "-5" 的右边。接下来输入要查找并删除的数据 "6"，程序就会删除数据 "6" 所在的结点，并把原链表中数据 "6" 右边的结点整体左移一位。

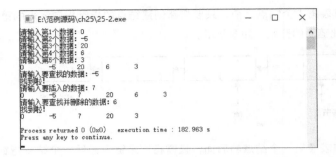

**【范例分析】**

本范例综合使用了单链表，实现了链表的创建、查找和插入的功能，具体功能分析如下。

程序首先使用 CreatLinkNode() 函数创建了链表，其中先定义了链表头结点、分配空间、初始化指针指向 NULL。接下来使用循环依次为新结点分配存储空间，初始化值为用户输入值，下面 3 行代码很重要：

```
p->next=NULL;
ptr->next = p;    /* 连接结点 */
ptr=ptr->next;    /* 指向下一个结点 */
```

首先初始化每一个新分配空间结点的指针为空，然后将当前结点指针指向新结点，接下来把刚申请的新结点作为当前结点，这样通过循环，实现结点连接。

查找结点用 FindNode() 函数，根据用户输入的查找值，使用循环，遍历链表，直到找到等于查找值的结点，返回结点的指针。

插入结点用 InsertNode() 函数，首先创建一个新结点，为其分配存储空间，利用查找函数返回的指针指向新结点，再使新结点指向原链表中的下一个结点，实现插入的功能。如果要插入的是链表头结点，用新结点指向原链表头结点，并返回新结点指针即可；如果要插入的是尾结点，就用原链表的尾结点指向新结点，同时新结点指针为空即可。

删除结点用 DeleteNode() 函数，首先判断要删除的结点是否是链表头结点，如果是，则以原链表的头结点指向的结点作为表头结点；如果要删除的结点是链表的尾结点，则以原链表指向尾结点的结点指向空；如果是链表中间的某个结点，则通过使该结点的直接前驱指向该结点的直接后继结点。

要彻底删除结点或者链表，不仅需要操作结点指针的指向，还需要把结点占用的存储空间归还给系统，此时需要使用 free() 函数，通过遍历链表释放每一个结点所占用的存储空间。

> **📖 提示**
>
> 链表操作中动态存储分配要使用标准函数，如 malloc(size)、calloc(n,size) 和 free(p)。

# ▶ 25.3 栈

栈（Stack）、队列都是一种重要的线性结构，它们的逻辑结构和线性表相同，只是其运算规则较线性表有更多限制，故又称为受限的线性表。

## 25.3.1 栈的定义

栈是仅能在表的一端进行插入和删除运算的线性表。栈被广泛地应用到各种系统的程序设计中。

栈的特点如下。

（1）通常称插入、删除的这一端为栈顶（Top），另一端称为栈底（Bottom）。

（2）当栈中没有元素时称为空栈。

（3）栈为后进先出（Last In First Out）的线性表，简称 LIFO 表。

栈的修改是按照后进先出的原则进行的。每次删除（退栈）的总是当前栈中"最新"的元素，即最后插入（进栈）的元素，而最先插入的则被放在栈的底部，要到最后才能删除，如下图所示。

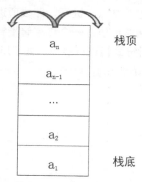

栈具有记忆作用，对栈的插入与删除操作，不需要改变栈底指针。

### 25.3.2 栈的主要操作

在实际使用过程中，常用的栈操作如下。

（1）构造一个空栈，为栈分配存储空间，并对各数据成员赋初值。

（2）判栈空。若为空栈，则返回 TRUE，否则返回 FALSE。

（3）判栈满。若为满栈，则返回 TRUE，否则返回 FALSE。

（4）进栈。若栈不满，则将新元素插入栈的栈顶成为新的栈顶。

（5）退栈。若栈非空，则将栈顶元素删去，并返回该元素。

（6）取栈顶元素。若栈非空，则返回栈顶元素，但不改变栈的状态。

### 25.3.3 顺序栈

顺序栈是栈的顺序存储表示，是指利用一块连续的存储单元作为栈元素的存储空间，在 C 语言中利用一维数组实现。

通常我们使用结构体定义顺序栈，记录栈中每个元素以及栈顶坐标，从而操作栈实现各种功能。例如：

```
#define StackSize 100        /* 假定预分配的栈空间最多为 100 个元素 */
typedef char DataType;       /* 假定栈元素的数据类型为字符 */
typedef struct
{  DataType data[StackSize];    /* 定义栈数组 */
   int top;                  /* 定义栈顶 */
}SeqStack;
```

顺序栈有以下特点。

（1）栈底位置是固定不变的，可设置在向量两端的任意一个端点。栈底元素是数组中的第一个元素，放在 data[0] 中。

（2）栈顶位置是随着进栈和退栈的操作而变化的，用一个整型量 top( 通常称 top 为栈顶指针 ) 来指示当前栈顶的位置。

（3）顺序栈的静态存储结构在程序编译时就分配了存储空间，栈空间一旦装满就不能扩充，故当一个元素进栈前需要判断是否栈满，若栈满则元素进栈会发生溢出。因此，在程序设计中常常采用动态存储分配方式来定义顺序栈，一旦栈满可以自行扩充，避免发生溢出现象。

### 25.3.4 链式栈

链式栈是栈的链接存储表示，便于结点的插入和删除。

　　链式栈是没有附加头结点的运算受限的单链表。栈顶指针就是链表的头指针、指向链表的首元结点。新结点的插入和栈顶结点的删除都在链表的首元结点上进行，即栈顶进行。跟单链表一样，通常我们使用结构体实现链式栈的功能，结构体内一个量存储结点值，一个量存储指针，实现链式结构。就像单链表有头指针一样，我们也为链式栈定义头结点，以便对链式栈进行操作。如下所示：

```
typedef int DataType;            /* 假定栈元素的数据类型为整型 */
typedef struct stacknode         /* 链式栈结构 */
{
  DataType data                  /* 栈元素 */
  struct stacknode *next         /* 栈元素指针 */
}StackNode;
typedef struct
{
StackNode *top;                  /* 栈顶指针 */
}LinkStack;
```

链式栈有以下特点。

（1）LinkStack 结构类型的定义是为了方便在函数体中修改 top 指针本身。

（2）若要记录栈中元素的个数，可将元素个数属性放在 LinkStack 类型中定义。

（3）链式栈没有栈满的问题，只要还有可分配的存储空间，就可以申请和分配新的链表结点，但是它有栈空的问题。

# ▶ 25.4 队列

**队列（Queue）也是一种重要的线性结构，它也是一种限定存取位置的受限的线性表。**

### 25.4.1 队列的定义

　　队列是只允许在一端进行插入而在另一端进行删除的线性表。受限的线性表队列的修改是依据先进先出的原则进行的，如图所示。

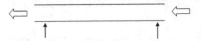

队列的特点如下。

（1）允许删除的一端称为队头（Front），允许插入的一端称为队尾（Rear）。

（2）当队列中没有元素时称为空队列。

（3）队列也称作先进先出的线性表，简称 FIFO 表。

### 25.4.2 队列的主要操作

　　在实际使用过程中，常用的队列操作如下。

（1）置空队。构造一个空队列。

（2）判队空。若队列为空，则返回真值，否则返回假值。

（3）判队满。若队列为满，则返回真值，否则返回假值。

（4）若队列非满，则将新元素插入队尾。此操作简称入队。

（5）若队列非空，则删去队头元素，并返回该元素。此操作简称出队。

（6）若队列非空，则返回队头元素，但不改变队列的状态。

### 25.4.3 顺序队列

　　队列的顺序存储结构称为顺序队列，顺序队列实际上是运算受限的顺序表。和顺序表一样，顺序队列是基于数组的存储表示，可以用一个一维数组存放队列元素。由于队列的队头和队尾的位置是变化的，设置两个指针 front 和 rear 分别指示队头元素和队尾元素在存储空间中的位置，它们的初值在队列初始化时均应置为0。顺序队列操作如图所示。

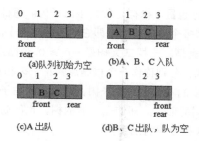

（a）队列初始为空　　（b）A、B、C 入队

（c）A 出队　　（d）B、C 出队，队为空

（1）入队时：将新元素插入 rear 所指的位置，然后将 rear 加 1。

（2）出队时：删去 front 所指的元素，然后将 front 加 1 并返回被删元素。

> ▶**注意**
>
> 当头尾指针相等时，队列为空；在非空队列里，队头指针始终指向队头元素，尾指针始终指向队尾元素的下一个位置。

### 25.4.4 链队列

队列的链式存储结构简称链队列，是基于单链表的存储表示，是限制仅在表头删除和表尾插入的单链表。每个结点中有两个域：data 域存放队列元素的值，link 域存放下一个结点的地址，如图所示。

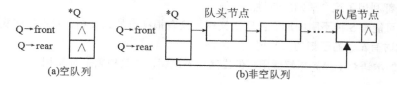

（a）空队列　　（b）非空队列

链式队列每个结点的定义与单链表结点相同，队列设置两个指针：队头指针 front 指向首元结点，队尾指针 rear 指向链尾结点。与单链表不同的是，插入在队尾，新结点成为新的队尾，删除在队头，队列的第二个结点成为新的首元结点。用单链表表示的链式队列特别适合数据元素变动比较大且不存在队列满而产生溢出的情况。

> ▶**注意**
>
> 增加指向链表上的最后一个结点的尾指针，便于在表尾进行插入操作。

## ▶ 25.5 树和二叉树

　　树形结构是一类重要的非线性结构。树形结构的结点之间有分支并具有层次关系的结构，类似于自然界中的树，不适合用前面介绍的线性结构描述。树结构在客观世界中是大量存在的，例如家谱、行政组织机构等都可以用树形象地表示。树在计算机领域中也有着广泛的应用，例如在编译程序中，可以用来表示源程序的语法结构；在数据库系统中，可以用来组织信息；在分析算法的行为时，可以用来描述其执行过程；在计算机文件存储中，将磁盘空间划分为树形的目录结构。

### 25.5.1 树和二叉树的定义

一棵树是 $n(n \geq 0)$ 个结点的有限集合。$n=0$ 为空树，非空树由根结点和除根结点外其他结点构成的互不相交的 $m$ 个子集合构成，每个子集合也是一棵树，称为根的子树。每棵子树的根结点有且仅有一个前趋（即它的上层结点），但可以有 0 个或者多个直接后继（即它的下层结点）。$m$ 称为分支数。

二叉树是树形结构的一个重要类型。一棵二叉树是 $n(n \geq 0)$ 个结点的有限集合，它或者是空集 ($n=0$)，或者由一个根结点及两棵互不相交的、分别称作一个根结点的左子树和右子树组成。

二叉树可以是空集，根可以有空的左子树或右子树，或者左、右子树皆为空。如下图所示。许多实际问题抽象出来的数据结构往往是二叉树的形式。即使是一般的树，也能简单地转换为二叉树。而且二叉树的存储结构及算法都较为简单，因此二叉树显得特别重要。

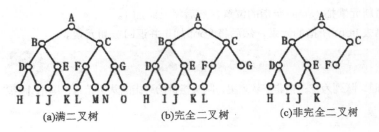

(a)满二叉树　　　　(b)完全二叉树　　　　(c)非完全二叉树

二叉树的特点如下。

（1）每个结点最多有两个子树，分别称作该结点的左子树和右子树。即二叉树的子树有左、右之分，其子树的次序不能颠倒。

（2）二叉树的定义是递归的。根结点的左、右子树仍是二叉树，到达空子树时递归的定义结束。许多基于二叉树的算法都利用了这个递归的特性。

（3）二叉树可能有 5 种不同的形态：空二叉树，只有根结点的二叉树，只有左子树的二叉树，只有右子树的二叉树，同时有左、右子树的二叉树。

（4）关于树的术语对于二叉树都适用，但二叉树不是树，二叉树属于 N 叉树。

### 25.5.2 二叉树的主要操作

（1）删除一棵二权树。将一棵二叉树中所有结点释放，清空二叉树。

（2）建立一棵二叉树。建立以结点 T 为根的二叉树。

（3）求一个结点的双亲地址，若结点为根返回 NULL。

（4）返回一个结点中存放的值，且函数返回 1，否则返回 0。

（5）输出以一个结点为根的子树。

（6）求以一个结点为根的子树的高度，空树返回 0。

（7）求一个结点左子树结点的地址，若无左子树则函数返回 NULL。

（8）求一个结点右子树结点的地址，若无右子树则函数返回 NULL。

（9）二叉树的遍历。

### 25.5.3 二叉树的存储表示

二叉树的存储表示有两种：顺序存储表示和链接存储表示。

#### 01 完全二叉树的顺序存储表示

一般情况下，如果二叉树的的大小和形态不发生剧烈动态变化，比如完全二叉树，宜采用顺序存储方式来表示。可以用 C 语言的一维数组将二叉树的元素存储在一组连续的存储单元中。类型定义如下。

```
typedef char TelemType;    // 假设元素数据类型为 char
typedef struct
{
  TelemType data[maxSize]; // 存储数组
  int n;                   // 当前结点个数
}SqBTree;
```

例如有一棵完全二叉树，如下图所示。

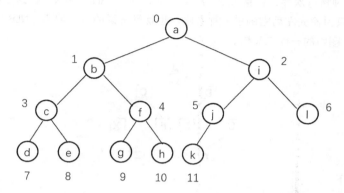

对它所有结点按照层次次序自顶向下，同一层自左向右顺序编号，得到一个结点的线性顺序序列。按这个线性序列，把这棵完全二叉树放在一个一维数组中。如下图所示。

| 0 | 1 | 2 | 3 | 4 | 5 | 6 | 7 | 8 | 9 | 10 | 11 |
|---|---|---|---|---|---|---|---|---|---|----|----|
| a | b | i | c | f | j | l | d | e | g | h | k |

这种存储完全二叉树的表示是最简单、最省空间的存储方式。

## 02 二叉树的链接存储表示

顺序表示用于完全二叉树的存储表示非常有效，但表示一般二叉树尤其是形态剧烈变化的二叉树时，存储空间的利用不理想，使用链接存储表示可以克服这些缺点。

因为二叉树的每一个结点可以有两个分支，分别指向左、右子树，所以二叉树的结点至少应该包括 3 个域，分别存储该结点的数据 data、左子树结点的指针 lchild 和右子树结点的指针 rchild，这种链表结构称为二叉链表，如下图所示。

| lchild | data | rchild |
|--------|------|--------|

为了方便找到任一结点的双亲，可以在结点中再增加一个双亲指针域，称为三叉链表。如下图所示。

| lchild | data | parent | rchild |
|--------|------|--------|--------|

二叉链表和三叉链表可以是静态链表结构，即把链表存放在一个一维数组中，数组中每一个元素是一个结点。二叉树的二叉链表结构定义如下。

```
typedef char TelemType;    // 假设元素数据类型为 char
typedef struct node
{
  TelemType data;          // 存储结点数据
  struct node * lchild,* rchild;  // 存储结点左、右子树指针
}BitNode,*BinTree;
```

### 25.5.4 二叉树的遍历

二叉树的遍历就是按照某种次序，遍访二叉树中的所有结点，使得每个结点被访问一次且只访问一次。这种访问不破坏二叉树原来的数据结构。

从二叉树的递归定义可知，一棵非空的二叉树由根结点及左、右子树这 3 个基本部分组成。因此，在任一给定结点上，可以按某种次序进行如下 3 种操作：遍历该结点本身 (N)、左子树 (L) 和右子树 (R)。

以上 3 种操作有 6 种执行次序，包括 NLR、LNR、LRN、NRL、RNL、RLN。在这 6 种次序中，前 3 种次序与后 3 种次序对称，故只讨论先左后右的前 3 种次序，也就是常说的前序遍历（NLR）、中序遍历（LNR）和后序遍历（LRN）。如下图中的一棵二叉树。

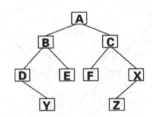

3 种遍历的结果如下。

（1）前序遍历：A-B-D-Y-E-C-F-X-Z。

（2）中序遍历：D-Y-B-E-A-F-C-Z-X。

（3）后序遍历：Y-D-E-B-F-Z-X-C-A。

# ▶ 25.6 图

### 25.6.1 图的定义

图和树都是非线性结构，图的每一个顶点可以与多个其他顶点相关联。

图是由顶点集合及顶点间的关系集合组成的一种数据结构。其中顶点集合是有穷非空集合，顶点间的关系是有穷集合。根据两个顶点间的一条单向通路是否有方向，图分为有向图和无向图。

### 25.6.2 图的主要操作

（1）建立图。

（2）输出图。

（3）初始化图。

（4）返回当前顶点数。

（5）返回当前边数。

（6）取某个顶点的值。

（7）取某边的权值。

（8）插入 / 删除新的顶点。

（9）插入 / 删除新的边。

（10）取某个顶点的第一个邻接顶点。

（11）取某个邻接顶点的下一个邻接顶点。

### 25.6.3 图的存储表示

图的存储表示主要有邻接矩阵表示、邻接表表示等方法。

#### 01 邻接矩阵表示

邻接矩阵表示又称为数组表示，它使用两个数组存储图。首先将所有顶点的信息存放在一个顶点表中，然后利用一个称为邻接矩阵的二维数组表示各顶点间的邻接关系。

#### 02 邻接表表示

如果图为稀疏图，可将邻接矩阵改进为邻接表，把邻接矩阵的各行分别组织为一个单链表。

从空间利用率上考虑，需要结合实际应用考虑邻接矩阵和邻接表两种存储方法。一般来说，主要取决于边的数目，图中边的数量越大，邻接矩阵的空间利用效率越高。

从时间效率上考虑，邻接表往往优于邻接矩阵，因为它只需检查此顶点对应的边链表就能很快找到所有与此顶点相邻接的全部顶点。

### 25.6.4 图的遍历

和树的遍历相似，从图中某顶点出发访遍图中每个顶点，且每个顶点仅访问一次，此过程称为图的遍历。图的遍历算法是求解图的连通性问题、拓扑排序和关键路径等算法的基础。图的遍历顺序有两种：深度优先搜索（DFS）和广度优先搜索（BFS）。对每种搜索顺序，访问各顶点的顺序也不是唯一的。

#### 01 深度和广度的区别

（1）深度优先搜索的特点如下。

① 深度优先搜索法可以采用两种设计方法，即递归和非递归。当搜索深度较小、问题递归方式比较明显时，采用递归方法设计，它可以使得程序结构更简洁易懂。当数据量较大、系统栈容量有限时，采用非递归方法设计。

② 深度优先搜索方法是对最新产生的结点（即深度最大的结点）先进行扩展的方法，把扩展的结点从数据库中弹出删除。这样，一般在数据库中存储的结点数就是深度值，因此它占用的空间较少。如果搜索树的结点较多，为避免溢出，深度优先搜索是一种有效的算法。

从输出结果可看出，深度优先搜索找到的第一个解并不一定是最优解。

（2）广度优先搜索法的特点如下。

① 广度优先搜索算法存放结点的数据库一般用队列的结构，而深度优先搜索一般采用栈。

② 广度优先搜索算法一般需要存储产生的所有结点，占用的存储空间要比深度优先大得多，因此程序设计中，必须考虑溢出和节省内存空间的问题。

比较深度优先和广度优先两种搜索法，广度优先搜索法一般无回溯操作，在运行速度上要比深度优先搜索算法快。

深度优先搜索与广度优先搜索的区别主要在扩展结点的选取上。这两种算法每次都扩展一个结点的所有子结点，不同的是，深度搜索下一次扩展的是本次扩展出来的子结点中的一个，而广度搜索扩展的则是本次扩展的结点的兄弟结点。在具体实现方面，为了提高效率，采用了不同的数据结构，深度搜索采用栈，而广度搜索采用队列。在运行效率方面，深度优先搜索算法占用内存少但速度较慢，广度优先搜索算法占用内存多但速度较快。

#### 02 图的深度优化遍历

下面通过一幅路径图来说明图的深度优先遍历。

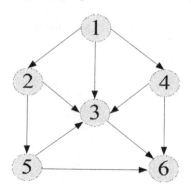

如果利用深度优先搜索，那么搜索顺序为：首先搜索顶点 1，然后搜索 1 的相邻结点 2，接下来搜索 2 的相邻结点 3，再搜索 3 的相邻结点 6；因为 6 没有相邻结点，返回 3，3 也没有其他的相邻结点，所以返回 2；再搜索 2 的第二个相邻结点 5，5 的相邻结点是 6，又因为结点 6 在此前已经访问过了，所以返回 2，2 没有其他相邻结点，然后返回 1；再搜索 1 的第二个相邻结点 3，3 已经被访问过，最后再搜索 1 的第三个相邻结点 4。因此，上图的遍历顺序为 1 → 2 → 3 → 6 → 5 → 4。

如何通过程序来实现图的遍历，首先要将图中地点之间的到达关系表示出来，表示的方法有很多，例如结构体、链表、数组等。本节利用二维数组来表示，图中有 6 个地点，那么可以用 6×6 的二维矩阵表示，表示方式如下：

```
    1 2 3 4 5 6
1   0 1 1 1 0 0
2   0 0 1 0 1 0
3   0 0 0 0 0 1
4   0 0 1 0 0 1
5   0 0 1 0 0 1
6   0 0 0 0 0 0
```

每行代表地点 1~6，每列代表可到达的地点，0 代表不能到达，1 表示可以到达，例如地点 1 可以到达 2、3、4，那么第一行的第 2、3、4 列为 1。

**范例 25-3    利用深度优先搜索算法得到上图的遍历顺序。**

（1）在 Code::Blocks 中，新建名称为 "25-3.c" 的文件。
（2）在代码编辑区域输入以下代码（代码 25-3.txt）。

```
01  #include<stdio.h>
02  #define N 6
03  int a[N][N]={{0,1,1,1,0,0}         /* a[i][j]=1 表示 (i+1) 能到达 (j+1)*/
04      ,{0,0,1,0,1,0}
05      ,{0,0,0,0,0,1}
06      ,{0,0,1,0,0,1}
07      ,{0,0,1,0,0,1}
08      ,{0,0,0,0,0,0}};
09  int visited[N]={0,0,0,0,0,0,0,0,0};      /*visited[i]=1 表示 (i+1) 点已被访问 */
10  int Q[N];
11  static int last=-1;
12  void DFS(int G[][N], int s)
13  {
14    int i;
15    visited[s] = 1;
16    Q[++last]=s;
17    for (i=1;i<=N;i++)
18    {
19      if (G[s][i]==1)
20      {
21        if(visited[i] == 0)  DFS(G,i);      /* 没有被访问过的结点才深度搜索 */
22      }
23    }
24  }
25  int main()
26  {
27    int i;
28    DFS(a,0);
29    for (i=1;i<=N;i++)
```

```
30      printf("%d ",Q[i]);          /* 下标 i 从 1 到 N 是为了方便与日常从 1 开始计数的表达方式一致 */
31      printf("\n");
32      return 0;
33    }
```

### 【运行结果】

编译、连接、运行程序，即可在程序执行窗口中输出结果。

```
E:\范例源码\ch25\25-3.exe                              —    □    ×

1 2 3 6 5 4

Process returned 0 (0x0)    execution time : 0.687 s
Press any key to continue.
```

### 【范例分析】

在范例中，用二维数组表示各个点的路径，将 1~6 编号为 0~5( 便于直接用数组 a[6][6] 表示 )。a[$i$][$j$]=1 表示 ($i$+1) 能到达 ( $j$+1)，a[ $i$ ][ $j$ ]=0 表示 ($i$+1) 不能到达 ( $j$+1)。数值 vistied[6] 表示某点是否被访问，如 visited[3]=0，表示 4 点未被访问，visited[4]=1 表示 5 点已被访问。从输出结果可以看到，图的遍历顺序为 $1 \rightarrow 2 \rightarrow 3 \rightarrow 6 \rightarrow 5 \rightarrow 4$。

#### 03 图的广度优化遍历

如果用广度优先算法对上图进行遍历搜索，搜索顺序为：首先搜索顶点 1，然后搜索顶点 1 的相邻结点 2、3、4，接下来搜索 2 的相邻结点 5，由于 3 没有相邻结点，最后搜索 4 的相邻结点 6。因此搜索顺序为 $1 \rightarrow 2 \rightarrow 3 \rightarrow 4 \rightarrow 5 \rightarrow 6$。

### 📝 范例 25-4　利用广度优先搜索算法得到上图的遍历顺序。

（1）在 Code::Blocks 中，新建名称为 "25-4.c" 的文件。
（2）在代码编辑区域输入以下代码（代码 25-4.txt）。

```
01  #include<stdio.h>
02  #define N 6
03  int a[N][N]={{0,1,1,1,0,0}             /* a[i][j]=1 表示 (i+1) 能到达 (j+1)*/
04      ,{0,0,1,0,1,0}
05      ,{0,0,0,0,0,1}
06      ,{0,0,1,0,0,1}
07      ,{0,0,1,0,0,1}
08      ,{0,0,0,0,0,0}};
09  int visited[N]={0,0,0,0,0,0,0,0,0,0};        /*visited[i]=1 表示 (i+1) 点已访问 */
10  int Q[N];
11  void BFS(int G[][N], int s) //G[i][j]=1 表示 i 可以到达 j，s 表示搜索的起始点
12  {
13      int first=-1;
14      int last=0;
15      int v,i;
16      visited[s] = 1;
17      Q[0]=s;
18      while(first!=last)
19      {
20        v=Q[++first];
```

```
21      for ( i=0;i<N;i++)
22    {23        if (G[v][i]==1)
24     {
25      if(visited[i] == 0)
26      {
27       Q[++last]=i;28         visited[i] = 1;
29      }
30     }
31    }
32    }
33  }
34  int main()
35  {
36    int i;
37    BFS(a,0);
38    for (i=0;i<N;i++)
39     printf("%d ",Q[i]+1);
40    printf("\n");
41    return 0;
42  }
```

【运行结果】

编译、连接、运行程序，即可在程序执行窗口中输出结果。

```
■ E:\范例源码\ch25\25-4.exe                  —    □    ×
1 2 3 4 5 6

Process returned 0 (0x0)   execution time : 0.384 s
Press any key to continue.
```

【范例分析】

在范例中，从输出的结果可以看出，广度优先遍历的顺序和深度优先遍历的顺序不同，广度优先遍历是尽可能地靠近起始顶点，而深度优先遍历是尽可能远离顶点。

## ▶25.7 综合应用——链表的反转

本节通过一个范例来学习数据结构的综合应用。

📝 范例 25-5  链表的反转。

（1）在 Code::Blocks 中，新建名为"25-5.c"的文件。
（2）在代码编辑区域输入对应代码（代码 25-5.txt）。

由于此代码过长，读者可扫描下方二维码查看。

## 【运行结果】

编译、连接、运行程序，即可在程序执行窗口中输出结果。

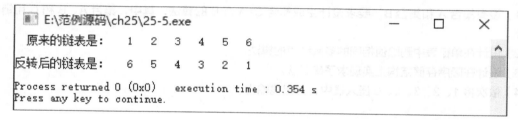

## 【范例分析】

本范例是在本章单链表基础上的再应用，目的是学会熟练地使用链表。需要注意的部分就是 InvertNode() 函数，下面分析一下它的实现方式。

第 39~45 行代码是实现链表的反向，last 这个指针变量的作用相当于交换两个变量时的中间量，它的目的是先保存当前的 mid 结点，然后使用 mid->next 指向原来的 mid 结点。随着 head 指向的后移，就把整个链表指向取反了，mid 指针最终指向原链表的尾结点。

## ▶25.8 高手点拨

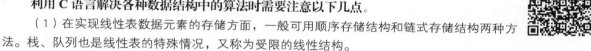

**利用 C 语言解决各种数据结构中的算法时需要注意以下几点。**

（1）在实现线性表数据元素的存储方面，一般可用顺序存储结构和链式存储结构两种方法。栈、队列也是线性表的特殊情况，又称为受限的线性结构。

（2）栈是限定只能在表的一端进行插入和删除操作的线性表。队列是限定只能在表的一端进行插入和在另一端进行删除操作的线性表。从数据结构的角度看，它们都是线性结构，即数据元素之间的关系相同，但它们是完全不同的数据结构。除了它们各自的基本操作集不同外，主要区别是对插入和删除操作的"限定"。

（3）队列是一种 FIFO 的线性表。队列在应用中存在一个问题，出队时如果在头部进行删除，那么每次删除都会对所有的元素进行一次移位，导致计算量大大增加，所以和栈一样，队列用两个指示器来对插入和删除操作进行管理，一个指示器指到队列的头部，另一个指向尾部。比如删除操作只是将队列头指示器向后移动一个单位，而不是真正地对数组进行了数据操作。而入队时就是真正的插入了，由于删除只是移动指示器，而每移动一次指示器，队列的首尾长度就会变短，因此入队时队尾指示器会将数据放在空着的队头，这样就形成了一个循环。

（4）对于一般的二叉树，如果仍按从上至下和从左到右的顺序将树中的结点顺序存储在一维数组中，则数组元素下标之间的关系不能够反映二叉树中结点之间的逻辑关系。可以增添一些并不存在的空结点，使之成为一棵完全二叉树的形式，然后再用一维数组顺序存储。

（5）图的重中之重在深度优先搜索和广度优先搜索算法，这两种搜索算法在路径问题的处理上非常实用，例如求最短路径、多路径搜索等。掌握两者的区别：选取扩展结点的方式不同，深度搜索下一次扩展的是本次扩展出来的子结点中的一个，而广度搜索扩展的则是本次扩展的结点的兄弟结点；深度搜索采用栈，而广度搜索采用队列。一般情况下，深度优先搜索法占用内存少但速度较慢，广度优先搜索算法占用内存多但速度较快，在距离和深度成正比的情况下能较快地求出最优解。因此在选择用哪种算法时，要综合考虑，决定取舍。

如果一个数据结构可以通过某种线性化的规则转化为线性结构，则称它为"好"的数据结构。通常"好"的数据结构对应"好"的算法，这是由计算机的能力决定的。

# ▶ 25.9 实战练习

（1）设有集合 A 和集合 B，要求设计生成集合 C=A ∩ B 的算法，其中，集合 A、B 和 C 用链式存储结构表示。

（2）设计在单链表中删除值相同的多余结点的算法。

（3）设计在顺序存储结构上实现求子串算法。

（4）依次将 1、2、3、5、6 压入栈中，并出栈输出。

# 第26章

# C 语言中的高级算法

C 语言中的算法是极其多样化的。对于不同的问题，可以采用不同的算法进行处理。算法可以理解为解决问题的步骤和方法，因为它具有实现目标基本的运算顺序及运算要求。或者看成按照要求设计好的、有限的、确切的计算序列，按照这样的步骤和序列可以解决一些问题。算法设计是一件非常困难的工作，本章将介绍简单动态规划算法、回溯算法、贪心算法等算法，这对于算法的学习仅仅起到抛砖引玉的作用。读者应在本章具体算法应用的实例代码基础上，遇到问题常思考，学会用已有的思想和基础知识来解决实际问题。

## 本章要点（已掌握的在方框中打钩）

☐ 模拟算法
☐ 简单动态规划
☐ 用递归实现回溯算法
☐ 最短路径算法
☐ 分治算法
☐ 贪心算法
☐ 综合应用——镖局运镖

# ▶ 26.1 模拟算法

模拟算法就是模拟整个算法过程，改变数学模型中的各种参数，观察变更这些参数所引起的过程状态的变化。通俗地说就是让程序按题目所叙述的方式完整运行，最终得出答案。

模拟算法依照题目怎么叙述、程序怎么运行的方式将整个过程完整地跑一遍。虽然对模拟算法设计的要求不高，但是需要我们选择合适的数据结构来进行模拟。

本节通过一个范例来学习模拟算法的使用。

**范例 26-1  模拟掷骰子游戏。**

问题分析：由用户输入骰子数量和参赛人数，然后由计算机随机生成每一粒骰子的点数，再累加起来就得到每一个选手的总点数。最后总点数大的选手获得胜利。

（1）在 Code::Blocks 中，新建名为 "26-1.c" 的文件。

（2）在代码编辑区域输入以下代码（代码 26-1.txt）。

```
01  #include <stdio.h>
02  #include <time.h>
03  int play(int n)                    /* 定义 play() 函数 */
04  {
05      int a,y=0,t=0,m=0;
06      for(a=0;a<n;a++)
07      {
08          t=rand()%6+1;
09          m+=t;
10          printf("\t 第 %d 个骰子：%d;\n",a+1,t);
11      }
12      printf("\t 总点数为：%d\n",m);
13      return m;
14  }
15  int main(void)                     /* 主函数 */
16  {
17      int q;                         /* 人数 */
18      int p;                         /* 骰子数 */
19      int i,result[10],max,j;
20      do
21      {
22          srand(time(NULL));
23          printf(" 设置骰子的数量（输入 0 退出）：");  /* 输入骰子数 */
24          scanf("%d",&p);
25          if(p==0) break;
26          printf("\n 输入本轮参赛人数（输入 0 退出）：");
27          scanf("%d",&q);                /* 输入参加人数 */
28          if(q==0) break;
29          for(i=0;i<q;i++)
30          {
31              printf("\n 第 %d 位选手掷出的骰子为：\n",i+1);
32              result[i]=play(p);         /* 调用定义的 play() 函数 */
33          }
34          printf("\n");
35          max= result[0];                /* 比较第几个人胜出 */
36          j=0;
```

```
37      for(i=1;i<q;i++)
38      {  if(max< result[i])
39         { max= result[i];
40            j=i;
41         }
42      }
43      printf(" 第 %d 位选手胜！ \n\n",j+1);
44      } while(1);
45    return 0;
46    }
```

**【运行结果】**

编译、连接、运行程序，即可在程序执行窗口中输出结果。

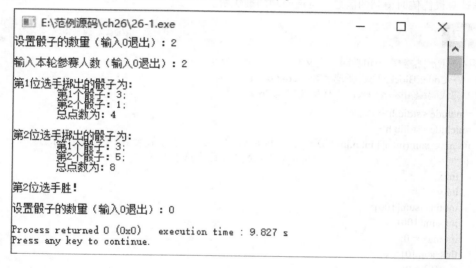

```
E:\范例源码\ch26\26-1.exe                              —   □   ×
设置骰子的数量（输入0退出）：2

输入本轮参赛人数（输入0退出）：2

第1位选手掷出的骰子为：
          第1个骰子：3；
          第2个骰子：1；
          总点数为：4

第2位选手掷出的骰子为：
          第1个骰子：3；
          第2个骰子：5；
          总点数为：8

第2位选手胜！

设置骰子的数量（输入0退出）：0

Process returned 0 (0x0)     execution time : 9.827 s
Press any key to continue.
```

**【范例分析】**

此范例中使用了本节介绍的模拟算法，设置输入骰子的数量为 "2"，输入本轮参赛人数为 "2"。分别输出两位选手投掷第 1 个骰子的点数、第 2 个骰子的点数和总点数，最后输出胜利的人是第几位选手。当输入骰子数是 "0" 或者人数是 "0" 时，则退出系统。

# ▶26.2  简单动态规划

动态规划算法通常用于解决多阶段决策最优化的问题。这里的"动态"，指的是在解决**多阶段决策的问题时，按照某一顺序，根据每一步在所选决策过程中引起的状态转移，最终在这种变化的状态中产生一个决策序列。在这类问题中，可能会有许多可行解。每一个可行解都对应一个值，我们希望找到具有最优值的解。**

动态规划算法与分治算法类似，其基本思想也是将待求解问题分解成若干个子问题，先求解子问题，然后将这些子问题的解合并得到原问题的解。与分治法不同的是，适合于用动态规划求解的问题，经分解得到的子问题往往不是相互独立的。若用分治法来解这类问题，则分解得到的子问题数目太多，有些子问题被重复计算了很多次。如果我们能够保存已解决的子问题的答案，而在需要时再找出已求得的答案，这样就能够避免大量的重复计算，进而节省大量时间。我们可以用一个表来记录所有已解的子问题的解。不管该子问题以后是否被用到，只要它被计算过，就将其结果填入表中。这就是动态规划算法的基本思路。

（1）采用动态规划算法求解的问题一般要具有 3 个性质。

① 最优化原理。如果某个问题的最优解所包含的子问题的解也是最优的，那么就称该问题具有最优子结构，即满足最优化原理。也就是说求解一个问题的最优解是取决于求解其子问题的最优解。一个问题非最优解对它问题的求解没有影响。简而言之，一个最优化策略的子策略总是最优的。最优化原理是动态规划的基础，任何问题，如果失去了最优化原理的支持，就不可能用动态规划算法计算。

② 无后效性。即某阶段状态一旦确定，就不受这个状态以后决策的影响。也就是说，该状态以后的过程不会影响以前的状态，只与当前状态有关。

③ 有重叠子问题。即子问题之间是不独立的，一个子问题在下一阶段决策中可能会被多次使用到（该性质不是动态规划适用的必要条件，但是如果没有这条性质，动态规划算法同其他算法相比就不具备优势）。

（2）动态规划算法的基本步骤如下。

① 分析最优解的性质，并刻画其结构特征。

② 递归定义最优解。

③ 以自底向上或自顶向下的记忆化方式（备忘录法）计算出最优值。

④ 根据计算最优值时得到的信息，构造问题的最优解。

---

### 📝 范例 26-2　输入 $n$ 个整数组成的一个序列 $a_1,a_2,\cdots,a_n$，求该序列的子段和的最大值。

说明：当所有整数均为负数时，定义其最大子段和为 0。

（1）在 Code::Blocks 中，新建名为 "26-2.c" 的文件。

（2）在代码编辑区域输入以下代码（代码 26-2.txt）。

```
01  #include <stdio.h>
02  #include <stdlib.h>
03  int max_sum(int a[],int n,int *best_x,int *best_y)  /* *best_x 表示最大子段和起点下标 */
04  {                                    /* *best_y 表示最大子段和终点下标 */
05      int x;
06      int y;
07      int this_sum[100];
08      int sum[100];
09      int max = 0;
10      this_sum[0] = 0;
11      sum[0] = 0;
12      *best_x = 0;
13      *best_y = 0;
14      x = 1;
15      for(y=1;y<=n;y++)
16      {
17          if(this_sum[y-1]>=0)          /* 如果添加元素前，序列的子段最大和为负，那么不管即将添加
的元素为多少都只需将之前的子序列舍弃，直接取该元素的值作为新序列的子段最大和即可 */
18              this_sum[y] = this_sum[y-1]+a[y];
19          else
20          {
21              this_sum[y] = a[y];
22              x = y;
23          }
24          if(this_sum[y]<=sum[y-1])          /* 当加到一定程度，正负抵消到现在的子段最大和大于之前的
子段最大和，就将现在的子段最大和作为最大值 */
25              sum[y] = sum[y-1];
26          else
```

```
27         {
28         sum[y]=this_sum[y];
29         *best_x = x;
30         *best_y = y;
31         max = sum[y];
32         }
33     }
34     return max;
35 }
36 int main()
37 {
38     int i,j,num,a[100],t;
39     printf(" 请输入数列个数（<100）:\n");
40     scanf("%d",&num);
41     printf(" 请输入数列元素 :\n");
42     for(i=1;i<=num;i++)
43         scanf("%d",&a[i]);
44     i=j=1;
45     t=max_sum(a,num,&i,&j);
46     printf(" 最大子段和是：%d\n",t);
47     printf(" 子段起点是：%d\n",i);
48     printf(" 子段终点是：%d\n",j);
49     system("PAUSE");
50     return 0;
51 }
```

## 【运行结果】

编译、连接、运行程序，即可在程序执行窗口中输出最大子段和，以及该子段的起始位置和终止位置（起于第几个数、终于第几个数）。

```
 E:\范例源码\ch26\26-2.exe                         —    □    ×
请输入数列个数（<100）:
8
请输入数列元素:
-1
2
5
4
-7
6
8
-2

最大子段和是: 18
子段起点是: 2
子段终点是: 7
请按任意键继续. . .

Process returned 0 (0x0)   execution time : 41.590 s
Press any key to continue.
```

## 【范例分析】

这里使用动态规划算法可以将序列的各个子段的和记录到一个子段和的数组中，然后比较子段和数组中的元素，从而得到最大子段和。

# ▶ 26.3 用递归实现回溯算法

回溯算法是一种选优搜索法，按选优条件从根节点出发搜索解空间树，以达到目标。它在包含问题的所有解的解空间树中是按照深度优先的算法策略进行搜索。算法搜索至解空间树的任一节点时，首先判断该节点是否包含问题的解。如果确定原先选择并不优或者不包含问题的解，则跳过对以该节点为根的子树的系统搜索，逐层向其祖先节点回溯，这种走不通就退回再走的技术称为回溯法，而满足回溯条件的某个状态的点称为"回溯点"。否则，进入该子树，继续按深度优先的策略进行搜索。采用回溯法求问题的所有解时，要回溯到根，而且根节点的所有子树都已被搜索一遍才结束。采用回溯法求问题的任一解时，只要搜索到问题的一个解就可以结束。这种以深度优先的方式系统地搜索问题的解的算法称为回溯法。

按照回溯法的基本思想，首先要将问题进行适当转化，得出状态空间树，因为空间树的每条完整路径都代表了一种解的可能，然后通过深度优先搜索这棵树。

在回溯法中通过构造约束函数，可以大大提高程序效率。因为在深度优先搜索的过程中，不断地将每个解与约束函数进行对照，从而删除一些不可能的解，这样就没必要继续把解的剩余部分列出，从而节省部分时间。

（1）回溯法解题的一般步骤如下。

① 定义一个解空间并描述解的形式，主要明确问题的解空间树。

② 构造状态空间树，确定节点的扩展搜索规则。

③ 以深度优先方式搜索解空间，并在搜索过程中用剪枝函数避免无效搜索。

（2）通过深度优先搜索算法完成回溯，具体流程如下。

① 给变量赋初值，读入已知数据等。

② 变换方式去试探，若全部试完则转⑦。

③ 通过约束函数来判断此法是否成功，不成功则转②。

④ 试探成功则前进一步再试探。

⑤ 正确方案还未找到则转②。

⑥ 已找到一种方案则记录并打印。

⑦ 退回一步回溯，若未退到头则转②。

⑧ 已退到头则结束或打印无解。

**范例 26-3**　院系内有a、b、c、d、e、f、g共7位老师，一星期内（星期一至星期日）每人轮流值班一天。现在已知：（1）a比c晚1天值班；（2）d比e晚2天值班；（3）b比g早3天值班；（4）f的值班日在b和c的中间，且是星期四。请确定每天究竟是哪位老师在值班。

（1）在 Code::Blocks 中，新建名为"26-3.c"的文件。

（2）在代码编辑区域输入以下代码（代码 26-3.txt）。

```
01  #include <stdio.h>
02  int a[8];
03  char *day[]={"","MONDAY","TUESDAY","WEDNESDAY","THURSDAY","FRIDAY",
04      "SATURDAY","SUNDAY"}; /* 建立星期表 */
05  int main()
06  { int i,t,j;
07    a[4]=6;              /* 星期四是 f 值班 */
08    for(i=1;i<=3;i++)
09    { a[i]=2;              /* 假设 b 值班的日期 */
```

```
10      if(!a[i+3])
11        a[i+3]=7;                    /* 若 3 天后无人值班则安排 g 值班 */
12      else
13      { a[i]=0;
14        continue;
15      }                    /* 否则 b 值班的日期不对 */
16      for(t=1;t<=3;t++)            /* 假设 e 值班的时间 */
17      { if(!a[t])
18          a[t]=5;                    /* 若当天无人值班则安排 e 值班 */
19        else
20          continue;
21        if(!a[t+2])            /* 若 e 值班 2 天后无人值班则应为 d*/
22          a[t+2]=4;
23        else
24        { a[t]=0;
25          continue;
26        }                    /* 否则 e 值班的日期不对 */
27        for(j=5;j<7;j++)
28        { if(!a[j])
29            a[j]=3;                    /* 若当天无人值班则安排 c 值班 */
30          else
31            continue;
32          if(!a[j+1])
33            a[j+1]=1;                /*c 之后 1 天无人值班则应当是 a 值班 */
34          else
35          { a[j]=0;
36            continue;
37          }                    /* 否则 a 安排值班日期不对 */
38          for(i=1;i<=7;i++)
39            printf(" 老师 %c 在 %s 值班。\n",'a'+a[i]-1,day[i]);
40        }
41      }
42    }
43 }
```

## 【运行结果】

编译、连接、运行程序，即可在程序执行窗口中输出结果。

```
■ E:\范例源码\ch26\26-3.exe                      —    □    ×

老师 e 在 MONDAY 值班。
老师 b 在 TUESDAY 值班。
老师 d 在 WEDNESDAY 值班。
老师 f 在 THURSDAY 值班。
老师 g 在 FRIDAY 值班。
老师 c 在 SATURDAY 值班。
老师 a 在 SUNDAY 值班。

Process returned 4 (0x4)    execution time : 0.437 s
Press any key to continue.
```

## 【范例分析】

在本例中，由于整型变量比较容易操作，所以解决问题的时候用数组元素的下标 1~7 表示星期一至星期日，用数组元素的值 1~7 表示 a~f 位老师。程序第 03 行首先定义一个指针数组 day，并对其初始化。第 07 行代码表示星期四是 f 值班，程序中用 4 层 for 循环来控制值班情况，最后得出值班安排。通过本例可以看出，利用回溯算法解决问题就是对问题进行不断的尝试，然后给出相应的解决方法。在实际问题的处理过程中，各种解决问题的算法都不是单独存在的。

# ▶ 26.4　最短路径算法

　　用于解决最短路径问题的算法被称作最短路径算法，有时简称路径算法。常用的路径算法有 Floyd-Warshall 算法、Dijkstra 算法、Bellman-Ford 算法、Bellman-Ford 的队列优化算法（SPFA 算法）等。

　　最短路径问题是图论研究中的一个经典算法问题，目的是寻找图中两节点之间的最短路径。

　　算法具体内容如下。

　　（1）确定起点的最短路径问题。即已知起始节点，求最短路径的问题。

　　（2）确定终点的最短路径问题。与确定起点的问题相反，该问题是已知终结节点，求最短路径的问题。在无向图中该问题与确定起点的问题完全等同，在有向图中该问题等同于把所有路径方向反转来确定起点的问题。

　　（3）确定起点终点的最短路径问题。即已知起点和终点，求两节点之间的最短路径。

　　（4）全局最短路径问题。求图中所有的最短路径。

## 26.4.1　只有五行的算法——Floyd-Warshall

　　Floyd-Warshall 算法（Floyd-Warshall algorithm）是解决任意两点间的最短路径的一种算法，可以正确处理有向图的最短路径问题。

　　Floyd-Warshall 的原理是动态规划：

　　假设 $D_{i,j,k}$ 为从 i 到 j 的只以 $(1,2,\cdots,k)$ 集合中的节点为中间节点的最短路径的长度。若最短路径经过点 k，则 $D_{i,j,k} = D_{i,k,k-1} + D_{k,j,k-1}$；若最短路径不经过点 k，则 $D_{i,j,k} = D_{i,j,k-1}$。

　　因此，$D_{i,j,k} = \min(D_{i,k,k-1} + D_{k,j,k-1}, D_{i,j,k-1})$。

　　在实际计算过程中，为了节约空间，可以直接在原来空间上进行迭代计算，这样空间可降至二维。Floyd-Warshall 算法的描述如下：

```
for k ← 1 to n do
for i ← 1 to n do
for j ← 1 to n do
if (Di,k + Dk,j < Di,j) then
Di,j ← Di,k + Dk,j;
```

　　其中 $D_{i,j}$ 表示由点 i 到点 j 的代价，$D_{i,j}$ 为 ∞ 表示两点之间没有任何连接。

## 26.4.2　Dijkstra 算法——单源最短边

　　Dijkstra 算法思想：假设 G=(V,E) 是一个带权的有向图，首先把图中顶点的集合 V 分成两组，第一组为已求出最短路径的顶点集合 S，第二组为其余未确定最短路径的顶点集合 U，按最短路径长度的递增次序依次把第二组的顶点加入 S 中。然后在加入的过程中，总保持从源点 v 到 S 中各顶点的最短路径长度不大于从源点 v 到 U 中任何顶点的最短路径的长度。最后每个顶点对应一个距离，S 中顶点的距离就是从源点 v 到此顶点的最短路径长度，U 中的顶点的距离就是从源点 v 到此顶点的当前最短路径长度。

　　Dijkstra 算法具体步骤如下。

　　（1）初始时，S 只包含源点，即 S = {v}，v 的距离 dist[v] 为 0。U 包含除 v 外的其他顶点，U 中顶点 u 距离 dist[u] 为边上的权值（若 v 与 u 有边）或 ∞（若 u 不是 v 的出边邻接点即没有边 <v,u>）。

　　（2）从 U 中选取一个距离 v(dist[k]) 最小的顶点 k，把 k 加入 S 中（该选定的距离就是 v 到 k 的最短路径长度）。

（3）以 k 为新选择的中间点，修改 U 中各顶点的距离；若从源点 v 到顶点 u（u∈U）的距离（经过顶点 k）比原来距离（不经过顶点 k）短，则修改顶点 u 的距离值，修改后的距离值的顶点 k 的距离加上边上的权值（即如果 dist[k]+w[k,u]<dist[u]，那么把 dist[u] 更新成更短的距离 dist[k]+w[k,u]）。

（4）重复步骤（2）和（3）直到所有顶点都包含在 S 中（要循环 n-1 次）。

### 26.4.3 Bellman-Ford 算法——解决负权边

Bellman-Ford 算法思想：可以在普遍的情况下（存在负权边）解决一些单源点最短路径问题。首先对于给定的带权图 G=（V,E），其源点为 s，加权函数 w 是边集 E 的映射。对图 G 运行 Bellman-Ford 算法的结果是一个布尔值，表明图中是否存在一个从源点 s 可达的负权回路。若不存在这样的回路，算法将给出从源点 s 到图 G 的任意顶点 v 的最短路径 d[v]。

Bellman-Ford 算法具体步骤如下。

（1）初始化：除去源点以外，将所有顶点的最短距离估计值 d[v] ← + ∞，d[s] ← 0。

（2）迭代求解：反复对边集 E 中的每条边进行松弛操作，使得顶点集合 V 中的每个顶点 v 的最短距离估计值逐步逼近它的最短距离。

（3）检验负权回路：在判断边集 E 中的每一条边的两个端点是否收敛时，如果存在未收敛的顶点，则算法返回 false，表示问题无解；否则，算法返回 true，并且从源点可达的顶点 v 的最短距离保存在 d[v] 中。

对于图的任意一条最短路径既不能包含负权回路，也不会包含正权回路，因此它最多包含 |v|-1 条边。从源点 s 可达的所有顶点如果存在最短路径，则这些最短路径构成一个以 s 为根的最短路径树。Bellman-Ford 算法的迭代松弛操作，实际上就是按顶点距离 s 的层次，逐层生成这棵最短路径树的过程。在对每条边进行 1 遍松弛的时候，生成了从 s 出发、层次至多为 1 的那些树枝。也就是说，找到了与 s 至多有 1 条边相连的那些顶点的最短路径；对每条边进行第 2 遍松弛的时候，生成了第 2 层次的树枝，就是说找到了经过 2 条边相连的那些顶点的最短路径。因为最短路径最多只包含 |v|-1 条边，所以只需要循环 |v|-1 次。每实施一次松弛操作，最短路径树上就会有一层顶点达到其最短距离，此后这层顶点的最短距离值就会一直保持不变，不再受后续松弛操作的影响。

如果没有负权回路，那么最短路径树的高度最多只能是 |v|-1，所以最多经过 |v|-1 遍松弛操作后，所有从 s 可达的顶点必将求出最短距离。如果 d[v] 仍保持 + ∞，则表明从 s 到 v 不可达。如果有负权回路，那么第 |v|-1 遍松弛操作仍然会成功，这时，负权回路上的顶点不会收敛。

### 26.4.4 Bellman-Ford 的队列优化算法

由于 Bellman-Ford 算法经常会在未达到 V-1 次时就出解，V-1 其实是最大值。所以可以在循环中设置判定，在某次循环不再进行松弛时，直接退出循环，进行负权环判定。

具体做法是用一个队列保存待松弛的点，然后对每个出队的点依次遍历每个与它有边相邻的点，如果该点可以松弛并且队列中没有该点则将它加入队列中，如此迭代直到队列为空。

与 Bellman-ford 算法类似，Bellman-Ford 的队列优化（SPFA 算法）采用一系列的松弛操作以得到从某一个节点出发到达图中其他所有节点的最短路径。不同的是，SPFA 算法是通过维护一个队列，使得某一个节点的当前最短路径被更新之后没有必要立刻去更新其他的节点，从而大大减少了重复的操作次数。

SPFA 算法可以存在负数边权的图中，这不同于 Dijkstra 算法，也不同于 Bellman-ford 算法，SPFA 算法的时间效率是不稳定的，即它对于不同的图所需要的时间有很大的差别。在最好情况下，每一个节点都只入队一次，则算法实际上变为广度优先遍历，其时间复杂度仅为 O(E)。另外，也存在一些例子，比如要想使得每一个节点都被入队 (V-1) 次，那么此时算法就退化为 Bellman-ford 算法，相应地时间复杂度也降为 O(VE)。

### 26.4.5 最短路径算法对比分析

SPFA 算法在负边权图上可以完全取代 Bellman-ford 算法，另外在稀疏图中也表现良好。但是在非负边权图中，为了避免最坏情况的出现，通常使用效率更加稳定的 Dijkstra 算法，以及它的堆优化的版本。

　　Floyd 算法虽然总体上时间复杂度较高，但是可以解决负权边问题，并且在均摊到每一点对上，其在所有的算法中还是属于较好的。另外，Floyd 算法的编码复杂度较小，这是它的一大优势。所以如果要求的是所有点对间的最短路径较小，或者要求数据范围较小，则 Floyd 算法比较合适。

　　Dijkstra 算法最大的局限性就是它无法适应有负权边的图。但是它具有良好的可扩展性，扩展后可以适应很多问题。另外用堆优化的 Dijkstra 算法的时间复杂度可以达到 O(MlogN)。当所有的边中存在负权边时，需要 Bellman-Ford 算法。因此，我们选择最短路径算法时，要根据实际需求和每一种算法的特性，选择合适的算法。

| 最短路径算法比较 | Floyd | Dijkstra | Bellman-Ford | 队列优化的 Bellman-Ford |
|---|---|---|---|---|
| 负权边适用对象 | 可以解决稠密图（与顶点关系密切） | 不能解决稠密图（与顶点关系密切） | 可以解决稀疏图（与边关系密切） | 可以解决稀疏图（与边关系密切） |
| 空间复杂度 | O(N2) | O(M) | O(M) | O(M) |
| 时间复杂度 | O(N3) | O((M+N)logN) | O(NM) | 最坏也是 O(NM) |

**📋 范例 26-4　使用Dijkstra算法求解下图中顶点1到各顶点的最短路径。**

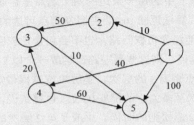

（1）在 Code::Blocks 中，新建名为 "26-4.c" 的文件。
（2）在代码编辑区域输入以下代码（代码 26-4.txt）。

```
01  #include<stdio.h>
02  #include<stdlib.h>
03  #define MAXNODE 30              /* 定义宏 */
04  #define MAXCOST 1000            /* 定义宏 */
05  int dist[MAXNODE],cost[MAXNODE][MAXNODE],n=5;
06  void dijkstra(int v0)           /* 自定义 dijkstra() 函数，用来求最小生成树 */
07  {
08      int s[MAXNODE];
09      int mindis,dis,x,y,u;
10      for(x=1;x<=n;x++)
11      {
12          dist[x]=cost[v0][x];
13          s[x]=0;
14      }
15      s[v0]=1;
16      for(x=1;x<=n;x++)
17      {
18          mindis = MAXCOST;
19          for(y=1;y<=n;y++)
20          if(s[y]==0&&dist[y]<mindis)
21          {
22              u=y;
23              mindis = dist[y];
```

```
24         }
25       s[u]=1;
26       for(y=1;y<=n;y++)
27         if(s[y]==0)
28         {
29           dis = dist[u]+cost[u][y];
30           dist[y] = (dist[y]<dis)?dist[y]:dis;
31         }
32     }
33 }
34 void display_path(int v0)              /* 自定义 display_path() 函数，用来输出到各顶点的最短路径 */
35 {
36   int x;
37   printf("\n 顶点 %d 到各顶点的最短路径长度如下：\n",v0);
38   for(x=1;x<=n;x++)
39   {
40     printf("  (v%d->v%d):",v0,x);
41     if(dist[x]==MAXCOST)
42       printf(" 无路径 \n");
43     else
44       printf("%d\n",dist[x]);
45   }
46 }
47 int main()
48 {
49   int i,j,v0=1;
50   for(i=1;i<=n;i++)
51     for(j=1;j<=n;j++)
52       cost[i][j]=MAXCOST;
53   for(i=1;i<=n;i++)
54     cost[i][j]=0;
55   cost[1][2]=10;
56   cost[1][5]=100;
57   cost[1][4]=40;
58   cost[2][3]=50;
59   cost[4][3]=20;
60   cost[3][5]=10;
61   cost[4][5]=60;
62   dijkstra(v0);                       /* 调用 dijkstra() 函数 */
63   display_path(v0);                   /* 调用 display_path() 函数 */
64   return 0;
65 }
```

## 【运行结果】

编译、连接、运行程序，即可在程序执行窗口中输出结果。

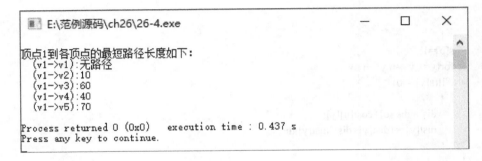

**【范例分析】**

本范例中使用了 Dijkstra 算法的思想，设置并逐步扩充一个集合 S，存放已求出的最短路径的顶点，则尚未确定最短路径的顶点集合是 V-S，其中 V 为网中所有顶点集合。按照最短路径长度递增的顺序逐个将 V-S 中的顶点加到 S 中，直到 S 中包含全部顶点，而 V-S 为空。

# ▶ 26.5　分治算法

在计算机科学中，**分治算法**是一种很重要的算法。字面上的解释是"分而治之"，就是**把一个复杂的问题分成两个或更多的相同或相似的子问题，再把子问题分成更小的子问题……直到最后可以直接求解子问题，原问题的解即子问题的解的合并。**

对于一个规模为 n 的问题，若该问题可以容易地解决（比如说规模 n 较小）则直接解决，否则将其分解为 k 个规模较小的子问题，这些子问题互相独立且与原问题形式相同，递归地解这些子问题，然后将各子问题的解合并得到原问题的解。这种算法设计策略叫作分治算法。

（1）分治算法所能解决的问题一般具有以下几个特征。

① 该问题的规模缩小到一定的程度就可以容易地解决。

② 该问题可以分解为若干个规模较小的相同问题，即该问题具有最优子结构性质。（前提）

③ 利用该问题分解出的子问题的解可以合并为该问题的解。

④ 该问题所分解出的各个子问题是相互独立的，即子问题之间不包含公共的子问题。

（2）分治算法的 3 个步骤如下。

① 分解：将原问题分解为若干个规模较小、相互独立、与原问题形式相同的子问题。

② 解决：若子问题规模较小、容易被解决则直接解，否则递归地解各个子问题。

③ 合并：将各个子问题的解合并为原问题的解。

## 📋 范例 26-5　从小到大快速交换排序。

（1）在 Code::Blocks 中，新建名为"26-5.c"的文件。

（2）在代码编辑区域输入以下代码（代码 26-5.txt）。

```
01  #include <stdio.h>
02  #include <stdlib.h>
03  int partion(int R[ ], int low, int high)          /* 对数组 R 中的 R[low] 至 R[high] 间的记录进行一趟快速
排序 */
04  { int a = R[low];                    /* 将枢轴记录移至数组的闲置分量 */
05    while (low < high)                  /* 从表的两端交替地向中间扫描 */
06    {  while (low<high&& R[high]>a)
07        high--;
08      if (low < high)             /* 将比枢轴记录小的记录移至低端 */
09      {  R[low] = R[high];
10        low++;
```

```
11        }
12        while (low < high&& R[low] < a)
13          low++;
14        if (low < high)                  /* 将比枢轴记录大的记录移至高端 */
15        {   R[high] = R[low];
16            high--;
17        }
18      }
19      R[low] = a;                        /* 将枢轴记录移至正确位置 */
20      return low;                        /* 返回枢轴位置 */
21    }
22    void SwapSortB(int R[ ], int b, int c)      /* 对数组 R 中的全部记录按照递增顺序进行快速排序 */
23    { int i;
24      if (b < c)
25      {   i = partion(R, b, c);
26          SwapSortB(R, b, i - 1);
27          SwapSortB(R, i + 1, c);
28      }
29    }
30    int main()
31    {
32      int r[11] = { 34546,110, 2, 3, 54, 5, 6, 27, 18, 9, 10 };
33      int b = 0;
34      int c = 10;
35      int i;
36      SwapSortB(r, b, c);
37      for (i = 0; i < 11; i++)
38        printf("%d,", r[i]);
39      printf("\n");
40    }
```

### 【运行结果】

编译、连接、运行程序，即可在程序执行窗口中输出结果。

```
■ E:\范例源码\ch26\26-5.exe                                —    □    ×

2, 3, 5, 6, 9, 10, 18, 27, 54, 110, 34546,

Process returned 10 (0xA)    execution time : 0.470 s
Press any key to continue.
```

### 【范例分析】

此范例中，partion() 函数的功能是对区间 [low,high] 进行一次快速排序的划分，第 04 行代码利用 a 的空间保存枢轴元素的值。第 05~18 行代码利用循环实现一次快速排序的划分，其中第 06 行循环语句的功能是从后往前寻找第一个小于枢轴元素的记录，接着把找到的元素插入枢轴位置；第 12 行是从前向后寻找第一个大于枢轴元素的记录；第 14~16 行代码是把找到的元素插入枢轴位置。第 19 行代码则把枢轴元素插入合适的位置。

快速排序的算法是一个递归函数实例引入一对参数 b 和 c 作为待排序区域的上下界。在执行过程中，这两个参数随着区域的划分而不断变化。

# ▶ 26.6 贪心算法

贪心算法是求最优解的一种常用方法，指所求问题的整体最优解可以通过一系列局部最优的选择即贪心选择来完成。也就是说，不从整体最优上加以考虑，只做出在某种意义上的局部最优解。贪心算法并不是对所有问题都能得到整体最优解，其关键是贪心策略的选择，选择的贪心策略必须具备无后效性，即某个状态以前的过程不会影响以后的状态，只与当前状态有关。

贪心算法适用的问题：局部最优策略能产生全局最优解。但是实际上，贪心算法适用的情况很少。一般来说，对一个问题分析是否适用于贪心算法，可以先选择该问题下的几个实际实例进行分析，就可做出判断。

贪心算法的一般步骤如下。

（1）建立数学模型来描述问题。

（2）把求解的问题分成若干个子问题。

（3）对每一子问题求解，得到子问题的局部最优解。

（4）把子问题的局部最优解合成原问题的一个解。

### 📝 范例 26-6　活动安排问题。

问题描述：有 $n$ 个活动都要求使用同一资源（如教室），资源在任何时刻只允许有一个活动使用。每个活动 $i$ 都有要求使用该资源的起始时间 $si$ 与终止时间 $fi$，并且 $si<fi$。也就是说，如果选择了活动 $i$，那么它在半开区间 $[si,fi)$ 内占用资源。如何安排活动使尽可能多的活动能够充分地使用公共资源？若区间 $[si,fi)$ 与区间 $[sj,fj)$ 不重叠，则称活动 $i$ 与活动 $j$ 相容，也就是说，当 $sj \geq fi$ 时，活动 $i$ 与活动 $j$ 相容。如此一来，活动安排问题就成了所给定活动集合中选出最大的相容活动子集。

（1）在 Code::Blocks 中，新建名为 "26-6.c" 的文件。

（2）在代码编辑区域输入以下代码（代码 26-6.txt）。

```
01  #include <stdio.h>
02  int main()
03  {
04      int act[11] [3]={{1,1,4},{2,3,5},{3,0,6},{4,5,7},{5,3,8},{6,5,9},{7,6,10},{8,8,11},{9,8,12},{10,2,13},{11,12,14}};
05      greedy(act,11);
06      getch();
07  }
08  int greedy(int *act,int n)
09  {
10      int i,j,no,start,minfinal,loop,sel[11];      /*sel[] 用来存储相容的活动编号 */
11      j=0;
12      start=0;                    /* 活动开始时间 */
13      printf(" 活动安排：\n");
14      while(1)
15      {
16        loop=0;                   /* 循环是否终止的标记 */
17        minfinal=24;                  /* 记录每轮判断活动最早结束的时间 */
18        no=0;                    /* 记录符合条件的活动序号 */
19        for(i=0;i<n;i++)
20          if(act[i*3+1]>=start  && act[i*3+2]<minfinal)
21          { minfinal=act[i*3+2];
22            no=i;
23            loop=1;
24          }
25        if(loop)
```

```
26      sel[j]=no;
27    else
28      break;
29    start=act[no*3+2];
30    j++;
31  }
32  for(i=0;i<j;i++)
33    printf(" 活动 %2d: 开始时间 %3d, 结束时间 %3d\n",sel[i]+1,act[sel[i]*3+1],act[sel[i]*3+2]);
34  }
```

【运行结果】

编译、连接、运行程序，即可在程序执行窗口中输出结果。

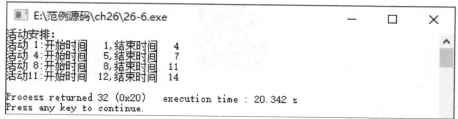

```
E:\范例源码\ch26\26-6.exe                        —    □    ×

活动安排:
活动 1:开始时间     1,结束时间     4
活动 4:开始时间     5,结束时间     7
活动 8:开始时间     8,结束时间    11
活动11:开始时间    12,结束时间    14

Process returned 32 (0x20)   execution time : 20.342 s
Press any key to continue.
```

【范例分析】

| 活动 i | 1 | 2 | 3 | 4 | 5 | 6 | 7 | 8 | 9 | 10 | 11 |
|---|---|---|---|---|---|---|---|---|---|---|---|
| 开始时间 si | 1 | 3 | 0 | 5 | 3 | 5 | 6 | 8 | 8 | 2 | 12 |
| 结束时间 fi | 4 | 5 | 6 | 7 | 8 | 9 | 10 | 11 | 12 | 13 | 14 |

本范例利用贪心算法解决了活动安排的问题。如上表所示，将活动按结束时间的升序进行排列，并重新进行编号，然后进行如下的贪心选择过程：首先选取活动 1，然后依次检查活动 i 是否与当前已经选中的所有活动相容。如果相容，就加入已经选择的活动集合中；否则，继续检查下一个活动的相容性。

把会场要安排的所有活动作为一个集合 sel，初始开始时间标准为 start。每次放入 sel 的活动要在满足 "开始时间 s[i]>start 的前提下 f[i] 最小"。然后把 f[i] 赋值给 start 依次加入，直到加不进去为止。从而把问题解决。

由于活动是按结束时间的升序进行排列的，所以上述活动的过程总是选择具有最早完成时间的相容活动。它在直观上为未安排的活动留下了尽可能多的时间，也就是说，使剩余的可安排时间极大化，以便接待尽可能多的相容活动。贪心算法并不是针对任何一个问题都存在最优解，但是针对活动安排问题可以得到最优解。

# ▶26.7 综合应用——镖局运镖

古代镖局运镖，就是运货。下图是一次运镖任务，要把货物送到 6 个镖局，从一处镖局到另一处镖局所需费用标注在每条路线上。

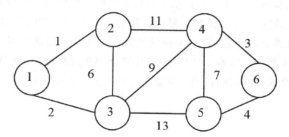

从上图可以看出这个数据结构是一个"连通图"，我们可以把这个问题简化为"生成树"。所谓生成树就是如果连通图的一个子图是一棵包含所有顶点的树，则该子图称为连通图的生成树。生成树是连通图的包含图中所有顶点的极小连通子图。图的生成树不唯一。从不同的顶点出发进行遍历，可以得到不同的生成树。而权值最小的树就是最小生成树。

 **范例 26-7**　假设镖局现在押送一趟镖，需要选择一些道路，以便镖局可以到达任意一个商号，要求花费的银子越少越好，请给出最优的选择。

问题分析：要求花费的银子最少，言下之意就是让边的总长度之和最短。那么，首先我们可以选择最短边，然后选择次短边，第 3 短边……直到选择了 $n-1$ 短边为止。这就需要先对所有的边按照权值进行从小到大排序，然后从小的开始选择，依次选择每一条边，直至选择了 $n-1$ 条边让整个图连通为止。

（1）在 Code::Blocks 中，新建名为"26-7.c"的文件。
（2）在代码编辑区域输入对应代码（代码 26-7.txt）。

由于此代码过长，读者可扫描下方二维码查看。

【运行结果】

编译、连接、运行程序，即可在程序执行窗口中输出程序的运行结果。

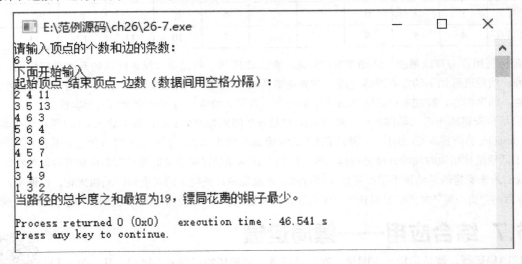

```
E:\范例源码\ch26\26-7.exe                               □    ×
请输入顶点的个数和边的条数：
6 9
下面开始输入
起始顶点-结束顶点-边数（数据间用空格分隔）：
2 4 11
3 5 13
4 6 3
5 6 4
2 3 6
4 5 7
1 2 1
3 4 9
1 3 2
当路径的总长度之和最短为19，镖局花费的银子最少。

Process returned 0 (0x0)    execution time : 46.541 s
Press any key to continue.
```

【范例分析】

本范例中，从任意一个顶点开始构造生成树，假设从 1 号位置开始，首先把 1 号位置加入生成树中，用一个一维数组 book 来标记哪些位置已经加入了生成树。然后，用 dis 数组来记录生成树到各个位置的距离，最初生成树只有一个 1 号位置，有直连边时，数组 dis 中存储的就是 1 号位置到该位置的边的权值，没有直连边的时候就是无穷大，即初始化 dis 数组。接着，从数组 dis 中选出离生成树最近的位置加入生成树中。再以 j 为中间位置，更新生成树到每一个非树位置的距离。重复上一步操作，直到生成树中有 n 个位置为止。

# ▶ 26.8　高手点拨

**在高级算法的学习中，注意以下几点。**

（1）模拟算法的特点就是不需要思考怎样解决问题，而是按照题目描述的方式运行，最终给出解决方案，并按照解决方案逐步实现。

（2）解决动态规划问题，在每次决策时主要依赖它的当前状态，并引起状态转移。一个决策序列就是在变化的状态中产生出来的，把这种多阶段最优化决策解决问题的过程叫作动态规划。但是它有两个必要的使用前提，最优化原理就是在解决原问题时做出一个决策，得到了余下问题和原问题性质相同的子问题。同时规模和参数发生变化，要使得原问题最优，子问题必须最优；无后效性就是利用最优化原理把原问题的求解转变为和原问题性质相同的子问题的求解，这里我们只关心子问题的最优值，而并不关心子问题求解时的决策序列。

（3）采用递归实现回溯算法是所有搜索算法中比较经典的一种方法，回溯算法在本质上是控制决策的一种搜索算法。采用试探的方法，即试探不通过就掉头的思想。也就是说在某一步试探不合要求，就停止从该分支往下试探，并立即返回到上一步去试探其他分支，直到找到问题的解。如果说已经返回到初始状态但还要返回，则表示该问题无解。回溯算法主要应用在待求解的步骤分成不太多的问题上，即每个步骤只有不太多的选择，则可以考虑应用回溯算法。

（4）最短路径算法主要包括 Dijkstra 算法和 Floyd-Warshall 算法。其中 Dijkstra 算法是典型的单源最短路径算法，用来计算一个节点到其他所有节点的最短路径。其主要特点是以起始点为中心向外层扩展，直到扩展到终点为止。但该算法要求图中不存在负权边。Floyd-Warshall 算法是解决任意两点间的最短路径的一种算法，可以正确处理有向图或负权的最短路径问题。

（5）利用分治算法设计程序时的思维过程实际上类似于数学归纳法，首先一定要找到问题规模最小时的求解方法；然后考虑随着问题规模增大时的求解方法；找到求解的递归函数式（各种规模或因子），设计递归程序。使用分治算法求解的一些经典问题有二分搜索、大整数乘法、Strassen 矩阵乘法、棋盘覆盖、合并排序、快速排序、线性时间选择、最接近点对问题、循环赛日程表、汉诺塔等。

（6）贪心算法只能通过解局部最优解的方法来达到全局最优解，因此，在解决问题时一定要注意判断问题是否适合采用贪心算法，找到的解是否一定是问题的最优解。用贪心算法求解问题应该考虑如下几个方面。①候选集合 C：为了构造问题的解决方案，有一个候选集合 C 作为问题的可能解，即问题的最终解均取自候选集合 C。②解集合 S：随着贪心选择的进行，解集合 S 不断扩展，直到构成一个满足问题的完整解。③解决函数 solution()：检查解集合 S 是否构成问题的完整解。④选择函数 select()：即贪心策略，这是贪心算法的关键，它指出哪个候选对象有希望构成问题的解，选择函数通常和目标函数有关。⑤可行函数 feasible()：检查解集合中加入一个候选对象是否可行，即解集合扩展后是否满足约束条件。

（7）镖局运镖（图的最小生成树算法）是一个有 $n$ 个节点的连通图的生成树，也是原图的极小连通子图，且包含原图中的所有 $n$ 个节点，并且有保持图连通的最少的边。它主要是在含有 $n$ 个顶点的连通网中选择 $n-1$ 条边，构成一棵极小连通子图，并使该连通子图中 $n-1$ 条边上权值之和达到最小。

# ▶ 26.9　实战练习

（1）动态规划求最长公共子序列。

**输出要求：对每组输入数据，输出一行，然后给出两个序列的最长公共子序列的长度。**

**输入样例：** abcfbc　　　abfcab

　　　　　abcd　　　mnp

**输出样例：** 4 0

（2）有一个背包，背包容量是 M=150。有 7 个物品，物品可以分割成任意大小。

**要求尽可能让装入背包中的物品总价值最大，但不能超过总容量。**

| 物品 | A | B | C | D | E | F | G |
|---|---|---|---|---|---|---|---|
| 重量 | 35 | 30 | 60 | 50 | 40 | 10 | 25 |
| 价值 | 10 | 40 | 30 | 50 | 35 | 40 | 30 |

**分析：**

目标函数：$\sum p_i$ 最大。

约束条件是装入的物品总重量不超过背包容量：$\sum w_i \leqslant M$（M=150）。

① 根据贪心算法的策略，每次挑选价值最大的物品装入背包，得到的结果是否最优？

② 每次挑选所占空间最小的物品装入是否能得到最优解？

③ 每次选取单位容量价值最大的物品，成为解本题的策略。

（3）小明放假了，想去一些大城市旅游，想节省经费以及方便旅行。但是不知道该如何选择路线，如下图，圆圈代表他要去的城市，箭头代表他要去的路线，上面的数字代表路费，请你帮助小明选择一条合适的路线吧。

说明：这些公路都是单向的。

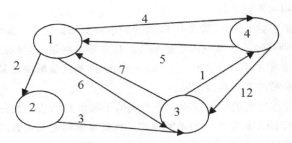

（4）下图给出了一个数字三角形。从三角形的顶部到底部有很多条不同的路径。对于每条路径，把路径上的数加起来可以得到一个和，和最大的路径称为最佳路径。求出最佳路径上的数字之和。

7

3　8

8　1　0

2　7　4　4

4　5　2　6　5

说明：路径上的每一步只能从一个数走到下一层和它最近的左边的数或右边的数。

第 **27** 章

# 数学问题算法

　　数学是基础学科中的基础，信息学竞赛的本质是利用计算机解决从实际问题中抽象出来的数学问题。解答信息学竞赛题所需要用到的基础知识如数论、数理逻辑、集合论、组合数学、图论、几何学等无不来自数学，而程序设计时所需要做出的时空复杂度的计算、算法的优劣判断等也都依赖于数学思维。数学思维是对数学对象（空间形式、数量关系、结构关系等）的本质属性和内部规律作出间接反映，并按照一般思维规律认识数学内容的理性活动。本章将介绍几种数学问题的解决算法。

## 本章要点（已掌握的在方框中打钩）

□ 质因数分解

□ 最大公约数的欧几里得算法

□ 加法原理与乘法原理

□ 排列与组合

□ 综合应用——进站方案

# ▶ 27.1 质因数分解

质因数分解就是把一个合数分解成若干个质因数的乘积的形式，求质因数的过程叫作分解质因数。

分解质因数针对的是合数。求一个数的质因数，首先要从最小的质数开始除，一直除到结果为质数为止。分解质因数的算式叫短除法。

本节通过一个范例来学习质因数分解的使用。

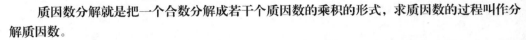

**📝 范例 27-1    将一个正整数分解质因数。例如，输入90，打印出90=2\*3\*3\*5。**

问题分析：首先，对 N 进行分解质因数，应先找到一个最小的质数 K，然后按下述步骤完成。

（1）如果这个质数恰等于 N，则说明分解质因数的过程已经结束，打印即可。

（2）如果 N>K，但 N 能被 K 整除，则应打印出 K 的值，并用 N 除以 K 的商，作为新的正整数 N，重复执行（1）。

（3）如果 N 不能被 K 整除，则用 K+1 作为 K 的值，重复执行（1）。

（4）在 Code::Blocks 中，新建名为 "27-1.c" 的文件。

（5）在代码编辑区域输入以下代码（代码 27-1.txt）。

```
01  #include <stdio.h>
02  #include <conio.h>
03  int main()
04  {
05      int n,a;
06      printf("\n 请输入任意一个数 :\n");
07      scanf("%d",&n);          /* 输入一个整数 */
08      printf("%d=",n);
09      for(a=2;a<=n;a++)
10        while(n!=a)
11        {
12          if(n%a==0)
13          {
14            printf("%d*",a);
15            n=n/a;
16          }
17          else
18            break;
19        }
20      printf("%d",n);          /* 输出结果 */
21      getch();
22      return 0;
23  }
```

## 【运行结果】

编译、连接、运行程序，输入任意数值，按【Enter】键即可输出它的质因数分解结果。

```
■ E:\范例源码\ch27\27-1.exe                    —    □    ×

请输入任意一个数:
90
90=2*3*3*5
Process returned 0 (0x0)    execution time : 8.048 s
Press any key to continue.
```

## 【范例分析】

此范例中根据质因数分解的规则，很明显每个正整数的质因数分解形式是唯一确定的。因此就可以用输入的 90 去除以质数，从小到大去除，首先除以 2，得到 45，45 再除以 3，得到 15，然后 15 再除以 3 得到 5，5 也是质数，所以最终输出 90 质因数分解结果为 90=2*3*3*5。

## ▶ 27.2 最大公约数的欧几里得算法

欧几里得算法的思想基于辗转相除法的原理，其原理为：假设两数为 $a$、$b(b<a)$，用 $gcd(a, b)$ 表示 $a$、$b$ 的最大公约数，$r = a \bmod b$，$r$ 为 $a$ 除以 $b$ 以后的余数，$k$ 为 $a$ 除以 $b$ 的商，即 $a \div b = k \cdots r$。辗转相除法是欧几里得算法的核心思想。

欧几里得算法的操作步骤如下。

（1）令 $c$ 为 $a$ 和 $b$ 的最大公约数，数学符号表示为 $c=gcd(a,b)$。因为任何两个实数的最大公约数 $c$ 一定是存在的，也就是说必然存在两个数 $k1$、$k2$ 使 $a=k1*c$，$b=k2*c$。

（2）$a \bmod b$ 等价于存在整数 $r$，$k3$ 使余数 $r=a-k3*b$，即 $r = a - k3*b = k1*c - k3*k2*c = (k1 - k3*k2)*c$。

显然，$a$ 和 $b$ 的余数 $r$ 是最大公因数 $c$ 的倍数。

通过模运算的余数与最大公约数之间存在的整数倍的关系，来给比较大的数字进行降维，便于手动计算；同时，也避免了在可行区间内进行全局最大公约数的判断测试。只需选取其余数进行相应的计算就可以直接得到最大公约数，大大提高了运算效率。

本节通过一个范例来学习最大公约数的欧几里得算法的使用。

### 范例 27-2　利用欧几里得算法，求任意两个正整数的最大公约数。

（1）在 Code::Blocks 中，新建名为 "27-2.c" 的文件。
（2）在代码编辑区域输入以下代码（代码 27-2.txt）。

```
01  #include<stdio.h>
02  unsigned int gcd(unsigned int m,unsigned int n)
03  {
04      unsigned int rem; /* 定义一个无符号整型变量 */
05      while(n > 0)          /* 辗转相除法 */
06      {
07          rem = m % n;     /* 取余操作 */
08          m = n;
09          n = rem;
10      }
11      return m;
12  }
13  int main(void)
14  {
15      int a,b;
16      printf(" 请输入任意两个正整数：\n");
17      scanf("%d %d",&a,&b);
18      printf("%d 和 %d 的最大公约数是： ",a,b);
19      printf("%d\n",gcd(a,b));     /* 输出结果值 */
20      return 0;
21  }
```

**【运行结果】**

编译、连接、运行程序，输入任意两个数，按【Enter】键即可输出这两个数的最大公约数。

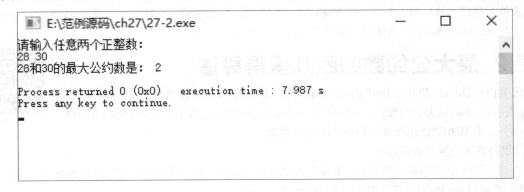

**【范例分析】**

本范例着重介绍了欧几里得算法求最大公约数。当 *a*>*b* 时，有两种情况，*b*<=*a*/2，gcd(*a*,*b*) 变为 gcd(*b*,*a*%*b*)；*b*>*a*/2，则 *a*%*b*。经过迭代，gca(*a*,*b*) 的数据量减少了一半。

# ▶ 27.3 加法原理与乘法原理

**加法原理的定义：如果完成一件任务有 *N* 类方法，在第 1 类方法中有 *M1* 种不同方法，在第 2 类方法中有 *M2* 种不同方法……在第 *n* 类方法中有 *Mn* 种不同方法，那么完成这件任务共有 *M1*+ *M2*+…+*Mn* 种不同的方法。**

关键问题：如何确定工作的分类方法，每种方法都是独立的。

基本特征：对于每一种方法都可完成任务。

乘法原理的定义：如果完成一件任务需要分成 *n* 个步骤进行，做第 1 步有 *M1* 种方法，不管第 1 步用哪种方法，第 2 步总有 *M2* 种方法……不管前面 *n*-1 步用哪种方法，第 *n* 步总有 *Mn* 种方法，那么完成这件任务共有 *M1*×*M2*×…×*Mn* 种不同的方法。

关键问题：如何确定工作的完成步骤，步与步之间是连续的，只有将分成的若干个互相联系的步骤并依次完成，这件事才算完成。

基本特征：对于每一步只能完成任务的一部分。

本节通过一个范例来学习加法原理和乘法原理的使用。

📝 **范例 27-3**　要求把 *a*、*b*、*c* 这3个字母涂上3种不同的颜色，且每个字母只能涂一种颜色。现在有5种不同颜色的笔，按上述要求能有多少种不同颜色搭配？

（1）在 Code::Blocks 中，新建名为 "27-3.c" 的文件。
（2）在代码编辑区域输入以下代码（代码 27-3.txt）。

```
01  #include <stdio.h>
02  int main()
03  {
04      int let=3,col=5,i,num=1;        /* 定义字母数、颜色数、涂法数、循环变量 */
05      for(i=1;i<=let;i++,col--)
06          num=num*col;
07      printf("num=%d\n",num);         /* 输出结果值 */
08      return 0;
09  }
```

**【运行结果】**

编译、连接、运行程序，按【Enter】键即可输出结果。

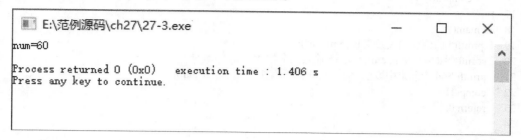

**【范例分析】**

在本例中，第 1 个字母可以有 5 种颜色选择，第 2 个字母可以有 4 种颜色选择，第 3 个字母可以有 3 种颜色选择，根据乘法原理解答即可得到结果是 5*4*3=60。

# ▶27.4 排列与组合

**所谓排列，就是从给定个数的元素中取出指定个数的元素进行排序。所谓组合，则是指从给定个数的元素中仅仅取出指定个数的元素，不考虑排序。排列组合的中心问题是研究给定要求的排列和组合可能出现情况的总数。**

排列的定义：从 $N$ 个不同元素中，任取 $M(M \leqslant N)$ 个元素按照一定的顺序排成一列，叫作从 $N$ 个不同元素中取出 $M$ 个元素的一个排列，所有排列的个数叫作排列数，用符号 $P(N,M)$ 表示。

$P(N,M)=N(N-1)(N-2)\cdots(N-M+1)= N!/(N-M)!$（规定 $0!=1$）

组合的定义：从 $N$ 个不同元素中，任取 $M(M \leqslant N)$ 个元素并成一组，叫作从 $N$ 个不同元素中取出 $M$ 个元素的一个组合，所有组合的个数叫作组合数，用符号 $C(N,M)$ 表示。

$C(N,M)=P(N,M)/M!=N!/((N-M)!*M!)$；$C(N,M)=C(N,N-M)$

本节通过一个范例来学习排列和组合的使用。

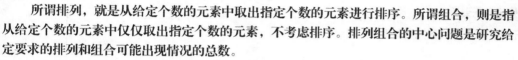

范例 27-4　**编一个程序，求出从N个元素中取出M个元素的所有组合，例如从3个元素中取出2个元素的所有组合。**

（1）在 Code::Blocks 中，新建名为 "27-4.c" 的文件。
（2）在代码编辑区域输入以下代码（代码 27-4.txt）。

```
01  #include<stdio.h>
02  #define MAX 20              /* 定义宏 */
03  int c[MAX] = {0};
04  int p, n;
05  void print()
06  { int a;
07    for(a= 0; a < p; a++)
08      printf("%d", c[a + 1]);
09    printf("\n");
10  }
11  void comp(int m)            /* 定义组合函数 */
12  { if (m == p + 1)
13      print();
14    else
15      for(c[m] = c[m - 1] + 1; c[m] <= n - p + m; c[m]++)
```

```
16        comp(m + 1);
17    }
18    int main()
19    {  printf(" 请分别输入元素 n 和 p: \n");
20       scanf("%d %d", &n, &p);        /* 输入两个数 */
21       printf("%d 个元素中取出 %d 个元素的所有组合如下 : \n",n,p);
22       comp(1);
23       return 0;
24    }
```

**【运行结果】**

编译、连接、运行程序，即可计算并输出结果。

```
■ E:\范例源码\ch27\27-4.exe                    —    □    ×

请分别输入元素n和p:
4 2
4个元素中取出2个元素的所有组合如下:
12
13
14
23
24
34

Process returned 0 (0x0)    execution time : 5.126 s
Press any key to continue.
```

**【范例分析】**

本范例中实际上是通过公式 C(N,M)=P(N,M)/M!=N!/((N-M)!*M!)，C(N,M)=C(N,N-M) 计算结果的，即 C(4,2) = P(4,2)/2!=4!/((4-2)!*2!)=6，最终输出结果，得到 6 组排列数。

# ▶27.5 综合应用——进站方案

可重排列一类组合数从非空集合 X={1,2,...,N} 中，每次取出 R 个元素，元素允许重复且按一定顺序排成一列，这种排列称为集合 X 的一个可重排列。

本节通过一个范例来学习可重集排列的使用。

**范例 27-5**　某车站有N个入口，假设入口每次只能通过一个人，求M个人进站的方案有多少种？这里假设入口之间是独立的，不考虑不同入口之间的顺序。

（1）在 Code::Blocks 中，新建名为 "27-5.c" 的文件。
（2）在代码编辑区域输入以下代码（代码 27-5.txt）。

```
01    #include<stdio.h>
02    int main()
03    {
04       int a,ans,m,n;
05       printf(" 请输入进站的 n 个入口和 m 个人: \n");
```

```
06        scanf("%d %d",&n,&m);        /* 输入两个数值 */
07        printf(" 车站有 %d 个入口，且每次只能进一个人，假设 %d 个人进站 \n",n,m);
08        ans=1;
09        for(a=n;a<=m+n-1;a++)
10          ans=ans*a;
11        printf("%d\n",ans);          /* 输出结果值 */
12        return 0;
13    }
```

**【运行结果】**

编译、连接、运行程序，即可计算并输出结果。

```
■ E:\范例源码\ch27\27-5.exe                    —    □    ×

请输入进站的n个入口和m个人：
2 5
车站有2个入口，且每次只能进一个人，假设5个人进站
720

Process returned 0 (0x0)    execution time : 3.399 s
Press any key to continue.
```

**【范例分析】**

本范例中通过简单的乘客进站的问题来学习可重集排列的使用，假设车站有 n 个入口，输入 n=2；m 个人进站，输入 m=5，计算总共的进站方案。那么进站方案可以表示为：第一种入口方案 + 第二种入口方案。假设 5 个人用 {a,b,c,d,e} 表示，那么，总共进站方案 ={a,b}+{c,d,e}，从这个等式可以看出，"5 个人"加 "+" 总共有 6 个元素，则计算总共进站方案为 6!=720。

# ▶**27.6 高手点拨**

**学习数学在程序中的应用，需要注意以下几点。**

（1）常用的数学函数非常多，数学与程序设计又是密不可分的。因此，除了本章所列举的一些数学函数以外，还有许多数学函数，读者用到时可以查阅 Code::Blocks 中的 math.h 库函数。

（2）质因数分解在数学领域是非常重要的，它被广泛应用于密码学、量子计算机等领域。了解并掌握一些简单的质因数分解方法，对将来的学习与探究是非常关键的。

（3）最大公约数的欧几里得算法在计算两个数的最大公约数时，无论是从算法理论上还是从算法效率上都是很具优势的。但是它有一个非常严重的缺陷，就是只有在大素数时才会显现出来。

（4）加法原理和乘法原理在我们生活中经常会用到，例如计算一些时间方案数的问题。它的特点是算法效率比较高，算法逻辑比较清晰，非常容易理解。因此，许多其他的复杂算法，有时候都需要转换成乘法或者加法进行计算处理。

（5）排列组合问题是我们经常遇到的，例如计算一些物品在特定条件下分组的方法数目，以及地图着色、船夫过河问题、邮差问题、任务分配问题等。它的特点是限制条件有时比较隐晦，我们需要对问题中的关键性词进行准确理解；计算手段简单，但需要选择正确且合理的计算方案，计算方案的正确与否，往往不可用直观方法来检验，要求我们认真搞清楚概念及原理，并仔细分析。

（6）可重集排列在日常生活中的应用相对较少，主要应用于学术科研领域。例如字典序算法、递增进位制算法、递减进位制算法、邻位对换法等。

数学在程序中的应用非常重要。因为算法离不开数学，把数学抽象出来就是一种思想，在生活中经常会用到，即使逛街、逛商场买东西都离不开数学。那么，同样在算法中也离不开数学知识。

# ▶ 27.7  实战练习

（1）编程求一个给定区间 [M,N] 的正整数分解质因数，例如 [20170101,20170105] 的质因数分解结果。

（2）编写程序，从 $n$ 个不同颜色的球中取出任意 $m$（$1<m\leq n$）个球进行排列，并输出所有可能的排列。例如，从红、黄、蓝 3 个球中任意取出两个球，则这两个球的所有排列为：黄蓝、蓝黄、红黄、黄红、红蓝和蓝红 6 种形式。

（3）银行有 3 个办事窗口，目前有 5 位顾客正在等待办理业务，假设每位顾客办理时间相同，请问这些顾客在 3 个窗口办理业务的情况有多少种。

第 **28** 章

## 排序问题算法

所谓排序，就是使一批无序数据，按照规定的排列方式，以递增或者递减的顺序重新排列起来。排序算法，就是使得数据按照要求排列的方法。很多领域都使用了排序算法，尤其是在处理大量数据时。好的排序算法可以节省大量的内存资源，使数据的处理速度得到显著的提高。排序也是很多工作的前序工作，例如查找、修改、统计、打印等工作前往往先对数据做排序的预处理，可以提高工作效率。本章将介绍几种常用的排序算法。

## 本章要点（已掌握的在方框中打钩）

□ 插入排序法
□ 选择排序法
□ 冒泡排序法
□ 快速排序法
□ 桶排序法

在计算机科学领域，可以说没有什么工作比排序和查找更加重要的了。计算机大部分时间都是在使用排序和查找功能，排序和查找的程序实时地应用在数据库、编译程序和操作系统中。所谓排序算法，即通过特定的算法将一组或多组数据按照既定模式进行排序。这种新序列遵循着一定的规则，体现出一定的规律，因此，经处理后的数据便于筛选和计算，大大提高了计算效率。对于排序，我们首先要求其具有一定的稳定性，即当两个相同的元素同时出现在某个序列中时，经过一定的排序算法之后，两者在排序前后的相对位置不发生变化。换言之，即便是两个完全相同的元素，它们在排序过程中也是有区别的，不允许混淆不清。

# ▶ 28.1　插入排序法

插入排序法的基本思想：在要排序的一组数中，假定前 *n*-1 个数已经排好序，现在将第 *n* 个数插到这个有序数列中，使得这 *n* 个数也是排好顺序的，如此反复循环，直到全部排好顺序。

对排序元素的前两个元素排序，然后将第 3 个元素插入已经排好序的两个元素中，这 3 个元素仍然是从小到大排序，接着将第 4 个元素插入，重复操作，直到所有的元素都排好序。

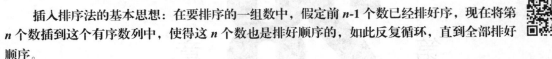

范例28-1　　使用插入排序法，按照从小到大的顺序对字符数组排序。

（1）在 Code::Blocks 中，新建名为 "28-1.c" 的文件。
（2）在代码编辑区域输入以下代码（代码 28-1.txt）。

```
01  #include <stdio.h>
02  #include <stdlib.h>
03  #include <string.h>
04  #define MAX 20
05  /* 插入排序法 */
06  void insert(char *arr,int count)
07  {
08    int i,j;
09    char temp;
10    for(i=1;i<count;i++)
11    {
12      temp=arr[i];                    /* 创建初值 */
13      j=i-1;                          /* 开始位置 */
14      while(j>=0 && temp<arr[j])           /* 循环后移元素 */
15      {
16        arr[j+1]=arr[j];
17        j--;
18      }
19      arr[j+1]=temp;                  /* 插入字符 */
20      printf(" 第 %d 次交换结果 :[%s]\n",i,arr);       /* 输出交换后字符串 */
21    }
22  }
23  int main()
24  {
25    char array[MAX];
26    int count;
27    printf(" 输入将排序的字符串 :\n");
28    gets(array);
29    count=strlen(array);
30    insert(array,count);
31    return 0;
32  }
```

**【运行结果】**

编译、连接、运行程序，输入字符串并按【Enter】键，即可在命令行中输出结果。

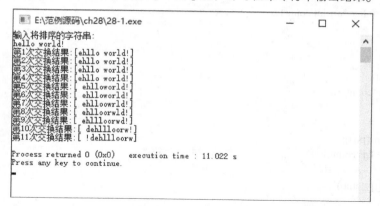

**【范例分析】**

插入排序法就像按高矮排队一样，第 1 个人就是基准，然后插入第 2 个人。如果插入的人较高，就将其排在第 1 个人的后面；如果插入的人较矮，先把第 1 个人后移 1 个位置，再把插入的人排在第 1 个位置。

在插入第 3 个人时，先把第 3 个人与第 2 个人比较，如果插入的人较高，就直接排在第 2 个人的后面。如果插入的人较矮，则先把第 2 个人后移 1 个位置，然后第 3 个人与第 1 个人比较，如果插入的人较高，就直接排在第 2 个位置；如果插入的人较矮，先把第 1 个人后移 1 个位置，再把插入的人排在第 1 个位置，以此类推。

本范例中，insert() 函数用双循环控制整个排序，其中外层循环控制是否还有待插入的字符，内层循环负责将待插入的字符排在合适的位置。

当待排序的数据基本有序时，插入排序的效率比较高，只需要进行很少的数据移动。

# ▶ 28.2 选择排序法

选择排序法的基本思想：**给每个位置选择放当前最小元素，比如从** $n$ **个数中选择出最小数放入第 1 个位置，在剩余** $n$-1 **个元素里面再选择出最小数放第 2 个位置，依此类推，直到最后一个元素肯定是最大数。**

在长度为 $N$ 的无序数组中，第 1 次遍历 $n$-1 个数，找到最小的数值与第 1 个元素交换；

第 2 次遍历 $n$-2 个数，从剩下的数中找到最小的数值与第 2 个元素交换；

……

第 $n$-1 次遍历，从剩下的数中找到最小的数值与第 $n$-1 个元素交换，排序完成。

选择排序法是从排序的元素中选出最小的一个元素和第 1 个元素交换，然后从剩下的元素中选出最小的元素和第 2 个元素交换，重复这种处理的方法，直到最后一个元素为止。

**📝 范例28-2　使用选择排序法，按照从小到大的顺序对字符数组排序。**

（1）在 Code::Blocks 中，新建名为 "28-2.c" 的文件。
（2）在代码编辑区域输入以下代码（代码 28-2.txt）。

```
01  #include <stdio.h>
02  #include <stdlib.h>
03  #include <string.h>
04  #define MAX 20
```

```
05   /* 选择排序法 */
06   void select(char *arr,int count)
07   {
08     int pos;
09     int i,j;
10     char temp;
11     for(i=0;i<count-1;i++)
12     {
13       pos=i;
14       temp=arr[pos];
15       for(j=i+1;j<count;j++)                      /* 查找最小字符 */
16       {
17         if(arr[j]<temp)
18         {
19           pos=j;                         /* 保存新的最小字符的下标 */
20           temp=arr[j];                  /* 保存新的最小字符的值 */
21         }
22       }
23       arr[pos]=arr[i];                            /* 交换当前字符和最小字符两个元素的值和下标 */
24       arr[i]=temp;
25       printf(" 第 %d 次交换结果 :[%s]\n",i+1,arr);    /* 交换后输出 */
26     }
27   }
28   int main()
29   {
30     char array[MAX];
31     int count;
32     printf(" 输入将排序的字符串 :\n");
33     gets(array);                    /* 存储字符数组 */
34     count=strlen(array);                        /* 测试字符数组 */
35     select(array,count);
36     return 0;
37   }
```

## 【运行结果】

编译、连接、运行程序，输入字符串并按【Enter】键，即可在程序执行窗口中输出结果。

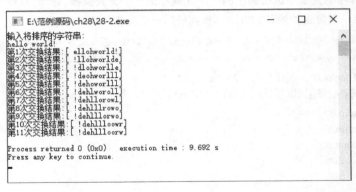

【范例分析】

　　本范例使用选择排序法对字符数组排序。首先使用 gets() 函数获取字符数组元素，然后调用排序函数。选择排序法使用双循环，每一轮找到最小的元素，保存该元素的下标和值，然后和本轮比较中的顶层元素交换，接下来进入下一个轮比较找到最小元素再交换。

# ▶ 28.3 冒泡排序法

**冒泡排序法的基本思想：两个相邻的数比较大小，较大的数下沉，较小的数上浮。**

比较相邻的两个数据，如果第 2 个数小，就交换位置；

从后向前两两比较，一直到比较最前两个数据，最终最小数被交换到起始位置，这样第 1 个最小数的位置就排好了；

继续重复上述过程，依次将第 2，3，…，n-1 个最小数排好位置。

排序法中比较出名的就是冒泡排序，不仅好记，而且简单。该方法是将较小的元素搬移到数组的开始，将较大的元素慢慢地沉到数组的最后，数据如同水缸里的泡沫，较小的数据慢慢上浮，所以称为冒泡排序法。

---

📝 **范例28-3**　　使用冒泡排序法，按照从小到大的顺序对字符数组排序。

（1）在 Code::Blocks 中，新建名为 "28-3.c" 的文件。
（2）在代码编辑区域输入以下代码（代码 28-3.txt）。

```
01  #include <stdio.h>
02  #include <stdlib.h>
03  #include <string.h>
04  #define MAX 20
05  /* 冒泡排序法 */
06  void bubble(char *arr,int count)
07  {
08    int i,j,order=1;
09    char temp;
10    for(j=count;j>1;j--,order++)            /* 外循环控制比较轮数 */
11    {
12      for(i=0;i<j-1;i++)                   /* 内循环控制每轮比较的次数 */
13      {
14        if(arr[i+1]<arr[i])                         /* 比较相邻元素 */
15        {
16          temp=arr[i+1];                  /* 交换相邻元素 */
17          arr[i+1]=arr[i];
18          arr[i]=temp;
19        }
20      }
21      printf(" 第 %d 次交换结果 :[%s]\n",order,arr); /* 交换后输出字符串 */
22    }
23  }
24  int main()
25  {
26    char array[MAX];
27    int count;
28    printf(" 输入将排序的字符串 :\n");
29    gets(array);                          /* 存储字符数数组 */
30    count=strlen(array);                  /* 测试字符数数组 */
```

```
31    bubble(array,count);
32    return 0;
33  }
```

**【运行结果】**

编译、连接、运行程序，输入字符串并按【Enter】键，即可在程序执行窗口中输出结果。

```
E:\范例源码\ch28\28-3.exe                    —    □    ×

输入将排序的字符串:
hello world!
第1次交换结果:[ehll oorld!w]
第2次交换结果:[ehl loold!rw]
第3次交换结果:[eh llold!orw]
第4次交换结果:[e hllld!oorw]
第5次交换结果:[ ehlld!loorw]
第6次交换结果:[ ehld!lloorw]
第7次交换结果:[ ehd!llloorw]
第8次交换结果:[ ed!hllloorw]
第9次交换结果:[ d!ehllloorw]
第10次交换结果:[ !dehllloorw]
第11次交换结果:[ !dehllloorw]

Process returned 0 (0x0)   execution time : 18.115 s
Press any key to continue.
```

**【范例分析】**

本范例使用冒泡排序法对一串字符排序。首先使用 gets() 函数获取这串字符，然后调用排序函数。冒泡排序使用双循环，外层循环采用逆序循环方法，控制循环有多少轮，每轮找到的最大的字符放在数组目前下标最大的元素中，然后进入下一轮。内层循环控制每轮比较的次数，比较紧挨着的两个字符，把数值大的字符放在下标较大的位置。

# ▶28.4 快速排序法

快速排序法的基本思想：**先从数列中取出一个数作为 key 值；将比这个数小的数全部放在它的左边，大于或等于它的数全部放在它的右边；对左右两个小数列重复上一步，直至各区间只有 1 个数。**

通过一趟快速排序算法把所需要排序的序列的元素分割成两大块，其中，一部分的元素都要小于或等于另外一部分的序列元素，然后仍根据该种方法对划分后的这两块序列的元素分别再次实行快速排序算法，排序实现的整个过程可以是递归调用，最终实现将所需排序的无序序列元素变为一个有序的序列。

假设要排序的数组是 a[0]……a[N-1]，首先 a[0] 作为基准元素，然后将所有比它小的数都放到它前面，所有比它大的数都放到它后面，这个过程称为一次快速排序。

一次快速排序的算法的步骤如下。

（1）设置两个变量 i、j，排序开始时 i=0、j=N-1；

（2）以第一个数组元素 a[0]（即 a[ i ]）作为基准元素；

（3）从 j 开始从后往前搜索（j--），找到第一个小于 a[ i ] 的数 a[ j ]，将 a[ j ] 和 a[ i ] 互换位置，此时基准元素的位置在数组的第 j 个位置；

（4）从 i 开始从前向后搜索（i++），找到第一个大于 a[ j ] 的 a[ i ]，将 a[ i ] 和 a[ j ] 互换位置，此时基准元素的位置在数组的第 i 个位置；

（5）重复（3）（4），直到 i=j，此时循环结束。

**范例28-4**    对5个数[10,2,3,21,5]进行从小到大的排序。

（1）在 Code::Blocks 中，新建名为 "28-4.c" 的文件。
（2）在代码编辑区域输入以下代码（代码 28-4.txt）。

```
01  #include<stdio.h>
02  void sort(int a[],int left ,int right)
03  {
04    int i,j,temp;
05    i=left;
06    j=right;
07    temp=a[left];
08    if(left>right) return;
09    while(i!=j)              /*i 不等于 j 时，循环进行 */
10    {
11     while(a[j]>=temp&&j>i)
12       j--;
13     if(j>i)
14       a[i++]=a[j];
15     while(a[i]<=temp&&j>i)
16       i++;
17     if(j>i)
18       a[j--]=a[i];
19    }
20    a[i]=temp;
21    sort(a,left,i-1);          /* 对小于基准元素的部分进行快速排序 */
22    sort(a,i+1,right);          /* 对大于基准元素的部分进行快速排序 */
23  }
24  int main()
25  {
26    int m[5]={10,2,3,21,5};
27    int i=0;
28    sort(m,0,4);
29    printf(" 从小到大排序后：\n");
30    for(i=0;i<5;i++)
31      printf("%d",m[i]);        /* 输出排序结果 */
32    printf("\n");
33  }
```

## 【运行结果】

编译、连接、运行程序，即可在程序执行窗口中输出结果。

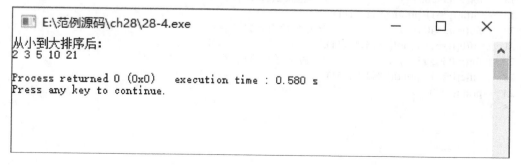

**【范例分析】**

本范例使用快速排序法实现排序过程，需要注意：

（1）当 i=j 时，循环停止，并不代表排序结束，只是代表一次快速排列完成，若想实现最终的排列顺序，可能要经过几次快速排列才能完成；

（2）在一次快速排列过程中，基准元素是不变的；

（3）完成整个过程的快速排列，采用了递归算法。

# ▶28.5　桶排序法

桶排序法的基本思想：**将数据分到有限数量的桶里，每个桶里的数再进行排序。简单来说，就是把数据分组，放在一个个的桶中，然后对每个桶里面的数再进行排序。**

例如，对 [1,100] 范围内的 $n$ 个整数 a[1,$n$] 进行排序，步骤如下。

将这类排序分为 3 个桶：第 1 个桶（数组 a）的整数范围为 [1,10]、第 2 个桶（数组 b）的整数范围为 [11,50]、第 3 个桶（数组 c）的整数范围为 [51,100]。

对这 n 个数进行从头到尾的扫描，将 1 到 10 之间的数放在数组 a 中，将 11 到 50 之间的数放在数组 b 中，将 51 到 100 之间的数放在数组 c 中。

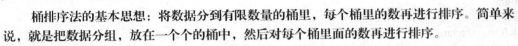

**范例28-5**　使用桶排序法对数列 [5,2,30,98,20,1,45,80] 从小到大排序。

（1）在 Code::Blocks 中，新建名为 "28-5.c" 的文件。

（2）在代码编辑区域输入以下代码（代码 28-5.txt）。

```
01  #include<stdio.h>
02  int main()
03  {
04    int m[8]={5,2,30,98,20,1,45,80};
05    int a[10]={0};              /* 数组 a 存放 [1,10] 的数，将数组 a 赋值为零 */
06    int b[40]={0};              /* 数组 b 存放 [11,50] 的数，将数组 b 赋值为零 */
07    int c[50]={0};              /* 数组 c 存放 [51,100] 的数，将数组 c 赋值为零 */
08    int i;
09    for(i=0;i<8;i++)
10    {
11    if((m[i]>0)&&( m[i]<11))
12      a[m[i]-1]=1;            /* 假如 i=0，那么 m[i]=5；将 5 放在数组 a 的第 5 个位置，即 a[4] 中，所以
是 a[m[i]-1] */
13    if((m[i]>10)&&( m[i]<51))
14      b[m[i]-10-1]=1;
15    if((m[i]>51)&&( m[i]<101))
16      c[m[i]-50-1]=1;
17    }
18    for(i=0;i<10;i++)              /* 输出数组 a 的结果 */
19     if(a[i]==1) printf(" %d ",i+1);
20    for(i=0;i<40;i++)              /* 输出数组 b 的结果 */
21     if(b[i]==1) printf(" %d ",i+11);
22    for(i=0;i<50;i++)              /* 输出数组 c 的结果 */
23     if(c[i]==1) printf(" %d ",i+51);
24    printf("\n");
25  }
```

## 【运行结果】

编译、连接、运行程序，即可在程序执行窗口中输出结果。

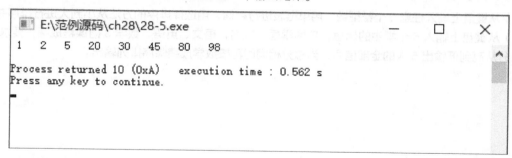

## 【范例分析】

本范例定义了 3 个数组，分别存放 [1,10]、[11,50]、[51,100] 的数。将序列 m 中对应的数放在对应的数组中，并标记为 1。例如，45 属于 [11,50] 之间的数，所以放在数组 b 中，数组 b 总共有 40 个元素，11 放在 b[0]、12 放在 b[1]……所以 45 应该放在 b[45-11]=b[34] 中。将 m 中的数存放在对应的数组元素的过程，已经完成了从小到大的排序。在输出结果的时候，只要数组 a、b、c 中的元素为 1，就表示这个元素的位置代表序列 M 中的数，所以只需要输出数组元素为 1 的位置上的数据即可。

# ▶28.6 高手点拨

**算法的稳定性是一个特别重要的评估标准。稳定的算法在排序的过程中不会改变元素彼此的位置的相对次序，反之不稳定的排序算法经常会改变这个次序，这是我们不愿意看到的。我们在使用排序算法或者选择排序算法时，希望这个次序不会改变，更加稳定。就如同空间复杂度和时间复杂度，有时候甚至比时间复杂度、空间复杂度更重要。所以评价一个排序算法的好坏往往可以从以下几个方面入手。**

时间复杂度：从序列的初始状态到经过排序算法的变换移位等操作，得到最终排序好的结果状态的过程所花费的时间度量。

空间复杂度：从序列的初始状态经过排序移位变换过程直到最终的状态所花费的空间开销。

使用场景：排序算法有很多，不同种类的排序算法适合不同种类的情景，可能有时候需要节省空间对时间要求没那么多；反之，有时候则是希望多考虑一些时间，对空间要求没那么高，总之一般都会从某一方面做出抉择。

稳定性：稳定性是不管是时间还是空间都必须要考虑的问题，是非常重要的影响选择的因素。

稳定算法：冒泡排序、插入排序。

不稳定算法：选择排序、快速排序、桶排序。

如果只是简单进行数字的排序，那么稳定性将毫无意义；如果排序的内容仅仅是一个复杂对象的某一个数字属性，那么稳定性将依旧毫无意义；如果要排序的内容是一个复杂对象的多个数字属性，但是其原本的初始顺序毫无意义，那么稳定性依旧毫无意义。

除非要排序的内容是一个复杂对象的多个数字属性，且其原本的初始顺序存在意义，那么我们需要在二次排序的基础上保持原有排序的意义，才需要使用到稳定性的算法。例如要排序的内容是一组原本按照价格高低排序的对象，如今需要按照销量高低排序，使用稳定性算法，可以使得相同销量的对象依旧保持着价格高低的排序展现，只有销量不同的才会重新排序。（当然，如果不需要保持初始的排序意义，那么使用稳定性算法将依旧毫无意义。）

通常情况下优先使用快速排序算法。

# ▶ 28.7　实战练习

（1）从键盘上输入任意 5 个整型数，用单链表进行存储，用选择排序的方法从小到大进行排序并输出。

（2）从键盘上输入 5 个学生的信息，包括学号，姓名，语文、英语、数学 3 门课程成绩，要求按 3 门课程的总分从高到低输出 5 人的全部信息，当总分相同时再按数学成绩降序排列输出。

第 **29** 章

# 查找问题算法

查找是在数据中寻找特定的值，这个值称为关键值。例如，在电话簿中查找朋友的电话号码，在书店查找喜爱的书，这些都是查找的应用。针对无序数据和有序数据，查找的方法是不一样的，查找的效率也有差别。本章将介绍顺序和折半两种查找算法。

## 本章要点（已掌握的在方框中打钩）

□ 顺序查找法
□ 折半查找法

如果是针对一些没有排序过的数据进行查找，我们需要从第 1 个数据开始进行比较，才能得知这个数据是否存在。如果数据已经进行过排序，查找的方法就大不相同。例如，在电话簿中查找朋友的电话号码，相信没有读者会从电话簿的第 1 页开始找，而是直接根据姓名翻到相应的页数。这么做的原因就是电话簿已经根据姓名排好序了。

## ▶ 29.1 顺序查找法

顺序查找法基本思路：对一组数据的遍历，这组数据是否排序并不重要，从第一个元素开始逐个与需要查找的元素进行比较，如果等于需要查找的元素，返回元素的下标 i，工作结束，否则从下一个元素继续比较，直到查找到最后数据为止。

📝 **范例29-1**　　顺序查找。

（1）在 Code::Blocks 中，新建名为 "29-1.c" 的文件。
（2）在代码编辑区域输入以下代码（代码 29-1.txt）。

```
01  #include <stdio.h>
02  #include <stdlib.h>
03  #include <time.h>
04  #define MAX 50              /* 最大数组容量 */
05  struct element             /* 记录结构声明 */
06  { int key;
07  };
08  typedef struct element record;
09  record data[MAX+1];
10  /* 顺序查找 */
11  int seqsearch(int key)
12  {
13    int pos;                 /* 数组索引 */
14    data[MAX].key=key;
15    pos=0;                   /* 从头开始找 */
16    while(1)
17    {
18     if(key==data[pos].key)      /* 是否找到 */
19       break;
20     pos++;                 /* 下一个元素 */
21    }
22    if(pos==MAX)            /* 在最后 */
23      return -1;
24    else
25      return pos;
26  }
27  /* 主程序 */
28  int main()
29  {
30    int checked[300];         /* 检查数组 */
31    int i,j,temp;
32    long temptime;
33    srand(time(&temptime) %60);          /* 使用时间初始随机数 */
34    for(i=0;i<300;i++)
35     checked[i]=0;              /* 清除检查数组 */
36    i=0;
```

```
37    while(i!=MAX)              /* 生成数组值的循环 */
38    {
39     temp=rand() % 300;         /* 随机数范围 0~299*/
40     if(checked[temp]==0)       /* 是否是已有的值 */
41     {
42      data[i].key=temp;
43      checked[temp]=1;          /* 设置此值生成过 */
44      i++;
45     }
46    }
47    printf(" 随机产生的 50 个数据为：\n");
48    for(j=0;j<i;j++)
49     printf("%d  ",data[j]);
50    printf("\n");
51    while(1)
52    {
53     printf("\n 请输入查找值 0-299( 输入 -1 结束 )： ");
54     scanf("%d",&temp);          /* 导入查找值 */
55     if(temp!=-1)
56     {
57      i=seqsearch(temp);         /* 调用顺序查找 */
58      if(i!=-1)
59       printf(" 找到查找值 %d[ 第 %d 个 ]\n",temp,i+1);
60      else
61       printf(" 没有找到查找值 %d\n",temp);
62     }
63     else
64      exit(1);                   /* 结束程序 */
65    }
66    return 0;
67    }
```

## 【运行结果】

编译、连接、运行程序，输入查找的值，按【Enter】键，即可在程序执行窗口中输出结果。

```
■ E:\范例源码\ch29\29-1.exe                            —    □    ×

随机产生的50个数据为：
175  100  169  56  183  279  216  144  209  269  9  250  271  199  236  125  188
  212  251  176  207  30  286  107  190  140  36  91  145  115  182  297  88  45
  106  247  249  172  67  55  223  43  168  260  99  281  149  235  232  23

请输入查找值 0-299(输入-1结束)： 6
没有找到查找值6

请输入查找值 0-299(输入-1结束)： 216
找到查找值216[第7个]

请输入查找值 0-299(输入-1结束)： 100
找到查找值100[第2个]

请输入查找值 0-299(输入-1结束)： -1

Process returned 1 (0x1)   execution time : 51.377 s
Press any key to continue.
```

## 【范例分析】

本范例先使用随机函数，以时间为种子，生成了 50 个取值范围在 0~299 互不相同的一组随机整数。

第 40~45 行定义了 checked 数组，初始值为 0，temp 是生成的随机数。我们以 temp 为下标，当 temp 第 1 次出现时，将以 temp 为下标的 checked 数组元素值设置为 1。如果再次生成了 temp 值，检查相应的 checked 数组 temp 下标的值是否是 0，为 0 就说明 temp 是新数需要保存，为 1 就说明 temp 是已有数不用保存，需要重新产生一个值。

接下来调用顺序查找函数 seqsearch()，根据用户输入值查找元素是否存在。查找方法是遍历数组，直到找到与用户输入值相等的元素，把该元素在数组中的下标返回给主函数。

## ▶ 29.2 折半查找法

**折半查找法基本思路：** 折半查找的前提条件是对一组已经排过序的数据进行查找，取中间位置的元素与需要查找的数据进行比较，如果相等，则返回中间元素的下标；如果大于，则从左边的区间查找，与该区域的中值进行比较；如果小于，则从右边的区间查找，与该区域的中值进行比较；重复上述操作，直到找到目标数据为止，或者已经没有数据可以分区，表示没有找到。每次减少一半的查找范围，提高了查找效率。

如果数组的元素范围分别是 low 和 high，此时的中间元素是（low+high）/ 2。在进行查找时，可以分成以下 3 种情况。

（1）如果查找关键值小于数组的中间元素，关键值在数据数组的前半部分。

（2）如果查找关键值大于数组的中间元素，关键值在数据数组的后半部分。

（3）如果查找关键值等于数组的中间元素，中间元素就是查找的值。

**📋 范例29-2 折半查找。**

（1）在 Code::Blocks 中，新建名为 "29-2.c" 的文件。
（2）在代码编辑区域输入以下代码（代码 29-2.txt）。

```
01  #include <stdio.h>
02  #include <stdlib.h>
03  #define MAX 21              /* 最大数组容量 */
04  struct element
05  { int key;};
06  typedef struct element record;
07  record data[MAX]={ 1,3,5,7,9,21,25, 33,46,89,100,121, 127,139,237,279,302,356,455,467,500};      /* 结构数组声明 */
08  /* 折半查找 */
09  int binarysearch(int key)
10  {
11    int low,high,mid;        /* 数组开始、结束和中间变量 */
12    low=0;               /* 数组开始，标记查找下限 */
13    high=MAX-1;             /* 数组结束，标记查找上限 */
14    while(low<=high)
15    {
16      mid=(low+high)/2;      /* 折半查找中间值 */
17      if(key<data[mid].key)       /* 当待查找数据小于折半中间值 */
18       high=mid-1;      /* 在折半的前一半重新查找 */
19      else
20       if(key>data[mid].key)    /* 当待查找数据大于折半中间值 */
21        low=mid+1;         /* 在折半的后一半重新查找 */
22       else
23        return mid;         /* 找到了，返回下标 */
24    }
25    return -1;                /* 没有找到返回 -1*/
```

```
26  }
27  int main()
28  {
29   int i,found;                    /* 是否找变量 */
30   int value;                      /* 查找值 */
31   printf(" 已经给出的 21 个数据为：\n");
32   for(i=0;i<21;i++)
33    printf("%d  ",data[i]);
34   printf("\n");
35   while(1)
36   {
37    printf("\n 请输入查找值 0~500( 输入 -1 结束 ):");
38    scanf("%d",&value);
39    if(value !=-1)
40    {
41     found=binarysearch(value);          /* 调用折半查找 */
42     if(found!=-1)
43      printf(" 找到查找值 :%d[ 第 %d 个 ]\n",value,found+1);
44     else
45      printf(" 没有找到查找值 :%d\n",value);
46    }
47    else
48     exit(1);                      /* 结束程序 */
49   }
50   return 0;
51  }
```

## 【运行结果】

编译、连接、运行程序，输入查找的值，按【Enter】键，即可在程序执行窗口中输出结果。

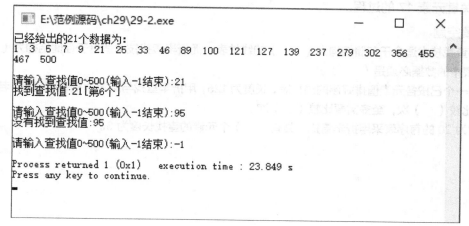

## 【范例分析】

折半查找的前提是数组已经按照大小顺序排列，本范例是从小到大的排列顺序。用户输入查找值，调用折半查找函数 binarysearch()，以数组的下标居中的元素为中间值，把数组一分为二，根据查找值和中间值的大小关系，决定继续在上半部分还是下半部分查找，然后再次取下标居中的元素为中间值循环判断，直至找到查找值。

## ▶ 29.3 高手点拨

顺序查找的数据结构是顺序存储或者链式存储的，折半查找的数据结构都是顺序存储的，顺序查找是直接遍历，复杂度是与这个元素的位置呈线性关系的。对那些已经排好序的顺序表，可以使用折半查找方式，每次取一半，缩小范围，类似于二叉树，可以采用递归和非递归的方法。

在范例 29-2 折半查找算法中，查找过程可用二叉树（即判定树）来表示，折半查找法在查找过程中进行的比较次数最多不超过其判定树的深度，如下图所示。

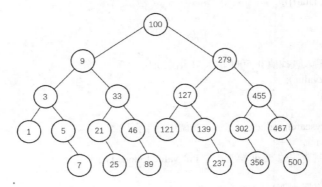

查找算法还有分块查找（索引顺序查找）、哈希查找（散列查找）等。查找算法的评价因素有以下 4 点。

（1）查找速度。

（2）占用的存储空间。

（3）算法复杂度。

（4）平均查找长度。

## ▶ 29.4 实战练习

（1）请给出在含有 12 个元素的有序表 {1，4，10，16，17，18，23，29，33，40，50，51} 中查找关键元素 17 的过程。

（2）填空题

① 顺序查找技术适合于存储结构为（    ）的线性表，而折半查找技术适合于存储结构为（    ）的线性表，并且表中的数据必须是（    ）。

② 设有一个已按各元素值排好序的线性表，长度为 125，用折半查找与给定值相等的元素，若查找成功，则最少需要比较（    ）次，至多需要比较（    ）次。

③ 长度为 20 的有序表采用折半查找，共有（    ）个元素的查找长度为 3。

# 第30章

# 算法竞赛实例

算法能够在很多不同的场景下得到应用。好的算法就如同好的工具，以合理高效的步骤和方法来完成相应的工作。在解决问题时，算法能够提供一定程度的抽象性，很多看似复杂的问题都可以用已存在的算法来简化。当我们能够用简化的眼光去看待复杂的问题时，复杂的问题就可以看作一个简单问题的抽象。算法解决的很多问题都是由复杂的问题抽象而来的，这就使得很多复杂的算法问题能够迎刃而解。本章将介绍几个著名问题的解决算法，希望能开拓读者的视野。

## 本章要点（已掌握的在方框中打钩）

☐ Hilbert 曲线

☐ 四色问题

☐ 跳马问题

☐ 生成全部排列及其应用

☐ 贪吃蛇游戏

☐ 幻方

☐ 高精度计算

# ▶30.1 Hilbert 曲线

📝 **范例 30-1**　Hilbert曲线（希尔伯特曲线）。

**【范例描述】**

　　Hilbert 曲线是一种奇妙的填充曲线，类似的填充曲线还包括皮亚诺曲线、三角形曲线、"流蛇"曲线、谢尔宾若斯基曲线、特赫雪花曲线等。Hilbert 曲线依据自身空间填充曲线的特性，只要恰当地选择函数，就能画出一条连续的参数曲线，当参数 t 在 [0,1] 取值时，曲线将遍历单位正方形中所有的方格，得到一条充满空间的平面曲线，并且每个方格仅仅穿过一次。其构造方式是把前一阶的曲线复制 4 份，将右上角和右下角的曲线做一个沿对角线的翻转，然后增加 3 条线段把这 4 份连起来，这些曲线的极限就是希尔伯特曲线。如下图所示，1~3 阶 Hilbert 曲线对应的正方形。取一个正方形并且把它分出 4 个相等的小正方形，然后从右上角的正方形开始至右下角的正方形结束，依次把小正方形的中心用线段连接起来；下一步把每个小正方形分成 4 个相等的正方形，然后继续上述方式把其中中心连接起来……将这种操作过程无限进行下去，最终得到的极限情况的曲线就被称作 Hilbert 曲线。Hilbert 曲线作用非常大，除了上面讲到的作为一种基于网格的空间索引外，还可以用作图像数据的混淆或者加密。

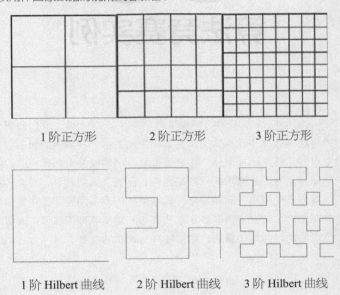

1 阶正方形　　　　2 阶正方形　　　　3 阶正方形

1 阶 Hilbert 曲线　　2 阶 Hilbert 曲线　　3 阶 Hilbert 曲线

**【实现过程】**

（1）在 Code::Blocks 中，新建名为 "30-1.cpp" 的工程文件。

（2）引用头文件，进行数据类型的指定并声明程序中自定义的函数。扫描下方二维码可查看对应代码。

**【技术要点】**

　　Hilbert 曲线有两个特点。一是都可以一笔画出，二是曲线 Hi+1 是由 4 个适当方向的 H 曲线用 3 条线段连接而成的。本范例利用递归法画出了 Hilbert 曲线。

**【运行结果】**

　　编译、连接、运行程序，按照程序设定的阶数是 3，即可在程序执行窗口中输出程序运行结果。

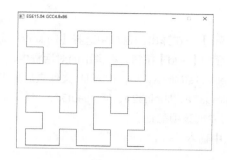

## 【范例分析】

graphics.h 是 TC 里面的图形库，库中提供像素函数、直线和线型函数、多边形函数、填充函数等。在 Code::Blocks 编译环境中不能直接使用 graphics.h 库，如果我们要使用该函数库有 3 个办法。

（1）首先下载一个 TC 编译器并安装，然后在安装目录下面找到 include 文件夹和 lib 文件夹，再将其中的 graphics 库的 .h 文件和 .lib 文件复制粘贴到 Code::Blocks 对应的文件夹下面。我们也可以在专业网站上下载这两个文件并复制到 Code::Blocks 的相关文件夹中。

（2）安装插件标准 EasyX 图形库，再将其 lib 文件夹和 include 文件夹下的内容复制到 Code::Blocks 安装目录对应的 lib 和 include 的文件夹下即可。下面新建项目，在项目中创建 cpp 文件（不能创建 C 文件），并需要在项目中设置有关参数。

（3）本书中使用的是第 3 种方法——安装 Windows 下的简易绘图库 EGE。EGE 是一个类似 BGI(graphics.h) 的面向 C/C++ 语言新手的图形库，它也是为了替代 TC 的 BGI 库而存在。EGE 的使用方法与 TC 中的 graphics.h 相当接近，对新手来说，简单、友好、容易上手、免费开源，而且程序中只需要引用 graphics.h 头文件，即使之前完全没有接触过图形编程，也能迅速学会基本的绘图。目前，EGE 图形库已经完美支持 VC6、VC2008、VC2010、C-Free、DevCpp、Code::Blocks、wxDev、Eclipse for C/C++ 等 IDE，即支持使用 MinGW 为编译环境的 IDE。

下面是下载、安装、配置 EGE 的详细步骤。

第一步：下载、安装 EGE19.01。

在官网上下载一个压缩包 ege19.01_all.7z，再在相关网站上下载一个文件 libgraphics.a。

打开 ege19.01_all.7z 压缩包，如下图所示。

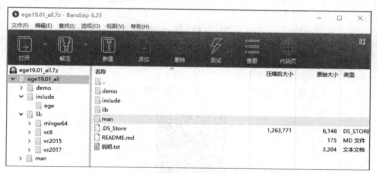

将 include 目录下的 ege.h 和 graphics.h 复制到安装 Code::Blocks 软件磁盘的 \CodeBlocks\MinGW\include 文件夹下。例如：C:\CodeBlocks\MinGW\include。

将 include\ege 目录下的 button.h、fps.h、label.h 和 sys_edit.h 复制到上一步的文件夹下。例如：C:\CodeBlocks\MinGW\include。

将 lib\mingw64\lib 目录下的 libgraphics64.a 复制到安装 Code::Blocks 软件磁盘的 \CodeBlocks\MinGW\lib 文件夹下。例如：C:\CodeBlocks\MinGW\lib。

将开始时下载的文件 libgraphics.a 复制到上一步的文件夹下。例如：C:\CodeBlocks\MinGW\lib。

第二步：创建项目。

打开 Code::Blocks 新建一个 Console 项目，创建源程序时要选择 C++！

第三步：配置项目参数。

选择【Project】→【Build options】，在弹出的窗口中选择【Linker settings】选项卡。

单击【Link libraries】设置项下面的【Add】按钮，在弹出的对话框中点击"File"文本框后面的向导按钮，找到刚才的编译器目录，如 C:\CodeBlocks\MinGW\lib，进入 lib 文件夹后把下面这些文件名选择进来：libgdi32.a、libgraphics.a、libimm32.a、libmsimg32.a、libole32.a、liboleaut32.a、libuuid.a、libwinmm.a。单击【Open】按钮，然后单击【Ok】、【Yes】按钮完成该项配置。

在右边【Other linker options】中输入"-mwindows"。

完成配置如下图所示。

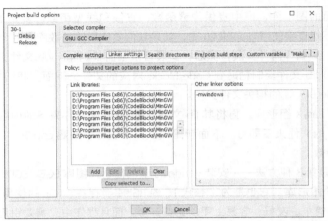

## ▶ 30.2 四色问题

📝 **范例 30-2**　　四色问题。

【范例描述】

四色问题又称四色猜想、四色定理，是世界近代三大数学难题之一。四色问题的内容是"任何一张地图只用 4 种颜色就能使具有共同边界的国家着上不同的颜色"。也就是说在不引起混淆的情况下一张地图只需 4 种颜色来标记。用数学语言描述即"将平面任意地细分为不相重叠的区域，每一个区域总可以用 1、2、3、4 这 4 个数字之一来标记而不会使相邻的两个区域得到相同的数字"。

【实现过程】

（1）在 Code::Blocks 中，新建名为"30-2.c"的文件。

（2）引用头文件，定义常量 N。扫描下方二维码可查看对应代码。

【技术要点】

首先定义城市地图，并将它们编号，便于后续的排序。定义地图之后，每个区块只包含一个编号数据（这个编号可以是地名或者数字），用来区分该区块和其他区块。另外要着色，还要考虑该区块和其他区块连接的情况，然后就是区块本身的颜色。最后遍历校验模块按照顺序检查所有的城市和其相邻的城市是否存在同色的情况并输出着色方案。

## 【运行结果】

编译、连接、运行程序，即可在程序执行窗口中输出程序运行结果。

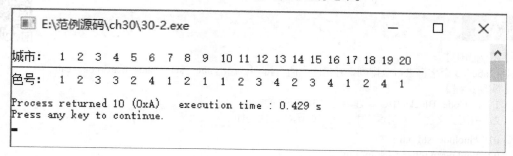

# ▶30.3 跳马问题

**范例 30-3** 跳马问题。

【范例描述】

有一只中国象棋中的"马"，从半张棋盘的左上角出发，以"日"字形向右下角跳。规定只许向右跳（可上，可下，但不允许向左跳）。请编程求从起点 A(1,1) 到终点 B(m,n) 共有多少种不同跳法。为了便于理解，本范例描述了从起点 (1,1) 到终点 (10,10) 之间的不同跳法。

【实现过程】

（1）在 Code::Blocks 中，新建名为"30-3.c"的文件。

（2）引用头文件、数据类型的指定并声明程序中自定义的函数。扫描下方二维码可查看对应代码。

## 【技术要点】

用回溯算法解决跳马问题的基本思想是，首先从起点开始，跨第一步时先做出选择，再判断，再跨出下一步，重复上述过程，跨出的每一步都会离目的地越来越近。但当到不了目的地时，如果可以做出新的选择，则重新跨出，否则再退，依此类推。上述过程可以借助图形来模拟，首先要清楚整个过程，接下来便是每一步的语言描述及记录，否则回退时不便做出新的选择。

## 【运行结果】

编译、连接、运行程序，输入想要到达点的坐标，即可在程序执行窗口中输出程序运行结果。

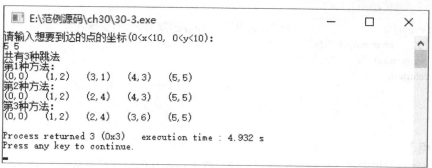

# ▶ 30.4 生成全部排列及其应用

**范例 30-4　　全排列。**

【范例描述】

对 "abc" 3 个字符进行全排列，并打印出所有排列。输出 abc、acb、bac、bca、cba、cab。

【实现过程】

（1）在 Code::Blocks 中，新建名为 "30-4.c" 的文件。

（2）引用头文件，声明程序中自定义的函数。代码如下。

```
01  #include<stdio.h>
02  void perm (char * list,int i,int n);
03  void swap(char *,char*,char temp);
```

（3）首先定义函数 shift()，将字符串左移一位，首位存到末尾。代码如下。

```
04  void perm(char * list,int i,int n )          /*3 层循环实现全排列 */
05  {
06    int j,temp=0;                   /* 定义整型变量 */
07    if(i==n)
08    {
09      for(j=0;j<=n;j++)
10        printf("%c",list[j]);
11      printf("\n");
12    }
13    else
14    { for(j=i;j<=n;j++)
15      {
16        swap(&list[i],&list[j],temp);      /* 调用函数组成新排列 */
17        perm(list,i+1,n);              /* 递归调用 */
18        swap(&list[i],&list[j],temp);
19      }
20    }
21  }
```

（4）然后定义函数 swap()，将已排好的数据进行全排列。代码如下。

```
22  void swap(char * a,char * b ,char temp)       /*swap() 函数实现交换两个数 */
23  {
24    if(a==b)                   /*a==b 时不需要交换 */
25      return;
26    temp=*a;
27    *a=*b;
28    *b=temp;
29  }
```

（5）程序主要代码如下。

```
30  int main()                   /* 主函数调用 perm() 函数实现最终全排列 */
31  {   32    char shit[4]="abc";
33    perm(shit,0, 2);
34    return 0;
35  }
```

【技术要点】

本范例使用递归调用实现了字符串的全部排列。首先 perm() 函数接受参数 i=0、n=2，然后直接跳转到

else 语句中的 for 循环，接着 swap() 函数直接 return；然后进入第 1 层递归，第 1 层递归的参数 i=1、n=2，又是 else 语句中的 for 循环，j=1，i=1，swap 又是直接 return；然后进入第 2 层递归，参数 i=2，进入 if 语句，输出"abc"；最后退出第 2 层递归，返回第 1 层递归，依此类推。

### 【运行结果】

编译、连接、运行程序，即可在程序执行窗口中输出程序运行结果。

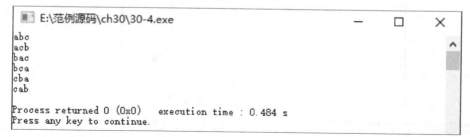

# ▶ 30.5　贪吃蛇游戏

### 📝 范例 30-5　　贪吃蛇游戏。

#### 【范例说明】

贪吃蛇游戏的基本规则是，通过按键盘上的【W】【S】【A】【D】键来控制蛇运行的方向，当蛇将食物吃了之后自己的身体长度会自动增长，当蛇撞到自己的身体后会死，此时游戏结束。本范例增加了游戏乐趣，即当蛇撞墙之后，蛇不会死，而是接着从墙的另一侧出来。当蛇向右运行时，按向左键将不改变蛇的运行方向，蛇继续向右运行；同理当蛇向左运行时，按向右键也不改变蛇的运行方向，蛇继续向左运行；当蛇向上运行或向下运行时，原理同向左向右运行。

#### 【实现过程】

（1）在 Code::Blocks 中，新建名为"30-5.c"的文件。

（2）引用头文件，扫描下方二维码可查看对应代码。

### 【技术要点】

在编程实现贪吃蛇游戏时要注意以下几点。

（1）如何实现蛇在吃到食物后食物消失。这里用到的方法是采用背景颜色在出现食物的地方重画食物，这样食物就不见了。

（2）如何实现蛇的移动且在移动过程中不留下痕迹。实现蛇的移动也是贪吃蛇游戏的核心技术，主要方法是将蛇头后面的每一节逐次移到前一节的位置，然后按蛇的运行方向不同对蛇头的位置做出相应调整。这里以向右为例，当蛇向右运行时，蛇头的横坐标加 10、纵坐标不变，蛇每向前运行一步，相应地将其尾部用背景色重画，即去掉其尾部。

（3）当蛇向上运行时，从键盘输入向下键，此时蛇的运行方向不变，其他几个方向依此类推。

（4）食物出现的位置本范例采用了随机产生的方法，但是这种随机产生也有一定的条件，即食物出现的位置得在 15 内随机分配，只有这样才能保证蛇能够吃到食物。

**【运行结果】**

　　编译、连接、运行程序，在程序执行过程中，食物的位置随机出现，我们可以按【W】【S】【A】【D】键使蛇向上、向下、向左、向右移动吃到食物，每吃到一次食物时蛇的身体自动长长一节。按【ESC】键时程序结束，当蛇头碰到蛇身时游戏也自动结束。在程序执行窗口中输出程序的运行结果。

 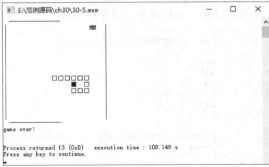

# ▶ 30.6　幻方

**范例 30-6　幻方。**

**【范例描述】**

　　所谓幻方，指的是 $1 \sim n^2$ 共 $n^2$ 个自然数，我们可以将这个 $n^2$ 个自然数排列成 $n \times n$ 的方阵，该方阵的每行、每列、对角线元素之和相等，并为一个只与 $n$ 有关的常数，该常数为 $[n \times (n^2+1)]/2$。
　　例如，当输入阶数 $n$ 为 3 时，输出的 $3 \times 3$ 方阵结果为：

```
8 1 6
3 5 7
4 9 2
```

**【实现过程】**

　　（1）在 Code::Blocks 中，新建名称为 "30-6.c" 的文件。
　　（2）引用头文件，进行数据类型的指定并声明程序中自定义的函数。扫描下方二维码可查看对应代码。

**【技术要点】**

　　对平面幻方的构造，可分为 3 种情况：任意奇数阶幻方、双偶阶幻方、单偶阶幻方的实现。在编写程序时，我们要思路清晰，上述实现过程将该范例分为这 3 种情况分别来设计思路、算法来实现。基本算法思想如下。

　　（1）任意奇数阶幻方的实现。①从 1 开始，将 1 放在第一行正中。②接着向右移动一格，填入数字，若超出右边界限（上边），接至最左边（下边），即行为 0（列为 $n+1$）时，将行改为 $n$（列改为 1）。③若右上方已有数字，则向下方一格填数。④重复②③直至填完 $n \times n$ 的方阵。

　　（2）双偶阶幻方的实现。①每 4 行 4 列中对角线上的位置，作上 * 标记。②从方阵左上角起，自左而右自上而下（逐行）排数。排数规则：已填入 *，则不写入数；未填入 *，则填入数。左上角起数为 *，每移动一格，不论是否填写数均加 1。③从方阵右下角起，自右而左、自下而上（逐行）排数。排数规则：已填入数，则不写入数；未填入数，则填入数。右下角起数为 *，每移动一格，不论是否填写数均加 1。

　　（3）单偶阶幻方的实现。①将 $m=n/2$，则可以分成 4 个数据段：$[1,m2]$，$[m2+1,2m2]$，$[2m2+1,3m2]$，$[3m2+1,4m2]$。②采用德拉鲁布算法，分别排出 $m \times m$ 阶方阵 A、B、C、D。③将 A、D 方阵中前 $(m+1)/(2-1)$ 列元素除第 1 列中第 $(m+1)/2$ 行不变外，其余分别对应元素交换。④将 A、D 方阵中心元素交换，即第 $(m+1)/2$

行第 (m+1)/2 列。⑤将 B、C 方阵中后 (m+1)/2-1 列元素对应交换。

### 【运行结果】

编译、连接、运行程序，出现提示后输入"3"，即可在程序执行窗口中输出程序的运行结果。按【ESC】键退出程序。

```
■ E:\范例源码\ch30\30-6.exe                    —    □    ×
    8   1   6
    3   5   7
    4   9   2

行之和:       15      15      15
列之和:       15      15      15
主对角线之和:   15
副对角线之和:   15

获得一个新的3阶幻方!

按【Esc】退出, 按【Enter】继续
Process returned 0 (0x0)    execution time : 15.676 s
Press any key to continue.
```

## 30.7 高精度计算

📝 **范例 30-7**　高精度计算——求68!。

### 【范例描述】

计算机内部直接用 int 或 double 等数据类型储存数字是有范围限制的，即当数据运算大小过大后，计算机将会出现溢出情况，使得计算结果不够精确。为了能够使计算机精确地计算高位的数字，我们需要学会使用高精度算法。高精度算法有加法、减法、乘法、除法、阶乘等。本范例就高精度算法的阶乘展开讨论。

### 【实现过程】

（1）在 Code::Blocks 中，新建名为"30-7.c"的文件。

（2）引用头文件，定义数组的最大长度。代码如下。

```
01  #include<stdio.h>
02  #define MAX 1000
```

（3）程序主要代码如下。

```
03  main()
04  {
05      int a[MAX],i,n,j,flag=1;        /* 定义整型变量 i、n、j、flag, 以及整型数组 a 长度为小于 1000*/
06      printf(" 请输入阶数 n: ");
07      scanf("%d",&n);
08      printf("%d!=",n);              /* 输入一个数，计算它的阶乘 */
09      a[0]=1;                        /* 用数组 a 保存结果，开始时设置为 1*/
10      for(i=1;i<MAX;i++)a[i]=0;      /* 把 i 大于 1 的时候的 a[1] 设置为 0*/
11      for(j=2;j<=n;j++)              /* 用循环语句 for 实现 n*(n-1)*(n-2)*…*1*/
12      {
13        for(i=0;i<flag;i++)a[i]*=j;
14        for(i=0;i<flag;i++)
15        if(a[i]>=10)          /* 实现进位功能 */
16        {
17          a[i+1]+=a[i]/10;
18          a[i]=a[i]%10;
19          if(i==flag-1)
20          flag++;
21        }
22      }
```

```
23      for(j=flag-1;j>=0;j--)        /* 输出结果 */
24        printf("%d",a[j]);
25  }
```

**【技术要点】**

当输入一个很大的整数时，我们不能用简单的数据类型直接储存这些整数。此时，我们可以通过数组或字符串来储存数字。字符串的特点方便高位整数的输入，而整型数组的简便性更有利于每个位数的计算，因此我们结合两者的优点，得出高精度阶乘的大致流程如下。

（1）通过字符串输入需要计算阶乘的整数。

（2）引入数组，将整数通过一定的运算，分别将每一位的数字储存到数组中。

（3）进行每一位的运算。

（4）处理进位。

（5）输出结果。

**【运行结果】**

编译、连接、运行程序，即可在程序执行窗口中输出程序运行结果。

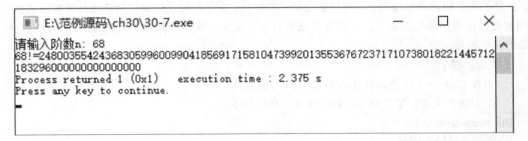

## ▶30.8 高手点拨

**在 C 语言的学习和算法的设计中，注意以下几点。**

编写高效简洁的 C 语言代码，是许多软件开发者追求的目标。计算机程序中算法执行时间和所占存储空间的矛盾尤为突出，那么，从这个角度出发要通过逆向思维来考虑程序的效率问题，因此我们要学会：① 空间换时间方法；② 数学方法解决问题；③ 使用位操作；④汇编嵌入。

Hilbert 曲线是一种填充曲线，类似的填充曲线还包括 Z 曲线、格雷码等。Hilbert 曲线依据自身空间填充曲线的特性，可以线性地贯穿二维或者更高维度每个离散单元，且仅仅穿过一次，并对每个离散单元进行线性排序和编码，该编码作为该单元的唯一标识。空间填充曲线可以将高维空间中没有良好顺序的数据映射到一维空间，经过这种编码方式，空间上相邻的对象会邻近存储在一起，减少数据读写的时间，提高内存中数据处理效率。

## ▶30.9 实战练习

（1）8 枚银币。说明：现有 8 枚银币 a、b、c、d、e、f、g、h，已知其中一枚是假币，其重量不同于真币，但不知是较轻还是较重，如何使用天平以最少的比较次数，决定出哪枚是假币，并得知假币比真币较轻或较重。

（2）筛选 1000 以内的质数。说明：除了自身之外，无法被其他整数整除的数称为质数。

第 $\mathrm{V}$ 篇

# 趣味解题

# 第31章

# 31

歌手比赛评分系统

歌手比赛中有大量信息，比如选手基本信息，姓名、性别、选唱歌曲，在比赛过程中要根据多位裁判给分快速计算出最终成绩和名次等。本章用 C 语言设计了一个简易的歌手比赛评分系统，麻雀虽小却五脏俱全，通过功能不同的函数以及它们之间的调用实现管理信息系统的任务，供读者了解、体会结构化程序设计的基本思想。

## 本章要点（已掌握的在方框中打钩）

☐ 问题描述
☐ 问题分析及实现
☐ 开发过程常见问题及解决方案

# ▶31.1 问题描述

一般的管理信息系统功能包括数据的录入、查询、修改、删除、统计、打印等。为了管理歌手比赛中产生的信息，我们设计了一个包含下列功能的系统。

（1）歌手基本信息的录入，如编号、姓名。

（2）歌手成绩的录入，如半决赛、决赛中多名裁判的给分。

（3）歌手信息的查询，如基本信息和成绩信息的查询。

（4）歌手信息的更新，如基本信息和成绩信息的修改。

（5）比赛现场成绩的统计和排名，如计算最终成绩和确定名次。

（6）输出歌手各种信息，如编号、姓名、裁判给分、最终成绩和名次。

# ▶31.2 问题分析及实现

由问题描述可知，我们设计了能够实现录入基本信息、录入成绩、查询信息、更新信息、统计成绩、输出名次这 6 个功能的子函数，在主函数中以菜单的形式把系统功能显示在屏幕上，用户随机选择哪个功能执行，主函数就调用该子函数。子函数执行结束后仍然返回主函数，用户可选择其他功能继续执行，直到退出系统，结束整个软件的执行。

## 31.2.1 问题分析

在这个系统的设计中，没有复杂的算法，数据类型有字符串、实数、整数。我们要确定系统管理哪些信息，它们之间有什么关系，采用什么数据结构来保存内存中的数据，采用什么格式来保存文件中的数据。

C 语言是不擅长对大量数据管理的，它的数据文件不能独立于程序，文件中的数据必须通过程序进行格式化地写入、修改、查询、输出，删除其实就相当于重新创建，非常不方便。实际应用中是不会用 C 语言设计管理信息系统的。在本章我们只是简单模拟实现一个少量数据的信息管理的软件，主要目的是练习函数间的调用，从一个较宏观的角度去分析一个大的任务如何分而治之，完成模块化、结构化的设计。

我们设计的系统要能够保存一些基本的、重要的、不用重复输入的原始数据，通过计算可以得到的数据不用保存在文件中。选手的编号、姓名、半决赛和决赛两个赛次裁判的给分就是原始数据，不同赛次最终成绩由计算所有裁判给分的平均分得到，名次按成绩从高到低评定第 1~ 第 *n* 名。

为了方便读者随时观察文件中数据的变化，我们采用文本格式存储文件（即建立的数据文件是文本文件）。C 语言提供了对二进制文件可以用相关系统函数对已有数据的文件重新写入新的数据（即更新）的功能，所以对于更新数据功能的函数读者可以自己另外改写程序，建立二进制文件，然后练习对其中保存的数据进行更新操作。

本系统没有设计删除功能的函数，为了不使代码过长不考虑成绩并列的情形。

## 31.2.2 问题实现

本节通过编程完成歌手比赛计分系统的设计，实现的代码如下（代码 31.c）。

### 01 采用结构体保存过程中的主要数据

通过定义一个结构体类型，实现对歌手编号、姓名、半决赛、决赛的最终成绩和名次的存储与管理。代码如下。

```
01  #include<stdio.h>
02  #include<stdlib.h>
03  #include<string.h>
04  #define N 100        /* 歌手最多 100 人 */
05  struct              /* 定义结构体保存歌手信息 */
```

```
06  { char orderNum[4];    /* 编号，要比有效字符长一个字符 */
07    char name[10];      /* 姓名 */
08    float score[2];      /* 两个赛次平均成绩 */
09    int order[2];        /* 两个赛次名次 */
10  }singer[N]={"","",{0.0,0.0},{0,0}};
11  FILE *fp1,*fp2,*fp;    /* 定义 3 个文件指针变量 */
12  int num;              /* 歌手人数 */
13  int judgement=7;       /* 裁判人数设置为 7*/
```

### 02 录入歌手编号和姓名主要数据

通过键盘录入歌手编号和姓名，并保存在 singer.dat 文件中，选手可以不按编号从小到大的顺序录入。代码如下。

```
01  void inputsinger()
02  {
03    int i,j,k;
04    if((fp=fopen("e:\\ 范例源码 \\ch31\\singer.dat","a"))==NULL)    /* 先以追加的方式打开歌手文件 */
05      if((fp=fopen("e:\\ 范例源码 \\ch31\\singer.dat","w"))==NULL) /* 若文件不存在则以创建的方式打开文件 */
06      { printf(" 不能创建文件 ");
07        exit(0);
08      }
09    printf("\n 请输入参赛歌手人数：");
10    scanf("%d",&num);
11    printf("\n 请输入参赛歌手编号和姓名：\n"); /* 输入歌手编号和姓名 */
12    for(i=0;i<num;i++)
13    {   printf(" 第 %d 人编号：",i+1);
14      scanf("%s",singer[i].orderNum);
15      printf(" 第 %d 人姓名：",i+1);
16      scanf("%s",singer[i].name);
17      fflush(stdin);                /* 清内存 */
18      fprintf(fp,"%4s",singer[i].orderNum);    /* 保存歌手编号、姓名 */
19      fprintf(fp,"%10s",singer[i].name);
20      fputs("\n",fp);                /* 每个歌手一行数据，用换行符分隔文件中的信息 */
21    }
22    printf("\n 参赛歌手编号和姓名如下：\n");
23    for(i=0;i<num;i++)
24      printf("%d  %3s %10s\n",i+1,singer[i].orderNum,singer[i].name);
25    getchar();
26    fclose(fp);
27  }
```

### 03 录入歌手指定赛次成绩函数

通过键盘录入半决赛或者决赛中 7 个裁判给歌手的评分，并保存在 refereescore.dat 文件和 finalscore.dat 文件中。文件中只保存选手的编号和 7 个裁判给分，信息可以不按选手编号从小到大的顺序录入。代码如下。

```
01    void inputscore()
02    {
03      int i,j,k,sc;
04      float score[N][7];
05      char singerNum[N][4];
06      while（1）              /* 选择赛次 */
07      { printf("\n 请输入成绩的赛次（半决赛-0，决赛-1）: ");
08        scanf("%d",&sc);
09        if(sc!=0 && sc!=1)
10        printf(" 只能输入 0 或者 1，请重新输入！\n");
11        else
12        break;
13      }
14      if(sc==0)              /* 打开或者创建该赛次成绩文件 */
15      {
16        if((fp=fopen("e:\\ 范例源码 \\ch31\\refereescore.dat","a"))==NULL)  /* 先以追加的方式打开半决赛成绩文件 */
17        if((fp=fopen("e:\\ 范例源码 \\ch31\\refereescore.dat","w"))==NULL) /* 若文件不存在则以创建的方式打开文件 */
18        {
19          printf(" 不能创建文件 ");
20          exit(0);
21        }
22        printf("\n 请输入参赛歌手半决赛成绩: \n");
23      }
24      else
25      {
26        if((fp=fopen("e:\\ 范例源码 \\ch31\\finalscore.dat","a"))==NULL)   /* 先以追加的方式打开决赛成绩文件 */
27        if((fp=fopen("e:\\ 范例源码 \\ch31\\finalscore.dat","w"))==NULL) /* 若文件不存在则以创建的方式打开文件 */
28        {
29          printf(" 不能创建文件 ");
30          exit(0);
31        }
32        printf("\n 请输入参赛歌手决赛成绩: \n");
33      }
34      for(i=0;i<N;i++)
35      {
36        printf(" 第 %d 个歌手编号 ( 当为 000 时结束输入 ): ",i+1);
37        scanf("%s",singerNum[i]);
38        if(strcmp(singerNum[i],"000")==0)        /* 如果输入的选手编号为 000 则结束输入，退出 */
39        break;
40        fprintf(fp,"%4s",singerNum[i]);          /* 保存歌手编号 */
41        for(j=0;j<judgement;j++)          /* 输入歌手成绩 */
42        {
43          printf(" 第 %d 裁判给分 : ",j+1);
```

```
44        scanf("%f",&score[i][j]);
45        fprintf(fp,"%6.2f",score[i][j]);
46      }
47      fputs("\n",fp);                    /* 在文件中保存每个选手成绩后换行 */
48    }
49    getchar();
50    printf("\n 本次录入的选手成绩为：\n");
51    for(k=0;k<i;k++)
52     printf("%d %s %6.2f %6.2f %6.2f %6.2f %6.2f %6.2f %6.2f\n",k+1,singerNum[k],score[k][0],
53              score[k][1],score[k][2],score[k][3],score[k][4],score[k][5],score[k][6]);
54    getchar();
55    fclose(fp);
56  }
```

### 04 按照歌手编号查询姓名、半决赛和决赛成绩函数

通过键盘录入待查询选手的编号，在 singer.dat、refereescore.dat 和 finalscore.dat 文件中查询选手相关信息。因为各文件中保存的选手信息顺序可能不同，所以在查询时要按照选手的编号比对从不同文件中读出的信息是否是同一个选手的信息。注意，名次没有被保存在任何一个文件中，所以如果查询名次，必须通过"统计"功能完成。扫描下方二维码可查看对应代码。

### 05 修改歌手基本信息或者成绩函数

读者可以建立二进制文件，通过块写入函数对文件中的数据进行更新。代码如下。

```
01    void update()
02    {
03    getchar();
04    printf("\n 更新数据文件中的信息有两个办法：");
05    printf("\n1. 以二进制格式存储文件 ");
06    printf("\n2. 把文本文件中的数据全部读出到内存变量中，");
07    printf("\n 然后修改变量的值，再把全部数据写回到文本文件中，覆盖原信息。\n");
08    getchar();
09    }
```

### 06 统计选手指定赛次成绩和名次函数

从半决赛和决赛文件中读出裁判给分，计算每个选手的平均分，然后按从高到低的顺序排列，最后给出所有选手的名次：第 1 名到第 $n$ 名，没有成绩时名次为 0，名次只保存在结构体变量中，不保存在文件中，所以查询该信息时需要每次调用统计功能，临时计算并输出。扫描下方二维码可查看对应代码。

**07 输出结果函数**

将所有歌手的基本信息、指定赛次成绩和名次输出至屏幕。扫描下方二维码可查看对应代码。

**08 歌手比赛评分系统主函数**

用菜单组织、调用所有功能，从菜单退出系统。代码如下。

```
01  int main()
02  {
03    char select;
04    while(1)
05    { system("cls");                    /* 清屏 */
06            printf("  歌手比赛评分系统 \n");
07      printf("---------------------\n");
08      printf(" 1.输入歌手基本信息 \n");
09      printf(" 2.输入歌手比赛成绩 \n");
10      printf(" 3.查询歌手信息 \n");
11      printf(" 4.更新歌手信息 \n");
12      printf(" 5.统计比赛成绩 \n");
13      printf(" 6.输出比赛名次 \n");
14      printf(" 0.退出 \n");
15      printf("---------------------\n");
16      printf(" 请选择 (0~6)： ");
17      scanf("%c",&select);
18      switch(select)
19      { case '1':inputsinger();break;
20        case '2':inputscore();break;
21        case '3':query();break;
22        case '4':update();break;
23        case '5':statistc();break;
24        case '6':output();break;
25        case '0':exit(0);
26        default:printf(" 请重新选择！ \n");
27      }
28    }
29  }
```

## 31.2.3 程序运行

编译、连接、运行程序，在程序执行窗口中输出结果。

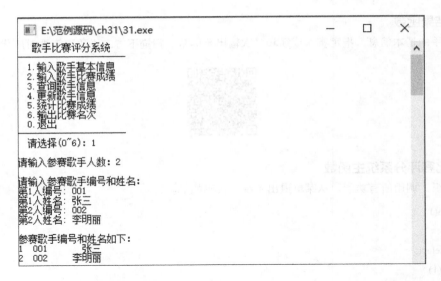

### 【结果分析】

通过主菜单管理、调用、退出系统的所有功能。

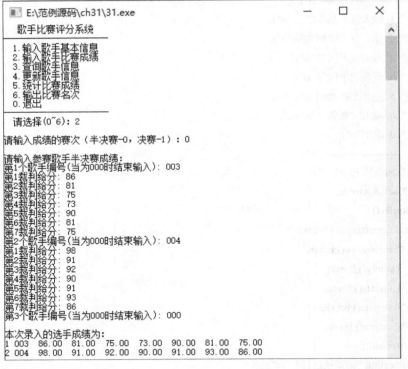

在录入成绩时还要对文件中是否已经存入当前该编号选手本赛次的成绩加以判断，以免造成信息冗余。另外，必须同时判断该编号选手是否是"歌手文件"中存在的选手，以免录入不存在的选手成绩信息，造成文件之间数据不一致。

所以用 C 语言完成信息管理的功能是非常不方便的，这是 C 语言的弱项。而用支持数据库系统的软件来设计信息管理的应用软件比较方便。

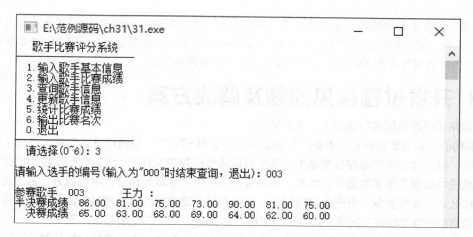

查询选手信息时，要在打开歌手、半决赛和决赛 3 个文件中查询到不同信息，因为不同赛次的平均成绩和名次没有保存在文件中，所以如果要查询半决赛和决赛的最终成绩以及名次，需要通过执行第 5 项统计功能才能输出相关信息。

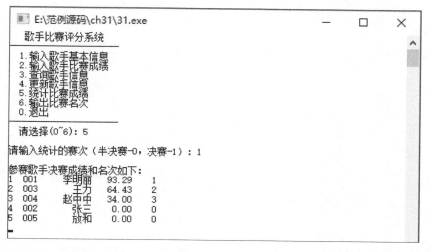

统计成绩时要注意歌手文件和成绩文件中的信息不一定完全匹配，即歌手文件中有选手的基本信息，但是成绩文件中却没有该选手的比赛成绩，所以从成绩文件中取出成绩后一定要判断它的选手编号，然后把平均成绩计算出来，保存在该选手对应下标的 score 相应赛次位置中。

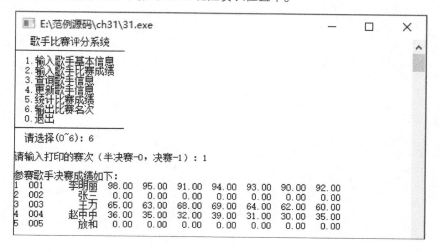

　　输出时要注意歌手和成绩两个文件中选手的顺序不同。本例用转换函数 atoi() 把选手的编号转化成数字 ai，然后直接把两个文件中读出的姓名、所有成绩保存在下标为 ai-1( 数组下标从 0 开始 ) 的数组中，相当于从文件中读出数据的同时将选手信息按选手的编号从小到大升序排列。

## ▶ 31.3　开发过程常见问题及解决方案

　　开发过程常见问题及解决办法如下，仅供参考。

　　（1）要精心分析系统管理哪些数据，数据之间有什么样的关系，是通过什么功能（操作）产生的，比如输入，计算。哪些数据需要保存在变量中，哪些数据需要保存在文件中，所有数据是否都保存在一个文件中，比如本系统中如果把歌手的编号、姓名、半决赛和决赛中 7 个裁判给分、平均得分、名次全部保存在一个文件中，那么这个文件的每一条记录将相当长，不利于每个功能操作时对文件中数据的读和写。所以我们把相对集中的信息分别存放在不同的文件中，方便后面各功能对文件中数据的读写操作。

　　（2）读者可以模仿这个系统的结构设计一个小的管理信息系统，比如通信录管理系统，深刻体会结构化程序设计的思想。

# 第 **32** 章

## 哥德巴赫猜想

从哥德巴赫猜想（Goldbach Conjecture）提出至今，许多数学家都在不断地努力想攻克它，网络上有关于哥德巴赫猜想的故事，读者可以查阅。值得一提的是我国两位数学家在证明哥德巴赫猜想的艰难工作中取得了卓著成绩，做出了巨大贡献。1956 年，王元证明了 "3 + 4"，1957 年又证明了 "2 + 3"；1966 年，陈景润证明了 "1 + 2 "。陈景润提出的筛法理论被国际数学界称为 "陈氏定理"，至今仍在哥德巴赫猜想研究中保持世界领先水平。本章使用 C 语言从算法入手，一步步实现一个验证 "猜想" 正确性的程序。

## 本章要点（已掌握的在方框中打钩）

☐ 问题描述
☐ 问题分析及实现
☐ 开发过程常见问题及解决方案

# ▶ 32.1　问题描述

哥德巴赫猜想大致可以分为以下两个猜想。

（1）二重哥德巴赫猜想：每个不小于 6 的偶数都可以表示为两个奇素数之和，如下。

6=3+3；8=3+5；10=5+5……

（2）三重哥德巴赫猜想：每个不小于 9 的奇数都可以表示为 3 个奇素数的和，如下。

9=3+3+3；11=3+3+5；13=3+5+5……

在这里，我们以二重哥德巴赫猜想作为研究对象，通过编写 C 语言程序来验证"猜想"的正确性。

# ▶ 32.2　问题分析及实现

由问题描述"**每个不小于 6 的偶数都可以表示为两个奇素数之和**"可知，**我们要实现的是判断任何一个大于等于 6 的偶数都可以由两个奇素数相加**。

## 32.2.1　问题分析

我们将要编写的程序，就是为了验证哥德巴赫猜想中提到的任何一个偶数即大于等于 6 的偶数 n 可以表示成两个素数的和这个结论是否正确。所以，程序应该可以输入一个数，判断是否为偶数，将这个偶数分解成一个小素数和一个大素数。再分别判断小素数与大素数之和是否等于这个偶数。而后，需要将结果打印输出。

（1）在编程之前，需要明确两个数学概念：素数和偶数。

① 素数就是质数，指在一个大于 1 的自然数中，除了 1 和此整数自身外，无法被其他自然数整除的数。换句话说，只有 1 和数自身两个正因数的自然数即为素数。

② 偶数就是能被 2 整除的自然数，如 2、4、6、8……

（2）根据题目，要求是奇素数，即这个素数不可以是 2，一定要大于 2。我们需要划分以下两个子模块。

① 判断一个数是否为素数。

② 判断并分解大、小素数的和是否等于需判断的偶数。

## 32.2.2　问题实现

本节就来实现这个算法，具体代码如下（代码 32.txt）。

### 01 判断输入的数字是否是素数

对于任何一个自然数，如何判断它是素数呢？如果自然数 n 存在两个因数，乘积等于 n，要么两个因数一个是小于 $\sqrt{n}$，一个则大于 $\sqrt{n}$；要么两个因数都等于 $\sqrt{n}$。代码如下。

```
01  /* 测试 n 是否是素数。如果是，返回 1，否则返回 0 */
02  int IsPrimer(unsigned long n)
03  {
04      unsigned long i;
05      unsigned long nqrt;
06      if (n == 2)
07          return 1;
08      if (n == 1 || n%2 == 0)
09          return 0;
10      /* 如果它存在两个因数，乘积等于 n，要么两个因数一定一个小于 √n，一个大于 √n，要么两个因数都等于
√n */
11      nqrt = (unsigned long)sqrt(n);
```

```
12        for(i=2; i<=nqrt; i+=1)
13        {
14            if (n%i == 0)
15                return 0;
16        }
17        return 1;
18    }
```

## 02 将偶数分解成两个素数，并判断"猜想"结论是否成立

从最小素数 $i$ 开始，到这个偶数的一半大小进行判断，当 $i$ 为素数，同时 $n-i$ 也是素数时，猜想结论成立，否则结论不成立。代码如下。

```
01  int IsRight(unsigned long n, unsigned long *tmpNumA, unsigned long *tmpNumB)
02  {
03      unsigned long i;
04      unsigned long half;
05      half = n/2;
06      for (i=3; i<=half; i+=2)
07      {
08          if (IsPrimer(i) && IsPrimer(n-i))
09          {
10              *tmpNumA = i;
11              *tmpNumB = n-i;
12              return 1;
13          }
14      }
15      return 0;
16  }
```

## 03 要求用户输入、调用子函数，并输出结果

在主程序中，要求用户输入一个大于等于 6 的偶数，调用判断函数，判断"猜想"是否成立，成立则输出等式，不成立则输出"猜想"错误。代码如下。

```
01  #include<stdio.h>
02  #include<math.h>
03  int main(void)
04  {
05      unsigned long number;          /* 被验证的数 */
06      unsigned long a, b;            /* 和为 number 的两个素数 */
07      do
08      {
09          printf(" 请输入要验证的大于等于 6 的偶数 ( 输入 0 则退出 ): ");
10          scanf("%lu", &number);
11          if (number >= 6 && (number % 2 == 0))
12          {
13              if (IsRight(number, &a, &b))
14              {
```

```
15              printf(" 哥德巴赫猜想对此数是正确的。");
16              printf("%lu = %lu + %lu\n", number, a, b);
17          }
18          else
19          {
20              printf("%lu，哥德巴赫猜想对此数是错误的！ ", number);
21          }
22      }
23      else
24          printf(" 该数 <6 或者不是偶数！ \n");
25      printf("\n");
26  } while(number != 0);
27  return 0;
28  }
```

### 32.2.3 程序运行

编译、连接、运行程序，根据提示输入大于或等于 6 的任意一个偶数，按【Enter】键，在程序执行窗口中输出结果。

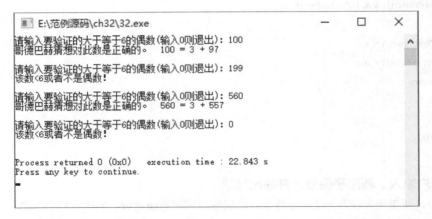

【结果分析】

输入一个大于等于 6 的偶数，按【Enter】键后，程序首先判断是否是合法数据，即是否为大于等于 6 的数，并且这个数是否为偶数（可被 2 整除）。如果为不合法数据，程序立即退出；如果为合法数据，程序则将这个数分解为两个数，分别判断这两个数是否同时为素数。输入 0 时程序结束并退出。

当这两个数都为素数时，即验证"猜想"是成立的，并输出等式，否则直接输出"哥德巴赫猜想对此数是错误的！"。

## ▶ 32.3 开发过程常见问题及解决方案

开发过程常见问题及解决办法如下，仅供参考。

（1）如果出现"warning C4013: 'sqrt' undefined; assuming extern returning int"的编译警告，通常需要在程序开头添加数学函数头文件"#include <math.h>"。

（2）此程序的难点之一是如何判断一个数为素数。这点在程序中已经给出注释，希望读者细细体会。

（3）此程序的另一个难点是分解成素数。其实就是从最小素数开始，将最小素数 $i$ 作为素数 $A$，将偶数减 $i$ 作为素数 $B$，在 $A$、$B$ 都是素数的情况下，则分解成功。

第

# 33

章

## 打印日历

日常生活中我们经常使用日历，看似普通的日历能用 C 语言设计一个小程序打印出来吗？在设计打印日历的算法中包含了判断闰年、判断每年第一天是星期几、控制日历的输出格式等技能。本章将介绍一个简约格式的打印日历算法。

## 本章要点（已掌握的在方框中打钩）

☐ 问题描述
☐ 问题分析及实现
☐ 开发过程常见问题及解决方案

# ▶ 33.1 问题描述

打印某年日历，按照 **12** 个月竖排的格式输出，要求打印年份、月份、星期、日。

# ▶ 33.2 问题分析及实现

由问题描述可知，我们要知道打印日历的年份，要知道该年是闰年还是平年，要知道该年的第一天是星期几，要知道日历的输出格式怎样，比如每星期是从星期日开始还是从星期一开始？月份之间是横排还是竖排？在计算机屏幕不同分辨率下一行能输出多少字符？看似简单的日历打印问题其实也不是那么简单。

## 33.2.1 问题分析

这个设计中最难解决的问题可能是如何获取该年的第一天是星期几。这个数据不确定就无法打印整个日历。要解决这个问题有 3 个办法。

（1）通过各种方法查到这个信息，让用户手工录入程序。

（2）通过 C 语言库函数计算出来。

（3）通过基姆拉尔森计算公式计算出来。

因为 C 语言函数库中没有这个功能的函数，所以我们采用第 3 个办法得到这个信息。

使用基姆拉尔森计算公式判断某年第一天的星期算法如下。

W= (d+2*m+3*(m+1)/5+y+y/4-y/100+y/400) mod 7

在公式中，d 表示日期中的日数，m 表示月份数，y 表示年数，W 即要求的星期数。

该公式以公元元年为参考，公元元年 1 月 1 日为星期一。在运用公式时，需要把 1 月和 2 月看成上一年的 13 月和 14 月。例如，2019-1-1 要换算成 2018-13-1 来代入公式进行计算。

另外，这个公式计算出来的"星期一～星期日"值 W 用"0~6"来表示，所以如果要把"星期几"和"数值"两个信息对应起来，即"星期一"用"1"来表示，我们可以让 W+1，即用"1~7"表示"星期一～星期日"。

## 33.2.2 问题实现

本节通过编程求解打印日历问题，实现的代码如下（33.c）。

### 01 判断每年第一天的星期函数

输入年份后系统自动根据基姆拉尔森公式计算出该年的第一天是星期几，该功能通过一个函数完成并返回星期几。按照星期一，星期二，…，星期日的顺序，返回数值为 0~6。代码如下。

```
01    #include <stdio.h>
02    int CaculateWeekDay(int y,int m, int d)        /* 判断每年第一天是星期几的函数 */
03    {
04        int iWeek=(d+2*m+3*(m+1)/5+y+y/4-y/100+y/400)%7;
05        return iWeek;
06    }
```

### 02 主函数

主程序开始运行，要求用户输入要打印日历的年份；然后判断该年是否为闰年，平年 2 月为 28 天、闰年 2 月为 29 天，其他月份天数相同，每月天数保存在一个二维数组当中；接下来调用函数自动计算该年第一天是星期几；最后就可以按照预先设计的格式开始打印了，我们设计为"星期日、星期一……星期六"的顺序输出，用一个循环嵌套实现，外循环控制月份变化，内循环控制一个月的天数变化。特别要注意每个月开始的第一天可能不是星期日，是星期几就要从星期几的下面开始输出日数，所以每月每一行可能要先输出若干空格，把 1 日从它开始的星期下面定位打印。代码如下。

```
01  int main()
02  {
03      int i,j,k,n,dayWeek,year,leap;
04      int day[2][12]={{31,29,31,30,31,30,31,31,30,31,30,31},{31,28,31,30,31,30,31,31,30,31,30,31}};/* 闰年和非闰年每月
天数 */
05      printf(" 请输入要打印日历的年份： ");
06      scanf("%d",&year);                  /* 输入打印日历的年份 */
07      if((year%4==0 && year%100!=0) || year%400==0)   /* 判断是否闰年 */
08        leap=0;
09      else
10        leap=1;
11      dayWeek=CaculateWeekDay(year-1,13,1)+1;      /* 调用函数计算每年第一天是星期几 */
12      for(i=0;i<12;i++)                   /* 输出该年日历，i 控制月份 */
13      {
14        printf("              %d 年 %d 月 \n",year,i+1);
15        printf("-------------------------------------------------------\n");
16        printf(" 星期日  星期一  星期二  星期三  星期四  星期五  星期六 \n");
17        printf("-------------------------------------------------------\n");
18        for(k=1;k<=dayWeek;k++)           /* 每个月第一天前输出若干空格，定位该月 1 日放在相应星期下 */
19          printf("        ");
20        for(j=1;j<=day[leap][i];j++)            /* 输出该月日历，j 控制天数 */
21        {
22               printf("  %2d   ",j);
23          dayWeek++;                    /*dayWeek 变为下一个将要打印的星期 */
24               if(dayWeek%7==0)              /* 控制一个星期一行 */
25          {
26                 printf("\n");                /* 一个星期输出结束后换行 */
27            dayWeek=0;              /* 一个星期输出结束后星期置为 0，即下一个星期从星期日开始输出 */
28          }
29        }
30        printf("\n");
                /* 一个月打印完，换行准备打印下一个月 */
31        getchar();                   /* 每输出一个月后暂停，按回车继续显示下个月 */
32      }
33  }
```

### 33.2.3 程序运行

编译、连接、运行程序，根据提示输入年份，按【Enter】键，在程序执行窗口中输出结果。

```
E:\范例源码\ch33\33.exe                              —    □    ×
请输入要打印日历的年份：2019
                        2019年1月

   星期日    星期一    星期二    星期三    星期四    星期五    星期六

                       1        2        3        4        5
    6        7        8        9       10       11       12
   13       14       15       16       17       18       19
   20       21       22       23       24       25       26
   27       28       29       30       31
                        2019年2月

   星期日    星期一    星期二    星期三    星期四    星期五    星期六

                                                  1        2
    3        4        5        6        7        8        9
   10       11       12       13       14       15       16
   17       18       19       20       21       22       23
   24       25       26       27       28
                        2019年3月

   星期日    星期一    星期二    星期三    星期四    星期五    星期六

                                                  1        2
    3        4        5        6        7        8        9
   10       11       12       13       14       15       16
   17       18       19       20       21       22       23
   24       25       26       27       28       29       30
   31
                        2019年4月

   星期日    星期一    星期二    星期三    星期四    星期五    星期六

             1        2        3        4        5        6
    7        8        9       10       11       12       13
   14       15       16       17       18       19       20
   21       22       23       24       25       26       27
   28       29       30
                        2019年5月

   星期日    星期一    星期二    星期三    星期四    星期五    星期六

                                1        2        3        4
    5        6        7        8        9       10       11
   12       13       14       15       16       17       18
   19       20       21       22       23       24       25
   26       27       28       29       30       31
                        2019年6月

   星期日    星期一    星期二    星期三    星期四    星期五    星期六

                                                           1
    2        3        4        5        6        7        8
    9       10       11       12       13       14       15
   16       17       18       19       20       21       22
   23       24       25       26       27       28       29
   30
```

【结果分析】

程序首先要求用户输入需要打印日历的年份，调用函数计算出该年第一天是星期几，然后从这个星期下面开始打印，输出一个月后暂停，按【Enter】键继续输出下一个月份，直到最后 12 个月全部输出。

# ▶ 33.3 开发过程常见问题及解决方案

开发过程常见问题及解决办法如下，仅供参考。

（1）打印日历会遇到一个问题，某年的 1 月 1 日是星期几？因为我们首先要根据这个数据确定打印的起始位置。如果是平时我们可以通过各种方法查到这个信息，然后直接通过人机交互的方式把它输入程序就可以了。但是在考试时就无处可查了，所以通过本例我们又学习了一个计算某年第一天是星期几的方法。编程能力就是这样在解决实际问题中一天天培养起来的，日积月累见识更加丰富，思路更加敏捷。

（2）本例是按照 12 个月份竖排格式输出的，平时我们见到的日历有各种输出格式，比如按照两个月横排的格式又如何输出呢？变换问题后解决问题的难度提高了很多，读者不妨试试。

# 第 **34** 章

## 背包问题

生活中我们去看望朋友时会带一些礼物，自己只能背一定重量的背包，想带的东西又特别多，只能选择几样价值高而且总重量在自己所能承受的范围内的物品。本章将介绍这类背包问题的求解方法，背包问题也是数据结构与算法中的经典问题。

## 本章要点（已掌握的在方框中打钩）

☐ 问题描述

☐ 问题分析及实现

☐ 开发过程常见问题及解决方案

# ▶ 34.1　问题描述

有 $N$ 件物品和一个规定了重量上限 $W$ 的背包，每件物品的价值是 $v$，求解将哪些物品装入背包可使这些物品的重量之和不超过背包限重，且价值总和最大。

# ▶ 34.2　问题分析及实现

由问题描述可知，我们要实现的是从 $N$ 件物品中找出价值总和最大，但又不超过背包限重 $W$ 的值的解。简单举例：有两件物品，A 物品和 B 物品，重量分别是 30、35，价值分别是 40、20，背包限重 $W$ 为 40，此时，我们的解应该是选 A 物品。

### 34.2.1　问题分析

我们将要开发的程序，就是采用一定的算法取得最优解，即重量不超过背包限重，但取得的价值最大。为了能够实现这一算法，我们采用贪心算法，背包问题也分很多种，贪心算法解决的是物品可以拆分的背包问题，所以在此用这个算法比较容易理解、实现。

贪心算法是指对所求问题的整体最优解可以通过一系列局部最优的选择，即贪心选择来达到。在对问题求解时，总是做出在当前看来是最好的选择。也就是说，不从整体最优上加以考虑，目前所做出的选择是在某种意义上的局部最优解。这是贪心算法可行的第一个基本要素，也是贪心算法与动态规划算法的主要区别。

此问题最重要之处就在于每一次选择的物品都是放入的最佳选择。什么是最佳选择呢？通过我们了解的数学知识可以认为，每一次最佳选择就是每次放入的物品是目前未选择物品中价值最大且质量最小的，这里就要引入一个衡量物品的属性——物品的单位重量价值，即该物品的价值除以该物品的重量。所以，本问题的每一次的最佳选择就是要每次选出物品的单位重量价值最大的物品。

既然物品的单位重量价值非常重要，我们可以把它作为一个基本数据项存储在物品信息中，当用户从键盘上输入物品重量和价值后，计算出该值并保存起来，以备后面使用。为了方便最优解的选择，下一步我们可以先按每个物品的单位重量价值做降序排列，在最后挑选物品时就可以按单位重量价值从高到低把物品放入背包，直到超重为止，之前选择放入的物品就是要求的最优解。

### 34.2.2　问题实现

本节通过编程求解背包问题，实现的代码如下（34.c）。

#### 01 采用结构体保存物品信息

通过定义一个结构体类型来记录物品的序号、重量、价值和单位重量价值。代码如下。

```
01  #include <stdio.h>
02  #define N 100            /* 物品总种数 */
03  int nType;              /* 输入的物品数 */
04  int SelectNumber;       /* 选中物品的数量，即单位重量价值降序排列后的前几个物品 */
05  float MaxValue;         /* 选中物品的总价值 */
06  float TotalWeight;      /* 选中物品的总重量 */
07  float LimitWeight;      /* 输入的限制总重量 */
08  struct goods            /* 物品结构 */
09  {
10      int order;          /* 物品序号 */
11      float weight;       /* 物品重量 */
12      float value;        /* 物品价值 */
13      float UnitValue;    /* 物品单位重量价值 */
```

```
14     }good[N];
```

## 02 选择物品最优解函数

此函数主要以贪心算法判断并找出一个最优解。按照已降序排列的所有物品的单位重量价值，把排在前面的物品的重量累加在一起不超过限重的物品就是被选中的物品，其余物品不选。代码如下。

```
01   void CheckOut(struct goods g[] ,int num,float tw)   /* 检查排序后的物品集中选择多少个物品不超过限重 */
02   {
03       int i;
04       SelectNumber=0;
05       TotalWeight=0.0;
06       MaxValue=0.0;
07       for(i=0;i<num;i++)
08       if(TotalWeight+g[i].weight <=tw )   /* 从已排序的物品中选出一个物品，测试增加一个物品后是否超过限重 */
09       {
10               MaxValue+=g[i].value;
11               TotalWeight=TotalWeight+g[i].weight;
12               SelectNumber++;
13       }
14       else                 /* 一旦超重则停止对后面物品的选择，退出循环，结束函数执行 */
15           break;
16   }
```

## 03 按所有物品的单位重量价值降序排列函数

利用选择排序法对所有输入的物品按照单位重量价值降序排序，以便下一步选择最优解。排序时注意每轮选出最大单位重量价值的物品后，要与本轮比较的顶部数据交换物品所有数据项的信息，包括序号、重量、价值、单位重量价值。代码如下。

```
01   void sort(struct goods g[] ,int num)           /* 对所有物品单位重量价值按降序排列 */
02   {
03     float temp,max;
04     int i,j,flag,position,temporder;
05     for(i=0;i<num-1;i++)
06     {   max=g[i].UnitValue;
07        flag=0;
08        for(j=i+1;j<num;j++)
09          if(max<g[j].UnitValue)
10          {   position=j;
11              max=g[j].UnitValue;
12              flag=1;
13          }
14        if(flag)
15        {   temp=g[i].UnitValue;           /* 交换单位重量价值 */
16          g[i].UnitValue=max;
17          g[position].UnitValue=temp;
18          temp=g[i].value;                /* 交换价值 */
```

```
19      g[i].value=g[position].value;
20      g[position].value=temp;
21      temp=g[i].weight;                    /* 交换重量 */
22      g[i].weight=g[position].weight;
23      g[position].weight=temp;
24      temporder=g[i].order;                /* 交换序号 */
25      g[i].order=g[position].order;
26      g[position].order=temporder;
27      }
28    }
29  }
```

## 04 主函数

主程序开始运行，要求用户输入物品种类数、背包限重、每个物品的序号、重量、价值。然后调用按所有物品的单位重量价值降序排序函数，再调用选择物品函数，输出最终选择的最优解。代码如下。

```
01  int main()
02  {
03      int i;
04      printf(" 请输入物品类别个数 :");
05      scanf("%d",&nType);
06      printf(" 请输入背包限重的重量 :");
07      scanf("%f",&LimitWeight);
08      printf("\n 请输入各物品的重量和价值 :\n");
09      for(i=0;i<nType;++i)
10      {
11        printf(" 第 %d 个物品重量 :",i+1);
12        scanf("%f",&good[i].weight);
13        printf(" 第 %d 个物品价值 :",i+1);
14        scanf("%f",&good[i].value);
15        good[i].UnitValue=good[i].value/good[i].weight;
16        good[i].order=i;
17      }
18      printf("\n 输入的物品有： \n");
19      printf(" 序号 重量   价值 \n");
20      for(i=0;i<nType;i++)
21        printf("%3d  %.2f  %.2f\n",good[i].order+1,good[i].weight,good[i].value);
22      sort(good,nType);                    /* 对物品按单位重量价值降序排列 */
23      CheckOut(good,nType,LimitWeight);        /* 调用选择物品函数 */
24      printf("\n 被选中的物品有： \n");
25      printf(" 序号 重量   价值 \n");
26      for(i=0;i<SeleNumber;i++)
27        printf("%3d   %.2f  %.2f\n",good[i].order+1,good[i].weight,good[i].value);
28      printf(" 合计总价值为 : %f\n",Maxvalue);
29  }
```

### 34.2.3　程序运行

编译、连接、运行程序，根据提示输入数据，按【Enter】键，在程序执行窗口中输出结果。

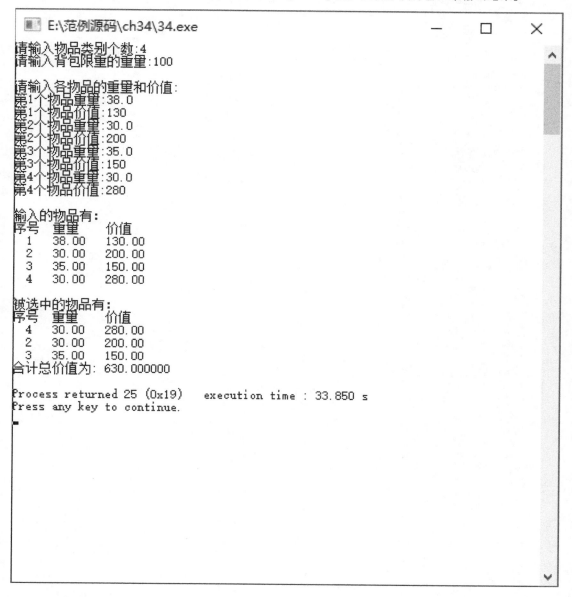

```
■ E:\范例源码\ch34\34.exe                                    —    □    ×
请输入物品类别个数:4
请输入背包限重的重量:100

请输入各物品的重量和价值:
第1个物品重量:38.0
第1个物品价值:130
第2个物品重量:30.0
第2个物品价值:200
第3个物品重量:35.0
第3个物品价值:150
第4个物品重量:30.0
第4个物品价值:280

输入的物品有:
序号    重量      价值
 1      38.00    130.00
 2      30.00    200.00
 3      35.00    150.00
 4      30.00    280.00

被选中的物品有:
序号    重量      价值
 4      30.00    280.00
 2      30.00    200.00
 3      35.00    150.00
合计总价值为: 630.000000

Process returned 25 (0x19)    execution time : 33.850 s
Press any key to continue.
```

**【结果分析】**

程序首先要求用户输入物品数、背包限重，并输入每个物品对应的序号、价值和重量，计算出单位重量价值，然后对所有物品按单位重量价值降序排列，下一步找出最优解，最后输出结果。

## ▶34.3　开发过程常见问题及解决方案

开发过程常见问题及解决办法如下，仅供参考。

（1）数据为何初始化的时候会出错呢？常见的情况其实就是数组的下标越界这类问题。所以编写程序时，对数据的访问一定要细心，在申请内存或定义数组时，应尽量"大一号"，就像穿鞋一样。

（2）此算法的难点之一是如何找出最优解。背包问题有两种经典算法：动态规划算法和贪心算法。动态规划算法需要采用递归函数，递归的概念在前面已经讲过，但是不易理解，特别是本程序数据结构比较复杂，代码看上去比较杂乱。贪心算法比较适合我们要解决的问题，易理解，代码实现比较简单，所以在此我们采用了贪心算法。

第 **35** 章

# 火车车厢重排

　　一列车厢号为 1~$n$ 随机排列的货车火车，在经过沿途编号为 1~$n$ 的车站时，如果每到一个车站都要把与车站号一致的车厢放下，那么在出发前以最快的速度、最理想的方式重新按照即将到达的车站序号排好车厢，使之在每站只丢下最后一节车厢，这样就能极大地提高运行效率。本章就来讲解这类问题如何求解。

## 本章要点（已掌握的在方框中打钩）

☐ 问题描述
☐ 问题分析及实现
☐ 开发过程常见问题及解决方案

# ▶ 35.1 问题描述

一列共有编号为 1~n 的车厢是随机排列的货运列车，假定前方有按照到达顺序编号分别为 n~1 的车站（先到达 n 号车站，最后达到 1 号车站），每节车厢将被卸掉放在与车厢号相同的车站。为了便于从列车上卸下相应的车厢，必须重新排列车厢，使各车厢从前至后按照编号 1~n 的次序排列（1 在列车头，n 在列车尾），这样才能在到达每个车站时以最快的速度卸掉最后一节车厢。

# ▶ 35.2 问题分析及实现

由问题描述可知，这个设计与汉诺塔有些相似，我们要引入几个缓冲轨道来实现车厢的调换。

## 35.2.1 问题分析

在这个问题的求解中，我们利用栈实现调换车厢顺序。栈这种数据结构是一种限定操作的队列，只能从栈顶读出数据和放入数据，先放入的数据在栈底，后放入的数据在栈顶，这种数据结构上的操作方式与我们要引入的缓冲铁轨上的操作非常一致。在处理汉诺塔问题时我们引入了几个柱子，现在我们也可以引入 2 个缓冲铁轨，一个缓冲铁轨就可以用一个栈存放车厢号的信息。通过在 2 个栈之间放入、取出车厢，实现在最终出发的铁轨上按照 1~n 的顺序排列所有车厢（1 在最前，n 在最后），这样将来经过编号为 1~n 的车站时就可以从最后依次快速地卸掉车厢了。

本程序设计了 2 个缓冲铁轨，车厢随机排列的列车停放在一个铁轨上，此时的车厢序列模拟用一个数组保存，排序后的车厢直接放入要出发的铁轨上，车头在前，后面直接跟序号为 1~n 的车厢（1 号车厢紧跟车头，n 号车厢在最后，将来就可以按照 n~1 的顺序逐个卸掉车厢了），排序后放入出发铁轨上的车厢序列不再保存。

仍然模仿汉诺塔的处理方式，在柱子之间移动盘子时是有规则的，要小盘子在上、大盘子在下，同样我们把一节车厢放入哪个缓冲铁轨也是有规则的，并且它是最终成功移动的关键。这个规则就是当把一节车厢放入一个栈时（缓冲铁轨），首先考虑放入一个空栈。如果没有空栈，此时最合适的栈是栈顶元素最小（即车厢号最小），且新放入栈的车厢号要小于这个栈顶元素，栈中的数据不能再放回原始数组中，可以从栈中取出最小编号直接放在出发铁轨上正在排队的队尾。

## 35.2.2 问题实现

本节通过编程求解火车车厢排列问题，实现的代码如下（代码 35.c）。

### 01 采用结构体保存过程数据

通过定义一个结构体类型，实现对列车车厢编号进行栈的存储和管理。代码如下。

```
01  #define StackSize 4        /* 栈大小为 4 个元素 */
02  #define MaxLength 100        /* 最大字符串长度 */
03  typedef int DataType;        /* 栈元素的数据类型定义为整数 */
04  typedef struct
05  {
06      DataType data[StackSize];
07      int top;
08  }SeqStack;
09  void Initial(SeqStack *S)        /* 置空栈 */
10  {
11      S->top=-1;
```

```
12  }
13  int IsEmpty(SeqStack *S)        /* 判栈空 */
14  {
15    if(S->top==0)
16      return 1;
17    return S->top==-1;
18  }
19  int IsFull(SeqStack *S)            /* 判栈满 */
20  {
21    return S->top==StackSize-1;
22  }
23  int Push(SeqStack *S,DataType x) /* 进栈 */
24  {
25    if(IsFull(S))
26    {
27      printf(" 溢出 ");
28      return -1;
29    }
30    S->data[++S->top]=x;   /* 栈顶指针加 1 后，将 x 入栈 */
31  }
32  DataType Pop(SeqStack *S)   /* 出栈 */
33  {
34    if(IsEmpty(S))
35    {
36      printf(" 栈空 ");
37      return -1;
38    }
39    return S->data[S->top--]; /* 将 x 出栈，栈顶指针减 1*/
40  }
41  DataType Top(SeqStack *S)   /* 取栈顶元素 */
42  {
43    if(IsEmpty(S))
44    {
45      printf(" 栈空 ");
46          return -1;
47    }
48    return S->data[S->top]; /* 将 x 出栈，栈顶指针减 1*/
49  }
```

## 02 输出结果

将结果输出至屏幕，以循环打印的方式调用标准输入 / 输出函数，将结果回显。代码如下。

```
01  void Output(int *minH, int *minS, SeqStack H[ ], int k, int n)
02  {
03    int i;
```

```
04    int c=Pop(&H[*minS]) ;
05     printf(" 把车厢 %d 从缓冲铁轨 %d 输出至铁轨 \n",*minH,*minS);  /* 通过检查所有的栈顶，搜索新的 minH 和
minS */
06    *minH=n+2;
07    for (i = 1; i <= k; i++)
08     if (!IsEmpty(&H[i]) && (c=Top(&H[i])) < *minH)
09     {  *minH = c;
10        *minS = i;
11     }
12  }
```

### 03　将某节车厢号送入某段缓冲铁轨

缓冲铁轨不空时，在此缓冲铁轨顶部的车厢编号最小，否则将一个车厢号通过缓冲铁轨压入栈。代码如下。

```
01  int Hold(int c,int *minH, int *minS,SeqStack H[ ],int k, int n)
02  {
03    int BestTrack =0,i;                 /* 目前最优的铁轨 */
04    int BestTop = n + 1;                /* 最优铁轨上的头节车厢 */
05    int x;                /* 车厢索引扫描缓冲铁轨 */
06    for (i = 1; i <= k; i++)
07     if (!IsEmpty(&H[i]))     /* 铁轨 i 不为空 */
08     {
09        x = Top (&H[i]) ;
10        if (c<x && x < BestTop) /* 铁轨 i 顶部的车厢编号最小 */
11        {
12          BestTop = x;
13          BestTrack = i;
14        }
15     }
16     else             /* 铁轨 i 为空 */
17     {  if (!BestTrack)
18          BestTrack = i;
19     }
20    if (!BestTrack)
21      return 0;                 /* 没有可用的铁轨 */
22    Push(&H[BestTrack],c);          /* 把车厢号为 c 的车厢送入缓冲铁轨 */
23    printf(" 把车厢 %d 送入缓冲铁轨 %d\n" ,c, BestTrack);
24    if (c<*minH)          /* 必要时修改 minH 和 minS*/
25    {
26      *minH = c;
27      *minS = BestTrack;
28    }
29    return 1;
```

```
30  }
```

## 04 火车车厢重排函数

将所有火车车厢按数组元素的前后顺序送入缓冲铁轨等待排序。代码如下。

```
01  int Railroad(int p[ ], int n, int k)
02  {
03    SeqStack *H;
04    int Out = 1;                /* 下一次要输出的车厢号 */
05    int minH =n+1;        /* 缓冲铁轨中编号最小的车厢 */
06    int minS,i;                /*minH 号车厢对应的缓冲铁轨 */
07    H=(SeqStack*)calloc((k+1),sizeof(SeqStack)*(k+1));
08    for (i = 0; i< n; i++)
09    {
10      if (p[i] == Out)
11      {
12        printf(" 直接放置车厢 %d 至铁轨 \n",p[i]);
13        Out++;
14        /* 从缓冲铁轨中输出 */
15        while (minH == Out)
16        {
17          Output(&minH, &minS, H, k, n);
18          Out++;
19        }
20      }
21      else
22      {
23        if (!Hold(p[i], &minH, &minS, H, k, n))      /* 将 p[i] 送入某个缓冲铁轨 */
24          return 0;
25      }
26    }
27    return 1;
28  }
```

## 05 火车车厢重排主函数

将所有火车车厢按数组规定的顺序送入缓冲铁轨等待排序。代码如下。

```
01  int main()
02  {
03    int p[8]={2,4,1,6,5,3,8,7};   /* 设定火车 8 节车厢目前的顺序 */
04    Railroad(p,8,4);         /* 调用车厢重排函数 */
05  }
```

### 35.2.3 程序运行

编译、连接、运行程序，在程序执行窗口中输出结果。

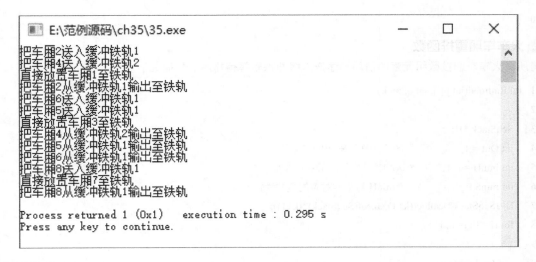

**【结果分析】**

　　程序运行后将初始化数据，用一维数组模拟火车车厢当前状态，然后调用递归函数，对车厢进行重排。重排的时候通过栈来模拟实现，直到出发铁轨上的车厢号是按照 1~n 的顺序排列为止。

## ▶35.3  开发过程常见问题及解决方案

　　开发过程常见问题及解决办法如下，仅供参考。

　　（1）此程序的难点之一是如何模拟存放、调换停在铁轨上的列车。原始随机排列的列车车厢用一维数组保存，缓冲铁轨用栈保存，最终排序后的车厢不保存，直接按 1~n 的顺序输出到屏幕上。难点之二是定义放入栈数据时的规则，这决定了程序的算法。在算法设计时要按这些规则重要性的前后顺序——判断是否符合，符合才能放入栈，不符合则不能放入栈。

　　（2）此程序也可以采用队列的数据结构存储信息，因为队列是先进先出，所以算法与本例又有所不同。

第

# 36

章

## 商人过河

商人过河是个非常有趣的小游戏，我们可以利用 C 语言编程模拟过河方案。编程前我们要确定问题的模型以及解决问题的算法，模型确定后要选择合适的数据结构。C 语言在算法与数据结构上的灵活性、高效性非常明显。本章将利用最易理解的穷举法求解商人过河问题。

**本章要点（已掌握的在方框中打钩）**

- □ 问题描述
- □ 问题分析及实现
- □ 开发过程常见问题及解决方案

# ▶ 36.1　问题描述

　　3 名商人各带一个随从乘船渡河，一只小船只能容纳 2 人，由他们自己划行。随从们密约，在河的任一岸，一旦随从的人数比商人多，就抢夺商人财物。如何乘船渡河的大权掌握在商人的手中，商人怎样才能安全渡河呢？

# ▶ 36.2　问题分析及实现

　　由问题描述可知，我们要设计一个能安全过河的方案，即不发生抢夺商人财物现象并能安全过河的方案，并输出。

### 36.2.1　问题分析

　　我们将要开发的程序利用穷举法从所有的过河方案中排除不安全的方案，留下安全可行的方案。

### 36.2.2　问题实现

　　本节通过编程来实现商人过河的游戏。实现代码如下（代码 36.c）。

#### 01 主函数

　　通过定义变量模拟商人、随从人数，记录当前河西（原点）有几位商人、几位随从，河东（目的地）有几位商人、几位随从，调用渡河函数求解决方案。代码如下。

```
01  #include<stdio.h>
02  #include<stdlib.h>
03  int pro_a=-1;  /* 记录上一次渡河，商人的数量 */
04  int pro_b=-1;  /* 记录上一次渡河，随从的数量 */
05  int flag=-1;   /*flag 为标志位，记录乘船的状态；防止乘船的方式一直不变，程序无法求解 */
06  int main()
07  {
08      int shang=3;   /* 商人数 */
09      int sui=3;     /* 随从数 */
10      int n=0;       /*0 向东渡，1 向西渡 */
11      int result=0;  /*0 无安全方案，1 有安全方案 */
12      printf(" 河西向河东渡: \n");
13      printf(" 西岸: %d 位商人 %d 位随从——东岸: %d 位商人 %d 位随从 \n",shang,sui,0,0);
14      result=DuHe(shang,sui,n);
15      if(result==1)
16         printf("\n        》》》》渡河成功《《《《     \n");
17  }
```

#### 02 实现判断当前状态是否可行函数

　　由于渡河过程有两种情况：向东渡河和向西返回，因此，在设置两个状态 0 和 1 时，均需要分别判断商人与随从的人数。代码如下。

```
01  int TestSucess(int a,int b,int c,int d,int n) /* a 西岸商人数 -b 西岸随从数 -c 东岸商人数 -d 东岸随从数 -n 渡河方向 */
02  {
03      if(checkback(a,b,c,d,n)==0) return 0;
04      if(a>=0&&b>=0&&a<=3&&b<=3&&c>=0&&d>=0&&c<=3&&d<=3&&a+c==3&&b+d==3)
05      {   /* 设置判断条件，即游戏条件成立时 */
06          switch(n)
07          {
```

```
08      case 1:  /* 向西渡河，河西岸上情况 */
09        {
10          if(a==3)
11          {   /* 商人未过，随从的数量一定不会大于商人的数量，所以满足条件，保存状态 */
12            return 1;
13          }
14          else if(a==0)
15            {  /* 商人全过，商人数量为 0，随从的数量大于商人的数量也无所谓，所以满足条件，保存状态 */
16            return 1;
17            }
18            else if((a>=b)&&(c>=d))
19              {  /* 东、西两岸商人的数量要大于等于随从的数量 */
20                return 1;
21              }
22              else return 0;    /* 测试不成功 */
23        }
24    case 0: /* 向东渡河，河西岸上情况 */
25        {
26          if(a==3)
27          {   /* 商人未过，保存状态 */
28            return 1;
29          }
30          else if(a==0)
31            {  /* 商人全过，保存状态 */
32              return 1;
33            }
34            else if((a>=b)&&(c>=d))
35              {  /* 东、西两岸商人的数量要大于等于随从的数量 */
36                return 1;
37              }
38              else return 0; /* 测试不成功 */
39        }
40    }
41    }
42    else return 0;
43  }
```

### 03 求解渡河问题的判断函数

　　递归法解决商人渡河问题，如果这一个状态方案安全则判断下一个状态，直至问题解决。对于不合法的方案，则应该放弃，放弃后，程序返回上一级，继续递归判断其他的状态是否合法，直到全部情况递归完毕。flag 标记渡河时船上人员状态，一共有 5 种方案，分别有 1 商 1 随、0 商 2 随、2 商 0 随、1 商 0 随、0 商 1 随。用 flag 判断向东、向西相临两次渡船的状态不能相同，如向西时船上人数为 1 商 1 随，那么返回的时候，船上肯定就不能再是 1 商 1 随了。扫描下方二维码查看对应代码。

#### 04 测试西岸每次渡河状态变化函数

西岸在渡河过程中前后两次状态应该不同，即两次渡河前后商人数和随从数如果相同说明这两次方案是相同的，返回 0，本次方案无效。否则返回 1，说明本次方案有效。代码如下。

```
01   int checkback(int a,int b,int c,int d,int n)
02   {
03     if((a==pro_a)&&(b==pro_b))  /* 渡河前后的商人和随从的数量要有所变化，如果不变化，返回 0*/
04       return 0;
05     if(a+b==6) return 0;  /* 商人和随从的原始总数是 6，渡河之后，数量要有所变化，如果还是 6，返回 0*/
06     pro_a=a;           /* 记录上一次渡河，商人的数量 */
07     pro_b=b;           /* 记录上一次渡河，随从的数量 */
08     return 1;
09   }
```

### 36.2.3 程序运行

编译、连接、运行程序，在程序执行窗口中输出结果。

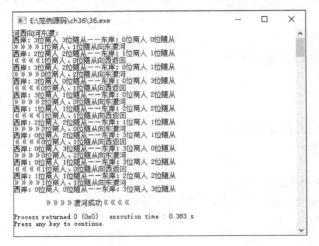

**【结果分析】**

程序首先直接调用渡河函数，在函数中，函数根据各传入参数，分别测试各种状态，一旦方案无错，继续测试在正确方案的基础上下一步能进行的方案，如果状态不正确，则需要回退至上一步的操作状态，直到找出最终解。

## ▶36.3 开发过程常见问题及解决方案

（1）此程序的难点是如何正确理解渡河的函数运行情况，两岸的人员情况需要在每次渡完河时进行判断。因为在渡河的过程中，小船只能容纳两个人，此时，小船上是安全的。

（2）另外，如果在某一方案下，一种情况不成功，则需要回退，而且两岸人员的状态（个数等）也需要回退，否则永远找不到正确的答案。

（3）对于这个问题的解决方案很多，比如可以把两岸所有人员状态表示成无向图，然后用广度优先或者深度优先搜索的方法去判断路径中全部为安全状态的路径，这个路径即为我们最终要得到的安全渡河方案。然后根据这个算法选择合适的数据结构储存各种信息（可以用数组、链表等），读者可以从不同的角度对比分析各种算法的特点和优劣，扩展视野，从而在解决一个问题时能够分析、选择最优的解决方案。

第

# 37

章

# K 阶斐波那契数列的实现

斐波那契数列在自然界中的出现是非常频繁的，人们深信这不是偶然的。延龄草、野玫瑰、金凤花、百合花、蝴蝶花、雏菊等，它们的花瓣的数目都是斐波那契数。在现代物理、准晶体结构、化学等领域，斐波纳契数列都有直接的应用。本章将实现一个求 K 阶斐波那契数列算法的程序。

**本章要点（已掌握的在方框中打钩）**

☐ 问题描述

☐ 问题分析及实现

☐ 开发过程常见问题及解决方案

# ▶ 37.1　问题描述

**K阶斐波那契数列**是指数列前 **K-1** 项均为 **0**，第 **K** 项为 **1**，以后的每一项都是前 **K** 项的和。

按照这个定义，过去我们设计的斐波那契数列"0，1，1，2，3，5，8……"就是一个 **2 阶数列**，第 1 项是 0，第 2 项是 1，第 3 项是 0+1=1，第 4 项是 1+1=2，第 5 项是 1+2=3……以后每一项都是前两项之和。

所以数列中每一项的值如何计算直接与阶数有关，如果是 3 阶，则从第 **K+1** 项起，后面每一项都是前 3 项之和。

# ▶ 37.2　问题分析及实现

由问题描述可知，我们要实现的是打印 **K 阶斐波那契数列**。**K 阶斐波那契数列**计算起来比较简单，根据定义，主要就是一个数的累加的过程。前面在讲到循环、数组知识时，我们就可以实现类似的算法了，本章又用了什么不同的算法来实现呢？

### 37.2.1　问题分析

K 阶斐波那契数列求解的过程可以简单地理解为：置前 K-1 项均为 0，第 K 项为 1，计算从第 K+1 项起每一项的值是前面 K 项值之和并放进当前项的过程，并一直循环到设计要求的数列上限为止。

### 37.2.2　问题实现

为了实现这个问题，将程序分解成几个功能。一部分功能是程序所使用的数据结构的声明，在此设计中采用队列的方式记录每一个元素节点，这是与过去设计最大不同之处，程序设计的数据结构不同，算法则随之不同。另一部分功能是将输入、计算、输出结果合并为一个实现过程。因为数列上限是用户随机输入的，所以如何给保存数列的队列分配存储空间呢？我们采用动态分配的方式给队列分配能够存储长度为 100 个整型数据的空间。实现的代码如下（37.c）。

#### 01 采用结构体保存过程数据

定义结构体类型的代码如下。

```
01  #include <stdio.h>
02  #include <stdlib.h>
03  #define MAX 100      /* 最大队列长度 */
04  typedef struct
05  {
06      int *m_Base;         /* 初始化的动态分配存储空间 */
07      int m_Front;       /* 头指针，若队列不空，指向队列头元素 */
08      int m_Rear;          /* 尾指针，若队列不空，指向队列尾元素的下一个位置 */
09  }SqQueue;              /* 定义结构体保存队列 */
```

#### 02 求解斐波那契数列的主函数

分两部分计算数列。第一部分，直接将前 K-1 项置为初始值 0，第 K 项为 1；第二部分，计算 K+1 项、K+2 项……直到计算所得项的值超过数列上限值为止，前面所有项即为所求数列并输出。代码如下。

```
01  int AddSum(int n,int *q)
02  {
03      int sum=0;
04      int i;
```

```
05      for(i=0;i<n;i++) sum+=q[i];
06      return sum;
07  }
08  int main()
09  {
10      int jie,AllowMaxValue,i,n,*store;
11      SqQueue Queue;
12      printf(" 请输入 K 阶斐波那契数列的阶数 K : ");
13      scanf("%d",&jie);
14      printf("\n 请输入 K 阶斐波那契数列中允许的最大数 :");
15      scanf("%d",&AllowMaxValue);
16      Queue.m_Base=(int*)malloc(jie*sizeof(int));
17      store=(int*)malloc(MAX*sizeof(int));
18      for(i=0;i<jie-1;i++)
19      {
20        store[i]=0;
21        Queue.m_Base[i]=0;                    /* 初始化斐波那契数列前 K-1 项均为 0*/
22      }
23      store[jie-1]=1;
24      Queue.m_Base[jie-1]=1;                  /* 初始化斐波那契数列第 K 项为 1*/
25      store[jie]=AddSum(jie,Queue.m_Base);
26      Queue.m_Front=0;
27      Queue.m_Rear=jie-1;
28      n=jie;
29      while(store[n]<=AllowMaxValue)
30      {
31        Queue.m_Rear=(Queue.m_Rear+1)%jie;
32        Queue.m_Base[Queue.m_Rear]=store[n];
33        n++;
34        store[n]=AddSum(jie,Queue.m_Base);    /* 利用定义累加 */
35      }
36      printf("\n 此斐波那契数列的前 %d 项均小于或等于 %d\n\r",n,AllowMaxValue,'.',"\n");
37      printf(" 分别是 :\n");
38      for(i=0;i<n;i++) printf("%d%c",store[i],' ');
39      printf("\n");
40  }
```

**37.2.3 ▶ 程序运行**

编译、连接、运行程序，根据提示输入阶数 K 的值和数列允许的最大数，按【Enter】键，在程序执行窗口中输出结果。

## 【结果分析】

程序首先要求用户输入阶数 K、数列上限，然后分配存储空间，接下来初始化前 K 项数列值，最后进入 K+1 项以后各项计算，主要方法是调用一个 while 循环，累加求数列各项值。while 循环不成立即超过数列上限时循环结束，输出结果。

# ▶ 37.3　开发过程常见问题及解决方案

开发过程常见问题及解决办法如下，仅供参考。

（1）开发中，应如何理解 K 阶斐波那契数列呢？假设阶数是 2，N 为第 4 项，M 为第 5 项，那么第 6 项就是 N+M，第 7 项就是 2M+N，第 8 项就是 3M+2N，这样理解就会容易得多。

（2）此程序的难点之一是 K 阶斐波那契数是如何求出来的，在本例中采用的方法是简单地循环累加求第 N 项。

（3）此程序的另一个难点是如何保存 K 阶斐波那契数列中已经求出的前 N 项。在本例中，程序将保存的前 N 项数列存入了一个动态数组中，这样显示结果的时候，直接通过 for 循环打印每一项。